国家出版基金项目
NATIONAL PUBLICATION FOUNDATION

《中国灾害志》编纂委员会　编

断代卷主编　高建国　夏明方

中国灾害志·断代卷

本卷主编 ／ 石　涛

U0390894

中国社会出版社

国家一级出版社·全国百佳图书出版单位

《中国灾害志》编纂委员会

《中国灾害志·断代卷》编纂委员会

前　言

中国社会出版社本套丛书的责任编辑嘱我为此书写前言，我想采用问答方式来完成这一任务。

一是为什么要编纂出版灾害志？

不少学术论文回顾过去发生的自然灾害，往往以"新中国成立以来"或"建国以来"作开场白。我国有五千年历史，持续灾害记录有三千年。为什么不利用更早一些时间的自然灾害作研究呢？几千年的灾情弃之不用，实在可惜。

我国灾害文字记录最早在约公元前822年，离现在已有2840年。新中国成立至今已经69年，如果69年是1的话，2840年为41。不读史，不用史，只知道有1，不知道还有40。

2017年12月13日，习近平总书记在出席南京大屠杀死难者国家公祭仪式时强调："要擦清历史的镜子，走好未来的路。"以历史为镜子，擦清了，才能看清。寻找灾害史的"根"，寻叶找枝，由枝到干，再从干到根。"根"在，灾害史这棵大树才立得住。

为什么会不利用灾害史呢？我认为，可能与灾害史的科普工作没有做好有关。2004年我创办中国灾害防御协会灾害史专业委员会，每年召开一次学术研讨会，参加的专家有全国各相关大学、研究所的灾害史教授、博士、硕士，整理中国灾害史资料，研究中国灾害史的规律，做出很好的成果。但是由于在科研考核上没有将科普作为必考成绩，因此对灾害史科普工作还不够重视。

自1949年起，我国采用现代科学标准的自然资料。但历史灾害记录大多用文言文，对于灾情的表达与当代不同，其中的地名也多与当代不一样，又缺乏灾情分布图，难以掌握灾情全貌。所用这些，对理科毕业的灾害研究者都是很大的障碍。因此，在话语系统上存在着不小差距。

近70年来，我国科学家对灾害史资料关注最多的是地震学、气象学、水利学，也取得了很好的成绩。《中国历史地震图集》反映历史上大地震分布情况；《中国近五百年旱涝分布图集》反映气象要素的历史变迁；《中国历史大洪水调查资料汇编》《中国大洪水》集中展现了历史时期各场次重大水灾的情景。这些专著在出版之初有着明显的服务于工农业生产的目的，出版后发现可以为当代灾害学研究服务，极大开拓了灾害研究的时空。

灾害志的编纂，是简要地、重点地、采用通俗语言来总结、反映中华民族的灾害史和防灾、抗灾、救灾史，目的在于利用历史资料，重演灾害发生场景，揭示中华民族与灾害斗争的智慧，促进人类更好地与自然相处。今日尤其要注意，历史上的诸多巨灾，在当代尚未出现，叙述这些巨灾，对于今天更有警示作用。

二是何为灾？

邓拓说："灾荒者，乃以人与人社会关系之失调为基调，而引起人对于自然条件控制之失败所招致之物质生活上之损害与破坏也。"（邓拓：《中国救荒史》，北京出版社，1988年，序言。）其实，灾的定义还有很多种说法。

我的理解是："灾害是人类没有认识的自然界对人类的危害。"此处特别强调"没有认识"，是因为不知道便无从应对。2003年举世瞩目的SARS（"非典"）传入中国，一时间到处空巷，大街上没有汽车行驶，行人也很少，上下班、上下学的人也都是行色匆匆。政府采取了两条措施，一是从南方出差回来的人，先自我"禁闭"一周或十天；二是车站、商店对每人强行测量体温，凡是超过38摄氏度者，都属于"危险人物"，需要"特别关照"。过了半年，风头过去了，据统计全中国因SARS死亡的也就300多人，不能算是特别严重的灾害。为什么对SARS如此恐惧？就是因为"没有认识"。此事件已过去15年了，若再发生SARS，就没有那么害怕了。日本每年发生数百次有感地震，每次地震来临时，没有见到慌张的场面，因为人们习以为常了。中国沿海地区每当热带气旋光临时，也是应对有序，对正常的生产生活造成的影响不太大。

三是灾害统计有数无量吗？

数和量是一体的，不可分开。但史书记载往往只有数，缺少量，如中国自古经常饱受天灾、旱灾、水灾、瘟疫袭扰。邓拓说过："中国历史上水、旱、蝗、雹、风、疫、地震、霜、雪等灾害，自商汤十八年（前1766年）至纪元后年止，计3703年间，共达5258次，平均约每6个月强便有灾荒一次。"（邓拓：《中国救荒史》，北京出版社，1988年，38页。）陈达在《人口问题》中统计，自汉初到1936年的2142年间，水灾年份达1031年，旱灾年份达1060年。这些统计，继承了《史记》及其他正史《五行志》的传统。

这种方法简单、明确，但实用性不强。世上历来是"人以群分，物以类聚"，古代记录灾害也是有等级划分的，有"旱"，也有"大旱"；有"水"，也有"大水"；有"饥"，也有"大饥"；有"疫"，也有"大疫"；有"震"，也有"大震"。一个"大"字，已将灾害划分得清清楚楚。后人使用时，恰把这个"大"字忽略了，将"灾""大灾"归于一类，作一起处理，只有"数"，没有"量"了。李约瑟作统计时，已注意到了这个"大"字。据其统计，在过去的2100多年间，中国共有1600多次大水灾和1300多次大旱灾。

不分高下强弱，没有顾及到灾害的千差万别。同样一场旱灾，可以推翻一个朝代，或后果仅是粮食减产；一次地震死亡万人，一次仅是地震而已，两者是无法等同处理的。按照实际效果前者一次，后者即使发生百次，综合的后果可能还不如前者。将这两个性质完全不同的灾害加在一次，计算发生次数，是没有意义的。

由此说明灾害统计并非有数无量，有数有量的才有用。正是量化了史料，中国科学家得到了三千年长的《中国地震目录》、五百年长的《中国近五百年旱涝分布图集》、上千年长的《中国历史大洪水调查资料汇编》《中国大洪水》等重量级专著，使得历史大灾、巨灾更好地得以展示。

四是历史上无时不灾吗？

中国历史上灾害之严重，常引用邓拓所言，即："我国自有文献记载以来的四千余年间，几乎无年不灾，也几乎无年不荒"（邓拓：《中国救荒史》，北京出版社，1988年，第7页），来说明。

既然中国自然环境连续四千年都这样的差，怎么理解历史上的盛世？汉朝的文景盛世（公元前179年—公元前141年）、汉武盛世（公元前141年—公元前87年），唐朝的贞观之治（627—649年）、唐玄宗的开元盛世（713—741年），北宋的仁宗盛治（1022—1063年），明初的三大盛世时期分别是：朱元璋时期的洪武之治（1368—1398年）、永乐帝时期的永乐盛世（1398—1424年）、明仁宗和明宣宗时期的仁宣之治（1424—1435年），此外还有清代的康乾盛世（1681—1796年）等。对于文景盛世，司马迁在《史记·平准书》中记载说："非遇水旱之灾，民则人给家足，都鄙廪庾皆满，而府库余货财。京师之钱累巨万，贯朽而不可校；太仓之粟，陈陈相因，充溢露积于外，至腐败不可食。"可见，文景时期政治清明、经济发展，人民生活安定，确实称得上是太平盛世，也可算为古代的"美丽中国"。

从微观上看，古代官吏做了好事，善良的百姓，为了永远记得他们，往往将官吏主持的工程以官吏姓氏相称。

唐会昌四年（844年），刺史韦庸治理水患，凿河道10里，筑堤堰引水造湖灌田。民称其湖为会昌湖，堤为韦公堤（据温州博物馆）。北宋天圣二年（1024年），范仲淹主持修建了从启东县吕四镇至阜宁市长达290公里的捍海堰，俗称范公堤。南宋淳祐元年（1241年），县令家坤翁于落马桥筑堤，人称"家公堤"（诸暨县地方志编纂委员会. 诸暨县志·大事记. 杭州：浙江人民出版社. 1993.5）。清康熙初年（约1662年），永宁府同知往北胜州，李成才率众疏通程海南部河口，民间颂为"李公河"（云南省永胜县志编纂委员会. 永胜县志·大事记. 昆明：云南人民出版社. 1989.11）。清康熙二十八年（1689年），北胜知州申奇猷捐银兴修程海闸（即今程海南岸河口街东部），民间颂曰"申公闸"（云南省永胜县志编纂委员会. 永胜县志·大事记. 昆明：云南人民出版社. 1989.11）。清乾隆二十四年（1759年），秦州知州费廷珍规划修成城南防河大堤，人称"费公堤"；光绪初年知州陶模重修，州人又名之为"陶公堤"（天水市地方志编纂委员会. 天水市志（上卷）·大事记. 北京：方志出版社，2004）。清嘉庆十年（1805年），云南路南知州会礼倡修西河，疏通水道，城西北田地免除水患，后人感其惠，将西河改称"会公河"以示怀念（昆明市路南彝族自治县志编纂委员会. 路南彝族自治县志·大事记. 昆明：云南民族出版社. 1996.14）。清咸丰五年（1855年），云南路南知州冯祖绳倡修城东巴江河堤300丈（即东山河堤）防巴江水溢，后人称之为"冯公堤"（昆明市路南彝族自治县志编纂委员会. 路南彝族自治县志·大事记. 昆明：云南民族出版社. 1996.14）。

在农业是"决定性的生产部门"的中国封建社会，仓储被视为"天下之大命"。粮食仓储关系国计民生，对治国安邦起到很大作用。由于粮食是一种特殊商品，保障人民生活，满足国民经济发展的需要，是重要的战略物资，历来受到政府的高度重视。通过广设仓窖储存粮食以"备岁不足"，提高了自然灾害防范与救助能力。我国自古就有重视仓储的传统。曾参所作《礼记》指出，"国无九年之蓄，曰不足；无六年之蓄，曰急；无三年之蓄，曰国非其国也。"史载，县官重视仓储，政声大起，皆称"清官""善人"。宋康定元年（1040年），包拯由扬州天长县调任为端州知州。任期三年，在县城建丰济仓（粮仓），开井利民，筑渠引水，功绩卓著（高要县地方志编纂委员会. 高要县志·大事记. 广州：广东人民出版社. 1996）。倪之字司城，清雍正七年（1729年）贡生，调任赣州龙南知县，后补上杭知县。在任期间，建社仓，兴书院，济灾民，人称之"清官"。刘岩字春山，清乾隆间国子监生。他乐善好施，乾隆五十年（1785年）大荒，他开仓出谷，救济饥民，人称"善人"（枞阳县地方志编纂委员会. 枞阳县志·十九　人物·第二十六章　人物. 合肥：黄山书社. 1998）。中国人口众多，季风气候导致粮食减产，形成大灾、巨灾之际，皆中央政府"库储一空如洗"、省"库储万分竭撅，又无闲款可筹"的同时，民间亦"仓谷亦无一粒之存"。此问题新中国成立后依然存在。1972年12月10日，中共中央在转发国务院11月24日《关于粮食问题的报告》时，传达了毛泽东主席"深挖洞，广积粮，不称霸"的指示。

联合国救灾署规定，死亡100人以上的灾害为大灾。史料中死亡人数定量资料少，定性资料多，有的只写死亡"无算"。何为"无算"？死亡二三十人为有算，死亡四五十可辨清数十人，但死亡上百人，数不清了，记为"无算"。"无数"亦同理。案例：明嘉靖二十年（1541年）夏六月夜，自东北降至东关草店，山水聚涌涨溢，民舍冲塌，溺死者不可胜计（嘉靖《归州志》卷四灾异）。这是定性资料。但也可找到同条定量资料：嘉靖二十年（1541年）六月初十日，天宇明霁，至夜云气四塞，猛风拔木，雨雹如澍，须臾水集数丈，漂流民居一百余家，死者三百余人，一家无孑遗者有之（嘉靖《归州全志》卷上灾异）。这是"不可胜计"有几百人的佐证。

我经过30余年灾害史资料的收集整理，发现中国历史上灾害程度最为密集、灾情最严重的阶段，是自清光绪三年（1877年），经过民国时期，到1976年止，刚好是一个世纪。称之为"世纪灾荒"时期。"世纪灾荒"期间，发生的大灾数量是近三千年的40.4%，几乎是无年不灾，无年不荒，一阵接一阵，一波连一波，灾情密度之高，程度之频，巨灾之烈，死人之多，是中国历史上其他时间从没有发生过的，也是世界上极为罕见的时期。同样的严重程度，时间长度仅有邓拓先生统计的1/40。

五是何为减灾？

现在称减灾，是减轻自然灾害危害的简称。其内容是灾前预防预测，灾时紧急救援，灾后恢复重建。这是近42年来的减灾内容。其实新中国的减灾史，要分前28年（1949—1976年）和后42年（1977—2018年），前28年的减灾史与后42年是不同的。

经过大数据统计，基于省（自治区、直辖市）单位在一年时间内死亡万人、十万人、百万人、千万人的等级进行划分，其中酷暑、寒冷造成死亡的一般在万人上下，风暴潮最多不超过十万人，地震、洪水最多不超过百万人，饥荒以及瘟疫最多不超过千万人。

这些灾种有两个特色：

第一，饥荒和瘟疫人文因素参与较多，更容易将其控制好。地震、洪水、台风、风暴潮、酷暑、寒冷自然因素参与较多，人为难以控制。

第二，从成灾角度看，造成这个结果是由灾种决定的。地震在10^{-3}日完成，地质灾害在10^{-1}日完成，风暴潮在10^{-1}日完成，洪涝在10^{0}

日完成，严寒、酷暑在 10^1 日完成，瘟疫在 10^2 日完成，饥荒在 10^3 日完成，人们应对饥荒、瘟疫灾害，可以有充分时间进行干预。这就是要害所在。

新中国，人民政府和广大人民群众针对重大灾害采用了四大法宝：

法宝之一："一定要把淮河修好""一定要根治海河"。

法宝之二：以防为主，防抗救相结合。

法宝之三："不饿死一个人。"

法宝之四：早发现，早诊断，早隔离，早治疗。

经过了 28 年艰苦卓绝的奋斗，成千上万死亡的悲剧一去不复返了。1977 年以后，中国进入了少死人时期（2008 年为特例），为改革开放提供了最好的发展时机。

高建国

2018 年 12 月 14 日

凡　例

一、《中国灾害志·断代卷》包括《总论》暨《先秦卷》《秦汉魏晋南北朝卷》《隋唐五代卷》《宋元卷》《明代卷》《清代卷》《民国卷》以及《当代卷》8个分卷，系以中华人民共和国当代疆域范围为参考，按历史顺序，依志书体例，分阶段叙述先秦以降（截至2018年）中国历代灾害状况以及相应的救灾、防灾技术、制度与实践等方面的演变历程，从整体上全面、系统地呈现五千年中华文明史上，中华民族与自然灾害进行长期不懈之艰苦斗争的伟大业绩。

二、除《总论》之外，《中国灾害志·断代卷》各分卷主体内容按"概述""大事记""灾情""救灾""防灾"等编依次排列，另置与救灾、防灾有关的"人物"和"文献"或"书目"，作为附录。其中：

1. 概述。列于各编之前，用简练的语言，对各分卷所涉历史时期自然灾害的总体面貌、主要特点、时空分布规律，以及历朝重大救灾、防灾的技术、制度、活动及其沿革、变动进行总结性述评，突出时代特色及其历史地位。

2. 大事记。着重记述对国计民生有较大影响的重大灾害，比较重要的救灾防灾事件、制度、组织机构、工程、著述以及具有创新意义的技术、理念等，一事一条，按时间排列，所叙内容和各编章内容交叉而不重复，要言不烦。同一事件跨年度发生，按同一条记入始发年。同一年代的不同事件，分别列条，条前加"△"符号。

3. 灾情编。主要记录历代发生的旱灾、水灾、蝗灾、疫灾、震灾、风灾、雹灾、雪灾等各类自然灾害，以及非人为原因导致的火灾，不涉及兵灾、"匪祸"和生产事故等，但出于人为因素却以自然灾害的形式造成危害的事件，如 1938 年黄河花园口决堤，则一并列入。各灾种依所在朝代，按时间顺序记述，主要涉及时间、地点、范围、程度、伤亡人数、经济损失、社会影响等。

4. 救灾编。分官赈、民赈二章（部分断代卷分卷因内容较多，将二者分立为编）。官赈主要记述包括中央政权、地方政权在内的官方救灾的程序、法规、制度、章程、组织、机构以及重要事例，突出各时代的特点、典型事例。民赈记述官方之外的，以士绅、宗族、宗教或其他民间力量为主体的救灾活动；国际性救灾，无论是对其他政权灾害的救援，还是接受其他政权援助，可根据实际情况记入官赈或民赈。

5. 防灾编。主要包括与防灾救灾直接相关的仓储、农事、水利以及区域规划或城市建设等内容，重点记述各防灾机构、制度、措施、技术、工程及其效用等，勾勒各时期的变化与发展。尤其是民国、中华人民共和国各卷，因时制宜，突出科技、教育的发展对防灾救灾所起的作用。

6. 人物。作为附录之一，选择历代对救灾、防灾和灾害研究有重要作用的代表性人物，除姓名（别名、字、号）、生卒时间、籍贯以及主要经历之外，重点介绍其与防灾救灾有关的事迹、思想、工程、技术及其影响。属少数民族者，注明民族；外国人则注明国籍、外文姓名，如李提摩太（Timothy Richard，英，1845—1919）。

7. 文献或书目。作为附录之二，着重介绍历代比较重要的有关灾情、救灾、防灾的代表性文献（如荒政书），以及对当时及后世有重大影响的救灾法规、章程等，概括其内容，说明其影响，按时间顺序排列。

三、作为一部全面、系统、完整、准确地反映中国历史时期自然灾害总体灾情及防灾救灾的综合性志书，《中国灾害志·断代卷》的撰写始终以尽可能广泛地占有现有史料作为基础工作，其文献采集范围，既包括《二十五史》《资治通鉴》等正史，也包括历代编纂的荒政书、水利文献以及相关的官书、文集等，同时注重发掘和使用自古迄今极为丰富的地方志资料，尤其是中华人民共和国成立以来各地新编的省志、市志、县志和水利志，并重视搜集笔记、书信、碑刻、墓志、通讯报道、口述资料、遗址遗物资料等民间资料。除文字材料之外，也注意搜集具有珍贵历史价值的图片资料，包括地图、示意图、照片，以及记述灾害和救灾的图画等。为保证历史记载的准确性，对所选资料努力核实考证，去伪存真，去粗取精，特别是涉及重大史实、重要数据、重要人物，均已认真鉴别，力求避免失误。凡有争议的文献，根据各类文献本身及国内外学术界的现有研究，采用具共识性的内容，并做注说明不同意见。所有采用的文献，在撰写阶段一律按规范注明出处；出版时则根据志书体例要求，作为参考文献，置于各分卷卷末。

四、《中国灾害志·断代卷》的行文，总体上按照《〈中国灾害志〉行文规范》（中国灾害志编纂委员会 2012 年 5 月）执行。

1. 使用规范的现代语体文，以第三人称角度记述。除少量特别重要的内容须引用原文外，一般把文言文译为白话文，并在不损害文献原意的基础上，用朴实、严谨、简洁、流畅的语言予以概述。同时改变原资料不符合志体的文字特点，注意与议论文、教科书、总结报告、文学作品、新闻报道等文体相区别。有关专门术语作出解释说明。对于文言文中的通假字，因摘自史书，直接引用时保留原貌，否则改之。

2. 时间记述。本志各断代卷在记述相关内容时，其先秦至清代各卷，先写历史纪年或王朝纪年，后加括号标注公元纪年，如康熙十八年（1679 年）。所载事项涉及同一时期不同政权的不同历史纪年时，以事项所在地的历史纪年为主。各年事项所涉月日等具体时间，则以历史资料为准，一律不做更改。农历记述年月用汉字，如洪武二年三月，公历记述年月用数字，如 1930 年 8 月。《民国卷》《当代卷》一律用公历纪年、纪月、纪日。

3. 地点记述。各卷古地名，首次出现时，须括注今地名，如"晋阳（今山西太原）"。现代地名中，省字省略，县名为二字时省略县字，县字为一字时保留县字。如"山西平遥""河北磁县"。

4. 表格使用。表随文出，内容准确，不与正文简单重复或自相矛盾。表格分为统计表、一览表，前者含有数据、运算，后者为文字表。其要素为：标题，表序号，表芯。标题包括时间、内容及性质，如："清代水灾伤亡人数统计表"。表序号分为两部分：如表 2-7，第一个数据为编的序号，第二个数据为本编的表大排行的序号。表序号位于表格左上肩。一律不写为"附表"。表芯为三线表（顶线、分栏线、底线），为开敞式。统计表的数据均注明单位，使用文献记载所用原单位，如"亩""市斤"等单位。

目 录

第一编

概　述

宋元时期自然灾害的发生频率越来越高，一年数灾或一种灾害重复发生的现象增多。灾种覆盖层面广，水、旱、虫、饥逐渐成为四大主灾，频繁的自然灾害给社会经济造成了巨大破坏。统治者为维护国家稳定，保证社会再生产的正常运行，实行了一系列积极的减灾政策、救荒制度和防灾措施。对这一时期灾害规律及相关救灾防灾措施进行总结和记录，可以使我们更加重视灾害并认识到灾害管理措施给整个社会发展带来的影响，趋利避害，为提高全社会的灾害认识水平以及现代灾害研究和管理工作，提供多方面、多层次、有益的历史学借鉴。为此，我们编纂了《中国灾害志·断代卷（宋元卷）》，以期为读者和研究者提供一个认识和借鉴途径。

这一时期主要爆发的灾害有水灾、旱灾、虫灾、风灾、疫病灾害等，多种自然灾害的频繁爆发对宋元时期的经济、政治、军事、文化以及思想观念等方面都造成了巨大的影响，可以说也是这一时期社会动荡、百姓流离失所的一个重要原因。

所发生的水灾中，河患最为严重。据记载，北宋时期黄河及其支流共泛滥154次，平均每年0.92次，黄河长时间大范围泛滥和改道共有9次。金政权对黄河的治理重视相对不足，由此造成的河患共57次，平均每年0.48次，这其中由于天气原因即雨水原因导致的水灾23起，因河水冲决堤坝而造成的水灾19起，原因不明的水灾15起。元代有记载的河患15次，并且元惠宗（顺帝）至正四年（1344年）河决白茅堤、金堤，直接导致了后来的元末农民大起义以及元朝的灭亡。河患所造成的损失，仅普通一例便可窥知其损毁程度。宋太宗太平兴国六年（981年）七月，"河中府河涨，陷连堤，溢入城，坏军营七所、民舍百余区。延州坏仓库军营庐舍千六百区。鄜州坏军营，建武指挥使李海及老幼六十三人溺死。宁州坏州城五百余步，诸军营军民舍五百二十区"。故宋元时期河患波及范围之广、造成损失之大、影响之深不可谓不大。

所发生旱灾中，北宋168年间共有108个年份爆发过旱灾，旱灾次数148次；辽代有记载的旱灾30次；西夏旱灾次数虽无具体统计，但史料记载不在少数，且有相当长时间的连续性灾害；南宋153年，受灾年份70年，共有旱灾111次；金代120年，有记载旱灾68次；元代

163 年，受灾年份 89 年，较为惨烈的旱灾有 78 次，其中史书记载的亢旱等巨大旱灾就有 34 次。

所发生的虫灾中，包括蝗灾、鼠灾等，北宋共有 105 次；辽代有记载 12 次；西夏有记载 6 次；南宋有 63 次；金代 24 次；元代 195 次。所造成的影响如宋真宗大中祥符九年（1016 年）的蝗灾，从六月起到第二年春，京畿、京东西、河北、河东、陕西、两浙、荆湖 30 个州、军相继发生蝗旱灾害，覆盖了北宋的大部分地区。"蝗蝻继生，弥覆郊野，食民田殆尽"，使这些地区的粮食产量锐减，百姓生活受到极大影响，政府不得不拨出专款救济。元成宗大德二年（1298 年）的大蝗灾波及"江南、山东、江浙、两淮、燕南属县百五十处"，且所过之处草木皆被食光。

所发生的风灾，北宋 21 次，辽代有记载 10 次，西夏并无详细的史料记载，南宋 48 次，金代 17 次，元代 27 次。所造成的影响如宋真宗景德四年（1007 年）"京师大风，黄尘蔽天，自大名历京畿，害桑稼，唐州尤甚"。金熙宗皇统九年（1149 年）"有龙斗于利州榆林河水上。大风坏民居官舍，瓦木人畜皆飘扬十数里，死伤者数百人"。

所发生的疫病灾害，北宋 13 次，辽代与西夏据现有史料，并无疫病灾害记载，南宋 36 次，金代仅有金哀宗天兴元年（1232 年），开封府一则疫病灾害的记载，"汴京大疫，凡五十日，诸门出死者九十余万人，贫不能葬者不在是数。"元代 163 年间共有 38 次有疫病灾害。其影响有如宋孝宗隆兴二年（1164 年）冬，"淮甸流民二三十万避乱江南，结草舍遍山谷，暴露冻馁，疫死者半，仅有还者亦死"。

所发生的地震灾害，北宋 81 次，南宋 46 次，元代 189 次，相对于有记载的辽代发生的 9 次，金代发生的 27 次，两宋、元代的震灾频数均较频繁。代表性的有宋仁宗景祐四年（1037 年），"并、代、忻州并言地震，吏民压死者三万两千三百六十人，伤五千六百人，畜扰死者五万余"。元成宗大德七年（1303 年）八月六日深夜的洪洞地震，"太原、平阳尤甚，坏官民庐舍十万计，平阳赵城县范宣、义郁堡徙十余里，太原徐沟祁县及汾州平遥、介休、西河、孝义等县地震成渠，泉涌黑沙，汾州北城陷，长一里，东城陷七十余"。全山西在这次地震中死亡人数为 20 万人左右，其余震一直持续大约两年，波及山西全境、陕西、河南、河北等部分地区。

除上述各种灾害外，宋元时期还有霜灾、雹灾、雪灾等。对于霜雹灾害而言，其危害相对较小，主要是危害庄稼或是毁坏房屋，如宋光宗绍熙二年（1191年）"建宁府（今闽北地区）雨雹，大如桃李，坏民庐舍五千余家，温州大风雨，雷雹，田苗桑果荡尽"，其爆发频次以两宋320年而言，约有134次，平均每2.39年一次。元代的霜、雹灾害最为严重，霜灾56次，雹灾289次，平均0.31年就有一次霜雹灾害。辽代的雪灾比较严重，目前有记载的共有12次，其影响也较为明显，辽道宗大康八年（1082年）九月"大风雪，牛马多死"；大康九年（1083年）夏四月"大雪，平地丈余，马死者十六七"。

表 1　宋元时期灾害频次统计表

发生时间段	旱灾次数	虫灾次数	风灾	疫病灾害	地震灾害	霜雪灾害
北宋	148	105	21	13	81	134
南宋	111	63	48	36	46	
辽代	30	12	10	—	9	雪灾12次
西夏	—	6	—	—	—	—
金代	68	24	17	—	27	—
元代	78	195	27	38	189	霜灾56次 雹灾289次

就救灾而言，这一时期，皇帝以及各级官僚等代表的中央和地方决策和行政部门与地方乡绅富户、宗教机构都在救灾活动中发挥重要作用，相关的救灾体系和救灾法规也逐渐完善，使得经济负担和损失以及严重社会危机对王朝统治的威胁降至最低。

政府层面的灾害救助已经出现了现代灾害管理"三级四层"能级结构的雏形。中央除了行政管理外，还有司天监或翰林天文院等可以被看作进行灾害预报的机构、都水监和河渠司等水利或水害的专门管理机构，以及京都的专业救火部队等，相对专业的灾害管理机构也已经初具规模。宋、金两朝路一级行政单位的诞生以及后来元朝的行省制，使得地方的灾害救助在行政机构的职能中所占的比例逐步增加，并且在北宋的中后期出现了以灾害管理作为主要行政职能之一的机构——提点刑狱司。随着这一时期整个中央集权社会行政体系趋向合理，政府的灾害救助的能力也有一定提高。从现存的史料来看，这一时期，中央有关灾害的法律条文不断改进，地方也已经出现了非常详细的灾害救助实施细则。此外，民间的灾害救助在这一时期也发挥了重要作用，在中国传统文化的影响下，包括士绅富民以及寺庙宫观，他们或在政府的引导下，施粥供粮，创建了对后世有巨大影响的义庄、社仓；或为灾民提供暂时的安置场所；或提供医药，除邪治病。

就政府层面而言，除了实施具体的救灾活动外，还包括另一个救灾体系，即以传统治国思想中的灾害观念为基础而产生的"弭灾"活动。总体上说，由于中国古代的帝王享有至高无上的权力，皇权是上天所赋予的，皇帝是上天的代表，而灾害是上天对人间的警戒。因此，帝王和中央的减灾活动更加重视"弭灾"活动，借以消除人们对灾害的恐惧心理，宣扬自己作为上天代表的神圣地位。

地方的灾害救助活动则偏重于具体的救灾活动。州县是灾害发生的承载体，因此，州县对灾害的救助必定要涉及救灾的方方面面。由于这一时期地方官吏的升迁一定程度上与其辖区内的户口、财政税收等方面的优劣相关，特别是宋朝官吏的叙迁、磨勘制度，官吏们出于对自身前途的考虑，往往更加注意灾害救助的实效。因此，具体的救灾活动在地方上显得更为重要。

地方的救灾活动包括灾害评估、赈救活动和辅助活动三部分内容。并且，每一个子系统都形成了相对完善的救灾办法和法律法规。这一时期的地方灾害救助，以宋朝为主要代表，有着很强的针对性，对灾害爆发时的粮食问题、灾民安置问题、环境卫生情况以及灾后的重建工作等各个方面，都有比较具体的规定和安排。

在自然地理环境恶劣、生产力发展水平较低、社会动荡的情况下，这一时期的各个政权，并没有找到更好的解决灾害影响的办法，救灾措施大都是在前人的经验基础上的细化和改进，没有更大的创新。由于灾害的特殊性和地域的特点，这一时期，包括发展程度较高的宋朝，并没有形成统一的制度化、条理化的减灾、救灾操作程序。这一方面使得地方官吏能够更加灵活地把握救灾尺度，可以根据地方不同特点进行减灾活动。同时也应注意到，这样的制度模式增加了官僚机构在灾害救助上的随意性，使救灾工作受到影响。因此，中国古代救灾效果的好坏往往不是依靠经济能力和科技水平，而地方官吏的品德高下和行政能力的优劣才是真正的决定性因素。人的因素大于物的因素，不仅灾害救助如此，社会生活的其他方面也是这样，如法制生活中的清官意识等。这种弊端是中央集权制政治体制自身所无法克服的。

各种灾害的频繁爆发，使得人们在做好灾后的救灾工作的同时，灾前的防备工作显得更为重要。这一时期防灾的重要手段包括粮食仓储建设、对江河湖泊的治理、完善精耕细作农业技术以提高储备粮食的产量以及其他一些灾害的预防措施。

粮食是减灾活动的重中之重，无论发生何种灾害，粮食总是整个减灾活动的中心问题。为此，或是出于战备的考虑，宋元时期无论哪个政权都十分重视仓储的建设。总的来讲这一时期主要的仓储有常平仓、义仓、惠民仓、广惠仓、丰储仓、平籴仓、社仓等。这些仓储大部分都是官仓，其仓本或来源于百姓所缴纳的赋税在地方上的留存，或是百姓在缴纳正税之外所需另外再缴纳的赋税，或由地方上自行捐赠，每户具体缴纳多少，常与民户的等级相关。其具体的救灾方式基本上是在发生灾害时以低价向百姓出售粮食，或以赈贷的方式贷给百姓。这个过程中，例如常平仓则需要层层上报，等待审批，这往往会贻误最佳的救灾时机。为弥补这种不足，一些地方上也设置了直接归地方管辖、不用层层上报的仓储，例如惠民仓。这些官仓的日常管理有些归属中央，有些归属地方，各有不同。除官仓外，也有民间设立的仓储，这其中较为典型的就是朱子社仓，其仓本最初来源于对富户的劝分，以宋代的社甲制度为基础，遵循自愿入社的原则，向入社的百姓贷给粮食。

对江河湖泊的治理是防范水旱灾害、提高救灾、备荒效率的重要手段。宋元时期黄河水患比较严重，水灾暴发次数频繁，受灾面积广，灾情严重，受灾地点集中，北宋、金、元均设立了管理河务的都水监或河渠司，并制定出相关的规章制度，投入大规模人力、物力对黄河进行治理，并且政府每年都会派遣官员定期巡河，当预计到黄河有决口的可能时，就会提前做好准备工作。这一时期中国经济重心南移，使得定都于汴梁（今开封）和大都（今北京）的北宋和元朝对南方粮食依赖日益加剧。为了解决北方的粮食问题，或进行备荒，政府"南粮北运"，疏通和修建了大量的运河，北宋对淮河设闸筑堰，元代则重修成规模更大的京杭大运河。此外，社会的动荡使得中国南方的人口迅速增加，为了解决粮食问题，人们私下或在政府的鼓励下"与湖争地"，由此造成了水涝灾害或河道淤塞，虽政府多次下令禁止围湖造田，也对有关湖泊和河道进行了疏导，但最终成效不大。同时对前代水利工程的修复也是这一时期储粮备荒的重要工程之一。

宋元时期是中国古代社会经济发展的一个高峰，技术特别是精耕细作农业技术的发展更是尤为突出。精耕细作农业技术的发展使得社会的粮食得到了一定保障，这本身就是防止灾害发生的一个重要手段。另外，粮食的充裕使得整个社会抵御灾害的能力也得到了加强。总的来讲，这一时期农业技术的进步主要体现在传统农业生产工具的发展、传统农业生产技术的进步、灌溉排水技术的发展及精耕细作农业技术的推广。如耕作农具踏犁，可在发生旱涝灾害、耕畜遭受损失的情况下，借助人力进行耕作；如对灌溉农具翻车、筒车进行改进，即出现齿轮传动装置；农具的专门化也趋于明显，其中之一就是出现专门提高生产效率的配套机械农具。农业生产技术主要体现在农田改良技术、土地利用技术、耕作栽培技术、防治虫害技术及注重水土保持。灌溉排水技术则体现在南北方水利工程的恢复与新建，此外，这一时期中国的精耕细作农业区域进一步扩大，精耕细作的农业技术特别在南方地区得到了广泛的推广。

最后，对于一些具体的灾害，宋元时期也有其专门的预防措施。例如对于疫病灾害，人们已经意识到了预防的重要性，政府会主动编撰刊印并推广一些医学书籍，并在地方上设立病坊、给散医药。在遇到灾荒时，会主动招募劳力处理尸体，防止尸体腐烂、产生或加重疫情。此外，教导人们日常健康的生活习惯，也是预防疫病的重要方式。对于地震灾害的预防，则首先做好灾后救济的粮食储备工作，其次就是发展防震建筑技术及应用防震材料，最后为保证灾后农业生产和人民生活的稳定而使减免赋税、徭役成为常态。

灾害的频发，使得宋元时期有关灾害的记载也比较多，记录下来的内容也比较丰富，涉及具体的灾害记录、减灾活动、防灾工程、救灾法令等。但相对而言要数两宋最为丰富，这可能由于两宋的时间跨度是最长的，且宋人对于灾害的记录也最为详尽。有关西夏灾害相关内容的记载最为稀少，其中大部分还是从别国历史记载中间接反映的。这可能是由于频繁的战乱，特别是元灭西夏的战争，对有关西夏灾害的相关记载产生了巨大的破坏，再者由于西夏在那个时期一直相对弱小，后世对于西夏史的修订也不重视。

直到科技发达的今天，自然灾害仍然是引起世界各国政府高度重视的重要问题。如何加强灾害救助和预防，在现有的条件下，达到最佳的减灾效果，将自然灾害造成的人民生命财产的损失与社会和经济的停滞减轻到最低程度，是现代社会减灾的主要目标，同时也是国际社会的普遍共识。宋元时期是中国古代自然灾害爆发的一个高峰期，但也是社会发展的一个繁荣期，政府对灾害救助和预防的重视程度提高，在政府的领导下，社会各阶层在救灾、防灾方面发挥了各自的作用。总的来说，救灾程序、应对灾害的法律法规，达到了较为完善的程度，救灾、防灾措施的具体实施和人员组织所带来的运行效果也较好。

第二编

大事记

宋建隆元年（960年）

△十月，蔡州（今属河南汝南）大霖雨，道路行舟。

△己酉（十三日），赈济扬州城中的百姓，每人一斛米，十岁以下者减半。

宋建隆二年（961年）

△是岁，宋州（今属河南商丘）汴水溢。孟州河溢，坏堤。襄州汉水涨溢数丈。

△十一月诏以濠（今属安徽凤阳）、楚民乏食，令长吏开仓赈贷。

宋乾德元年（963年）

△二月辛亥，澶（今属河南濮阳）、滑（今属河南安阳）、卫（今属豫北境内）、魏（今属河北大名东北）、晋（今属河北石家庄）、绛（今属山西新绛）、蒲（今属山西永济）、孟（今属河南焦作）八州饥，命开仓赈之。

△多事之后，义仓寝毁，岁或少歉，失于预备，宜令诸州于属县各置义仓，自今官中所收二税，每石别输一斗，贮之以备凶歉，给予民人。

宋乾德二年（964年）

△二月，陕州（今属河南三门峡）言民饥，遣给事中刘载往赈之。四月，诏延州（今属河南新乡）贷粟五千石，济麟州饥民。又灵武言饥殍者甚众，命以泾州（今属甘肃泾川）官廪谷三万石赈之。

△四月，阳武县雨雹。宋州（今属河南商丘）宁陵县风雨雹伤民田。六月，潞州（今属山西长治）风雹。七月，同州郃阳县（今属陕西关中）雨雹害稼。八月，肤施县风雹霜害民田。

△五月，扬州暴风，坏军营舍仅百区。

△五月，昭庆县（今属河北隆尧县）有蝗，东西四十里，南北二十里。是时，河北、河南、陕西诸州有蝗。

宋乾德六年（968年）

△正月，陕州（今属河南三门峡）集津镇、绛州（今属山西新绛）垣曲县、怀州武陟县民饥，发廪以赈之。

△六月，诏曰："暑雨滂沱，堤防（泛）决，行潦所至，多稼用伤。忧民方轸于焦劳，常赋宜行于蠲免。应诸道州县民田有经霖雨及河水损

败者，今年夏租及缘纳物，并予放免。"

宋开宝六年（973 年）

△二月，曹州（今属山东菏泽）民饥，诏运太仓米二万石往赈之。

宋开宝八年（975 年）

△八年十月，广州飓风起，一昼夜雨水二丈余，海为之涨，漂失舟楫。

宋开宝九年（976 年）

△四月，宋州（今属河南商丘）大风，坏甲仗库、城楼、军营凡四千五百九十六区。

宋太平兴国二年（977 年）

△六月曹州（今属山东菏泽）大风，坏济阴县廨及军营；孟州（今属河南焦作）河溢，坏温县堤七十余步；郑州坏荥泽县宁王村堤三十余步；又涨于澶州（今属河南濮阳），坏吴公村堤三十步；开封府汴水溢，坏大宁堤，浸害田禾；忠州江涨二十五丈；兴州江涨，毁栈道四百余间；濮州大水，害民田凡五千七百四十三顷；颍州颍水涨，坏城门军营民舍；景城县州，坏吴公村堤三十步；开封府汴水溢，坏大宁堤，浸害田禾；忠州（今属重庆忠县）江涨二十五丈；兴州江涨，毁栈道四百余间；濮州大水，害民田凡五千七百四十三顷；颍州颍水涨，坏城门军营民舍；景城县雨雹。

宋太平兴国五年（980 年）

△七月，北海黏虫生，潍州（今属山东潍坊）黏虫食稼殆尽。

△五月癸卯朔，大霖雨。辛酉，命宰相祈晴。

宋太平兴国八年（983 年）

△六月，河南府澍雨，洛水涨五丈余，坏巩县官署军营民舍殆尽。谷、洛、伊、瀍四水暴涨，坏京城官署军营寺观祠庙民舍万余区，溺死者以万计。

△九月，太平军飓风拔木，坏廨宇、民舍千八十七区。

辽统和元年（983 年）

△九月，南京留守奏，秋霖害稼，请权停关征，以通山西籴易。从之。

△九月，以东京（今属辽宁辽阳）、平州（今属吉林、辽宁一带）旱、蝗，诏赈之。

宋雍熙二年（985 年）

△冬，南康军（治所在今江西星子县）大雨雪，江水冰，胜重载。

宋雍熙三年（986 年）

△阶州福津县（今属甘肃武都）常峡山圮，壅白江水，逆流高十许丈，坏民田数百里。

宋雍熙五年（988 年）

△正月，成都府部内比岁不稔，谷价翔贵，请发公廪赈粜，以济贫民。

宋端拱二年（989 年）

△五月，京师旱，秋七月至十一月，旱，上忧形于色，蔬食致祷。是岁，河南、莱、登、深、冀旱甚，民多饥死，诏发仓粟贷之。

宋淳化元年（990 年）

△七月，河南府言：洛阳等八县民饥，诏发仓粟赈之，人五斗。七月，以京师（今属河南开封）米贵，遣使臣开仓减价分粜，以赈饥民。

△六月，许州（今河南许昌）大风雹，坏军营、民舍千一百五十六区。鱼台县风雹害稼。陇城县大雨，坏官私庐舍殆尽，溺死者百三十七人；吉州大雨，江涨，漂坏民田庐舍；黄梅县堀口湖水涨，坏民田庐舍皆尽，江水坏民田庐舍皆尽，江水涨二丈八尺；洪州水涨，坏州城三十堵，民庐舍二千余区，漂二千余户。

宋淳化二年（991 年）

△正月，诏永兴、凤翔、同（今属陕西渭南）、华（今属陕西华县）、陕等州岁旱，民多流亡，宜令长史（吏）设法招携，有复业者以官仓粟贷之，人五斗，仍给复二年。

宋淳化三年（992 年）

△六月甲申，京师有蝗起东北，趣至西南，蔽空如云翳日。飞蝗自东北来，蔽天经西南而去，是夕，大雨，蝗尽死。七月，真、许、沧、沂（今属山东临沂）、蔡（今属河南汝南）、汝、商（今属陕西商洛）、充（今属贵州）、单等州、淮阳军（今属江苏邳县）、平定（今属山西太原）、彭城军（今属江苏徐州）蝗蛾抱草自死。

△是岁，河南府，京东西、河北、河东、陕西及亳、建（今属福建建瓯）、淮阳等三十六州军旱。

△六月，诏京畿大穰，物价至贱，分遣使于京畿四门置场，增价以籴，令有司虚近仓以贮之，命日常平。

宋淳化四年（993 年）

△二月，怀州（今属河南沁阳）言：去年谷不登，民无槁秸以食牛，牛多死。诏本州官草留三年准备外，余悉贷之。

△六月，陇城县（今属甘肃天水）大雨。牛头河涨二十丈，没溺居人、庐舍。七月，京师（今属河南开封）大雨，十昼夜不止，朱雀、崇明门外积水尤甚，军营、庐舍多坏。是秋，陈、颍、宋（今属河南商丘）、亳、许、蔡（今属河南汝南）、徐、濮（今属山东鄄城）、澶（今属河南濮阳）、博诸州霖雨，秋稼多败。五年秋，开封府宋亳陈颍泗寿邓蔡润诸州雨水害稼。

△辽境自夏末大雨，至是桑乾、羊河溢，居庸关西害禾稼殆尽，奉圣、南京居民庐舍多垫溺。

宋淳化五年（994 年）

△遣使赈宋（今属河南商丘）、亳、陈（今属河南周口淮阳县）、颍州（今属安徽阜阳）饥民，别遣决诸路刑狱，应因饥劫藏粟，诛为首者，余减死。

△六月，京师疫，遣太医和药救之。

△开始于各州设置惠民仓。"（淳化）五年令诸州置惠民仓，如谷稍贵，即减价籴于贫民，不过一斛。"

宋至道元年（995 年）

△四月甲辰，京师大雨雷电，道上水数尺。五年秋，开封府、宋（今属河南商丘）、亳、陈（今属河南周口淮阳县）、颍（今属安徽阜阳）、泗（今属安徽泗县）、寿（今属安徽六安）、邓、蔡（今属河南汝南）、润（今属江苏镇江）诸州雨水害稼。

辽统和十三年（995 年）

△开始普遍设置义仓。十三年，诏诸道置义仓。岁秋，社民随所获，户出粟庤仓，社司籍其目。岁俭，发以振民。

宋咸平元年（998 年）

△江、浙、淮南、荆湖四十六州军旱。

△九月，诏两浙路留诸州运米以济饥民。十月，诏两浙转运使察管内七州乏食处，赈贷讫以闻。

宋咸平二年（999 年）

△四月，池州仓火，燔米八万七千斛。

△十一月，两浙转运司请出常、润州廪米十万石赈。

辽统和十七年（999 年）

△以南京、平州岁不登，奏免百姓农器钱，及请平诸郡商贾价，并从之。

宋咸平三年（1000 年）

△四月丁巳，京师（今属河南开封）雨雹，飞禽有陨者。

宋咸平五年（1002 年）

△二月，雄（今属河北保定）、霸（今属河北廊坊）、瀛（今属河北河间）、莫（今属河北任丘）、深（今属河北衡水）、沧州、乾德军乙，为粥以赈济民。

宋咸平六年（1003 年）

△五月，京城疫，分遣内臣赐药。

△今又闻复有修河之役，三十万人之众，开一千余里之长河，计其所用物力，数倍往年。（景德）三年六月，京城汴水暴涨，诏觇候水势，并工修补，增起堤岸。工毕，复遣使祭。

宋景德元年（1004 年）

△景德元年，京师（今属河南开封）夏旱，人多渴死。

宋景德二年（1005 年）

△京西转运使言襄、许（今属河南许昌）、陈（今属河南淮阳）、蔡（今属河南汝南）等州民饥，请减价粜仓粟赈救，从之。

宋景德三年（1006 年）

△丁卯，青、齐、淄、潍、登、莱等州民饥。己巳，诏京东转运司赈之。

△五月，西凉府厮铎督部落多疾，赐以药物。

宋大中祥符元年（1008 年）

△正月，陕西转运使王观言庆州麦粟踊贵。诏出官米万斛，减价粜之。

宋大中祥符二年（1009 年）

△二月，诏赈同、华（今属陕西华县）等州民，去岁逋税曰悉蠲之。

△辛丑，分遣使臣出常平仓粟麦，于京城四面开八场，减价粜之以平物价。

△秋七月甲寅朔，霖雨，潢、土、斡剌、阴凉四河皆溢，漂没民舍。

宋大中祥符三年（1010 年）

△五月辛丑，京师（今属河南开封）大雨，平地数尺，坏军营、民舍，多压死者。

△乙卯，陕西民疫，遣使赍药赐之。五月壬午，以西凉府觅诺族瘴疫，赐药。

△八月甲子，淮南饥。诏罢诸州和籴，减直粜廪米及赈贷贫民，所在系囚递减一等，盗谷食者量行论决。

宋大中祥符四年（1011 年）

△六月，剑州（今属四川剑阁）、利州（今属四川广元）、阆州（今属四川东北部）、集州（今属四川南江）、壁州（今属四川通江、万源）、巴州（今属四川巴中）等地出现饥荒，真宗下诏赈济。

△至贵州南峻岭谷，大雨连日，马驼皆疲，甲仗多遗弃，霁，乃得渡。

宋大中祥符五年（1012 年）

△大中祥符五年十二月二十二日，泗州饥，官给米十万石以赈之。

宋大中祥符八年（1015 年）

△戊戌，诏京兆、河中府、陕、同（今属陕西渭南）、华（今属陕西华县）、虢等州贷贫民麦种。

宋大中祥符九年（1016 年）

△诏如闻广南东西路物价稍贵，宣令转运司提点刑狱官分抚恤，发官廪减价赈粜。

△六月，京畿、京东西、河北路蝗蝻继生，弥覆郊野，食民田殆尽，入公私庐舍。七月，过京师（今属河南开封），群飞蔽空，延至江、淮南，趋河东，及霜寒始毙。

宋天禧元年（1017 年）

△二月，开封府、京东西、河北、河东、陕西、两浙、荆湖百乏十

州军，蝗蝻复生，多去岁蛰者。和州蝗生卵，如稻粒而细。

△四月四日，诏河北大名府、磁（今属河北邯郸）、相（今属河南安阳、河北临漳）、澶州（今属河南濮阳）、通利军（今属河南浚县）、两浙越（今属浙江绍兴）、睦（今属浙江杭州）、处州（今属浙江丽水），去秋灾伤，民多阙食，令转运司运米赈济之。

△九月，镇戎军彭城砦风雹，害民田八百余亩。

△十一月，京师大雪，苦寒，人多冻死，路有僵尸，遣中使埋之四郊。遣使臣置场减价鬻官炭十万秤，以寒故也。

宋天禧二年（1018 年）

△春，正月，乙未朔，永州（今属湖南永州）大雪，六昼夜方止。江、溪鱼皆冻死。

△正月八日，沼江、淮运米十万斛付京东，及令河北转运使出廪赈粜，以两路粟贵故也。

宋天禧四年（1020 年）

△五月，令永兴、凤翔减价粜粮。以济阶（今属甘肃陇南）、成（今属甘肃成县）、秦（今属甘肃天水）、凤州（今属陕西宝鸡）流民。

△七月，京师连雨弥月。甲子夜，大雨，流潦泛溢，民舍、军营圮坏大半，多压死者。自是频雨，及冬方止。

宋天禧五年（1021 年）

△冬十月癸卯朔，诏蠲开封府、京东西、淮南、两浙水灾州军民租。

宋乾兴元年（1022 年）

△二月庚子朔，上御正阳门，大赦天下，恩赏悉依南郊例。水灾州军，悉除其民逋租，流民复业者例外更免其科纳、差役，仍贷以粮种。

宋天圣三年（1025 年）

△十一月，晋、绛（今属山西新绛）、陕（今属河南三门峡）、解州（今属山西运城）饥，发粟赈之。

宋天圣四年（1026 年）

△六月丁亥，剑州（今属四川剑阁县）、邵武军（今属福建邵武）大水，坏官私庐舍七千九百余区，溺死者百五十余人。

宋天圣五年（1027 年）

△三月，诏襄（今属湖北襄阳）、颍（今属安徽阜阳）、许（今属河南许昌）、汝（今属河南汝州）等州，以水所坏谷八万余斛，赈给贫民。

宋天圣七年（1029 年）

△乙酉，赈河北沿边水灾饥民。州县有不任职者，转运使亟选所部官代之。

宋天圣九年（1031 年）

△十月十二日，中书门下言："广东经略、转运使等言，潮州海阳、潮阳两县人户被海潮涨，推荡屋舍、田苗，死失人口，乞令本路提刑司躬亲前去，依条存恤。"从之。

宋明道二年（1033 年）

△甲辰，以京东饥，出内藏绢二十万代其民岁输。

宋景祐四年（1037 年）

△十二月甲子，京师（今属河南开封）地震。甲申，忻（今属山西忻州市）、代（今属山西代县）、并（今属山西太原）三州地震，坏庐舍，覆压吏民。忻州死者万九千七百四十二人，伤者五千六百五十五人，畜扰死者五万余；代州死者七百五十九人；并州千八百九十人。

宋宝元元年（1038 年）

△建州（今福建建瓯）自正月雨，至四月不止，溪水大涨，入州城，坏民庐舍，溺死者甚众。

宋宝元二年（1039 年）

△六月丁丑，益州（今属四川成都）火，焚民庐舍二千余区。

宋康定元年（1040 年）

△十二月癸巳，诏天下诸县民，凡撅飞蝗遗子撅虫卵一升者，官给以米豆三升。

宋庆历八年（1048 年）

△富弼《支散流民斛斗画一指挥行移》曰：当司昨为河北遭水，失业流民，拥并过河南，于京东青淄潍登莱五州丰熟处，逐处散在城郭乡村不少。当司虽已诸般擘画，采取事件，指挥逐州官吏，多方安泊存恤，救济施行。本使体量，尚恐流民失所，寻出给告谕文字，送逐州给

散诸县，令逐耆长，将告谕指挥乡村等第人户并客户，依所定米豆数。

△十二月，诏："河北水灾尤甚，民多乏食，特出内藏库钱帛，令三司转漕斛斗往本路。仍令安抚，转运使分行赈赡之。"

宋皇祐元年（1049 年）

△二月戊辰，以河北疫，遣使颁药。己未，诏诸州岁市药以疗民疾。

宋皇祐四年（1052 年）

△冬十月，仁宗下诏：河北路（辖今河北中南部、山东北部及河南北部）、江南东西路（辖今江西、安徽一带）、荆湖南北路（辖今湖南、湖北一带）、淮南路（辖今江苏、安徽淮北地区及河南永城、鹿邑等县）、两浙路（辖今浙江、上海及江苏镇江、金坛、宜兴等地）受灾的州军，由各州军的长吏筹集米粮，并熬粥给饥民，对于能用心救助的，应当在讨议后进行嘉奖。

宋至和三年（1056 年）

△正月壬午，大雨雪，泥涂尽冰，都民寒饿死者甚众。

△六月二十九日，诏令大名府、澶（今属河南濮阳）、博州（今属山东聊城）赈济经水人户。夏雨霖，京师大水，坏城及水窗以人请军营房、社稷、诸祠坛塘并被浸损，都人压溺，系械以居。诸路皆奏江河决溢，而河北尤甚。

△丙戌，赐河北路诸州军因水灾而徙他处者米，一人五斗。其压溺死者，父、母、妻赐钱三千，余二千。

宋嘉祐二年（1057 年）

△丙寅，幽州地大震，坏城郭，覆压死者数万人。

△《宋史·食货志》记载："诏天下置广惠仓，使老幼贫疾者皆有所养。"

△自五月大雨不止，水冒安上门，门关折，坏官私庐舍数万区，城中系筏渡人。

△八月，枢密使韩琦建议朝廷停止鬻卖各地户绝田产（即无主田地），招募农户租佃，每年农户夏税所交纳的租税用来供给城市里年老体弱或无人抚养的孤儿，政府专门设置仓库储存户绝田产的租税收入，这些仓库称之为广惠仓。各地仓库建成后，宋仁宗命令各路提点刑狱专门管理广惠仓，每年年底将广惠仓收入和开支情况上报三司，并规定

十万户以上地区存留一万石、七万户以上者八千石、五万户以上者六千石、三千户以上者四千石、二万户以上者三千石、一万户以上一千石，不满一万户的地区一千石，广惠仓粮食超过上数规定时，各地方长官才能将户绝田产出卖。

宋嘉祐三年（1058 年）

△秋七月丙子，诏广济河溢，原武县（今属河南原阳）河决，遣官行视民田，振恤被水害者；癸巳，以夔州路旱，遣使安抚。

宋嘉祐五年（1060 年）

△五月戊子朔，京师民疫，选医给药以疗之。

△九月，仁宗诏梓州路今春饥，夏秋闵雨，其人户诉灾伤者，令转运使速遣官体量，蠲其赋租，仍勿检覆。

宋治平元年（1064 年）

△春，京师（今属河南开封）逾时不雨。郑、滑（今属河南安阳）、蔡（今属河南汝南）、汝（今属河南汝州）、颍（今属安徽阜阳）、曹（今属山东菏泽）、濮（今属山东鄄城）、洺（今属河北邯郸、邢台）、磁（今属河北邯郸）、晋（今属山西临汾）、耀（今属陕西铜川）、登（今属山东蓬莱）等州，河中府（今属山西永济）、庆成军（今属山西万荣）旱。

宋治平二年（1065 年）

△八月京师（今属河南开封）大雨，房屋、人畜受灾严重。为了排除宫中积水，下令开城门，结果大水冲入宫殿，宫中被淹者一千五百多人。八月庚寅，大雨，地上涌水，坏官私庐舍，漂人民畜产不可胜数。是日，御崇政殿，宰相而下朝参者十数人而已。诏开西华门以泄宫中积水，水奔激，殿侍班屋皆摧没，人畜多溺死，官为葬祭其无主者千五百八十人。

宋治平四年（1067 年）

△秋，漳泉建州（今属福建建瓯）、邵武兴化军等处皆地震，潮州尤甚，拆裂泉涌，压覆州郭及两县屋宇，士民、军兵死者甚众。

△宋神宗继位后任用王安石为参知政事，进行变法。

宋熙宁元年（1068 年）

△七月，诏："恩、冀州河决水灾，可选官分诣，若有溺死人口，量

其大小，赐钱有差。其居处未安，令于官地搭盖，或寺观庙宇存泊。内有被浸贫下人户，令省仓赐粟。"

宋熙宁二年（1069年）

△正月，知同州（今属陕西大荔）、知齐州（今属山东济南）王广渊、知唐州（今属河南唐河）高赋等地方官向宋神宗建议恢复义仓制度，并总结设置义仓的经验，作为长期推行的准则。知陈留县（今属河南开封南）苏涓也上书谓陈留县离京师开封距离最近，建议将义仓法在京师试点推行，第一等户每年纳粟或麦二石、第二等户一石、第三等户五斗、第四等户一斗五升、第五等户一斗，所纳粮食储存于里社，每一社仓委派专人负责，村社由耆长负责农户纳粮工作，县官登记每年里社粮食的具体数量，收成好的年景可以根据义仓粮食的多寡收纳，收成不佳的年景则根据义仓粮食的多少赈济当地百姓。如果义仓粮食储存时间长则可以借贷给老百姓，或新陈相易，以避免粮食的损坏。苏涓还具体陈述了义仓制的可行性与一些可能出现的弊端。宋神宗接受了上述地方官的意见，决定恢复义仓法。

宋熙宁三年（1070年）

△丙寅，以旱虑囚，死罪以下递减一等，杖笞者释之。

辽咸雍八年（1072年）

△丙辰，大雪，许民樵采禁地。

宋熙宁七年（1074年）

△自春及夏河北、河东、陕西、京东西、淮南诸路久旱；九月，诸路复旱。时新复洮河亦旱，羌户多殍死。

△癸亥，诏河北两路捕蝗。又诏开封淮南提点、提举司检覆蝗旱，以米十五万石赈河北西路灾伤。

辽大康二年（1076年）

△九月戊午，以南京（今北京）蝗，免明年租税。

宋元丰元年（1078年）

△查道知虢州，蝗灾，知民困极，急取州麦四千斛贷民为种，民由是而苏，遂得尽力于耕耘之事。曾巩知越州，值岁饥，出粟五万石，贷民为种粮，使随岁赋人官，农事赖以不乏。

宋元丰四年（1081 年）

△六月，邕州（今属广西南宁）飓风，坏城楼、官私庐舍。七月甲午夜，泰州（今属江苏泰州）海风作，继以大雨，浸州城，坏公私庐舍数千间。静海县大风雨，毁官私庐舍二千七百六十三楹。丹阳县大风雨，溺民居，毁庐舍。丹徒县大风潮，漂荡沿江庐舍，损田稼。

宋元祐八年（1093 年）

△诏曰：访闻日近在京军民难得医药，令开封府体访，如委是人多病患。可措置于太医局选差医人就班直军营、坊巷，分认地分诊治。本府差官提举，合药并日支食钱，于御前寄收封椿钱内等第支破，患人稀少即罢。

宋绍圣元年（1094 年）

△诏，访闻在京军民疾病者众，令开封府关太医局，取熟药疗治。

宋绍圣三年（1096 年）

△江东大旱，溪河涸竭。

宋建中靖国元年（1101 年）

△十二月辛亥，太原府、潞（今属山西长治）、晋（今属山西临汾）、隰（今属山西临汾）、代（今属山西代县）、石（今属山西吕梁）、岚（今属山西岚县）等州、岢岚（今属山西岢岚）、威胜（今属山西沁县）、保化（今属山西保德）、宁化军（今属山西宁武）地震弥旬，昼夜不止，坏城壁、屋宇，人畜多死。

宋大观二年（1108 年）

△大观二年，淮南、江东西诸路大旱，自六月不雨，至于十月。

宋政和三年（1113 年）

△政和三年十一月，大雨雪，连十余日不止，平地八尺余。冰滑，人马不能行，诏百官乘轿入朝。飞鸟多死。

宋政和七年（1117 年）

△六月，京师（今属河南开封）大雨雹，皆如拳，或如一升器，几两时而止。

宋宣和元年（1119 年）

△五月，大雨，水骤高十余丈，犯都城，自西北牟驼冈连万胜门外

马监，居民尽没。

宋宣和七年（1125 年）

△七月己亥，熙河路（今属甘肃临洮）地震，有裂数十丈者，兰州尤甚。陷数百家，仓库俱没。河东（今属山西太原）诸郡或震裂。

宋靖康元年（1126 年）

△闰十一月，大雪，盈三尺不止。天地晦冥，或雪未下时，阴云中有雪丝长数寸堕地。

宋靖康二年（1127 年）

△二月乙酉，大风折木，晚尤甚。三月己亥，大风。四月庚申朔，大风吹石折木；辛酉，北风益甚，苦寒。

△正月丁酉，大雪，天寒甚，地冰如镜，行者不能定立。

△靖康二年三月，金人围汴京，城中疫死者几半。

宋建炎三年（1129 年）

△山东郡国大饥，人相食。时金人陷京东诸郡，民聚为盗，至车载干尸为粮。

宋绍兴五年（1135 年）

△三月，霖雨，伤蚕麦，行都雨甚。九月，雨，至于明年正月。

△闰月乙巳朔，雨雹而雪。十月丁未夜，秀州华亭县（今属上海松江）大风电，雨雹，大如荔枝实，坏舟覆屋。

△癸丑，以久旱减膳、祈祷。

金天会十三年（1135 年）

△甲戌，金主诏中外公私禁酒。

宋绍兴六年（1136 年）

△二月，行都屡火，燔千余家。十二月，行都大火，燔万余家，人有死者。

西夏大庆四年（1143 年）

△夏四月，夏州（今内蒙古乌审旗白城子）地裂泉涌。出黑沙，阜高数丈，广若长堤，林木皆没，陷民居数千。下令曰：人民遭地震地陷死者，二人免租税三年，一人免租税二年，伤者免租税一年，其庐舍城壁摧塌者，令有司修复之。

宋绍兴十六年（1146年）

△清远（今属广东广州）、翁源（今属广东韶关）、真阳（今属广东英德）三县鼠食稼，千万为群。时广东久旱，凡羽鳞皆化为鼠。有获鼠于田者，腹犹蛇文，渔者夜设网，旦视皆鼠。自夏徂秋，为患数月方息，岁为饥，近鼠妖也。

宋绍兴十八年（1148年）

△冬，浙东、江淮郡国多饥，绍兴尤甚。民之仰哺于官者二十八万六千人，不给乃食糟糠、草木，殍死殆半。

宋绍兴二十三年（1153年）

△秋七月，光泽县（今属福建南平）大雨，溪流暴涌，平地高十余丈，人避不及者皆溺，半时即平。

宋绍兴二十六年（1156年）

△夏，行都（即临安，今属浙江杭州）又疫。高宗出柴胡制药，活者甚众。

宋绍兴二十七年（1157年）

△镇江（今属江苏镇江）、建康（今属江苏南京）、绍兴府（今属浙江绍兴）、真（今属江苏仪征）、太平（今属安徽当涂）、池（今属安徽池州）、江（今属江西九江）、洪（今属江西南昌）、鄂州（今属湖北武昌）、汉阳军（今属湖北武汉）大水。

宋绍兴二十八年（1158年）

△六月丙申，兴、利二州及大安军大雨水，流民庐，坏桥栈，死者甚众。

金正隆五年（1160年）

△河东、陕西地震，镇戎（今属宁夏固原）、德顺（今属宁夏隆德）大风，坏庐舍，民多压死。

宋隆兴元年（1163年）

△绍兴府大饥，四川尤甚。平江襄阳府（今属湖北襄阳）、随（今属湖北随州）、泗州（今属江苏盱眙）、枣阳（今属湖北枣阳）大饥，随、枣间米斗六七千。

宋隆兴二年（1164 年）

△七月，平江（今属江苏苏州）、镇江（今属江苏镇江）、建康（今属江苏南京）、宁围府（今属安徽宣城）、湖（今属浙江吴兴）、常（今属江苏常州）、秀（今属上海松江）、池（今属安徽池州）、太平（今属安徽当涂）、庐（今属安徽合肥）、和（今属安徽和县）、光州（今属河南潢川）、江阴（今属江苏江阴）、广德（今属安徽广德）、寿春（今属安徽寿县）、无为军（今属安徽无为）、淮东郡（今属安徽淮河南岸一带）皆大水，浸城郭，坏庐舍、圩田、军垒，操舟行市者累日，人溺死甚众。越月，积阴苦雨，水患益甚，淮东有流民。

宋乾道四年（1168 年）

△朱熹针对常平仓和义仓的两大缺点：一是常平仓和义仓粮食储存于州县，二是法令太严密，在其家乡建宁府崇安县五夫里和地方官绅一起创办社仓。

宋乾道八年（1172 年）

△五月，赣州南安军山水暴出及隆兴府吉筠州临江军皆大雨水，漂民庐，坏城郭，溃田害稼。六月壬寅，四川郡县大雨水，嘉（今属四川乐山）、眉（今属四川眉山）、邛（今属四川邛崃）、蜀州（今属四川崇庆）、永康军（今属四川都江堰）及金堂县（今属四川成都）尤甚，漂民庐，决田亩。

宋淳熙元年（1174 年）

△七月，钱塘大风涛，决临安府（今属浙江杭州）江堤一千六百六十余丈，漂民居六百三十余家。

宋淳熙三年（1176 年）

△五月，淮、浙积雨损禾麦。八月，浙东西、江东连雨。癸未、甲申，行都大风雨。

△中都、河北、山东、陕西、河东、辽东等十路旱、蝗。

宋淳熙四年（1177 年）

△五月庚子，建宁府、福南剑州（今属四川剑阁）大雨水，至于壬寅，漂民庐数千家。己亥夜，钱塘江涛大溢，败临安府堤八十余丈；庚子，又败堤百余丈。明州（今属浙江宁波）濒海大风，海涛败定海县堤

二千五百余丈、鄞县堤五千一百余丈，漂没民田。

△九月丁酉、戊戌，大风雨驾海涛，败钱塘县堤三百余丈；余姚县溺死四十余人，败堤二千五百六十余丈；败上虞县堤及梁湖堰及运河岸；定海县败堤二千五百余丈；鄞县败堤五千一百余丈。

宋淳熙五年（1178 年）

△八月，淮东通、泰、楚、高邮黑鼠食禾既，岁大饥。时江陵府郭外，群鼠多至塞路，其色黑、白、青、黄各异，为车马践死者不可胜计，逾三月乃息。

宋淳熙八年（1181 年）

△临安（今属浙江杭州）府灾伤，九月二十七日，诏"丰储仓拨米三万石付临安府属县，二万石付严州及诸县赈济"。

宋淳熙十年（1183 年）

△八月辛酉，雷州（今属广州雷州）大风激海涛，没濒海民舍，死者甚众。

△九月乙丑，福、漳州大风雨，水暴至，长溪、宁德县濒海聚落、庐舍、人舟皆漂入海，漳城半没，浸八百九十余家。

宋淳熙十二年（1185 年）

△淮水冰，断流。是冬，大雪。自十二月至明年正月，或雪，或霰，或雹，或雨水，冰粒尺余，连日不解。台州雪深丈余，冻死者甚众。

宋淳熙十四年（1187 年）

△临安府旱灾，十一月十八日诏"令丰储仓先次拨米一万石，付临安府专充旱伤县分赈济"。

宋淳熙十六年（1189 年）

△四月，西和州（今属甘肃西和西南）霖雨，害禾麦。六月庚寅，镇江府大雨水五日，浸军民垒舍三千余。

宋绍熙二年（1191 年）

△二月六日，诏"近日雪寒，细民不易，可令丰储仓支米五万石，令户部同临安府守臣措置，将城内外委系贫乏老疾之人，计口赈济，务要实惠及民，具已赈济人数闻奏"。

△三月，瑞安大风雨雹，田苗树果荡尽，坏屋杀人。三月癸酉，温

州大风，雨雹，大如桃实，平地盈尺，坏庐舍五千余家，禾麻菜果皆损。五月戊申，建宁州水。己酉，福州水，浸附郭民庐，怀安、侯官县（今属福建福州）漂千三百余家，古田、闽清县亦坏田庐。庚午，利州东江溢，坏堤、田、庐舍。辛未，潼府东、南江溢；六月戊寅，又溢，再坏堤桥，水入城，没庐舍七百四十余家，郭（今属四川三台）、涪（今属四川绵阳）、射洪（今属四川射洪）、通泉（今属四川射洪）县汇田为江者千余亩。七月癸亥，嘉陵江暴溢，兴州圮城门、郡狱、官舍凡十七所，漂民居三千四百九十余，潼川崇庆府（今属四川崇州）、绵（今属四川绵阳）、果（今属四川南充）、合（今属重庆合川）、金（今属陕西安康）、龙（今属四川平武、江油）、汉州（今属四川广汉）、怀安（今属四川成都东）、石泉（今属四川北川）、大安军（今属陕西宁强）、鱼关（今属陕西略阳）皆水。

△二月庚寅朔，建宁府大风雨雹，仆屋杀人。三月癸酉，大风雨雹，大如桃李实，平地盈尺，坏庐舍五千余家，禾麻、蔬果皆损；瑞安县亦如之，坏屋杀人尤甚。秋，祐川县（今属甘肃岷县）大风雹，坏粟麦。

宋绍熙三年（1192 年）

△五月壬辰，常德府大雨水，浸民田庐。乙未，潼川府东、南江溢，后六日又溢，浸城外民庐，人徙于山。己亥，池州大雨水连夕，青阳县山水暴涌，漂田庐杀人，盖藏无遗；贵池县亦水。庚子，泾县大雨水，败堤，圮县治、庐舍。六月辛丑，建平县（今属安徽郎溪）水，败堤入城，漂浸民庐。甲戌，祁门县水。七月壬申，天台（今属浙江天台）、仙居县（今属浙江仙居）大水连夕，漂浸民居五百六十余，坏田伤稼。襄阳、江陵府大雨水，汉江溢，败堤防，圮民庐、没田稼者逾旬；复州、荆门军水，亦如之。镇江府三县水，损下地之稼。

宋绍熙四年（1193 年）

△四月，上高县（今属江西上高）水，浸二百余家。五月壬申、癸酉，奉新县（今属江西奉新）大雷雨水，漂浸八百二十余家。五月辛未、丙子，镇江府大雨水，浸营垒六千余区。戊寅，安丰军大水，平地三丈余，漂田庐，丝麦皆空。

宋庆元元年（1195年）

△四月，临安（今属浙江杭州）府大疫，宋宁宗出内帑钱为贫民购买医药进行治疗。

金承安二年（1197年）

△十月大雪，朝廷赐普济院上千石粮食救济灾民。

宋庆元六年（1200年）

△冬，常州大饥，仰哺者六十万人。

宋嘉泰二年（1202年）

△浙西诸县大蝗，自丹阳入武进，若烟雾蔽天，其堕亘十余里，常之三县捕八千余石，湖之长兴捕数百石。时浙东近郡亦蝗。

△四月，民多疫疠，初觉憎寒体重，次传头面肿盛，目不能开。上喘咽喉不利，舌干口杂病篇卷之七燥，俗云大头天行，染之多死。东垣曰：身半已上，天之气也；身半已下，地之气也。此邪热客于心肺之间，上攻头面而为肿盛，遂制一方，名曰普济消毒饮子，服之皆愈。

金泰和六年（1206年）

△宋军北伐，金国应战，在围攻襄阳的战斗中，完颜匡的金军中疫病流行。且金军在撤军后，又将在襄阳的疫病带回了中原地区，使得次年在开封一带暴发了一场更大规模的疟疾流传，死亡率极高。

宋开禧二年（1206年）

△五月庚寅，东阳县大水，山千七百三十余所同夕崩洪，漂聚落五百四十余所，湮田二万余亩，溺死者甚众。

宋嘉定二年（1209年）

△春，两淮、荆、襄、建康府大饥，米斗钱数千，人食草木。淮民到道殣食尽，挖出埋葬的尸体充饥，继之，人相扼噬；流于扬州者数千家，渡江者聚建康，殍死日八九十人。

△三月，淮民流江南者，饥与暑并多疫死。庚申，命浙西及沿江诸州给流民病者药。

△戊戌，又震，浮山县（今属山西浮山）尤甚。

宋嘉定三年（1210年）

△五月癸丑，行都（今属杭州市）大水，浸庐舍五千三百，禁旅垒

舍之在城外者半没，西湖溢。

金崇庆元年（1212 年）

△是岁，河东、陕西、山东、南京诸路旱。河东、陕西大旱，京兆（今北京）斗米至八千钱。

金至宁元年（1213 年）

△七月，以河东、陕西诸处旱，遣工部尚书高朵剌祈雨于岩漄，至是雨足。时斗米有至钱万二千者。

金天德三年（1151 年）

△海陵王征发诸道工匠至京师（今属北京西南），"广燕京城，营建官室"。这年夏天，天气特别热，参加建筑的工匠冒着酷暑加班，遂引起了大规模的疫病传播，影响工程的进度。海陵王下诏征发燕京周围五里的医家到燕京的工地给工匠治病，并由政府提供药物，并且对救人较多的医家授予官职或给予奖赏或记录在档。这场京师大疫死伤工匠不知其数，"天下骚然矣"，后导致北方出现大规模的农民起义。

宋嘉定九年（1216 年）

△甲子，又震，马湖夷界山崩八十里，江水不通。

△五月，浙东蝗。丁巳，令郡国酺祭。是岁，荐饥，官以粟易蝗者千百斛。

金兴定元年（1217 年）

△戊午，单州（今属山东单县）雨雹伤稼，诏遣官劝谕农民改莳秋田，官给其种。五月乙丑，河南大风，吹府门署以去，延州（今属河南新乡）原武县雹伤稼。

△五月乙丑，河南大风。十二月戊申，即墨移风砦于大舶中得日本国大宰府民七十二人，因籴遇风漂至中国。有司覆验无他，诏给粮俾还本国。

宋嘉定十二年（1219 年）

△四月癸未，陕右黑风昼起，有声如雷，顷之地大震，平凉、镇戎、德顺尤甚，庐舍倾，压死者以万计，杂畜倍之。

宋嘉定十七年（1224 年）

△五月，福州飓风大作，坏田损稼。冬，鄂州暴风，坏战舰二百余。寿昌军坏战舰六十余，江州、兴国军亦如之雹。

金正大三年（1226 年）

△夏四月癸卯，河南大雨雹。六月辛卯，京东大雨雹，蝗尽死。

金正大五年（1228 年）

△四月，郑州大雨雹，桑柘皆枯。

金天兴元年（1232 年）

△金人的统治接近尾声，元军包围了汴京（今属河南开封）。撤围之后，汴京出现了一场大疫，流传高峰期达五十多天。前后有统计的死者数达 90 万人，其中不包括死后无钱安葬的穷人。

元太宗十年（1238 年）

△诸路旱蝗，诏免今年出租，仍停旧未输纳者，俟丰岁议之。

元中统二年（1261 年）

△夏天，元中书左丞董彦明率军攻济南。时值盛暑，军人饮了冷水，多患痢疾，加上当时其他各种传染病也流行不断，如疟疾、霍乱吐泻等。名医罗天益时在军中，组织抢救医治，救活大量的士兵。

元中统四年（1263 年）

△十一月甲申，诏以岁不登，量减阿述、怯烈各军行饷。东平、大名等路旱，量减今岁田租。

元至元六年（1269 年）

△常平仓开始设立，用于丰收年月高价收购粮食，在歉收年份低价销售，以此调节市价。

△元代立义仓于乡社，《元史·食货志》载："义仓亦至元六年始立，其法社置义仓，以社长主之。丰年每丁纳粟五斗，驱丁二斗，无粟听纳杂色，歉年就给社民。"

元至元十二年（1275 年）

△是岁，卫辉（今属河南卫辉市）、太原等路旱，河间霖雨场稼，凡赈米三千七百四十八石、粟二万四千二百六石。

宋德祐二年（1276 年）

△正月，扬州饥。三月，扬州谷价腾踊，民相食。

元至元十五年（1278 年）

△川蜀地区一再发生"岚瘴"，忽必烈弛酒禁，鼓励当地人用喝酒

暖和身子的办法来抵御疟疾。四月，全国进入雨季，阴雨不断，忽必烈又在全国范围内弛酒禁，并且给贫苦的百姓送药端汤。忽必烈在全国弛酒禁实在是出于无奈，因为这年全国很多地方有严重的疫情出现。铁哥术子义坚亚礼这年为中书省宣使，出使河南。当他到达汴州、郑州等地时，恰遇疫病流行高峰，义坚亚礼"命所在村郭构室庐，备医药，以畜病者"。即专门造房子作为传染病人的隔离场所，以方便进行治疗。由于切断了传染源，所以一定程度上疫病得到控制，"由是军民全活者众"。

元至元二十年（1283 年）

△太原、怀孟（今属河南焦作市一带）、河南等路，沁河水涌溢，坏民田一千六百七十余顷。

元至元二十一年（1284 年）

△三月，山东陨霜杀桑，蚕尽死，被灾者三万余家。

元至元二十二年（1285 年）

△秋，南京、彰德（今属河南安阳）、大名、河间、顺德、济南等路河水坏田三千余顷。

元至元二十三年（1286 年）

△杭州、平江二路属县，水坏民田一万七千二百顷。

△六月，安西路华州华阴县大雨，渣谷水涌，平地三丈余。

元至元二十四年（1287 年）

△十一月，大都路水，免今年田租十二万九千一百八十石。

元至元二十五年（1288 年）

△五月汴梁路连日降雨，襄邑出现决口，麦田都被漂没。六月归德路（今属河南商丘）水灾，减免田租一千石粮食。

元至元二十六年（1289 年）

△济宁（今属山东济宁）、东平（今属山东泰安）、汴梁（今属河南开封）、济南（今属山东）、棣州（今属山东惠民）、顺德（今属河北邢台）、平滦（今属河北卢龙）、真定（今属河北正定）霖雨害稼，免田租十万五千七百四十九石。十月，平滦路水，坏田稼一千一百顷。

元至元二十七年（1290 年）

△四月辛巳，芍陂屯田以霖雨河溢，害稼二万二千四百八十一余

亩，免其租。六月壬申，河溢太康，没民田三十一万九千八百余亩。七月丁卯，沧州乐陵（今属山东东陵）旱，免田租三万三百五十六石。

△癸巳，地大震，武平（今属内蒙古宁城）尤甚，压死按察司官及总管府官王连等及民七千二百二十人，坏仓库局四百八十间，民居不可胜计。

△是岁地震，北京尤甚，地陷，黑沙水涌出，人死伤数十万。

元至元二十八年（1291年）

△十二月癸未，太阴犯东垣上相。广济署大昌（今属重庆巫山）等屯水，免田租万九千五百石。

元至元二十九年（1292年）

△六月丙子，大宁路惠州（今属河北平泉）连年旱涝，加以役繁，民饿死者五百人。

元至元三十年（1293年）

△十月，平滦（今属河北卢龙）水，免田租万一千九百七十七石。

元至元三十一年（1294年）

△十月辽阳行省所属九处大水，民饥，或起为盗贼，命赈恤之以近边役烦及水灾，免咸平府民八百户今年赋税。

元元贞二年（1296年）

△大都路（今属北京）、益津（今属河北霸县）、保定、大兴（今属北京大兴）三县水，损田稼七千余顷。

元大德元年（1297年）

△三月，归德（今属河南商丘）、徐州（今属河南许昌），邳州（今属江苏邳州）、宿迁（今属江苏宿迁）、睢宁（今属江苏睢宁）、鹿邑（今属河南鹿邑）三县，河南许州（今属河南许昌）、临颍（今属河南）、郾城（今属河南郾城）等县，睢州（今属河南睢县）、襄邑（今属河南睢县）、太康（今属河南太康）、扶沟（今属河南扶沟）、陈留（今属河南开封）、开封、杞（今属河南杞县）等县，河水大溢，漂没田庐。五月，河决汴梁（今属河南开封），发民夫三万五千塞之。

△七月，郴州耒阳县、衡州酃县（今属湖南衡阳）大水，溺死三百余人。九月，温州平阳、瑞安二州水，溺死六千八百余人。

△元朝境内普遍出现疫情。八月丁巳，真定、河间、顺德旱、疫，

旱灾和疫病孪生出现；河间乐寿（今属河北献县）、交河（今属河北交河）大疫流行过后，病死了六千五百余人。

元大德二年（1298年）

△正月壬辰，诏以水旱减郡县田租十分之三，伤甚者尽免之，老病单弱者，差税并免三年。七月癸巳，汴梁等处大雨，河决坏堤防，漂没归德（今属河南商丘）数县禾稼庐舍，免其田租一年。

元大德三年（1299年）

△动用七千九百零二人进行黄河堵口和修筑大堤工程，堵口九十六处，修筑大堤二十五处。

元大德五年（1301年）

△六月己巳，平滦路霖雨，滦、漆、湁、汝河溢，民死者众，免其今年田租，仍赈粟三万石。乙巳，辽阳省大宁路水，以粮千石赈之。

元大德六年（1302年）

△十月济南等地连日霖雨，米价飞涨，百姓流亡，朝廷赈济三万锭钞票。

△河东地坼泉涌，崩城陷屋伤人民。

元大德七年（1303年）

△五月，济南、河间等路水。六月，辽阳（今属辽宁辽阳，辖辽宁辽河下游以东，太子河以南等地）、大宁（辖今内蒙古、辽宁、河北交界处）、平滦（今属河北卢龙）、昌国（今属浙江定海）、沈阳（今属辽宁沈阳）、开元（今属辽宁开原）六路雨水，坏田庐，男女死者百十有九人。

△八月辛卯，夜地震，平阳、太原尤甚，村堡移徙，地裂成渠，人民压死不可胜计，遣使分道赈济，为钞九万六千五百余锭，仍免太原、平阳今年差税，山场河泊听民采捕。

元大德八年（1304年）

△正月，平阳地震不止，时宫观摧圮者千四百区，道士死伤者千余人，军民不可胜计。

△五月，太原阳武县（今属河南原阳）、卫辉获嘉县（今属河南获嘉）、汴梁祥符县（今属河南开封）河溢，大名滑州（今属河南安阳）、浚州（今属河南浚县）雨水，坏民田六百八十余顷。

△六月丁酉，乌撒（今属贵州威宁）、乌蒙（今属云南昭通）、益州（今属四川成都）、茫部（今属云南镇雄北）、东川（今属云南会泽）等路饥疫。

△以大名、高唐去岁霖雨，免其田租二万四千余石。

元大德九年（1305 年）

△三月，河间、益都、般阳属县陨霜杀桑。清、莫（今属河北任丘）、沧、献四州霜杀桑一百四十一万七十余本，坏蚕一万二千七百余箔。

△三月二十五日山西临汾、太原地震。

△四月己酉，大同路地震，有声如雷，坏官民庐舍五千余间，压死者两千余人。

△十一月壬子，大同地震。十二月丙子又震。

元大德十年（1306 年）

△正月，发河南民十万筑河防。

△七月，大同浑源县霜杀禾。八月，绥德州米脂县霜杀禾二百八十顷。

△郑州暴风雨雹，大若鸡卵，麦及桑枣皆损，蠲今年田租。

△八月，开成路地震，王宫及官民庐舍皆坏，压死故秦王妃也里完等就达五千余人。

元大德十一年（1307 年）

△江南发生特大饥荒，"越民死者殆尽，人相食以图苟安"，"闽越饥疫，露骸横藉"，死亡人数难计其数。

△是月，道州营道县（今属湖南道县）暴雨，山裂一百三十余处。

元至大元年（1308 年）

△七月，彰德（今属河南安阳）、卫辉（今属河南）二郡大水，损稻田五千三百七十顷。

△二月癸巳，汝宁（今属河南汝南）、归德（今属河南商丘）二路旱蝗，民饥，给钞万锭赈之。

△七月济宁路雨水，平地丈余，暴决人城，漂庐舍，死者十有八人。真定路淫雨，大水入南门，下注藁城，死者百七十人。

△春，绍兴、庆元（今属浙江宁波）、台州（今属浙江临海）疫死者二万六千余人。

元至大二年（1309 年）

△六月，延安神木县大雹一百余里，击死人畜。

元皇庆二年（1313 年）

△六月，涿州范阳县（今属河北涿州），东安州（今属河北廊坊），宛平县（今属北京丰台区），固安州（今属河北固安），霸州益津（今属河北霸州），永清、文安等县水，坏田稼七千六百九十余顷。

△京师（今北京）以久旱，民多疾疫，帝曰："此皆朕之责也，赤子何罪。"明日大雪。

元延祐三年（1316 年）

△七月黎源县（今属江西）水灾，五千三百多人溺死。

元延祐六年（1319 年）

△河间路六月漳河水溢，坏民田二千七百余顷。大名路水，坏民田一万八千顷。

元延祐七年（1320 年）

△四月，安丰（今属安徽寿县）、庐州（今属安徽合肥）淮水溢，损禾麦一万顷。六月，棣州（今属山东惠民）、德州（今属山东德县）大雨水，坏田四千六百余顷。

△三月庚寅，（英宗）即位，六月甲寅，京师（今北京）疫。夏，祁门大旱，民多疠。

元至治元年（1321 年）

△六月，霸州大水，浑河溢被灾者三万余户。

△八月，安陆府（今属湖北钟祥）雨七日，江水大溢，被灾者三千五百户。

元至治二年（1322 年）

△二月甲子，恩州水，民饥疫。十一月戊申，岷州旱疫。

元至治三年（1323 年）

△六月，易（今属河北易县）、安（今属河北隆化）、沧、莫（今属河北任丘）、霸（今属河北霸县）、祁（今属河北安国）诸州及诸卫屯田水，坏田六千余顷。

元泰定元年（1324 年）

△癸丑，临洮（今属甘肃临洮）、狄道县（今属甘肃临洮）、冀宁（今属山西太原）、石州（今属山西离石）、离石（今属山西离石）、宁乡（今属山西离石）县旱饥，赈米两月。

△五月，陇西县大雨漂死者五百余家。六月，陕西大雨渭水及黑水河溢，损民庐舍。七月，真定、河间、保定、广平（今属河北广平）等郡三十有七县大雨水五十余日，害稼。

元泰定二年（1325 年）

△闰正月，雄州（今属河北保定）归信县大水，被灾者一万一千六百五十户，朝廷发放三万锭钞票赈济。

△三月，役民夫一万八千五百人修曹州济阴县河堤。

△八月，霸州、涿州、永清、香河大水，伤稼九千五十余顷。

元泰定三年（1326 年）

△二月，归德府（今属河南商丘）属县河决，民饥，赈粮五万六千石。

△七月，宝坻、房山二县大风折木。八月，大都、昌平等县大风，一昼夜坏民居九百余家。

△十月，汴梁路河水溢出，大堤被毁，召集六万四千多人修筑。十月庚子，沈阳、辽阳、大宁等路及金复州水，民饥，赈钞五万锭。

△十二月，大宁路瑞州（今属辽宁绥中）大水，坏民田五千五百顷，庐舍八百九十所，溺死者百五十人。

元泰定四年（1327 年）

△五月，卫辉路辉州大风九日，禾尽偃。

△十月，大都（今北京）路诸州县霖雨，大溢，坏民田庐，赈粮二十四万九千石。

元天历元年（1328 年）

△八月，陕西大旱，人相食。

元天历二年（1329 年）

△夏，真定、河间、大名、广平等四州四十一县旱。

元至顺元年（1330 年）

△闰七月，杭州、常州、庆元、绍兴、镇江、宁国等路，望江、铜

陵、长林、宝应、兴化等县水，没民田一万三千五百余顷。

△闰七月，平江（今属江苏苏州）、嘉兴、湖州、松江（今属上海松江）三路一州大水，坏民田三万六千六百余顷，被灾者四十万五千五百余户。

△八月庚戌，河南府（今属河南洛阳）路新安（今属河南新安）、沔池（今属河南渑池）等十五驿饥疫，人给米、马给刍粟各一月。

△张光大编写成《救荒活民类要》一书，其以南宋董煟编写的《救荒活民书》为榜样，按照元代当时的实际情况，依据"准古酌今"的原则写成的。

元至顺二年（1331 年）

△四月，衡州路属县比岁旱蝗，仍大水，民食草木殆尽，又疫疠，死者十九。

元至顺三年（1332 年）

△庆远南丹（今属广西南丹）等处溪洞军民安抚司言，所属宜山县饥疫，死者众，乞以给军积谷二百八十石赈粜，从之。

元元统元年（1333 年）

△三月戊子，萧山县大风雨雹，拔木仆屋，杀麻麦，毙伤人民。

元元统二年（1334 年）

△正月，东平须城县（今属山东东平）、济宁济州（今属山东济宁）、曹州（今属山东菏泽）、济阴县（今属山东曹县）水灾，民饥，诏以钞六万锭赈之。

△六月大宁、广宁、辽阳、开元、沈阳、懿州（今属辽宁阜新）水旱蝗，大饥，诏以钞二万锭，遣官赈之。

△三月，杭州、镇江、嘉兴、常州、松江、江阴水旱疾疫，敕有司发义仓粮，赈饥民五十七万二千户。

元至元元年（1335 年）

△春，益都路沂水、日照、蒙阴、莒县旱、饥，赈米一万石。

元至元三年（1337 年）

△六月卫辉淫雨至七月，丹、沁二河泛涨，与城西御河通流，平地深二丈余，漂没人民房舍田禾甚众，民皆栖于树木，郡守僧家奴以舟载

饭食之，移老弱居城头，日给粮饷，月余水方退。

△八月，京师地震，鸡鸣山崩，陷为池，方百里，人死者不计其数。

元至元六年（1340年）

△六月庚戌，处州松阳（今属浙江丽水）、龙泉（今属浙江龙泉）二县积雨，水涨入城中，深丈余，溺死五百余人，遂昌县尤甚，平地三丈余。

△夏，广东南雄路旱，自二月不雨至于五月，种不入土。

元至正二年（1342年）

△彰德（今属河南安阳）、大同二郡及冀宁（今属山西太原）平晋、榆次、徐沟县，汾州孝义县，忻州皆大旱，自春至秋不雨，人有相食者。

△五月，东平路、东阿县雨雹，大者如马首。

△七月中牟、扶沟、尉氏、洧川（今属河南尉氏）、荥阳、氾水、河阴（今属河南孟津）七县大水，溺死者众多，朝廷开放义仓两个月赈灾，溺死者每人一锭钞安葬。

元至正三年（1343年）

△二月，巩昌宁远（今属甘肃武山）、伏羌（今属甘肃甘谷）、成纪（今属甘肃天水）三县山崩水涌，溺死者无算。六月汴梁路、归德路等地郡县发生水灾，灾情严重出现人吃人现象。

元至正四年（1344年）

△六月，河南巩县大雨，伊、洛水溢，漂民居数百家。济宁路兖州（今属山东兖州）、汴梁（今属河南开封）、鄢陵（今属河南许昌）、通许（今属河南通许）、陈留（今属河南开封）、临颍（今属河南临颍）等县大水害稼，人相食。

△福州（今属福建福州）、邵武（今属福建邵武）、延平（今属福建南平市延平区）、汀州（今属福建长汀）四郡，夏秋大疫。另外凤阳（今属安徽凤阳县），先是出现旱蝗灾害，接着又出现大饥疫，据记载，这次流行的疫病是"痢疾"。这年黄河决口，河南北大饥。

△四年，河南北大饥，明年又疫，民之死者过半。

元至正六年（1346年）

△二月辛未，兴国路（今属湖北省阳新、通山、大冶一带）雨雹，

大如马首，小者如鸡子，毙禽畜甚众。

元至正八年（1348 年）

△五月，京师（今北京）大霖雨，都城崩圮。钧州（今属河南禹州市）新郑县淫雨害麦。六月己丑，中兴路（今属湖北荆州）松滋县骤雨，水暴涨，平地深丈有五尺余，漂没六十余里，死者一千五百人。

△八月己卯，益都（今属山东青州市）、临淄县（今属淄博市临淄区）雨雹，大如杯盂，野无青草，赤地如赭。

元至正九年（1349 年）

△四月壬午，以河间水灾，住煎盐三万引。

元至正十一年（1351 年）

△三月，汴梁路（今属河南开封）钧州大雷雨雪，密县平地雪深三尺余。

△四月，冀宁路汾、忻二州，文水、平晋（今属太原市南部）、榆次、寿阳四县，晋宁（今属昆明市一带）、辽州（今属山西左权县）之榆社（今属山西榆社县），怀庆河内、修武二县及孟州（今属河南孟州市）皆地震，声如雷霆，圮房屋，压死者甚众。

△四月，彰德（今属河南安阳）雨雹，大者如釜，时麦熟将刈，顷刻而失，田畴坚如筑场，无秸粒遗留者，地广三十里，长百余里，树木皆如斧所劈，伤行人，毙禽畜甚众。

元至正十二年（1352 年）

△正月，冀宁保德州（今属山西保德县）大疫，夏，龙兴大疫。

△闰三月丁丑，陕西地震，庄浪（今属甘肃省庄浪县）、定西（今属甘肃省定西市）、静宁（今属甘肃省静宁县）、会州（今属甘肃省靖远、景泰、会宁、宁夏海原等地）尤甚，移山湮谷，陷没庐舍，有不见其迹者。

△六月，中兴路松滋县骤雨，水暴涨，漂民居千余家，溺死七百人。

元至正十三年（1353 年）

△蕲州（今属安徽宿州市埇桥区）、黄州（今属湖北黄冈市黄州区）以及浙东、江西、广东、湖南皆旱。

元至正十四年（1354 年）

△怀庆（今属河南沁阳）河内县、孟州，汴梁（今属河南开封）祥符县，福建泉州，湖南永州、宝庆，广西梧州皆大旱。祥符旱魃再见，泉州种不入土，人相食。

△夏四月，江西湖广大饥，民疫疠者甚众。十月，京师（今北京）大饥，加以疫疠，民有父子相食者。

元至正十六年（1356 年）

△春天，河南大疫流行。

元至正十八年（1358 年）

△春，蓟州旱。莒州、滨州、般阳（今属山东省淄博市一带）淄川县、霍州、鄜州（今属陕西富县）、凤翔岐山县春夏皆大旱。莒州家人自相食，岐山人相食。

△汾州大疫。"两河被兵之民携老幼流入京师（今北京），重以饥疫，死者枕藉"。宦官朴不花雇人收埋尸体，到至正二十年四月，累计掩埋了 20 余万人。

元至正二十年（1360 年）

△五月，蓟州遵化县（今属河北省遵化县）雨雹终日。

△夏，绍兴山阴、会稽二县大疫。

元至正二十六年（1366 年）

△六月，河南府（今属河南洛阳）大霖暴雨，水溢深四丈许，漂东关居民数百家。

元至正二十七年（1367 年）

△三月庚子，京师（今北京）有大风，起自西北，飞砂扬砾，昏尘蔽天，逾时，风势八面俱至，终夜不止，如是者连日。

元至正二十七年（1367 年）

△三月，彰德（今属河南安阳）大雪，寒甚于冬，民多冻死。

元至正二十八年（1368 年）

△六月，庆阳府（今属甘肃省庆阳市）雨雹，大如盂，小如弹丸，平地厚尺余，杀苗稼，毙禽兽。

第三编

灾情

宋元时期我国北部地区相对比较混乱，北方少数民族入侵，战争频繁，北方人口被迫向南迁移，南部地区经济得到发展，但自然灾害的频率也随之上升。战争一方面会直接引起饥荒、瘟疫等自然灾害，另一方面由于财政在战事方面的大量投入，挤占其他方面的开支，也会间接导致灾害的发生，比如影响水利等基础设施的建设和维护、防灾减灾投入以及灾后赈济等方面。

宋元时期主要发生的灾种有水灾、旱灾、虫灾、疫灾、风灾、地震以及雨涝气象灾害等。我国古代经济发展主要以农业为主，这些灾害直接影响农业的生产，威胁着百姓的生存问题，影响着社会的稳定。其中农业生产至关重要的因素之一是水源问题，水灾、雨涝、旱灾都会直接影响农业发展。黄河流域的治理是历朝历代的一个重要难点，水灾集中发生在黄河流域沿岸地区，由于黄河泛滥决口导致周边百姓以及农业种植遭受损失。病虫灾害和风灾也直接影响到庄稼的生长，百姓的吃饭问题，疫灾则直接威胁着人民的生命安全，因而自然灾害的频发给百姓生命财产都造成了严重损失。

宋代自 960 年起至 1279 年，共 320 年，其中 960 年至 1127 年为北宋，其疆域所及东南际海，西尽巴蜀，北及三关（瓦桥、益津、高阳，在今河北、山西中部一带），约有今河南、山东、陕西、山西（失大同一带）、四川（少西北、西南两处）、江苏、浙江、安徽、福建、江西、湖北、湖南、广东、广西（少西部）十四省及河北（中部及南部）、甘肃（东部及中部兼有青海西宁一带及宁夏黄河东南岸一带）、贵州（东北端）等省之一部。1127 年至 1279 年为南宋，其疆域所及东尽明（今宁波）、越（今绍兴），西抵岷（岷山，在今成都茂州西北）、嶓（嶓冢山，在汉中沔县西北二十里），南斥琼崖（今海南），北至淮、汉，约有今浙江、江西、湖南、福建、广东、广西（少西部）等六省及安徽、江苏、四川、湖北的大部和河南、陕西、甘肃、贵州等省。两宋时期自然灾害频繁发生，种类繁多，主要有水灾、旱灾、虫灾、地震、瘟疫、沙尘、风灾等。其中水灾发生最为频繁，据邓拓《中国救荒史》记载，水灾发生 193 次，旱灾 183 次，雹灾 101 次，风灾 93 次，蝗灾 90 次，饥荒 87 次，地震 77 次，疫灾 32 次，霜雪灾 18 次。袁祖亮在《中国灾害通史》中统计两宋自然灾害总数达 1543 次，其中水灾为 628 次，旱灾 259 次，虫灾 168 次，地震 127 次，瘟疫 49 次，沙尘 69 次，风灾 109 次，雹灾 121 次，霜灾 13 次。

辽太祖耶律阿保机 907 年在皇都（今内蒙古巴林左旗南波罗城）建立契丹国，辽太宗耶律德光 947 年建立大辽国，改皇都为上京，1125 年辽亡，历经时间 210 年，与北宋、西夏鼎立，是统治中国北部较长时间的一个王朝。辽代统治疆域"东至于海，西至金山，暨于流沙，北至胪朐河，南至白沟，幅员万里"。辽代自然灾害种类主要有水灾、旱灾、蝗灾、地震、风灾、雹灾、沙尘、霜、雪灾和冻害等 10 种，发生次数为 53 次。

女真族完颜部阿骨打于 1115 年在其居住地按出虎水（今黑龙江哈尔滨南阿什河）建立金国，1234 年初蒙古与宋军联合攻陷蔡州（今河南汝南），金亡。金存续时间为 120 年，与南宋相对峙，同治我国北部地区。关于金代最盛时的疆域，《金史·地理志》记载："金之壤地封疆，东及吉里迷兀的改诸野人之境，北自蒲与路之北三千余里，火鲁火疃谋克地为边，右旋人泰州婆卢火所浚界壕而西，经临潢、金山，跨庆、桓、抚、昌、净州之北，除天山外，包东胜，接西夏，逾黄河，复西历葭州及米脂寨，出临洮府，会州、积石之外，与生羌地相错。复自积石诸山之南左折而东，逾洮州，越盐川堡，循渭至大散关北，并山入京兆，络商州，南以唐邓西南皆四十里，取淮之中流为界，而与宋为表里。"具体来说，南以淮水、秦岭与南宋分界，东至日本海，东南稍逾鸭绿江、图们江与高丽接壤，西邻西夏、吐蕃，略同北宋旧界，北边东抵外兴安岭，西与蒙古高原相接。在金代的 120 年间共发生各类自然灾害 169 次，分别为水灾 37 次，旱灾 40 次，虫灾 24 次，地震 22 次，瘟疫 1 次，沙尘 7 次，风灾 17 次，雹灾 13 次，霜灾 1 次，浓雾 1 次，雪灾 2 次，寒灾 4 次。

元朝自然灾害发生频率高、种类颇多，水旱灾发生最为频繁，其次是蝗灾、地震、雹灾。据邓云特先生统计，元朝灾害发生总计 457 次，其中水灾 92 次；旱灾 86 次；雹灾 69 次；蝗灾 61 次；饥荒 59 次；风灾 42 次；霜雪灾 28 次；疫灾 20 次。赵经纬根据《元史》记载统计得出元代灾害共发生 1512 次，其中水灾 687 次；旱灾 256 次；蝗灾 213 次；雹灾 150 次；地震 129 次；霜灾 77 次。袁祖亮认为元代自然灾害共发生 3409 次，其中水灾 1870 次；旱灾 710 次；地震 189 次；虫灾 195 次；雹灾 289 次；疫灾 66 次；霜灾 63 次；风沙 27 次。从发生时间来看，元朝自然灾害集中于中后期，且灾害的发生多与其他灾害相伴发生，如地震常与洪灾相继连发，出现大量人员伤亡，滋生病菌形成疫疾。

表 2　各朝灾害统计表

两宋时期	中国救荒史	水灾	旱灾	雹灾	风灾	蝗灾	饥荒	地震	疫灾	霜雪灾			
		193	183	101	93	90	87	77	32	18			
	中国灾害通史	水灾	旱灾	虫灾	地震	瘟疫	沙尘	风灾	雹灾	霜灾			
		628	259	168	127	49	69	109	121	13			
辽代	灾害总数 53												
金代		水灾	旱灾	虫灾	地震	瘟疫	沙尘	风灾	雹灾	霜灾	浓雾	雪灾	寒灾
		37	40	24	22	1	7	17	13	1	1	2	4
元代	中国救荒史	水灾	旱灾	雹灾	蝗灾	饥荒	风灾	霜雪灾	疫灾				
		92	86	69	61	59	42	28	20				
	元史	水灾	旱灾	蝗灾	雹灾	地震	霜灾						
		687	256	213	150	129	77						
	袁祖亮	水灾	旱灾	地震	虫灾	雹灾	疫灾	霜灾	风沙				
		1870	710	189	195	289	66	63	27				

第一章 水灾

北宋

宋建隆元年（960年）十月，山东棣州（今属山东滨州）境内的黄河发生决口，当时辖区内厌次（今属山东惠民县内）、商河两县居民的房屋、田地都遭到严重破坏。厌次县遭黄河决口洪灾，之后滑州灵河县（今属河南滑县西南）境内黄河又发生决口。齐州（今属山东济南）临邑县内公乘渡口发生黄河决口，城墙被破坏。河南蔡州（今属河南汝南）大霖雨，平地水深可以行舟。

宋建隆二年（961年），河南开封境内黄河溢出发生水灾，孟州县（今属河南焦作）河堤被破坏，襄州（今属湖北襄阳）境内汉江水面上涨溢出。七月，江苏泰州潮水上涨，数百区居民房屋都被淹，牛畜溺死者众多。

宋乾德二年（964年），东平县（今属山东泰安）竹村遭遇黄河决口，七个州县范围内都遭到了黄河水患。四月，广陵（今属江苏扬州）、扬子（今属江苏扬州）等县潮水上涨，发生水灾，百姓田地都被淹没。七月己亥日，春州（今属广东阳春）降暴雨，百姓被淹。同年七月，泰山地区发生水灾，百姓房屋被淹没，牛等家畜死伤众多。

宋乾德三年（965年）二月，全州（今属广西桂林）发生暴雨，造成水灾。同年七月，蕲州（今属湖北蕲春）发生大暴雨，房屋民宅均被淹没。开封府境内黄河发生决口，河水溢出，阳武（属今河南新乡）遭遇水灾。河中府和孟州（今属河南焦作）境内黄河水面上涨，孟州军营、屋舍均遭到大规模的破坏。郓州（今属山东东平）又遭到水灾，河堤岸边的岩石也被河水冲坏，百姓田地被淹没。泰州发生涨潮，盐城县房屋田地均遭到严重损失。淄州（今属山东淄博）、济州（今属山东菏泽）境内黄河河水发生溢出，发生水患，使邹平、万苑县境内百姓、田地都遭到淹没。

宋乾德三年（965 年），八月癸卯日，阳武县（今属河南新乡）境内黄河决口，居民房屋都遭到破坏。乙卯日河阳黄河溢出，民居受灾。乙未日，郓州黄河水溢，没田。九月澶州（今属河南濮阳）境内黄河决口，造成水灾。十月丙寅日，济州（今属山东巨野）河水溢出，邹平县被淹。

宋乾德四年（966 年），山东东阿县内黄河溢出，发生水灾，民田被淹没。山东菏泽观城县内黄河决口，百姓房屋庐舍被淹没。灵河河堤又被冲垮，河水向东流入卫南县和华南县（今属山东东明县、曹县附近）城内。七月，荥泽县（今属河南郑州西北）境内黄河南北岸堤被冲坏。八月，宿州汴水溢出，河堤被冲坏。淄州（今属山东淄博）清河水溢出，流入高苑县（今属山东邹平）城内，城内百姓遭水灾被淹，邹平县田地屋舍也被殃及。泗洲（今属河南南阳唐河）河水溢出，发生水灾。衡州（今属湖南衡阳）连续大雨一个多月造成水灾。八月丙辰日，滑州（今属河南安阳）县内黄河决口发生水灾，灵河大堤被冲坏，闰月二日，黄河水溢出，河水流入华南县（今属明县东南）。

宋乾德五年（967 年），夏季，京师大雨，天空中出现黑龙，呈西北至东南方向，占卜结果为大水。第二年，州府有二十四个郡县发生水灾，田庐受损。七月己丑日，朝廷下令免除遭受水旱灾害影响的百姓的年租。八月甲申日，黄河水涨溢出，流入卫州（今属河南新乡、淇县一带）城内，很多百姓被河水淹死。

宋开宝元年（968 年），六月有将近二十三个地区下暴雨，雨水汇集，长江黄河进入汛期，河水溢出，百姓房屋、田地都被水淹没。六月癸丑朔，诏民田为霖雨、河水坏者，免今年夏税及沿征物。辛巳，龙出单父民家井中，大风雨，漂民舍四百区，死者数十人。七月壬辰，台州（今属浙江台州）大风雨驾海潮，坏屋杀人。八月，集州霖雨河涨，坏民庐舍及城壁、公署。

宋开宝二年（969 年），六月，汴决下邑。八月，帝驻潞州（今属山西长治），积雨累日未止。九月，京师大雨霖。青州、蔡州（今属河南汝南）、宿州、淄州（今属山东淄博）、宋州（今属河南商丘）水灾，真定（今属河北正定）、澶州（今属河南濮阳）、博州（今属山东聊城）、洺州（今属河北永年）、齐州（今属山东济南）、颍州、蔡州（今属河南汝南）、陈州（今属河南淮阳）、亳州、宿州、许州（今属河南许昌）水灾，秋季麦苗受害。

宋开宝三年（970年），郑州、澶州、郓州（今属山东东平）、淄州、虢州、蔡州（今属河南汝南）、解州、徐州、岳州（今属湖南岳阳）水灾，民田受灾。

宋开宝四年（971年），六月己丑，河决阳武，汴决谷熟。郓州境内黄河以及汶河、清河皆溢，注东阿县及陈空镇，坏仓库、民舍。蔡州淮河以及白露、舒、汝、庐、颍五水合流上涨，坏庐舍、民田。七月，青、齐州水伤田。十一月，河决澶渊，泛数州。

宋开宝五年（972年），五月黄河决口，澶州、濮阳被淹，后来阳武县（今属河南新乡）又遇黄河决口，绛州、和州、庐州、寿州等地水灾。五月丁亥日，河南、河北连日降雨，澶州、滑州、济州、郓州、曹州、濮州六州大水。六月己丑，河决阳武，汴决谷熟。同月，开封府阳武县小刘村又出现黄河决口。宋州、郑州汴河合并，决口。四川忠州（今属重庆）长江水上涨两百多尺。京师连月降雨不止，河南、河北等地大霖雨。

宋开宝六年（973年），郓州境内黄河河水上涨，刘口（今属山东东阿县县北）遭遇水灾。怀州段黄河决口，嘉县（今属河南新乡）被淹。七月，历亨县御河决口。单州、濮州并大雨水，州廨、仓库、军营、军舍都被淹。秋季，大名府、宋州、亳州、淄州、青州、汝州、澶州、滑州等地出现水灾，庄稼受损。

宋开宝七年（974年），四月，卫州、亳州水灾。泗州淮河河水暴涨流入城内，五百家民舍都被淹没。安阳县河水上涨，一百多间房屋被淹。六月，淮河水溢入泗州城，壬寅日，安阳县河水溢出，民居皆坏。

宋开宝八年（975年），五月京师暴雨，濮州河决，郭龙村被淹。六月，澶州（今属河南濮阳）黄河决口，顿丘县屋舍被淹。沂州大水流入城内，房屋、田苗被淹。

宋开宝九年（976年），三月庚寅，洛阳大雨，分命近臣诣诸祠庙祈晴。京师大雨水灾，淄州水灾淹没庄稼。

宋太平兴国二年（977年），道州（今属湖南永州市一带）春季夏季霖雨不止，水深平地两丈多。六月，孟州（今属河南焦作）黄河水在六月上涨溢出，温县有将近百米的堤坝被冲坏。郑州黄河决口，荥泽县宁王村堤坝有不到五十米被冲坏。澶州黄河上涨，英公村五十米堤坝被毁坏。开封府汴水上涨溢出，大宁堤坝被坏，百姓田地被淹。忠州江水上涨，约涨二十五丈。兴州（今属河北滦平）江水上涨，四百多间栈道被毁坏。管城县枯竭后下大雨，雨水暴涨引发水灾。濮州（今属山东鄄城）大雨水灾，受损的田地五千七百四十三顷。淮河直流颍水暴涨，城内军营及百姓屋舍被淹。七月，复州蜀江、汉江上涨，城池内百姓房屋受灾严重。集州江水上涨，嘉川县江水泛滥。河决荥泽、顿丘、白马、温县。己酉，河溢开封等八县，害稼。

宋太平兴国三年（978年），五月时候流经怀州的黄河决口，获嘉县水灾，河水向北注入。六月，泗州（今属江苏盱眙一带）淮河上涨，流入南城，汴河又上涨一丈，州城北门被堵塞。十月，灵河县黄河决口。

宋太平兴国四年（979年），三月，河南府洛河上涨七尺，民舍受灾。泰州大水害稼，宋州宋城县黄河决口，流经卫州的黄河决口，河水泛滥，新场镇堤坝被冲坏。八月梓州江水上涨，阁道、营舍受灾。九月己卯日，澶州黄河上涨。郓州青河、汶河上涨，东阿县民田被淹。

宋太平兴国五年（980年），五月癸卯朔，大霖雨。当月京师连旬雨不止。颍州颍水溢出，民舍田地被淹，徐州白沟河溢出流入州城。七月，复州江水泛滥，民舍被毁，堤岸被坏。

宋太平兴国六年（981年），山西河中府黄河上涨，堤坝陷落流入城内，七所军营，百余区民舍受灾。富州、延州、宁州三河合流上涨，河水溢出城内，富州军营被淹，建武指挥使李海以及老幼六十三个人溺死；延州仓库、军民庐舍一千六百多间被漂，宁州城池五百多步长城墙都被淹坏，军营房屋五百二十间被淹。

宋太平兴国七年（982年），三月，京兆府渭河上涨，浮梁被淹坏，溺死五十四人。四月，润州、耀州、密州、博州、卫州、常州、润州各地水灾害稼。六月，均州涢水、均水、汉江合并上涨，民舍人畜受灾。流经齐州黄河决口，临邑县也受到影响。河大涨，蹙清河，凌郓州，城将陷，塞其门，急奏以闻，诏殿前承旨刘吉驰往固之。是月，河决范济口，淮水、汉水、易水皆溢，阳谷县蝗，关、陕诸州大水。大名府御河上涨。南剑州（今属四川剑阁县）江水上涨，坏房屋一百四十多间，京兆府咸阳渭河上涨，五十四人溺死。九月梧州江水上涨三丈，流入城内。仓库及民舍都被破坏。十月，怀州武陟县黄河决口，民田遭灾。

宋太平兴国八年（983年），五月，滑州韩村黄河决口泛滥，洪水流经澶州、濮州、曹州、济州（今属山东菏泽）等地，百姓田地、屋舍均被淹没，灾情严重，洪水向东南流入淮河。六月，流经陕州（今属河南三门峡）的黄河大涨，浮梁被冲坏。永定县（今属福建龙岩）河流上涨，发生水灾，军营、民田、屋舍都遭到大范围的损坏。河南府大雨，黄河支流流经洛阳的洛河水面上涨约计五丈，巩县城内的官府、军营、民宅、田地均被淹没殆尽，灾情严重。谷水、洛水、伊水、瀍水四条河流水面暴涨，流域范围内官府、军营、寺庙、房屋、田地均被淹没，受灾溺死者不计取数，灾情惨重。清河县仓库、军营、民舍都被水灾淹没。雄州（今属河北保定雄县）境内易水上涨，民田屋舍都被冲坏。鄜州黄河上涨溢出流入城内，官府、寺庙、田地、房屋四百里内都被毁坏。荆门军长林县山水暴涨，五十一间房屋被淹，五十六人溺死。七月，河、江、汉、滹沱及祁之资、沧之胡卢、雄之易恶池水，皆溢为患。八月，徐州清河水面上涨将近一丈七尺，河水溢出，为了抵御洪水将州城三面门堵住。九月，宿州睢水河水上涨，六十里内百姓屋舍都被淹没。正值从夏转入秋时节，黄河发生水灾，开封、浚仪（今属河南开封）、酸枣（今属河南延津）、阳武、封丘（今属河南新乡）、长垣（今属河南新乡）、中牟（今属河南郑州）、尉氏（今属河南开封）、襄邑（今属河南睢县）、雍丘（今属河南杞县）等县田地都被河水淹没。

宋太平兴国九年（984年），七月，嘉州（今属四川乐山）江水暴涨，官署、民舍被淹没，千余人溺死。八月，延州南北两河上涨，东西州城官寺、庐舍受灾。淄州霖雨，孝妇河涨溢，官寺民田受灾。孟州黄河水灾，房屋民田受灾。雅州江水上涨九丈，百姓庐舍被破坏。广东新州珠江江水上涨，流入南砦，军营房屋被淹。

宋雍熙二年（985年），七月，郎江溢出，庄稼受灾。八月，瀛州、莫州（今属河北任丘）水灾，民田被淹。

宋雍熙三年（986年），六月，寿州大水。甘肃阶州福津县常峡山坍塌，堵塞江水，逆流高出十余丈，坏民田数百里。宋端拱元年（988年），二月博州水灾，民田被淹。五月，英州江水上涨五丈高，民田庐舍数百区被淹。七月磁州漳河、滏河水涨。

宋淳化元年（990年），六月吉州（今属江西吉安）大雨，长江上涨，漂没民田、庐舍。黄梅县堀口湖湖水上涨，民田、庐舍被淹没殆尽，江水上涨两丈八尺。洪州江水上涨，坏城三十堵、民舍两千多区，两千多户百姓被淹。孟州河水上涨。六月，甘肃陇西县暴雨，坏官私庐舍殆尽，溺死者百三十七人。七月，吉州、洪州、江州、蕲州、河阳和陇城县等地大水。

宋淳化二年（991年），四月，流经京兆府黄河水涨，造成水灾，陕州段黄河上涨，大堤和五龙祠冲毁。五月，名山县大风雨，登辽山圮，壅江水逆流入民田，害稼。六月，黄河、汴河河水溢出。乙酉，以汴水决浚仪县，帝亲督卫士塞之。辛卯日，宋城县又发生决口。博州大霖雨，河涨，坏民庐舍八百七十区。亳州河溢，东流泛民田、庐舍。七月，齐州明水上涨，坏黎济砦城百余堵。许州沙河溢。雄州塘水溢出，民田受灾。嘉州（今属四川乐山）长江上涨，流入城内，民舍都被毁。复州蜀、汉二江江水上涨，坏民田庐舍。泗州招信县大雨，山河上涨，漂没民田、庐舍，二十一人溺死。八月，藤州珠江水上涨十余丈，流入城内，坏官署、民田。九月，邛州县、浦江县等地山水暴涨，七十区民舍受灾，死者七十九人。秋季荆湖北路长江注入溢出，很多田地被浸没。

宋淳化三年（992年），七月，河南府洛河上涨，七里桥、镇国桥被水冲，又山水暴涨，坏丰饶务官舍、民庐，死者两百四十人。九月，京师霖雨。十月，上津县大雨，河水上涨流出，民舍被淹，三十七人溺死。

宋淳化四年（993年），六月，陇城县大雨，牛头河上涨二十丈高，没溺居人、庐舍。七月，京师大雨，十昼夜不止，朱雀、崇明门外积水尤甚，军营、庐舍多坏。是秋，陈（今属河南淮阳）、颍、宋、亳、许、蔡（今属河南汝南）、徐、濮、澶、博诸州霖雨，秋稼多败。九月，澶州黄河九月河水上涨，冲陷北城，百姓屋舍、官府、仓库都被淹没，民溺死者甚众。十月，澶州河决，河水向西北流入御河，大名府被淹，知府赵昌言壅城门御之。

宋至道元年（995年），四月甲辰日，京师雷电暴雨，平地水深数尺。五月虔州（今属江西赣州）江水上涨两丈九尺，城门被冲毁，江水流入城内深八尺。

宋至道二年（996年），六月，河南瀍、涧、洛三水涨，坏镇国桥。七月，郓州段黄河河水上涨，连续冲坏堤坝四处。七月，福建建州（今福建建瓯）溪水上涨，溢出州城内，仓库民舍损失近一万多间。宋州汴河决口，已经成熟的谷麦受灾。闰七月，陕州河水上涨。该月，广州南部各州县暴雨水灾。

宋咸平元年（998年），五月，广西昭州大雨霖，害民田，溺死者百五十七人。七月，侍禁、阁门祗侯王寿永使彭州回，至凤翔府境，山水暴涨，家属八人溺死。齐州清河、黄河泛溢，坏田庐。七月庚午，宁化军汾水涨，坏北水门，山石摧圮，军士有压死者。

宋咸平二年（999年），漳州山洪泛滥，数千区民舍被淹，十家百姓溺死。

宋咸平三年（1000年），三月，梓州（今属四川三台县一带）江水上涨，民田被淹。五月，郓州王陵埽发生黄河决口，河水泛滥，流经巨野县，注入淮河、泗河，水势迅猛，流经州城都受到严重破坏。七月，洋州（今属陕西洋县）汉水溢出，百姓有溺死者。八月辛亥日，京东水灾，派遣使臣进行安抚。果州、阆州水灾，朝廷进行赈济。

宋咸平四年（1001年），七月，同州洿谷水溢夏阳县，数十人溺死。

宋咸平五年（1002年），二月，河北雄州、霸州（今属河北廊坊）、瀛州、莫州、深州、沧州、乾宁军等地水灾，民田被淹。六月，都城大雨成灾，庐舍被淹，百姓有被压死者，道路积水潦倒，尤其是朱雀门向东到宣化门那一段，都注入惠民河，该河水又上涨，流入军营。

宋景德元年（1004年），澶州九月黄河决口发生水灾，朝廷派遣使者发放舟船、粮食救济灾民。宋州（今属河南商丘）汴河决口。

宋景德二年（1005年），六月，宁州（今属甘肃宁县）山水泛滥，民舍军营被淹，多人溺死。八月福建福州海上刮起飓风，房屋庐舍都受损。

宋景德三年（1006年），七月，应天府汴河决口，向南注入亳州，合浪宕渠东入于淮。八月山东青州降暴雨，鼓角楼门被破坏，四个人被压死。

宋景德四年（1007年），六月，郑州索河上涨四丈多高，荥阳县四十二户居民被漂，有溺死者。邓州江水暴涨。南剑州（今四川剑阁县）山水泛滥，营舍被淹。七月，澶州黄河上涨溢出，王八埽受损坏。八月，横州江水上涨，营舍被淹。

宋大中祥符元年（1008年），六月，开封府尉氏县惠民河决口。

宋大中祥符二年（1009年），徐州、济州（今属山东菏泽）、青州（今属山东潍坊）、淄州发生水灾。兖州、郓州及秋下雨成灾，河水上涨庄稼被淹。八月，无为军大风雨，折木，坏城门、军营、民舍，压溺千余人。九月戊午，赐秦州被水民粟人一斛。下令赈济无为军受灾百姓，免除年租，赐米一斛。丁丑日，下令赈济凤州受水灾百姓。十月，京畿惠民河决，坏民田。凤州大水，民居被漂没。十月，京畿惠民河决，坏民田。甲辰日，兖州霖雨害稼，赈济受灾百姓。

宋大中祥符三年（1010年），五月辛丑，京师大雨，平地数尺，坏军营、民舍，多压者，近畿积潦。六月，吉州、临江军江水合流泛滥，害民田。九月，河中府白浮梁村决口。

宋大中祥符四年（1011年），七月，洪州、江州、筠州、袁州江水上涨，民田州城被淹。八月，通利军（今属河南浚县一带）黄河决口，大名府（今属河北邯郸）御河（在黄河东侧、即永济渠）上涨溢出，城府、田地都被淹没。九月，孟州温县（今河南焦作一带）黄河溢出，造成水灾。苏州吴江泛滥，坏庐舍。九月棣州（今属山东临清）黄河决口，聂家口被淹。九月，河溢于孟州温县。十一月，江苏楚州、泰州潮水上涨，田地被淹，百姓溺死。

宋大中祥符五年（1012年），正月，棣州黄河决口造成水灾，请求迁徙。皇帝说棣州城距离决口地点尚有十里远，百姓不愿意迁徙，下令派人修筑堵塞河口。修缮后棣州东南部的李民湾黄河又决口，棣州城周围十里内居民屋舍都被淹没，随后百姓又迁到商河。修缮几年后虽然大堤护岸大体完工，对避免决口起到一定作用，但是河流湍急，肥沃土地日益被冲刷，黄河水势也高于周边的百姓房屋很多。八月时候，城中百姓奉诏迁到阳信的八方寺。七月，庆州淮安镇山水暴涨，漂溺居民。八月澶州黄河决口。十月，滨州（今属山东利津、沾化、滨州一带）河溢于安定镇。

宋大中祥符六年（1013 年），六月癸酉日，保安军（今属陕西志丹县）大雨，河水上涨溢出，兵民溺死，派遣使者赈灾。保安军连日积雨河水溢出，浸没城池庐舍，判官赵震溺死，另外还有六百五十人溺死。

宋大中祥符七年（1014 年），六月，泗州水灾民田受灾。河南府洛水上涨。秦州定西砦水灾有溺死者。六月丙子，诏命棣州经水流民归业者给复三年。八月乙卯日，下诏免除江淮两浙地区灾民租税。甲戌日，澶州黄河决口。十月，滨州河在安定镇溢出。

宋大中祥符八年（1015 年），七月坊州（今属陕西黄陵县一带）大雨河水溢出，民有溺死者。

宋大中祥符九年（1016 年），六月，秦州（今属甘肃天水一带）独孤谷水灾引起长道县盐官镇城桥以及官私宅院两百九十五区受灾，六十七人溺死。七月，延州洎锭平、安远、塞门、栲栳四砦山水泛滥，堤坝城池被淹。九月河北雄州、霸州界内海河河水泛滥。四川利州水灾漂没栈阁一万两千八百间。

宋天禧三年（1019 年），六月滑州城西北天台山旁黄河溢出，之后城西南段黄河也奔溃，滑州城内大水漫溢，灾情严重，河水流经澶州、濮州、曹州、郓州注入梁山泊（今属山东济宁），之后和清河、汴渠向东注入淮河，遭受水灾地区甚多。第二年既塞，六月，复决于西北隅。

宋天禧四年（1020 年），七月京师连雨弥月。甲子夜大雨，流潦泛溢，民舍、军营圮坏大半，多压死者。自是频雨，及冬方止。十月甲辰，减水灾州县秋租。

宋天禧五年（1021 年），三月辛丑，京东、西水灾，赐民租十之五。

宋乾兴元年（1022 年），正月，秀州（今属浙江嘉兴）发生水灾，百姓艰难生存。十月，沧州盐山县、无棣县海水上涨溢出，房屋住所均被淹没，死伤者众多。这一年年终京东、淮南路发生水灾。

宋天圣元年（1023 年），徐州仍岁水灾。

宋天圣三年（1025年），十一月辛卯日，襄州（今属湖北襄阳一带）汉水坏民田。

宋天圣四年（1026年），六月丁亥日，剑州（今属四川剑阁县）、邵武军（今属福建邵武）大水，官私庐舍七千九百多受损，一百五十多人溺死。是月，河南府、郑州大水。十月乙酉日，京山县山水暴涨，漂死者众，县令唐用之溺焉。是岁，汴水溢，决陈留堤，又决京城西贾陂入护龙河，以杀其势。六月戊寅，莫州（今属河北任丘）大雨，坏城壁。

宋天圣五年（1027年），三月，襄州、颍州、许州、汝州等地水。七月辛丑日，泰州镇大水，民多溺死。

宋天圣六年（1028年），七月壬子日，江浙一带淫雨成灾，江宁府扬州、真州、润州江水泛溢，坏官私庐舍。是月，河北雄州、霸州水灾。八月甲戌日，临潼县山水暴涨，民溺死者甚众。是月，澶州王楚埽黄河决口，引发水灾。

宋景祐元年（1034年），闰六月甲子，泗州淮河、汴河溢。七月，澶州横陇埽黄河决口。八月庚午日，洪州分宁县山水暴发，漂溺居民两百余家，死者三百七十余口。

宋景祐三年（1036年），六月，江西虔州（今属江西赣州）、吉州（今属江西吉安）各地持续降雨，江水溢出，城池庐舍受到毁坏，人多溺死。

宋景祐四年（1037年），六月己亥日，浙江杭州狂风暴雨，江湖溢出上涨高六尺，千余丈堤岸被坏。八月甲戌日，越州大水，漂溺居民。

宋宝元元年（1038年），福建建州（今属福建建瓯）自正月开始降雨，直至四月没有停止，溪水大涨，流入州城内，百姓房屋被淹，溺死者很多。

宋康定元年（1040年），九月，滑州黄河泛滥，房屋被淹。

宋庆历元年（1041年），三月，汴流不通。

宋庆历六年（1046年），七月丁亥日，河东大雨，坏忻、代等州城壁。

宋庆历八年（1048年），六月，澶州商胡埽黄河决口，决口广度五百五十七步。是月，恒雨。同年七月癸丑日，河南卫州降暴雨，军队奔走躲避，数日绝食。是岁，河北大水。

宋皇祐元年（1049年），二月，黄河北部和御河均发生决口，汇集注入乾宁军（今属河北沧州市北，青县），河朔地区水灾频频发生。

宋皇祐二年（1050年），镇定复大水，并边尤被其害。

宋皇祐三年（1051年），七月辛酉，河决大名府郭固口。

宋皇祐四年（1052年），八月癸未，诏开封府，比大风雨，民庐摧圮压死者，官为祭殓之。

宋嘉祐元年（1056年），四月壬子朔，塞商胡北流，入六塔河，不能容，是夕复决，溺兵夫、漂刍藁不可胜计。是月，大雨，水注安上门，门关折，坏官私庐舍数万区。诸路言江、河决溢，河北尤甚。

宋嘉祐二年（1057年），六月，开封府及京东西路（今属开封府东部）黄河河水淹没民田。从五月开始连续大雨不停，安上门被河水冲坏，很多房屋都被淹没，城内百姓只能通过制作木筏来通过。七月开封府荆湖北路发生水灾，淮河水从夏天开始一直暴涨到秋天，泗州城（今属江苏盱眙）周围受到水灾。该年年终好几条江河都上涨溢出决口，河北尤甚，民多流亡逃难。

宋嘉祐三年（1058年），秋七月丙子，诏："广济河溢，原武县河决，遣官行视民田，振恤被水害者。"

宋嘉祐四年（1059年），八月癸未，京城大风雨，民庐摧圮，至有压死者。

宋嘉祐五年（1060年），河流派别于魏之第六埽，曰二股河，其广二百尺。七月，苏州、湖州水灾。

宋嘉祐六年（1061年），七月乙酉日，泗州淮水溢。

宋嘉祐七年（1062年），六月代州大雨，山水暴发流入城内。七月，窦州（今属广东信宜市一带）山水坏城，大名府（今属河北邯郸）第五埽黄河决口。

宋治平元年（1064年），京师自夏历秋，久雨不止，摧真宗及穆、献、懿三后陵台。庆州、许州（今属河南许昌）、蔡州（今属河南汝南）、颍州、唐州（今属河南唐河县）、泗州、濠州（今属安徽凤阳县）、楚州、庐州、寿州、杭州、宣州、鄂州、洪州、施州、渝州、光化军水灾。九月，陈州水灾。

宋治平二年（1065年），八月庚寅日，河南京师大雨，官私庐舍皆受灾，漂没的人畜财产不计其数。是日，御崇政殿，宰相而下朝参者十数人而已。下诏开西华门来排除宫中积水，积水汹涌很多人畜溺死，一千五百八十多人被埋葬。

宋熙宁元年（1068年），六月，恩州（今属河北清河、武城、故城一带）乌栏堤黄河溢出发生水灾，之后冀州（今属河北衡水）枣强埽黄河决口，河水向北注入今河间、献县一带。七月，瀛州（今属河北沧州）乐寿埽又发生水灾。霸州（今属河北廊坊）山水上涨溢出，保定遭遇大雨庄稼被淹，官府民宅城墙均被水淹，百姓死伤严重。

宋熙宁二年（1069年），沧州、饶安八月黄河决口，百姓遭遇水灾，移县治于张为村。泉州八月出现暴雨和大风，引起潮汐海水泛滥，庄稼房屋均被淹没，受灾严重。

宋熙宁四年（1071年），八月，金州大水，毁城，坏官私庐舍。九月丙戌，河决郓州。

宋熙宁七年（1074年），六月，熙州大雨，洮河泛溢。是秋，大名府河溢坏民田，多者六十村，户至万七千，少者九村，户至四千六百。

宋熙宁八年（1075年），四月湖南潭州（今属湖南长沙）、衡州、邵州、道州江水上涨溢出，官私庐舍都被损坏。

宋熙宁九年（1076年），七月，太原府汾河夏秋霖雨，水大涨。十一月，广东海阳县、潮阳县飓风海潮，民田庄稼受灾。

宋熙宁十年（1077年），七月，卫州（今属河南新乡市、鹤壁市一带）王供及汲县上下埽、怀州（今河南沁阳县、焦作、武陟一带）黄沁、滑州韩村等地黄河上涨。澶州曹村黄河决口，澶州北面直流断流，河道向南迁徙，向东汇入梁山张泽泺后分为两支，一支向南流入淮河，另一支向北注入大海。近四十五个郡县受到水灾影响，其中濮州（今属山东鄄城）、齐州、郓州、徐州尤其严重，近三十万顷田地受损。郑州荥泽又遇黄河决口。洺州漳河决，注入城内。大雨水，二丈河、阳河水湍涨，坏南仓，溺民居。沧州、卫州霖雨不止，河泺暴涨，败庐舍，损田苗。

宋元丰元年（1078年），章丘河水溢，坏公私庐舍、城壁、漂溺民居。舒州山水暴涨，浸官私庐舍，损田稼，溺民居。

宋元丰三年（1080年），秋七月庚午，河决澶州。

宋元丰四年（1081年），四月乙酉，河决澶州小吴埽。七月，泰州海风驾大雨，漂浸州城，坏公私舍数千楹。静海县大风雨，毁掉官私房屋两千七百六十三间。丹阳县大风雨，民舍被漂。丹徒县大风潮，漂荡沿江庐舍，损田稼。

宋元丰五年（1082年），六月，河溢北京（今属河北大名县）内黄埽。七月，决大吴埽堤，以纾灵平下埽危急。八月，河决郑州原武埽，溢入利津、阳武沟、刀马河，归纳梁山泺。九月，河溢沧州南皮上、下埽，又溢清池埽，又溢永静军阜城下埽。十月辛亥，提举汴河堤岸司言："洛口广武埽大河水涨，塌岸，坏下闸斗门，万一入汴，人力无以枝梧。密迩都城，可不深虑。"

宋元丰六年（1083年），浙江钱塘江潮涨泛溢。

宋元丰七年（1084年），六月，浙江青田县水灾，田稼被淹。七月，河北东、西路水。北京、馆陶县（属河北邯郸）七月发生水灾，河水入城，官府私宅遭水淹。八月，赵州、邢州、洺州、磁州（今属邯郸磁县）、相州等地河水泛滥，城墙、军营都遭水灾。是年，相州漳河决，溺临漳县居民。怀州大雨，黄河、沁河河水泛滥，损稼、坏庐舍、城壁。磁州诸县镇，夏秋漳河、滏河水泛溢。临漳县斛律口决，坏官私庐舍，伤田稼，损居民。

宋元丰八年（1085年），黄河在澶州一带虽是向北流，而孙村低下，夏、秋霖雨，涨水往往东出。小吴之决既未塞，十月，又决大名之小张口，河北诸郡皆被水灾。

宋元祐四年（1089年），夏秋霖雨，河流泛涨。

宋元祐五年（1090年），大河自五月后日益暴涨，始由北京南沙堤第七铺决口，水出于第三、第四铺并清丰口一并东流。

宋元祐八年（1093年），自四月雨至八月，昼夜不息，畿内、京东西、淮南、河北诸路大水。五月，水官卒请进梁村上、下约束狭河门。后来由于河水上涨，河道堵塞而导致决口。南面德清被河水侵犯，西面内黄出现决口，东面梁村出现淤积，最后从北面阚村流出，在宗城（治今河北邢台威县、广宗二县）决口后流经魏店，北面河道由于淤积被阻断，河水从四面流出东郡浮梁都被冲坏。八月广武（今属河南荥阳）发生水灾，大堤被冲塌。自四月开始降雨，一直持续到八月，昼夜不息，京畿地区、京东西路、淮南、河北等地都发生水灾。下诏开放京师宫观五日，各所在州长官吏进行祈祷，宰臣吕大防等待罪。

宋绍圣元年（1094 年）春，王宗望等虽于内黄下埽闭断北流，然至涨水之时，犹有三分水势，而上流诸埽已多危急，下至将陵埽决坏民田。七月，京畿地区持续降雨，曹州、濮州、陈州（今属河南淮阳）、蔡州（今属河南汝南）等地都发生水灾，庄稼受损。秋苏、湖、秀等州海风害民田。

宋元符元年（1098 年），澶州河溢，振恤河北、京东被水者。

宋元符二年（1099 年），六月，连续下雨导致陕西、京西、河北等地遭遇大水，河流溢出，百姓受灾，屋舍被淹。是岁，两浙苏州、湖州、秀州等地尤罹水患。九月，以久雨罢秋宴。

宋元符三年（1100 年），会四月，河决苏村。

宋崇宁元年（1102 年），七月，久雨，坏京城庐舍，民多压溺而死者。

宋大观元年（1107 年），夏季京畿发生大的水灾。诏工部都水监疏导，至于八角镇。河北、京西黄河溢出，河水泛滥，百姓及其屋舍田地都受灾严重。十月，苏州、湖州水灾。

宋大观二年（1108 年），六月，河溢冀州信都。秋季黄河决口，邢州（今河北邢台）巨鹿县被淹，受灾严重。

宋大观三年（1109 年），庚寅，冀州河水溢。七月，甘肃阶州（今属甘肃陇南市武都区）久雨，江水溢出。

宋大观四年（1110 年），夏季河南邓州发大水，顺阳县漂没。

宋政和五年（1115 年），六月，江宁府、太平（今属安徽当涂）、宣州水灾。八月，苏州、湖州、常州、秀州等地郡县水灾。

宋政和七年（1117 年），瀛州、沧州黄河决口，城墙被淹，百姓死伤者近百万人，灾情严重。

宋政和八年（1118 年），孟州河阳县第一埽，自春以来，河势湍猛，侵啮民田，迫近州城止二三里。

宋重和元年（1118年），夏江、淮、荆、浙诸路大水，民流移、溺者众多，分遣使者赈济，发运使任谅坐不奏泗州坏官私庐舍等勒停。

宋宣和元年（1119年），五月大雨，水骤高十余丈，进犯都城，自西北牟驼冈连万胜门外马监，居民尽没。前数日，城中井皆浑，宣和殿后井水溢，盖水信也。至是，诏令都水使者决西城索河堤杀其势，城南居民家墓俱被浸，遂坏藉田亲耕之稼。水至溢猛，直冒安上、南熏门，城守凡半月。已而入汴，汴渠将溢，于是募人决下流，由城北入五丈河，下通梁山泺，乃平。十一月，东南州县水灾。

宋宣和三年（1121年），六月，河溢冀州信都。六月，河决恩州（今河北邢台市清河县）清河埽。

宋宣和四年（1122年），十二月戊戌日，朝廷下诏："访闻德州有京东、西来流民不少，本州岛赈济有方，令保奏推恩。余路遇有流移，不即存恤，按劾以闻。"

宋宣和六年（1124年），秋季京畿地区连续降雨。河北、京东、两浙水灾，民多流移。

宋靖康元年（1126年），四月，京师大雨，天气清寒。又自五月甲申至六月，暴雨伤麦，夏行秋令。

南宋

宋建炎二年（1128年），春，东南郡国水。这年冬天，杜充镇守北京大名府，下令决黄河，自泗入淮，以期阻止金国追兵。

宋建炎三年（1129年），二月癸亥，高宗初至杭州，久霖雨。

宋绍兴元年（1131年），行都雨，坏城三百八十丈。是岁，婺州（今浙江金华市）雨，城坏。

宋绍兴二年（1132年），闰月徽州、严州大雨侵袭庄稼被淹。

宋绍兴三年（1133年），七月丙子日，泉州水三日，坏城郭、庐舍。

宋绍兴四年（1134年），六月，淫雨害稼，苏、湖二州为甚。

宋绍兴五年（1135年），三月，霖雨，伤蚕麦，行都雨甚。

宋绍兴六年（1136年），冬季江西饶州连日降雨，四百余丈范围内的城池受灾。

宋绍兴八年（1138年），三月，积雨，至于四月，伤蚕麦，害稼。

宋绍兴十四年（1144年），五月丙寅日，婺州水灾。乙丑日，兰溪县水侵县市，丙寅中夜，水暴至，死者万余人。

宋绍兴十六年（1146年），潼川府东部、南部江水溢出流入城内，百姓房屋被淹。

宋绍兴十八年（1148年），八月，绍兴府、婺州水。

宋绍兴二十一年（1151年），夏，襄阳府大雨十余日。

宋绍兴二十二年（1152年），淮河流域大水。

宋绍兴二十三年（1153年），金堂县水灾，潼川府江溢，城内民宅都被水淹。宣州水灾，洪水流入太平州。七月，福建光泽县大雨，溪流暴涌，平地水高数十丈，躲避不及者都溺死，半时即平。

宋绍兴二十七年（1157年），镇江府（今属江苏镇江）、建康府（今属江苏南京）、绍兴府及鄂州汉阳军都遭遇大水灾。

宋绍兴二十八年（1158年），六月，兴州（今属河北滦平）、利州及大安军（今属陕西宁强县阳平关镇）下暴雨，百姓庐舍、大桥都被淹没，死伤者众多。九月，长江东部和淮南地区众多郡县遭遇水灾，浙江东西部沿江沿海郡县遭遇大风，水面上涨溢出，灾情严重。浙东、西各沿海地区出现大风雨，绍兴、湖州、秀州受灾严重。

宋绍兴二十九年（1159年），七月戊戌日，福州大水入城，闽县、侯官县（今属福州）、怀安县田庐都被淹，官吏不闻不问，宪臣樊光远被罢黜。

宋绍兴三十年（1160年），五月辛卯日，于潜、临安、安吉三县山水暴出，坏民庐、田桑，溺死者甚众。

宋绍兴三十二年（1162年），四月，淮河溢出数百里，漂没田庐，死者甚多。六月，浙西郡县山涌暴水，漂民舍，坏田覆舟。

宋隆兴元年（1163年），八月，浙东、西州县大风水灾，绍兴平江府、湖州及崇德县为甚。

宋隆兴二年（1164年），七月，平江、镇江、建康、宁国府（今属安徽宣城）和光州、江阴、广德、寿春、无为军、淮东等地暴雨，城池被淹，屋舍军营都被水淹毁，连续数日乘舟进出，百姓溺死者众多，大雨连续不断，水患也持续加重，淮东地区流民不断。

宋乾道元年（1165年），六月，常州、湖州水灾坏污田。

宋乾道二年（1166年），八月丁亥，温州大风，海溢，漂民庐、盐场、龙朔寺，覆舟溺死二万余人，江滨骸骼尚七千余。

宋乾道三年（1167年），五月丙午，泉州大雨，昼夜不止者旬日。六月，庐、舒、蕲州大水，冲坏青苗庄稼，漂走人畜。七月己酉日，临安府天目山山水涌出，临安县五乡近两百八十多户民庐被淹，溺死者众多。八月，江浙淮闽地区淫雨，禾、麻、菽、麦、粟等大多腐烂。江东山水溢出，江西诸郡水，隆兴府四县尤甚。

宋乾道四年（1168年），七月壬戌日，衢州大水，败城三百余丈，漂民庐，危害牧畜，毁坏禾稼。诸暨县大水害稼。江宁、建康府水。是岁，饶州、信州水。

宋乾道五年（1169年），七月丁巳日，建宁府瑞应场大潦、山枣等山水暴涌出，漂民庐、溺死甚众。是岁夏秋，温州、台州大风，水漂民庐，坏田稼，人畜溺死者甚众，黄岩县为甚，郡守王之望、陈岩肖不以闻，皆黜削。

宋乾道六年（1170年），五月，平江、建康、宁国府、温州、湖州、秀州、太平州、广德军以及江西各郡县发生水灾，江东城内又水深一丈多，房屋庄稼漂没，堤坝崩溃，人多流徙。五月，连雨六十余日。辛巳，郊祀，云开于圜丘，百步外有暴雨。

宋乾道八年（1172年），四月，四川阴雨七十余日。五月，赣州、南安军山水暴出，及隆兴府、吉筠州、临江军皆大雨水，淹民庐，冲塌城郭，溃田害稼。六月壬寅，四川郡县大雨水，嘉眉邛蜀州、永康军及金堂县尤甚，漂民庐，决田亩。六月壬寅，大雨彻昼夜，至于己酉。

宋乾道九年（1173年），五月戊午日，建康隆兴府、严州、吉州、饶州、信州、池州、太平州、广德军水，漂民居，坏圩田，分水县沙塞四百余亩，采石流民多渡江。六月，湖北郡县水。

宋淳熙元年（1174年），七月壬寅、癸卯日，钱塘江大风造成决口，江水漫溢到临安江大堤一千六百六十多丈，六百三十多家居民受灾。仁和县临江两个乡镇田地都被水灾淹没。

宋淳熙三年（1176年），八月辛巳日，浙江台州大风雨，直到壬午日，海涛和溪流河流发大水，江岸决口，民庐被淹，溺死者甚众。癸未日，行都大雨水灾，坏德胜、江涨、北新三桥以及钱塘、余杭、仁和县田地，水流入湖州、秀州庄稼受灾。浙江东部、西部、江东各地郡县水灾，婺州、会稽、嵊州、广德军、建平县尤其严重。

宋淳熙四年（1177年），五月庚子日，建宁府、福州、南剑州大雨，直到壬寅日数千家百姓都被淹。五月己亥日夜里，钱塘江海涛大溢，临安府堤岸有八十多丈都受到损坏，庚子日又败堤坝百余丈。明州濒海大风，定海县（今属浙江宁波）堤坝两千五百多丈都被破坏，鄞县堤坝损坏五千一百多丈长，民田被淹。九月钱塘江涨潮，三百多丈长堤岸都破坏，余姚县四十多人溺死，两千五百六十多丈长堤岸受到破坏，上虞县堤岸、梁湖堰、运河河岸受到破坏。

宋淳熙五年（1178年），六月戊辰日，古田县大水，漂民庐，治市桥坍塌。闰月己亥日，阶州水，坏城郭。乙巳日，兴化军及福清县海口镇大水，漂民庐、官舍、仓库，溺死者甚众。

宋淳熙六年（1179年），夏季衢州水。七月，浙江大水，圩田被淹，溺死一百多人。

宋淳熙七年（1180年），五月戊戌日，分宜县大水，决田害稼。

宋淳熙八年（1181年），五月壬辰，严州大水，漂浸民居万九千五百四十余家、垒舍六百八十余区。绍兴府大水，五县八万三千多家民居被淹，田稼尽腐于田；渔浦堤坝毁坏五百余丈，新林堤坝毁坏通运河。是岁，徽州、江州水灾。

宋淳熙十年（1183年），五月信州（今属江西上饶市信州区）大水入城，房屋集市都被水淹。襄阳府大水，漂民庐，盖藏为空。江东、浙东地区多郡县遭遇水灾。八月，雷州大风引起海潮，临海居民屋舍均被淹，死者众多。九月福建漳州大风后暴雨来袭，长溪宁德县受灾地区百姓和舟皆漂入海，漳州城内将近一半的地方都被水淹没，八百九十多家百姓受灾。同月，吉州（今属江西吉安）龙泉县爆发大水，房屋被淹，田地被毁，淹死百姓众多。

宋淳熙十一年（1184年），四月，和州（今属安徽马鞍山市和县）水灾，民庐田地被淹。五月丙申日，甘肃阶州白江江水溢出，河坝决堤城池倾塌，民庐、寺庙很多被淹。建康府、太平州大水。六月甲申日，处州（今属浙江丽水市）龙泉县大雨，水浸民舍，许多房梁、屋柱毁坏，毁田害稼。七月壬辰日，明州大风雨，山水暴出，浸民市，圮民庐，舟船倾覆、载人落水而亡。

宋淳熙十二年（1185年），六月，婺州及富阳县皆水，浸民庐害田稼。八月戊寅日，安吉县暴雨，枣园村受灾，房屋、寺庙、庄稼均损失殆尽，一千多人溺死，郡守刘藻不闻不问，被罢黜。是岁，鄂州自夏徂冬，水浸民庐。九月，台州水。

宋淳熙十四年（1187年），三月辛未日，汀州（今属福建长汀）水，漂淹百余家、军垒六十余区。

宋淳熙十五年（1188年），五月淮甸大雨水，淮水溢，庐、濠、楚州，无为、安丰、高邮、盱眙军皆漂庐舍、田稼，庐州城圮。荆州江水溢出，鄂州水灾，三千多间房屋被淹。江陵、常德、德安府、复州、岳州（今属湖南岳阳）、澧州、汉阳军水灾。戊午日，祁门县群山山洪汇为大水，漂田禾、庐舍、墓冢、桑麻、人畜十之六七，饿殍甚众，余害及浮梁县。六月，建宁隆兴府、袁、抚州、临江军水圮民庐。七月，黄岩县水败田潴。鄱阳湖溢鄱阳县，漂民庐、田稼，有流徙者。

宋淳熙十六年（1189年），四月甲戌日，绍兴府兴昌县山洪暴发，害稼淹田，漂民庐。五月丙辰日，沅州（今属湖南芷江侗族自治县）、靖州（今属湖南靖州苗族侗族自治县）山水暴溢至辰州，常德府城没一丈五尺，漂民庐舍。汀州大水，浸民庐一千五百余户，溺死三千人。分宜县水。丁巳日阶州白江溢出，民庐被淹。六月庚寅日，镇江府大雨连续五日，三千多间房屋被淹。辛卯日，潼川府东南江水溢出，决堤毁桥浸民庐。涪城、中江、射洪、通泉、郪县田庐被漂没。

宋绍熙二年（1191年），二月，赣州霖雨，连春夏不止，毁坏城四百九十丈、坍塌城楼、敌楼凡十五所。三月，宁化县连水漂庐舍、田亩，溺死二十余人。五月，建宁州、福州发生水灾，浸附郭民庐，怀安、候官县一千三百多家百姓被淹，古田县、闽清县也因水灾受损。庚午日，利州东江水面上涨，大堤、田地、房屋都被淹毁。辛未日，潼川府东南江溢出，六月戊寅日又溢，再坏堤桥，大水淹入城内，七百四十多家百姓房屋被淹。七月，嘉陵江水势暴涨，兴州（今属河北滦平）城门、狱房、官舍坍塌的有十七所，三千四百九十多所居民房屋被淹，潼川崇庆府（今属四川崇州）、绵州（今属四川绵阳东）、果州（今属四川南充）、合州（今属重庆市）、金州、龙州、汉州（今属四川广汉）、怀安（今属四川金堂）、石泉、大安军鱼关等地都发生水灾，松州江水暴涨，龙州五百多个地区房屋受损，江油县溺死者众多。

宋绍熙三年（1192 年），五月壬辰日，常德府大雨成灾，民庐田地被淹。乙未日潼川府东部、南部江水溢出，六天之后又溢出，城外民庐都被淹，人们被迫迁徙到山上避难。己亥日，池州连日降雨，青阳县山水暴涌，田庐被淹，百姓溺死，贵池县也发生水灾。庚子日，泾县大雨水灾，堤坝被冲坏，民庐被浸没。六月辛丑日，建平县水灾，水败堤入城，浸没民庐。甲戌日，祁门县水灾。安徽地区五月到六月大雨不止，田庐被淹，溺死者无数。七月壬申日，浙江台州连日暴雨持续几旬，损害五百六十多家民居和庄稼。襄阳、江陵府暴雨水灾，汉江溢出，毁塌堤坝，民庐田地被淹。复州，荆门军水灾。镇江府下属三县水灾，庄稼受灾。

宋绍熙四年（1193 年），四月，霖雨一直持续到五月，浙江东西地区、江东、湖北各地郡县田地都受灾严重，蚕、麦、蔬菜都受到伤害，宁国府尤其严重。五月辛未日、丙子日镇江府大雨，六千多间营垒被淹。宣城县、宁国县水灾，冲坏田稼。广德军下属各县水灾害稼。筠州水浸民庐。戊寅日进贤县水灾，一百二十六家房屋坍塌。六月丙申日，兴国军水灾，池口镇以及大冶县民庐被淹，很多百姓溺死。戊戌日，靖安县水灾，三百二十多家被淹。是夏，江州、赣州、江陵府水灾。七月乙酉日丰城县水灾。壬午日临江军水灾，民庐坍塌。丁亥日，新淦县水灾，两千三百多家被淹。八月辛丑日，隆兴府水灾，一千两百七十多家坍塌。吉州（今属江西吉安）水灾，民庐官舍被淹。自夏到秋季，江西九州岛三十七个县都发生水灾。十月，兴化军大风，激起海涛，淹没田庐尤多。

宋绍熙五年（1194年），五月辛未日，石埭、贵池、泾县皆水，圮民庐，溺死者众。是月，泰州大水。七月壬申日，慈溪县水，漂民庐，决田害稼，人多溺死。乙亥日，浙江会稽、山阴、萧山、余姚、上虞县大风海涛涌起，堤坝被毁，庄稼被淹。行都大风拔木，行舟被坏。绍兴府、秀州大风起海潮，堤岸、田稼被破坏。八月辛丑日，钱塘、临安、富阳、于潜县暴雨水灾，余杭县尤其严重，漂没田庐，死者无算。安吉县水，平地丈余。平江镇江宁国府、明州、台州、温州、严州、常州、江阴军皆水。秋天，武陵县江溢，圮田庐甚众。

宋庆元元年（1195年），六月壬申日，台州及其下属各县都出现大风暴雨，山洪、海涛一并大作，漂没田庐不计其数，死者漂满河川，漂沉旬日，直到七月甲寅日，黄岩县水灾尤其严重。常平使者莫漳因为赈灾迟缓而免职。七月，临安府水。

宋庆元二年（1196年），六月壬申，台州飙风暴雨连夕。八月，行都霖雨五十余日。

宋庆元三年（1197年），九月，绍兴府属县二、婺州属县二，水害稼。

宋庆元五年（1199年），五月，行都雨坏城，夜压附城民庐，多死者。六月，浙东、西霖雨，至于八月。秋，台州、温州、衢州、婺州水，漂民庐，人多溺死，衢州郡守张经以隐匿灾情瞒报放赈而坐黜。

宋庆元六年（1200年），五月，建宁府、严、衢、婺、饶、信、徽、南剑州（今属四川剑阁县）及江西郡县皆大水，自庚午至于甲戌，漂民庐，害稼。

宋嘉泰二年（1202年），上杭县水，圮田庐，坏稼，民多溺死。福建建安县一百二十八户军民庐舍被淹，山体崩塌，七十七家民庐被压，溺死压死者六十多人。丁未日，长溪县漂民庐二百八十余家。古田县官舍、民庐被水淹尤其严重，两百七十人溺死。剑浦县三百五十多家房屋坍塌，死者也很多。

宋嘉泰三年（1203年），四月，江南郡邑水害稼。

宋开禧元年（1205年），九月，汉水、淮河溢出，荆襄、淮东各个郡县都发生水灾，楚州、盱眙军灾情尤其严重，民庐坍塌，庄稼被淹。

宋开禧二年（1206年），五月庚寅日，浙江东阳县水灾，三千七百三十多处房屋在同一晚上被洪水崩溃冲淹，五百四十多个聚落都被漂，两万多亩田地被淹没，溺死者尤多。

宋开禧三年（1207年），江、浙、淮郡邑水，鄂州、汉阳军尤甚。五月庚寅，东阳县大水，三千七百三十余所同夕崩塌，洪水冲淹聚落五百四十余所，湮田二万余亩，溺死者甚众。

宋嘉定二年（1209年），五月己亥日，连州大水，百余丈城池被淹毁，官舍、郡仓库、民宅、田地受灾严重。六月辛酉日，西和州（今属甘肃西和县）水，没长道县治、仓库。丙子日，昭化县水，没县治，漂民庐。成州（今属甘肃成县）水，入城，圮垒舍。同谷县及遂宁府、阆州（今属四川阆中市）皆水。七月壬辰日，浙江台州大风，出现海潮，两千二百多家房屋被淹，溺死者众多。

宋嘉定三年（1210年），浙江地区三月连续阴雨六十多日。四月甲子日，新城县大水。五月，严州、衢州、婺州、徽州、富阳、余杭、盐官、新城、诸暨、淳安等地大雨成灾，溺死者无数，田庐城墙倒塌，首次播种庄稼都被水浸腐烂。行都大水，浸庐舍五千三百，禁旅垒舍之在城外者半没，西湖溢。五月，淫雨，至于六月，首种多败，蚕、麦收获无望。

宋嘉定四年（1211年），七月辛酉日，慈溪县大水，圮田庐，人多溺者。八月浙江山阴县海潮上涨，近十里范围内十万亩民田都受水灾影响。

宋嘉定六年（1213年），六月丁丑日，浙江淳安县山水暴涌，清泉寺陷落，五乡一百八十里范围内田庐被淹，溺死者不计其数，大树都被连根拔起。丁亥日，于潜县水灾。戊子日，诸暨县风雨雷电大作，山洪暴发，数十里范围内的田庐都被淹，溺死者很多。钱塘县、临安、余杭、于潜、安吉县都发生水灾。

宋嘉定十年（1217年），冬季，浙江涛溢，房屋倒塌，有船倾覆，溺死甚众。蜀、汉二州长江浸没城郭。

宋嘉定十一年（1218年），六月戊申，武康、吉安县大水，漂官舍、民庐，坏田稼，人畜死者甚众。六月，霖雨，浙西郡县尤甚。

宋嘉定十二年（1219年），盐官县海失故道，潮汐冲平野三十余里，至是侵县治，庐州、港渎及上下管、黄湾冈等场皆垮塌。蜀山沦入海中，聚落、田畴损失过半，坏四郡田，后六年始平。

宋嘉定十五年（1222年），七月，萧山县大水。时久雨，衢、婺、徽、严暴流与江涛合，冲毁田庐，庄稼被害。七月，浙东、西霖雨为灾。

宋嘉定十六年（1223年），五月，霖雨，浙西、湖北、江东、淮东尤甚。五月江浙淮河以及湖北、四川各地都发生水灾，平江府、湖州、秀州、池州、鄂州、楚州、太平州、广德军最为严重，房屋、庄稼、城池、堤岸以及百姓受灾较重。鄂州江湖汇合上涨，城市沉没，洪水累月不退。秋，江溢，圮民庐。余杭、钱塘、仁和县大水。福、漳、泉州、兴化军水，庄稼毁坏十之五六。

宋嘉定十七年（1224年），五月，福建大水，漂水口镇民庐皆尽，候官县甘蔗砦漂数百家，人多溺死。建宁府平政桥被淹，水入城内；南剑州圮郡治、城楼、郡狱、官舍，城坏，民避水楼上者皆死。

宋宝庆元年（1225年），七月丁丑，滁州大水，下诏赈恤。

宋宝庆二年（1226年），秋七月戊辰，雷电雨，昼晦，大风。

宋绍定二年（1229年），九月丁卯，台州大水。天台、仙居县大水。

宋端平三年（1236年），三月辛酉日，湖北蕲州水灾，房屋被淹。是年，英德府、昭州及襄、汉江皆大水。

宋嘉熙元年（1237年），饶、信州水。

宋嘉熙二年（1238年），浙江溢。

宋淳祐二年（1242年），绍兴府、处、婺州水。

宋淳祐十年（1250年），八月甲寅，台州大水。

宋淳祐十一年（1251年），八月甲辰，汀州山洪暴发，当地居民被害。是年，江、浙多水，饶州亦水。

宋淳祐十二年（1252年），丙寅，严、衢、婺、台、处、上饶、建宁、南剑、邵武大水，遣使分行赈恤存问，除今年田租。

宋淳祐十三年（1253年），庚寅，温、台、处三郡大水，下诏发放丰储仓米并各州义廪赈之。

宋开庆元年（1259年），滁、严州水。

宋景定三年（1262年），丁亥朔，临安、安吉、嘉兴属邑水，民溺死者众。

宋咸淳六年（1270年），八月辛卯日，保定路霖雨伤禾稼。九月壬子日，台州大水。闰十月己酉日，安吉州水灾，免除田租四万四千八十石粮食。十一月丁丑日，嘉兴县、华亭县水灾，免除公田租五万一千石粮食、民田租四千八百一十石。

宋咸淳七年（1271年），五月甲申，诸暨县大水，漂庐舍。是月，重庆府江水泛溢者三，漂城壁，坏楼橹。六月丙申日，诸暨县大雨、暴风、雷电，朝廷发放粮食赈济遭受水灾百姓。瑞州民及流徙者饥乏食，发义仓米一万八千石，减直振粜。

辽

辽天显七年（932年），八月壬戌，捕鹅于沿柳湖，风雨暴至，舟覆，溺死者六十余人，命存恤其家，识以为戒。

辽会同六年（943年），冬，至顿丘，会大霖雨，帝欲班师。

辽应历三年（953年），以南京水，诏免今岁租。

辽统和元年（983年），九月丙辰日，南京留守上奏，秋霖害稼，请求停征关卡税收，以便能够输入山西粮食，下令从之。

辽统和三年（985年），丙寅，驻跸土河。因河水暴涨，命造船桥，明日乘步辇出听政。

辽统和九年（991年），六月，南京霖雨伤稼。

辽统和十一年（993年），秋七月初三，桑干、羊河决口漫溢到居庸关以西，庄稼被淹损失殆尽，奉圣、南京二州居民房舍很多被水淹没。

辽统和十二年（994年），春正月，漷阴镇（今属北京通州）发生水灾，三十多个村被淹。二月朝廷下令南京（今属北京西南）被淹百姓免除赋税。

辽统和二十六年（1008年），夏四月癸卯，赈崇德宫所隶州县民之被水者。

辽统和二十七年（1009年），秋七月甲寅朔，霖雨，潢、土、斡刺、阴凉四河皆溢，漂没民舍。

辽统和二十九年（1011年），正月，贵州南峻岭谷，大雨连日，马驼皆疲，甲仗多遗弃，霁乃得渡。二月庚寅，南京、平州水，振之。

辽太平六年（1026 年），二月己巳，南京水，遣使赈之。

辽太平十一年（1031 年），夏五月，诸河横流，皆失故道。

辽咸雍四年（1068 年），秋七月，南京霖雨，地震。冬十月，永清、武清、安次、固安、新城、归义、容城诸县水，复一岁租。

辽咸雍十年（1074 年），时辽东雨水伤稼，北枢密院大发濒河丁壮以完堤防。

辽大康八年（1082 年），秋七月甲午，南京霖雨，沙河溢永清、归义、新城、安次、武清、香河六县，伤稼。

辽大安八年（1092 年），十一月丁酉，以通州潞水害稼，遣使赈之。

辽寿昌三年（1097 年），二月丙辰朔，南京水，遣使赈之。

辽乾统三年（1103 年），二月庚午，武清县大水，放松对陂泽的禁令。

金

金天会二年（1124 年），曷懒移鹿古水霖雨害稼，且被蝗虫食。秋季，泰州发生洪涝灾害，庄稼遭到水灾。甲子，诏发宁江州粟，赈泰州民被秋潦者。

金天会十年（1132 年），四月庚寅，闻鸭绿、混同江暴涨，命赈徙戍边户在混同江者。

金天眷元年（1138 年），七月丁酉日，按出浒河（今属阿什河）河水溢出造成水灾，百姓房屋被淹没。

金大定八年（1168 年），六月，黄河在李固渡（今属河南省浚县南）决口，河水侵入曹州。

金大定十七年（1177 年），七月，连续大雨，滹沱河、卢沟河上涨溢出造成水灾，黄河在白沟决口。

金大定二十年（1180 年），秋卫州（今属河南新乡、鹤壁）黄河决口。

金大定二十九年（1189 年），五月，黄河在曹州溢出造成水灾。

金明昌元年（1190 年），七月，淫雨伤稼。

金明昌四年（1193 年），六月，黄河在卫州决口，魏州、清州、沧州都遭受水灾。

金明昌五年（1194 年），七月，黄河在阳武以前的旧堤坝决口，河水漫溢封丘县后向东流去。

金大安元年（1209 年），四月，山东、河北等地大旱，进入六月后连续降雨造成水灾，庄稼受水灾影响，市场米价飞速上涨。

金兴定四年（1220 年），河南大水，唐州、邓州尤甚。

元

元至元元年（1264 年），真定、顺天、河间、顺德、大名、东平、济南等地各郡县水灾。

元至元五年（1268 年），八月己丑日，亳州水灾。九月癸丑日，中都路水灾，免除当年田租。十二月戊寅日，中都、济南、益都、淄莱、河间、东平、南京（今属河南开封市）、顺天、顺德、真定、恩州、高唐、济州、北京等地水灾，免除当年田租。

元至元六年（1269 年），正月甲戌日，益都、淄莱大水。十二月，河北献州、莫州（今属河北任丘）、清州、沧州以及丰州、浑源县大水。

元至元九年（1272 年），六月壬辰日，夜晚京师大雨，城墙坍塌，被压死者众多。癸巳日，发放粮食赈济灾民，不足又开放就近官仓赈济。九月南阳、怀孟、卫辉、顺天等郡和洛州、磁州（今属河北邯郸磁县）、泰安、通州、滦州等地连续下雨，河水合并溢出，田地房屋坍塌，庄稼被淹。

元至元十年（1273 年），七月庚寅日，河南水灾，发放粮食赈济灾民，免除今年田租。该年各路都持续降雨，很多庄稼都受水灾影响。

元至元十二年（1275 年），河间霖雨伤稼。

元至元十三年（1276 年），十二月，济宁路以及高丽沈州（今属辽宁沈阳）水灾。

元至元十四年（1277 年），六月，济宁大雨，路面水涨一丈多，庄稼被淹。曹州的定陶、武清两个县和濮州（今属山东鄄城）堂邑县大雨淹没庄稼。十二月，冠州永年县水灾，免除当年田租。

元至元十六年（1279年），十二月，保定路等地水灾。

元至元十七年（1280年），正月辛亥日，磁州、永平县水灾，朝廷发放钱钞贷给百姓。八月濮州、东平、济宁、磁州水灾。大都、北京、怀孟、保定、东平、济宁等地水灾。

元至元十八年（1281年），二月，辽阳懿州（今属辽宁阜新蒙古族自治县一带）、盖州水灾。十一月，保定路清苑县水灾。

元至元十九年（1282年），八月，江南地区水灾，民饥者众。

元至元二十年（1283年），六月，太原、怀州、孟州、河南等地黄河水面上涌溢出，一千六百七十多公顷田地都遭水灾。卫州、辉州清河溢出，庄稼损。南阳府唐州、邓州、裕州（今属河南省方城）、嵩州（今属河南登封）等地河水溢，损稼。十月，涿州巨马河河水溢出。

元至元二十一年（1284年），六月，保定路、河间县、滨州、棣州水灾。

元至元二十二年（1285年），秋季，南京、彰德（今属河南安阳）、大名、河间、顺德（今属河北邢台）、济南等地水灾造成三千多顷田地被毁。高邮（今属江苏扬州）、庆元（今属浙江丽水）发生水灾，七百九十五户居民受灾死伤，三千零九十多间屋舍遭受水灾毁坏。

元至元二十三年（1286年），六月，安西路华州华阴县下大雨，潼谷水涌，平地三丈余。杭州路、平江路属县水，一万七千二百多顷田地被淹。同月，大都涿州、漷州、檀州（今属北京密云）、顺州、蓟州、汴梁、归德等地发生水灾。河决开封、祥符、陈留、杞、太康、通许、鄢陵、扶沟、洧川、尉氏、阳武、延津、中牟、原武、睢州十五处，调南京民夫二十万四千三百二十三人，分筑堤防。

元至元二十四年（1287年），三月，汴梁黄河泛滥，七千役夫修筑故堤。六月乙亥日，霸州益津县霖雨伤稼。九月辛卯日，东京、义静、麟、威远、婆娑等地霖雨严重，江水泛滥，民田被淹没。保定、太原、河间、般阳、顺德、南京、真定、河南等地霖雨害稼，太原尤其严重，房屋倒塌被压死者很多。十一月，大都路水灾，赐予田租十二万九千一百八十石赈济。

元至元二十五年（1288年），正月，杭州、苏州连年水灾，朝廷对贫困者进行了救助。二月，京师大水，发放官粮，下调米价帮助贫民。五月丁酉日，平江县水灾，免除其所负酒课。己丑，汴梁大霖雨，河决襄邑，漂麦禾。汴梁黄河决口，太康、通许、杞县、陈州（今属河南淮阳）、颍州都被淹。六月壬申日，睢阳霖雨，河水上涨溢出淹没庄稼，免除租税一千六十石。乙亥日，考城、陈留、通许、杞县、太康县发生水灾，河水溢出淹没民田，免除租税一万五千三百石。资国、富昌等十六屯大水，百姓依靠采集橡树维持，朝廷下令减价售出粮食进行赈灾。霸州、漷州两地霖雨害稼，免除当年田租。八月丁丑日，嘉祥县、鱼台县、金乡县霖雨害稼，免除租税五千石。九月莫州（今属河北任丘）、献州霖雨。保定路霖雨。十二月，太原、汴梁等地黄河溢出，庄稼受灾。

元至元二十六年（1289年），二月，绍兴大水。五月，泰安寺屯田大水，免除当年田租。辛丑日，御河溢出汇入会通渠，东昌百姓民庐被淹。六月，贵阳路水旱灾害，下其估粜米八千七百二十石赈灾。济宁、东平、汴梁、济南、棣州、顺德、平滦、真定霖雨害稼，免除田租十万五千七百四十九石。八月壬子，霸州大水，民乏食，下其估粜直沽仓米五千石。辛酉，大都路霖雨害稼，免今岁租赋，仍减价粜诸路仓粮。辛酉，大都路霖雨害稼，免今岁租赋，仍减价粜诸路仓粮。十月癸丑日，营田提举司大水害稼。平滦路水灾害稼，平滦、河间、保定出现饥荒，解除了河伯之禁。闰十月，左右卫屯田新附军因大水庄稼受灾，发放一万零四百石粮食赈灾。宝坻屯田大水伤稼。十一月，陕西凤翔屯田水灾。十二月，平滦大水伤稼，免其租税。

元至元二十七年（1290年），正月，甘州无为路发生水灾，免除当年租税。二月癸巳日，晋陵县、无锡县两地霖雨害稼，免除当年田租。四月，芍陂屯田霖雨河水溢出成灾，害稼两万两千四百八十亩，免其田租。五月，江阴州发生严重水灾，免除其田租一万零七百九十石。六月，黄河在太康县溢出，三十一万九千亩田地都被淹没，免除租税八千九百二十七石。七月，终南等屯霖雨害稼一万九千六百多亩，免其租税。凤翔屯田霖雨害稼，免租税。赣州、吉州、袁州、瑞州、建昌、抚州水灾泛滥，龙兴城几乎被淹没。江夏水灾，六千四百七十多亩田地受灾，免除租税。魏县御河溢出，五千八百多亩田地被淹，免租税一百七十五石。八月，沁河河水溢出，广东清远县水灾。十月丁丑日，江阴、宁国等地水灾，有四十五万八千四百七十八户灾民都移走。皇帝说："这种事情不用等我知道，要速速赈灾。"朝廷发放五十八万两千八百八十九石粮食赈济。十一月辛丑日，广济署洪济屯大水，免除其租税一万三千一百四十一石。乙丑日，易水溢出，雄州（今属河北保定）、莫州、任丘、新安等地被淹，朝廷下令修筑堤防。黄河在祥符义唐湾决口，太康县（今属河南周口）、通许县和陈州（今属河南淮阳）、颍州深受水患影响。

元至元二十八年（1291年），二月，常德路水灾。三月甲寅日，常德路水灾，免除租税两万三千九百石。八月婺州水灾，免除田租四万一千六百五十石。大名府清河县、南乐县等地霖雨害稼，免除田租一万六千六百六十九石。九月，平滦、保定、河间三地水灾，被灾者全免，收成者半之。十二月广济署大昌屯等地水灾，免除田租一万九千五百石粮食。

元至元二十九年（1292年），五月，龙兴路南昌县、新建县、进贤县水灾，免除租税四千四百六十八石。六月，镇江路、常州路、平江路、嘉兴路、湖州、松江、绍兴等地水灾，免除至元二十八年田租十八万四千九百二十八石。丁亥，湖州、平江、嘉兴、镇江、扬州、宁国、太平七路大水，免田租百二十五万七千八百八十三石。闰六月，岳州（今湖南岳阳）华容县水灾，免田租四万零九百六十二石。辛亥日，河西务水灾，发放粮食赈济灾民。八月，广济署屯田蝗灾又遇水灾，免除田租九千二百八十石。九月丁丑日，平滦路水灾加霜降，免田租两万四千零四十一石。十一月庚申日，岳州华容县水灾，发放粮食两千一百二十五石赈济灾民。

元至元三十年（1293年），三月，雨坏都城，诏发侍卫军三万人完之，仍命中书省给其佣直。五月朝廷下诏由于浙西一带大雨造成水灾，命令富人招募佃农疏通水道。甲申日，真定路深州静安县水灾，灾民饥无可食，发放义仓粮食两千五百七十四石赈灾。八月，营田提举司所辖屯田百七十七顷为水所没，免其租四千七百七十二石。九月，恩州水，百姓阙食，赈以义仓米五千九百余石。十月，平滦水灾，免除田租一万一千九百七十七石。广济署水灾，一百六十五顷田地被淹，免田租六千二百一十三石。

元至元三十一年（1294年），五月，峡州路（今属湖北宜昌市）水灾。八月癸丑日，平滦路迁安等县水灾，免除田租。九月，赵州宁晋县水灾。十月，辽宁辽阳路水灾。十二月，常德、岳州、鄂州、汉阳等地水灾，免除田租。

元元贞元年（1295年），五月，建康溧阳州，太平当涂县，镇江金檀、丹徒等县，常州无锡州，平江长洲县，湖州乌程县，鄱阳余干州，常德沅江、澧州安乡等县都遭受水灾。六月，泰安州奉符、曹州济阴、兖州嵫阳等县发生水灾。历城县大清河河水溢出，百姓房屋遭受水灾。七月，辽东和州、大都武卫屯田发生水灾。九月，庐州、平江县（今属湖南岳阳）发生水灾。

元元贞二年（1296年），五月，太原平晋县，献州交河、乐寿二县，莫州任丘、莫亭等县，湖南醴陵州发生水灾。六月，大都路益津、保定、大兴三县发生水灾，七千多顷庄稼被灾。八月，棣州、曹州发生水灾。九月，黄河在河南杞县、封丘县、祥符县、宁陵县、襄邑县五地发生决口。十月，黄河在开封县发生决口。十二月，江陵潜江县，沔阳玉沙县，淮安海宁朐山、盐城等县发生水灾。

元大德元年（1297年），三月，归德徐州，邳州宿迁、睢宁、鹿邑三县，河南许州（今属河南许昌）临颍、郾城等县，睢州襄邑、太康、扶沟、陈留、开封、杞等县因黄河河水上涨溢出，房屋、田地都被淹没。五月，饶州鄱阳、乐平以及隆兴路水灾。丙寅日，黄河在汴梁（今属河南开封）决口，发动官民三万五千多人进行堵口工程。漳河溢出，禾稼受灾。龙兴、南康、澧州、南雄、饶州五郡水灾。六月，和州历阳县江水上涨，水灾淹没一万八千五百多户居民房屋。七月，郴州耒阳县，衡州酃县发生水灾，三百多人被水淹死。八月，池州、南康、宁国、太平水灾。九月，澧州、常德、饶州、临江、平阳、瑞州等地水灾。十月，温州平阳、瑞安两地发生水灾，六千八百多人被淹而死。十一月，常德、武陵县发生水灾。

元大德二年（1298年），正月己酉日，建康、龙兴、临江、宁国、太平、广德、饶池等地水灾，朝廷赈济临江路三万石粮食，并且解除泽梁之禁，任由百姓采食。二月，浙江嘉兴、江阴、江东建康、溧阳、池州水旱灾。湖广等地汉阳、汉川水灾，免其租税。六月，蒲口黄河决口，淹没九十六家，河水泛滥波及汴梁、归德。大名、东昌、平滦等地水灾。七月，江西、江浙一带水灾，赈济饥民两万四千九百多石粮食。汴梁等地水灾，黄河决口堤坝冲坏，房屋禾稼都被漂没，免除一年田租。

元大德三年（1299年），八月，汴梁、大都、河间水灾。十月，汴梁、归德水灾。

元大德四年（1300年），五月真定、保定、大都通州、蓟州水灾。六月，归德府睢州水灾。

元大德五年（1301年），五月，宣德、保定、河间等地水灾。宁海州（今属山东牟平）水灾。六月，济宁、般阳、益都、东平、济南、襄阳、平江七郡水。七月，江水暴涨上溢，有四五丈高，崇明、通州、泰州、定江等地都受水灾影响，受灾者近三万四千八百人。辽宁省大宁路水灾，发放千石粮食赈济。大都、保定、河间、济宁、大名府水灾。浙西一带积雨泛滥，民田受损惨重，下诏两千名役夫进行疏导河道，修复故道。八月己巳，平滦路霖雨，滦、漆、浉、汝河溢，民死者众，免其今年田租，仍赈粟三万石。八月，顺德路水，免其田租。峡州、随州、安陵、荆门、泰州、光州、扬州、滁州、高邮、安丰霖。

元大德六年（1302年），四月庚辰日，上都大水，减价粜粮万石以赈济。五月，山东济南路大水。归德府、徐州、邳州、睢宁县降雨五十日，沂河、武河河流，河水溢出。河北东安州浑河水溢，一千零八十余顷民田被淹。六月，广平路水灾。七月，顺德水灾。十月，济南滨州、棣州、泰安、高唐州霖雨水灾，米价飞涨，百姓流离，朝廷发放粮食赈济，再加三万锭钱钞。

元大德七年（1303年），五月，济南路、河间路等地水灾。六月，辽宁辽阳、大宁、平滦、昌国、沈阳、开元等路暴雨，田地房屋被损坏，男女死者百十有九人。修武、河阳、新野、兰阳等县赵河、湍河、白河、七里河、沁河、潦河皆溢。台州台风大作，宁海、临海二县死者五百五十人。六月己丑日，浙西地区淫雨，饥民高达十四万，朝廷用粮食赈灾持续一个月，免除当年夏税以及各户的酒醋课税。

元大德八年（1304年），五月，大名之浚、滑，德州之齐河霖雨。汴梁之祥符、太康，卫辉获嘉县，太原阳武县黄河溢出。六月，汴梁祥符县、开封、陈州霖雨，免其田租。七月，由于顺德、恩州去年霖雨，免去田租四千多石。九月，冀州、孟州、辉州、云内州等地去年霖雨受灾，免除田租两万两千一百石。潮州飓风，海水上涨溢出，漂没庐舍，溺死者众多，给受灾者发放两个月粮食。

元大德九年（1305年），四川潼川郪县大雨，绵江、中江溢出，长江决口江水流入城内。龙兴、抚州、临川三郡水灾。七月，沔阳玉沙江溢出，陈州（今属河南淮阳）西华河溢出。峄州水灾，赈米四千石。扬州泰兴、江都、淮安之山阳水灾，免其田租九千多石。八月，归德、陈州黄河溢出。

元大德十年（1306年），正月，由于曹州禹城去年霖雨害稼受灾，民饥，朝廷下令从陵州粮仓发放两千多石赈济。三月湖南道州营道等地暴雨，江水溢出，山脉崩裂，漂荡民庐，溺死者众，复其田租。四月，赣县暴雨水溢。五月，平江、嘉兴等郡水灾伤稼。六月，景州霖雨。大名、益都、易州水灾。十月，吴江州水灾，出现饥荒，发放一万石粮食赈灾。

元大德十一年（1307年），六月辛酉日，汴梁、南阳、归德、江西、湖广等地水灾。河北靖海、容城、束鹿、隆平、新城等县水灾。七月，冀宁文水县汾河溢出。江浙水，民饥，诏赈粮三月，酒醋、门摊、课程悉免一年。八月，隆平、文水、平遥、祁县、霍邑、靖海、容城、束鹿等地水灾。九月，襄阳霖雨，民饥，下令河南省发放粮食赈灾。十月，杭州、平江水灾，民饥，发粮赈灾。十一月庚午日，卢龙、滦河、迁安、昌黎、抚宁等县水灾。

元至大元年（1308年），五月，宁夏府水灾。六月，益都水灾，灾民靠采食树皮草根为生，朝廷免除当年差徭，发放本地课税以及朱汪、利津两粮仓赈灾。七月，济宁路大雨造成水灾，平底雨水一丈多高，整个城内被雨水冲淹，十人中有八个被淹死。真定路（今属河北正定县）连日下雨，雨水注入藁城，将近百七十人因水灾溺死。彰德、卫辉两县发生水灾，五千三百七十顷田地被淹。

元至大二年（1309 年），七月，归德府黄河决口，汴梁封丘县黄河决口。

元至大三年（1310 年），六月，襄阳、峡州、荆门水灾，山体崩塌，两万一千八百二十九间房屋被水淹没，三千四百六十六人溺死。汝州大水，九十二人溺死。六安州大水，死者五十二人。沂州、莒州、兖州等地水灾，民田被淹。洧川、鄄城（今属山东菏泽）、汶上三县水灾。峡州大雨后水涨溢出，一万多人溺死。七月丙戌日，循州大水，损失两百四十四间房屋，四十三人死亡，发放粮食赈灾。十月，山东、徐州、邳州等地水灾旱灾频发，将御史台收入的赃款四千多锭赈灾。十一月庚辰日，河南一带水灾，给死者发放棺材，给房屋被漂者钱钞，在验口进行了两个月的赈粮，免除今年年租，停止追缴欠债。

元至大四年（1311 年），六月，济宁、东平、归德、高唐、徐州、邳州等地水灾，发放钱钞赈灾。河间、陕西各县水旱灾害伤稼，下令有司赈济，免除今年年租。大都三河县、潞县、河东祁县、怀仁县、永平县等地雨水害稼。七月，江陵属县水灾，很多百姓淹死。太原、河间、真定、顺德、彰德、大名、广平、德州、濮州、恩州、通州等地霖雨伤稼。九月江陵路水灾漂民居，有八成的百姓溺死。

元皇庆元年（1312 年），二月壬申日，霸州文安县出现水患，派遣官员解决。四月，龙兴新建县霖雨伤稼。五月，归德睢阳县黄河溢出。六月，黑龙江大宁路（相当于今内蒙古、辽宁、河北交界处）、水达达路（相当于今天南起图们江、东抵日本海、北至外兴安岭和库页岛，包括松花、黑龙二江和乌苏里江流域至海滨一带）大雨，宋瓦江（今属松花江）江水溢出，百姓在亦母儿乞岭（有人考证该岭位于巴彦县境内）避居。八月，松江府大风天气使得潮水上涨。宁国路泾县水灾，朝廷赈粮两月。

元皇庆二年（1313 年），五月辰州沅陵县水灾。六月，涿州范阳县、东安州宛平县、固安州，霸州（今属河北廊坊）益津、永清、永安等地大雨成灾，损失田稼七千六百九十多顷。陈州（今属河南淮阳）、亳州、睢州、开封、陈留等地黄河决口。八月，扬州路崇明州海潮泛溢，民居被淹。

元延祐元年（1314 年），五月，武陵、临武江水溢出，五百人溺死，房屋庄稼受灾。六月，涿州范阳县、房山县浑河溢出，四百九十多顷田地被淹。七月，沅陵、卢溪二县水，武清县浑河溢出决堤，淹没民田，发廪赈之。八月，台州、岳州、武冈、常德道州等地水灾，粮食减价赈灾。十二月壬午日，汴梁、南阳、归德、汝宁、淮安等地水灾，下令禁止酿酒，施行赈灾。

元延祐二年（1315年），正月丙寅日，连日降雨浑河上涨，堤坝被冲，民田遭受水灾，命军队士兵补之。六月，河决郑州，坏汜水县治。七月，潭州、全州、永州路、茶陵州霖雨，江涨庄稼被淹，粮食减价赈粜。京畿一带大雨，潮州、常平、香河、宝坻等地水灾淹没民田。

元延祐三年（1316年），四月，黄河在颍州泰和县溢出。七月，婺源州大雨成灾，五千三百多人溺死。

元延祐四年（1317年），正月解州盐池水灾。二月，曹州水灾，免除当年田租。四月，辽阳盖州雨水害稼。

元延祐五年（1318年），四月，庐州合肥县暴雨水灾。五月，巩昌陇西县大雨，南面土山崩塌，很多百姓被压死，发放粮食赈灾。

元延祐六年（1319年），六月，河间路漳河水溢出，民田两千七百多顷受灾。河北大名路下属各县水灾，一万八千顷田地被淹。六月，辽阳、广宁、沈阳、永平、开元等地水灾。

元延祐七年（1320年），四月，安丰、庐州淮河溢出，一万顷麦田被淹没。六月，棣州、德州大雨成灾，四千六百多顷田地被淹。八月，霸州文安县、大城县范围内滹沱河水溢，庄稼受灾。汾州平遥水。是岁，河决汴梁原武县。

元至治元年（1321年），四月，江西江州（今属江西九江）、赣州、临江（今属江西清江县）持续降雨；袁州、建昌出现干旱。百姓纷纷上告出现饥荒，朝廷发放四万八千石粮食赈济。六月，霸州（今属河北廊坊）发生水灾，浑河河水溢出，三万多户百姓受水灾影响。七月，蓟州平谷、渔阳二县，顺州（今属北京顺义）邢台、沙河二县，大名魏县，永平石城县等地发生水灾。彰德县、临漳县因漳河河水溢出发生水灾。大都、固安州（今属河北廊坊）、真定、元氏县，东安县、宝坻县、淮安县、清河县、山阳县等地发生水灾。东平路、东昌路，高唐州（今属山东章丘）、曹州、濮州等地，因连日大雨造成水灾庄稼受损，乞里吉思部江水溢出，造成水灾。八月，安陆府（今属湖北钟祥）连续下七日大雨，长江江水大涨溢出，三千五百多户居民受灾。雷州海康县（今属广州雷州）、遂溪县海水上涨，四千顷田地都被破坏。九月，京山县、长寿县因汉水溢出遭受水灾。十月，辽阳、肇庆等地发生水灾。

元至治二年（1322年），正月辛巳日，河南仪封县黄河溢出，庄稼受灾。七月，南康路水灾，庐州六安县大雨，平地水深数尺，出现饥荒，朝廷下令赈济粮食一个月。十一月，平江路水灾，损失四万九千六百多田地。徽州、庐州、济南、真定、河间、大名、归德、汝宁、巩昌诸处及河南芍陂屯田水。

元至治三年（1323年），正月，曹州禹城县去秋霖雨害稼，县人邢着、程进出粟以赈饥民，命有司旌其门。戊午日，真定路武邑县雨水害稼。丙辰日，东安州水灾，一千五百六十顷田地受灾。六月，大都永清县暴雨成灾，四百顷田地被淹。七月，漷州雨水害稼。九月，南康、漳州发生水灾。

元泰定元年（1324年），四月，云南中庆、昆明水灾。五月，龙庆、延安、吉安、杭州、大都诸路属县水，民饥，赈粮有差。五月，陇西县大雨，有五百家漂死。六月，大都、真定晋州、深州、奉元路以及甘肃等地暴雨害稼，赈粮两个月。大同浑源路、真定滹沱河、陕西渭水、黑水、渠州江水都出现泛溢，庐舍都被漂没。奉元路朝邑县、曹州楚丘县、大名路开州濮阳县河溢，大都路固安州清河溢，任县沙、澧、洺水溢。秦州成纪县大雨，山崩，水溢，壅土至来谷河成丘阜。汴梁、济南属县雨水害稼，朝廷进行赈灾。九月，奉元路长安县大雨，沣水上涨溢出。延安路洛水溢出。十二月，温州路乐清县盐场发生水灾，出现饥荒，发放义仓粮食赈灾。两浙以及江东各个郡县水旱灾，六万四千三百多顷田地受损。

元泰定二年（1325年），正月，大都宝坻县、肇庆高要县雨水。巩昌路水。闰正月，雄州（今属河北保定）归信县大水。二月，甘州路大雨水，漂没行帐孳畜。三月，咸平府清、寇二河合流，失故道，隳堤堰。四月，涿州房山、范阳县水。岷州、洮州、文州、阶州雨水。五月，檀州大水。平地水深五尺。高邮兴化县、江陵公安县水。河溢汴梁，受灾者十有五县。六月，冀宁路汾河溢。潼川府绵江、中江水溢流入城内，平地水深一丈多。卫辉汲县、归德宿州雨水。济宁路虞城、砀山、单父、丰县、沛县水。七月，睢州河决。八月，霸州、涿州、永清县、香河县等地水灾，九千零五十多顷田地受灾。九月，开元路三河溢，没民田，坏庐舍。十月，宁夏鸣沙州（今属宁夏中宁县）大雨水。

元泰定三年（1326 年），正月，恩州水。二月，归德府下属县内黄河决口，出现饥馑。六月，大同县大水。汝宁光州水。七月，河决郑州，漂没阳武等地县民一万六千五百多家。东安州、檀州、顺州、漷州（今属北京通州区南）雨，浑河决，温榆水溢，伤稼。延安路肤施县水，漂民居九十余户。八月，盐官州大风，海溢，捍海堤崩，广三十余里，袤二十里，徙居民千两百五十家以避之。真定蠡州，奉元蒲城县，无为州，历阳、含水等县水。九月，平遥县汾河溢。十一月，崇明州三沙镇海水涨，漂民居五百家。十二月，辽宁辽阳大水。冬十二月，大宁路瑞州大水，坏民田五千五百顷，庐舍八百九十所，溺死者百五十人。

元泰定四年（1327 年），正月，盐官州潮水大溢，捍海堤崩两千余步。四月，复崩十九里，发丁夫两万余人，以木栅竹落砖石塞之，不止。六月，大都东安、固安、通州、顺州、蓟州、漷州等地各县雨水成灾。七月，上都云州大雨。北山黑水河溢。云安县水。八月，汴梁扶沟、兰阳县河溢，漂民居一千九百余家。济宁虞城县河溢，伤稼。十二月，夏邑县河溢。汴梁中牟、开封、陈留三县，归德邳州、宿州雨水。

元致和元年（1328 年），三月，盐官州海堤崩塌，遣使臣祭祀祷告，造浮图（像）二百十六尊，用西僧法压之。河决砀山县、虞城县。四月，盐官州海溢，益发军民塞之，置石囷二十九里。六月，南宁、开元、永平等路水。河间临邑县雨水。益都、济南、般阳、济宁、东平等郡三十县、濮州、德州、泰安等州九县雨水害稼。七月，广西两江诸州水。

元天历元年（1328 年），八月，杭州、嘉兴、平江、湖州、建德、镇江、池州、太平州、广德九郡水，没民田一万四千余顷。

元天历二年（1329 年），五月，水达达路阿速古儿千户所大水，一千多户百姓受灾。六月丙午，永平屯田府所隶昌国诸屯大风骤雨，平地出水。六月，益都莒、密二州春水，夏旱蝗，饥民三万一千四百户，赈粮一月。

元至顺元年（1330年），六月，河决大名路长垣县、东明县，没民田五百八十余顷。曹州、高唐州水。七月，海潮溢，漂没河间运私盐二万六千七百引。闰七月，浙江嘉兴、湖州两地水灾，坏田地三万六千六百多顷，近四十万五千五百户居民受灾。杭州、常州、应元、绍兴、镇江、宁国府、望江、铜陵、长林、宝应、兴化等地水灾，漂没农田一万三千五百多顷。大都、保定、大宁、益都属州县水。

元至顺二年（1331年），四月，潞州（今属山西长治）潞城县大雨水。五月，河间莫亭县、宁夏和渠县、绍庆彭水县及德安县屯田水。六月，彰德属县漳水决。十月，吴江州大风，太湖水溢，漂民居一千九百七十余家。十二月，深州、晋州水。

元至顺三年（1332年），三月，洛水溢。五月，扬州之江都、泰兴，德安府之云梦、应城县水，汴梁之睢州、陈州、开封、兰阳、封丘诸县河水溢，滹沱河决，没河间清州等处屯田四十三顷。

元元统元年（1333年），六月，北京地区出现连绵大雨，京畿地区平地水面有一丈多，饥民数量高达四十余万，下诏发放四万锭钞赈灾。

元元统二年（1334年），六月戊午日，淮河上涨，槐安路山阳县满浦、清岗当地房屋、人畜受灾严重。

元至元元年（1335年），八月，戊寅，道州、永兴水灾，发米五千石及义仓粮赈之。

元至元三年（1337年），二月，绍兴发生水灾，五月，广西贺州发生水灾庄稼受损，六月，卫辉（今属河南新乡）连续整月下雨，七月，丹沁两河河水上涨，和城西御河通流，使平地水面高约两丈，百姓房屋、田地损失惨重，以至于灾民以树木草根为食，郡守用小舟来运送食物给灾民，老弱群里移居到城头，每日官府发放粮食，将近一个月后水灾才缓和。汴梁（今属河南开封）兰阳县、尉氏县，归德府（今属河南商丘）黄河水泛滥。黄州及衢州、常山县都发生水灾。

元至元四年（1338年），六月，福建邵武路大雨水灾，水流入城池内，平地水深两丈多，民居被淹没殆尽。

元至正元年（1341年），汴梁钧州（今属河南禹州）水灾，扬州路崇明州、通州、泰州等地因海潮上涨溢出，一千六百多人溺死。

元至正二年（1342年），秋，彰德路霖雨。

元至正三年（1343年），七月，汴梁中牟、扶沟、尉氏、洧川四县，郑州荥阳、氾水、河阴三县大水。

元至正四年（1344年），六月，济宁路兖州、汴梁、鄢陵、通许、陈留、临颍等县大水，庄稼受灾，人相食。六月，河南巩县大雨，伊、洛水溢，漂民居数百家。东平路东阿、阳谷、汶上、平阴四县，衢州西安县大水。

元至正八年（1348年），正月，黄河在济宁路（今属济宁市任城区）决口，四月，平江、松江水灾，给海运粮十万石赈之。五月，广西山崩山水涌出，漓江水面上涨，深度约两丈多，百姓、房屋、家畜都被淹没。同月，宝庆（今属湖南邵阳）水灾，五月乙卯，钱塘江潮比之八月中高数丈余，沿江民皆迁居以避之。六月，中兴路（今重庆市）松滋县大雨，河水暴涨，水深达五丈多，六十多里范围内都被淹没，一千五百多人被水淹死。当月胶州发生水灾。七月，高密县（今属山东潍坊）水灾。

元至正十一年（1351年），夏，龙兴县、南昌县、新建县三地水灾，安庆、桐城县雨水泛滥成灾，花崖山、龙源山崩塌，山水冲下汇入县城东部河流，造成决口，四百多户百姓房屋被淹。七月，冀宁路平晋县、文水县大雨，汾河河水泛滥，汾河东西两岸数百顷田地被淹没。河决归德府永城县，坏黄陵冈岸。

元至正十六年（1356年），河决郑州河阴县，官署民居尽废，遂成中流。

元至正十七年（1357年），六月，温州有龙在乐清江中斗，飓风大作，死者上万人。

元至正二十四年（1364年），怀庆路孟州、河内、武陟县水。

元至正二十五年（1365年），东平须城、东阿、平阴三县河决小流口，达于清河，坏民居，伤禾稼。

元至正二十六年（1366年），八月，棣州大清河决，滨、棣二州之界，冲垮民居无数。

第二章　旱灾

北宋

宋建隆二年（961年），京师夏季干旱，冬季又发生干旱。

宋建隆三年（962年），京师春夏旱。河北大旱，霸州苗皆焦仆。河南河中府、孟州、泽州、濮州、郓州、齐州、济州、滑州（今属河南安阳）、延州（今属河南新乡）、隰州（今属山西隰县）、宿州等地春夏不雨。

宋建隆四年（963年），京师夏秋旱。又怀州旱。

宋乾德元年（963年），冬，京师旱。

宋乾德二年（964年），正月，京师旱。夏，不雨。是岁，河南府、陕州、虢州、麟州、博州、灵州旱，河中府（今属山西永济市蒲州镇）旱甚。

宋乾德四年（966年），春京师不雨。江陵府、华州（今属陕西华县）、涟水军旱。

宋乾德五年（967年），正月，京师旱。秋，复旱。

宋开宝二年（969年），夏至七月，京师不雨。

宋开宝三年（970年），春夏，京师旱。邠州夏旱。

宋开宝五年（972年），春，京师旱。冬，又旱。

宋开宝六年（973年），冬，京师旱。

宋开宝七年（974年），京师春夏旱，冬又旱。河南府、晋州、解州、夏旱。滑州秋旱。

宋开宝八年（975年），春，京师旱。是岁，关中饥旱甚。

宋太平兴国二年（977年），正月，京师旱。

宋太平兴国三年（978年），春夏，京师旱。

宋太平兴国四年（979年），冬，京师旱。

宋太平兴国五年（980年），夏，京师旱，秋又旱。

宋太平兴国六年（981年），春夏，京师旱。

宋太平兴国七年（982年），春，京师旱。孟州、虢州、绛州、密州、瀛州、卫州、曹州、淄州旱。

宋太平兴国九年（984年），夏，京师旱。秋，江南大旱。

宋雍熙二年（985年），冬，京师旱。

宋雍熙三年（986年），冬，京师旱。

宋雍熙四年（987年），冬，京师旱。

宋端拱二年（989年），五月，京师干旱，秋季从七月到十一月持续干旱。上忧形于色，吃素食祈祷。当年，河南、莱州、登州、深州、冀州等地干旱尤其严重，很多百姓都因饥饿而死，朝廷下诏发放粮食借贷给百姓赈灾。

宋淳化元年（990年），从正月到四月都没有下雨，帝蔬食祈雨。河南府、凤翔府、大名府、京兆府、许州（今属河南许昌）、沧州、单州、汝州、乾州、郑州、同州（今属陕西渭南）等地遭受旱灾。

宋淳化二年（991年），春，京师大旱。

宋淳化三年（992年），春，京师大旱，冬复大旱。是岁，河南府、京东西路、河北、河东、陕西及亳建淮阳等三十六州军旱。

宋淳化四年（993年），夏，京师不雨，河南府、许州、汝州、亳州、滑州、商州旱。

宋淳化五年（994年），六月，京师旱。

宋至道元年（995年），京师春旱。

宋至道二年（996年），春夏，京师旱。

宋咸平元年（998年），春夏，京畿一带持续干旱。同时，江浙淮南荆湖四十六州军旱。

宋咸平二年（999年），春，京师旱甚。又广南西路、江、浙、荆、湖及曹州、单州、岚州、淮阳军旱。

宋咸平三年（1000年），春，京师旱。江南频年旱。

宋咸平四年（1001年），京畿正月至四月不雨。

宋景德元年（1004年），京师在夏季出现旱灾，人多暍死。

宋景德三年（1006年），夏，京师旱。

宋大中祥符二年（1009 年），春夏，京师旱。河南府及陕西路、潭州、邢州旱。

宋大中祥符三年（1010 年），夏，京师旱。江南诸路、宿州、润州旱。

宋大中祥符八年（1015 年），京师旱。

宋大中祥符九年（1016 年），秋，京师旱。大名府、澶州、相州旱。

宋天禧元年（1017 年），京师春旱，秋又旱。夏陕西旱。

宋天禧四年（1020 年），春，利州路旱。夏京师旱。

宋天禧五年（1021 年），冬，京师旱。

宋天圣二年（1024 年），春，不雨。

宋天圣五年（1027 年），夏，秋大旱。

宋天圣六年（1028 年），四月，不雨。

宋明道元年（1032 年），五月，京畿县久旱伤苗。第二年，南方一带大旱。

宋景祐三年（1036 年），六月，河北地区干旱已久，派遣使者去北岳进行祈雨。

宋庆历元年（1041 年），九月丁未日，遣官祈雨。

宋庆历二年（1042 年），六月戊寅日，祈雨。

宋庆历三年（1043 年），遣使诣岳、渎祈雨。

宋庆历四年（1044 年），三月丙寅日，遣内侍于两浙、淮南、江南祠堂寺庙祈雨。

宋庆历五年（1045 年），二月下诏：天久不雨，令州县决淹狱，又幸大相国寺、会灵观、天清寺、祥源观祈雨。

宋庆历六年（1046 年），四月壬申日，遣使祈雨。

宋庆历七年（1047 年），正月京师不雨。二月丙寅日，遣官岳、渎祈雨。三月辛丑日，西太乙宫中祈雨。

宋治平元年（1064 年），京师地区持续不下雨，郑州、滑州、蔡州、汝州、颖州、曹州、濮州、洺州（今河北永年）、磁州、晋州、耀州、登州等地干旱严重。

宋治平二年（1065 年），春，京师不雨。

宋熙宁二年（1069 年），三月，京师旱甚。

　　宋熙宁五年（1072年），五月，北京（今属河北大名县）自春至夏不雨。

　　宋熙宁七年（1074年），自春及夏，河北、河东、陕西、京东西、淮南诸路复旱，九月，各路又出现干旱。时新复洮河亦旱，羌户多殍死。

　　宋熙宁八年（1075年），四月，真定府大旱。八月，淮南、两浙、江南、荆湖等路旱。

　　宋熙宁九年（1076年），八月，河北、京东、京西、河东、陕西旱。

　　宋元丰二年（1079年），春季，河北、陕西、京东西诸郡旱。

　　宋元丰三年（1080年），春，西北诸路旱。

　　宋元丰五年（1082年），京师亢旱。

　　宋元丰六年（1083年），夏，畿内旱。

　　宋元祐元年（1086年），春季诸路旱。正月，帝及太皇太后车驾分日诣寺庙祈雨。是冬，复旱。

　　宋元祐二年（1087年），春，京师旱。

　　宋元祐三年（1088年），秋，诸路旱，京西、陕西尤甚。

　　宋元祐四年（1089年），春，京师及东北旱，罢春燕。

　　宋绍圣元年（1094年），春，京师旱，疏决四京畿县囚。

　　宋绍圣三年（1096年），江东地区大旱，溪水干涸。

　　宋建中靖国元年（1101年），浙江衢县、江西上饶西北旱。

　　宋崇宁元年（1102年），江、浙、熙、河、漳、泉、潭、衡、郴州，兴化军旱。

　　宋大观元年（1107年），秦凤（今属甘肃东部）旱。

　　宋大观二年（1108年），淮南地区江东、西路从六月到十月都没下雨，持续大旱。

　　宋大观三年（1109年），是岁，江、淮、荆、浙、福建旱。

　　宋政和元年（1111年），四月丁巳，因为淮南旱，降囚禁罪犯的罪罚一等，徒刑以下罪犯予以释放。

　　宋政和四年（1114年），旱，诏赈德州流民。

　　宋宣和四年（1122年），东平府旱。

　　宋宣和五年（1123年），燕山府路旱。

南宋

宋绍兴二年（1132 年），常州大旱。

宋绍兴五年（1135 年），浙东、西地区连续干旱五十多天。六月，长江东部和湖南地区干旱。四川地区秋季旱灾更加严重。

宋绍兴六年（1136 年），夔、潼、成都郡县及湖南衡州皆旱。

宋绍兴七年（1137 年），春旱七十多日，时帝将如建业，随所在分遣从使，有事于名山大川。六月，又旱，江南尤甚。

宋绍兴九年（1139 年），六月，行都旱六十余日，有事于山川。

宋绍兴十一年（1141 年），七月，行都旱。戊申，有事于岳、渎。乙卯，祷雨于圜丘、方泽、宗庙。

宋绍兴十二年（1142 年），三月，行都旱六十余日。秋，京西、淮东旱。十二月，陕西旱。

宋绍兴十八年（1148 年），浙东、西旱，绍兴府大旱。

宋绍兴十九年（1149 年），常州、镇江府旱。

宋绍兴二十四年（1154 年），浙东、西旱。

宋绍兴二十九年（1159 年），二月，行都旱七十余日。

宋绍兴三十年（1160 年），春，阶（今属甘肃武都东）、成（今属甘肃成县）、凤（今属陕西凤县）、西和州旱。秋，江、浙郡国旱，浙东尤甚。

宋隆兴元年（1163 年），江、浙郡国旱，京西大旱。

宋隆兴二年（1164 年），浙江台州春旱。兴化军、漳州、福州大旱，首种不入，自春至于八月。

宋乾道三年（1167 年），春，四川郡县旱，至于秋七月，绵、剑、汉、州、石泉军尤甚。

宋乾道四年（1168 年），夏六月，旱，帝将撤盖亲祷于太乙宫而雨。时襄阳、隆兴、建宁亦旱。

宋乾道五年（1169 年），夏秋，淮东旱，盱眙、淮阴为甚。

宋乾道六年（1170 年），夏，浙东、福建路旱，温、台、福、漳、建为甚。

宋乾道七年（1171 年），春季，江西东部、湖南北部、淮南、浙州、婺州、秀州等地都发生旱灾。夏秋季节，江州、洪州、筠州、潭州、饶州、南康军、兴国军、临江军灾情尤其严重，首种不入。冬季，仍旧无雨。

宋乾道九年（1173 年），浙江等地婺州、处州、温州、台州、吉州、赣州，临江军、南安诸军、江陵府都持续干旱，没有麦苗。

宋淳熙元年（1174 年），浙东、湖南郡国旱，台、处、郴、桂为甚。

宋淳熙二年（1175 年），江淮浙地区都发生干旱。绍兴府、镇江府、宁国府、建康府、常州、和州、滁州、真州（今属江苏扬州）、扬州、盱眙、广德军等地灾情尤其严重。

宋淳熙七年（1180 年），湖南春旱，各地自四月开始一直不降雨，行都自七月开始不下雨，一直持续到九月。绍兴府、隆兴府、建康府、江陵府，台州、婺州、常州、润州、江州、筠州、抚州、吉州（今属江西吉安）、饶州、信州、徽州、池州、舒州、蓟州、黄州、和州、洵州、衡州、永州，兴国府、临江府、南康军、无为军都出现大旱，江州、筠州、徽州、婺州、广德军、无锡县灾情尤其严重，百姓向天地、宗庙、社稷、山川祈雨。

宋淳熙八年（1181 年），正月甲戌日常年干旱开始下雨，但是自七月到十一月临安、镇江、建康、江陵、德安府，越州、婺州、衢州、严州、湖州、常州、饶州、信州、徽州、楚州、鄂州、复州、昌州、江阴、南康、广德、兴国、汉阳、信阳、荆门、长宁军淤积京西等地都干旱严重。

宋淳熙九年（1182 年），夏季五月开始不降雨，直到秋季七月，江陵、德安、襄阳府、润州、婺州、温州、处州、洪州、吉州、抚州、筠州、袁州、潭州、鄂州、复州、恭州、合州、昌州、普州（今四川安岳）、资州（今四川资中、资阳）、渠州、利州、阆州、忠州（今属重庆）、涪州、万州、临江、建昌、汉阳、荆门、信阳、南平、广安、梁山军，江山县、定海县、象山县、上虞县、嵊县等地都发生旱灾。

宋淳熙十四年（1187 年），从五月开始，临安、镇江、绍兴、隆兴府，严州、常州、湖州、秀州、衢州、婺州、处州、明州、台州、饶州、信州、江州、吉州（今属江西吉安）、抚州、筠州、袁州、临江、兴国军、建昌军等地都出现干旱，越州、婺州、台州、处州、江州、兴国军尤其严重。一直持续到九月才开始有雨。

宋绍熙二年（1191年），五月，真州、扬州、通州、泰州、楚州、滁州、和州、普州（今四川安岳）、隆州、涪州、渝遂，高邮、盱眙军，富顺监等地都大旱。简州（今属四川简阳）、资州、荣州（今属四川容县）旱灾严重。

宋绍熙四年（1193年），四川绵州大旱，麦田皆亡。简州、资州、普州、渠州、和州、广安军等地干旱。江浙一带自六月开始不降雨，直至八月，镇江、江陵府，婺州、台州、信州以及江西淮东地区发生干旱。

宋庆元六年（1200年），建宁府、徽、严、衢、婺、饶、信、南剑七州水，建康府、常润杨楚通泰和七州、江阴军旱，振之。四月行都干旱。五月辛未，祷于郊丘、宗社。镇江府、常州大旱，水源枯竭，淮郡自春无雨，首种不入，及京、襄皆旱。

宋开禧元年（1205年），夏季浙东两地连续百日不降雨，衢州、婺州、严州、越州、鼎州、澧州、忠州（今属重庆）、涪州（今属重庆涪陵）旱灾严重。

宋嘉定二年（1209年），夏季四月，发生旱灾，首次耕种无法入土，庚申日，为了求雨在郊丘、宗社进行祷告。六月乙酉日再次进行求雨。直到七月才开始降雨。浙西地区大旱，常州、润州尤其严重。淮东、淮西以及江东、湖北等地都出现旱灾。

宋嘉定六年（1213年），五月，不雨，至于七月，江陵德安、汉阳军旱。

宋嘉定八年（1215年），春季干旱，首次耕种种子无法入土，直到八月才开始降雨。江苏、浙江、淮河流域、福建等地都干旱，建康、宁国府、衢州、婺州、温州、台州、明州、徽州、池州、真州、太平州，广德军、兴国军、南康军、盱眙军、安丰军等地尤其严重，行都地区的泉水河流都已经枯竭，淮甸也如此。

宋嘉熙四年（1240年），六月甲午朔，江、浙、福建大旱。

宋淳祐五年（1245年），七月癸巳朔，行都旱。辛丑，镇江、常州大旱，诏监司、守臣及沿江诸郡安集流民。

宋淳祐七年（1247 年），行都旱。

宋淳祐十一年（1251 年），闽、广及饶州旱。

宋咸淳六年（1270 年），江南地区发生严重干旱。

宋咸淳十年（1274 年），泸州大旱，长乐县、福清县大旱。

西夏

西夏大安十一年（1085 年），银川、宁夏地区发生干旱，天气干热，庄稼因旱灾尽毁。

辽

辽开泰七年（1018 年），八月丙午，为祈雨而行大射柳之礼。

辽重熙十五年（1046 年），杨佶为武定军节度使，境内大旱，禾苗庄稼都要枯槁。

辽清宁元年（1055 年），皇帝射柳祈雨完毕后，又移驾风师坛，再拜。

辽清宁七年（1061 年），六月丁卯，射柳，赐宴，赏赉有差。戊辰，行再生礼，复命群臣分朋射柳。

辽咸雍二年（1066 年），秋七月丁卯，因岁旱，遣使赈山后贫民。

辽咸雍三年（1067 年），是岁，南京发生干旱、蝗灾。

辽大康六年（1080 年），五月庚寅，因旱，祷雨，命左右以水相沃，俄而雨降。

辽乾统八年（1108 年），六月丙申，射柳祈雨。

金

金皇统二年（1142 年），陕西大旱。

金大定十六年（1176 年），中都路、河北路、山东路、陕西路、河东路、辽东路等地发生旱灾和蝗灾。

金大定二十年（1180 年），七月，干旱。

金明昌二年（1191年），五月，桓、抚等州县遭遇旱灾。秋，山东、河北等地旱灾，引发了饥荒。

金明昌三年（1192年），绥德发生黏虫虫害和干旱。

金大安二年（1210年），山东路、河北路四月发生旱灾。金大安三年（1211年），山东路、河北路、河东路发生大旱。

金崇庆元年（1212年），河东路、陕西路、山东路、南京路发生大旱。

金崇庆二年（1213年），河东路、陕西路大旱，物价上涨，京兆府（今属陕西西安）一斗米上升到八千钱。金至宁元年（1213年），七月，河东路、陕西路等地大旱，米价涨至一万两千钱一斗。

金贞祐三年（1215年），自上一年冬天直到四月份一直未下雨。

金贞祐四年（1216年），凤翔、扶风、岐山、郿县等地庄稼遭受虫灾，七月发生旱灾。

金兴定四年（1220年），六月旱。

金元光元年（1222年），四月，京畿大旱。

金正大五年（1228年），四月，京畿旱灾。

元

蒙古定宗三年（1248年），是岁大旱，河水全部干涸，野草干枯自焚，牛马十死八九，民不聊生。

蒙古中统元年（1260年），八月癸亥，泽州、潞州（今属山西长治）旱，民饥，敕赈之。晋宁路岁旱，令民凿唐温渠，引沁水以溉田，民用不饥。

蒙古中统四年（1263年），彰德路及洺、磁二州旱，免彰德当年田租之半，洺、磁两州减免六成。八月壬申日，真定路旱。东平、大名等路旱，量减今岁田租。

元至元元年（1264年），四月，山西东平、太原、平阳发生干旱，分别派遣西僧进行祈雨。

元至元八年（1271年），二月，赈西京饥。赈益都等路饥。

元至元十八年（1281 年），广宁、北京、定州遭受旱灾。

元至元二十三年（1286 年），五月，汴梁、京畿大旱。

元至元二十四年（1287 年），平阳春季干旱，麦田枯死。

元至元二十五年（1288 年），东平路须县等六县和安西路、商、耀、乾、华（今陕西华县）等十六州遭受旱灾。

元至元二十六年（1289 年），绛州遭受旱灾。

元元贞元年（1295 年），六月，环州（今属甘肃环县）、葭州（今属陕西佳县）及咸宁、伏羌（今属甘肃甘谷）、通渭等县出现干旱。七月，河间肃宁、乐寿（今属河北献县）二县旱灾，泗州（今属江苏盱眙）、贺州旱灾。

元元贞二年（1296 年），八月，大名开州、怀孟武陟县，河间肃宁县等地干旱。九月，莫州（今属河北任丘）、献州发生旱灾。十月，化州干旱。十二月，辽东路、开元路干旱。

元大德元年（1297 年），六月，汴梁、南阳旱灾严重，迫使百姓不得不卖子女。九月，镇江丹阳县、金坛县干旱。十二月，平阳县、曲沃县大旱。

元大德二年（1298 年），五月，卫辉路、顺德路、平滦路等地干旱。

元大德三年（1299 年），五月，荆湖等地的各个郡县以及贵阳路、宝应路、兴国路（今属湖北阳新）发生旱灾。十月，扬州、泸州、随州、黄州等地发生旱灾。

元皇庆元年（1312 年），六月，滨州、棣州（今属山东阳信）、德州三地及蒲台、阳信等县发生旱灾。

元皇庆二年（1313 年），九月京畿大旱。

元延祐二年（1315 年），春季，檀州（今属北京密云）、蓟州（今属天津蓟县）、濠州（今属安徽凤阳）三地发生旱灾。夏季，巩昌（今属甘肃陇西）、兰州旱。

元延祐七年（1320 年），黄、蕲二郡及荆门州大旱。

元至治元年（1321 年），六月，大同路（今属山西大同）干旱。

元至治二年（1322 年），九月甲子日，临安河西县从春夏季节开始一直不降雨，种子都无法入土，居民流散。朝廷下令赈灾供给粮食，恢复到正常。十一月，岷州（今属甘肃岷县）发生旱灾。

元至治三年（1323年），夏季，顺德、真定、冀宁发生严重干旱。

元泰定元年（1324年），六月，景州、清州、沧州、莫州（今属河北任丘）、临汾、泾川、灵台、寿春等地干旱。九月，建昌郡干旱。

元泰定二年（1325年），五月，潭州、茶陵州、兴国（今属湖北阳新）、永兴县出现干旱。七月，随州、息州干旱。

元泰定三年（1326年），夏季，燕南、河南地区州县十个有四个连月高温不下雨，造成干旱。七月，关中地区发生旱灾。

元泰定四年（1327年），二月，奉元、醴泉、顺德、唐山、邠州（今属陕西彬县）、淳化等县地干旱严重。六月，潞州（今属山西长治）、霍州、绥德县三地干旱。八月，藤州发生旱灾。

元致和元年（1328年），二月，广平、彰德等郡县干旱严重。

元天历元年（1328年），八月，陕西地区大旱，灾情严重，百姓因没有食物到了人吃人的地步。

元天历二年（1329年），因陕西久旱，遣使祷西岳、西镇诸祠。四月丙辰日，河南廉访司上奏："河南府各路均发生旱灾，有五十一人因饥饿开始食人肉，有一千九百五十人饿死，两万七千四百多人都在承受着饥荒，希望能够对山林川泽弛禁，听任百姓采食。"夏，真定、河间、大名、广平等四个州的四十一个县发生干旱。峡州（今属湖北宜昌）二县旱。八月，浙西湖州、江东池州、饶州大旱。十二月，冀宁路大旱。

元至顺元年（1330年），七月，肇州、兴州（今属河北滦平）、东胜州（今属内蒙古托克托）及榆次、滏阳（今属河北磁县）等十三县遭受旱灾。

元至顺二年（1331年），霍州（今属山西霍州市）、隰州、石州、阜城、平地等地发生旱灾。浙西诸路比岁水旱，饥民八十五万余户，中书省臣请令官私、儒学、寺观拥有的土地租佃给饥民耕种，从其主假贷钱谷自赈，余则劝分富家及入粟补官，仍益以本省钞十万锭，并给僧道度牒一万道。

第三章　虫灾

北宋

宋建隆元年（960年），七月，澶州（今属河南濮阳）发生蝗灾。

宋建隆三年（962年），七月，深州（今属河北衡水）螟虫成灾。

宋建隆四年（963年），六月，澶州、濮州、曹州、绛州等地有蝗。七月，怀州蝗生。

宋乾德二年（964年），四月，相州（今属河南安阳）爆发虫灾，螟虫侵蚀桑树。五月，昭庆县（今属河北隆尧）东西四十里南北二十里内蝗虫泛滥成灾。是时，河北、河南、陕西等地州县也发生了蝗灾。

宋乾德三年（965年），七月，各路都发生蝗灾。

宋开宝二年（969年），八月，河北冀州、磁州两地发生蝗灾。

宋太平兴国二年（977年），七月，邢州巨鹿县、沙河县发生尺蠖食桑麦殆尽。

宋太平兴国五年（980年），七月，山东潍州黏虫害稼。

宋太平兴国六年（981年），七月，河南府宋州蝗灾严重。

宋太平兴国七年（982年），四月，北阳县生螟（蝗虫的幼虫）虫，有飞鸟食之殆尽。滑州生螟虫。是月，大名府、陕州、陈州（今属河南淮阳）蝗灾。

宋雍熙三年（986年），七月，山东鄄城县有蛾、蝗自死。

宋淳化元年（990年），七月，淄州、澶州、濮州、乾宁军（今属河北青县）等地七月发生蝗灾。沧州在七月也发生虫灾，蝗虫、黏虫侵蚀庄稼。棣州（今属山东阳信）七月遭受虫灾，蝗虫自北飞来侵蚀庄稼。

宋淳化三年（992年），六月，京师地区发生蝗灾，蝗虫飞在天空中，自城东北起直到西南，蔽空如云翳日。七月，贝州、许州、沧州、沂州、蔡州（今属河南汝南）、汝州、商州、兖州、淮阳、平定、彭城等地蝗虫抱草而死。

宋景德二年（1005 年），六月，河南京东各州出现黏虫。

宋景德三年（1006 年），八月，德州、博州蝝虫（蝗的幼虫）泛滥。

宋景德四年（1007 年），九月，宛丘、东阿、须城三县蝗灾。

宋大中祥符二年（1009 年），雄州（今属河北保定）黏虫成灾，食苗。

宋大中祥符三年（1010 年），六月，开封府尉氏县黏虫生。

宋大中祥符四年（1011 年），祥符县六月发生蝗灾。河南府和京东路七月蝗虫泛滥，侵蚀庄稼。八月，开封府祥符县、咸平县（今属河南通许县）、中牟县、陈留县、雍丘县（今属河南杞县）和封丘县六地发生蝗灾。

宋大中祥符九年（1016 年），六月，京畿、京东路、京西路、河北路又生蝗灾，遍及田野间，百姓民田被侵蚀殆尽，蝗虫入私宅官署。七月，蝗虫过京师，群飞翳空，飞至江淮南部地区，直到冬天寒霜开始才冻死。

宋天禧元年（1017 年），二月，开封府、京东西路、河北路、河东路、陕西、两浙、荆湖等地三十多个州县蝗灾重生，多是去年蛰伏。和州蝗虫生卵繁殖，如稻粒而细。六月，江淮大风，多吹蝗入江海，抱草木僵死。

宋天禧二年（1018 年），四月，江阴军蝻虫生。

宋天圣五年（1027 年），七月丙午日，邢州、洺州蝗。甲寅日，赵州蝗。十一月丁酉日，京兆府旱蝗。

宋天圣六年（1028 年），五月乙卯日，河北、京东一带蝗灾。

宋景祐元年（1034 年），六月，开封府、淄州蝗灾。诸路招募百姓掘蝗种万余石。

宋宝元二年（1039 年），六月癸酉日，曹州、濮州、单州发生蝗害。

宋宝元四年（1041 年），淮南旱蝗。是岁，京师飞蝗蔽天。

宋皇祐五年（1053 年），建康府蝗。

宋熙宁七年（1074 年），夏季，开封府界以及河北诸路蝗。七月，咸平县鸲鹆（即八哥）食蝗。

宋熙宁八年（1075 年），八月，淮西蝗灾，陈州（今属河南淮阳）、颍州蝗虫遍地。

宋熙宁九年（1076年），五月，荆湖南路地生黑虫，化为蛾飞走。

宋崇宁元年（1102年），夏，开封府、京东路、河北路、淮南等地发生蝗灾。

宋崇宁三年（1104年），连年蝗灾，从山东等地飞来，飞在空中快要遮住天空，河北地区尤其严重。

宋宣和三年（1121年），各路都出现蝗灾。

南宋

宋绍兴十六年（1146年），广东清远县、翁源县、真阳县鼠食庄稼，千万为群。

宋绍兴二十九年（1159年），七月，盱眙军、楚州与金交界三十里处蝗虫遇到了风的阻挡，风停之后，又飞回了淮北地区。秋天浙西、江东螟虫、螼虫泛滥成灾。

宋绍兴三十二年（1162年），六月，江东、淮南北地区各郡发生蝗灾，飞入湖州境内，数量之大声音有如风雨；自癸巳日直到七月丙申日，余杭、仁和、钱塘等地都出现蝗虫灾。

宋隆兴元年（1163年），七月，浙西各郡县螟虫害谷。八月，蝗虫飞过，可以蔽日，徽州、宣州、湖州以及浙东各个郡县的庄稼都遭到蝗虫侵害。京东地区蝗虫泛滥，襄、随两地尤其严重，百姓缺乏食物难以维持。

宋乾道三年（1167年），江东郡县发生螟蛉。淮、浙诸路青虫食谷穗。

宋淳熙九年（1182年），六月，全椒县、历阳县、乌江县蝗。乙卯日，飞蝗祸都，遇大雨坠仁和县界。七月，淮甸蝗灾严重，真州、扬州、泰州捕蝗五千斛，其余的郡县有的一天就捕蝗十车，群飞绝江，坠镇江府，皆害稼。

宋嘉泰二年（1202年），浙西各县蝗灾严重。从丹阳（今属江苏镇江）进入武进（今属江苏常州）境内，蝗虫漫天，有如烟雾遮天，蝗虫落下可以连绵几十里。常州三个县捕获蝗虫八千多石，湖州长兴县捕获蝗虫几百石。当时浙东地区靠近浙西的郡县也发现了蝗虫。

宋开禧三年（1207年），夏秋季节累月干旱，蝗虫成群飞过，浙西各地的豆子、谷子等庄稼都被蝗虫毁坏。

宋嘉定元年（1208 年），五月，江浙一带蝗灾严重。

宋嘉定七年（1214 年），浙江各郡县在六月发生蝗灾。

宋嘉定八年（1215 年），四月时节蝗虫越过淮河飞向南方地区，江淮地区的庄稼幼苗都被蝗虫啃食，山林草木也遭到蝗灾侵袭。乙卯日，蝗虫飞入京城郡县。为灭蝗虫，各郡出现蝗虫的地方都进行了祭祀。从夏到秋，蝗灾不断，官府为了发动百姓一起捕蝗，用粮食来交换百姓捕到的蝗虫，饥民纷纷出动捕蝗。

宋嘉定十四年（1221 年），明州、台州、温州、婺州、衢州食禾的蝻螣为灾。

宋景定三年（1262 年），八月，浙东西螟虫害稼。

辽

辽统和元年（983 年），九月癸丑朔，以东京、平州旱、蝗，诏赈之。

辽开泰六年（1017 年），南京（今属北京）各县六月发生蝗灾。

辽清宁二年（1056 年），六月己亥日，中京蝗蝻为灾。

辽咸雍三年（1067 年），是岁，南京旱、蝗。

辽咸雍九年（1073 年），秋七月丙寅日，南京奏归义、涞水两县蝗飞入宋境，余为蜂所食。

辽大康二年（1076 年），九月戊午，以南京蝗，免明年租税。

辽大康三年（1077 年），五月丙辰，玉田、安次蝝伤稼。

辽大康七年（1081 年），癸丑，有司奏永清、武清、固安三县蝗。

辽大安四年（1088 年），八月庚辰，有司奏宛平、永清蝗为飞鸟所食。

辽寿昌六年（1100 年），易州属县蝗。

辽乾统四年（1104 年），秋七月，南京蝗。

金

金大定三年（1163 年），三月丙申日，中都以南的八路都出现蝗虫灾害。

金大定四年（1164 年），八月中都以南八个地区的蝗虫都飞入京畿地区。

金大定十六年（1176 年），中都、河北、山西、陕西、河东、辽东等十路发生旱灾，蝗灾。

金明昌三年（1192 年），秋季绥德出现蝗灾，黏虫泛滥，同时出现旱灾。

金泰和八年（1208 年），四月，河南路发生蝗灾。六月，蝗虫飞入京畿地区（今属北京西南）。

金贞祐三年（1215 年），五月，河南发生蝗灾，灾情严重。

金贞祐四年（1216 年），五月，河南、陕西蝗灾严重。宝鸡市的凤翔、扶风、岐山、郿县等地麦田都被蝱虫侵害。

金兴定二年（1218 年），四月，河南各州县发生蝗灾。

元

蒙古太宗十年（1238 年），秋八月，陈时可、高庆民等言诸路旱蝗，诏免今年田租，仍停旧未输纳者，俟丰岁议之。

蒙古中统元年（1260 年），未几，真定发生蝗害，朝廷遣使者督捕，役夫四万人，以为不足，欲牒邻道助之。

蒙古中统三年（1262 年），五月，真定、顺天、邢州蝗害。

蒙古中统四年（1263 年），六月，燕京、河间、益都、真定、东平各郡发生蝗灾。八月，滨州、棣州等地蝗灾。

元至元七年（1270 年），七月，南京路、河南路等地蝗灾严重。

元至元八年（1271 年），上都（今属内蒙古锡林郭勒）、中都、大名、河间、益州、顺天、怀孟、彰德、济南、真定、卫辉、平阳、归德等路，淄州、莱州、洺州（今属河北永年）、磁州等地都发生蝗灾。

元至元十六年（1279 年），四月，大都十六路都发生蝗灾。

元至元十七年（1280 年），五月，忻州、涟州（今属江苏涟水）、海州（今属江苏连云港）、邳州（今属江苏徐州）、宿州等地发生蝗灾。

元至元十八年（1281年），山东高唐县、夏津县、武城县蝱虫成灾。

元至元十九年（1282年），别十八里（今属新疆吉木萨尔）东部三百多里范围内麦田都受蝗虫灾害。五月，山东、河南、直隶、京师蝗虫蔽天，数量之多使得落在坑洼处可以填平，人马都难以行走。

元至元二十二年（1285年），夏季四月，山东恩州等地发生虫灾。贵州遵义鼠灾害稼，麦田被侵蚀殆尽。

元至元二十四年（1287年），甘肃巩昌蚼蚄虫泛滥成灾。

元至元二十七年（1290年），四月，浙江婺州庄稼受到蟓虫侵害，雷雨大作，蟓虫尽死，当年庄稼大丰收。

元元贞元年（1295年），汴梁、陈留、太康（今属河南周口）、考城（今属河南民权）、睢州、许州等地六月发生蝗灾。

元元贞二年（1296年），六月，在济宁、任城县、鱼台县，东平、须城、汶上县、开州长垣（今属河南新乡）、清丰县，德州齐河县，滑州、太和州内黄县蝗虫泛滥。八月，平阳、大名、归德、真定等郡县出现蝗灾。

元大德元年（1297年），六月，归德、邳州、徐州发生蝗灾。

元大德二年（1298年），四月，燕南、山东、两淮、江浙、江南等地下属各县中有一百多个地方都发生蝗灾。

元大德三年（1299年），淮安各属县五月暴发蝗灾。陇、陕地区十月发生蝗灾。

元大德五年（1301年），四月，彰德、广平、真定、顺德、大名等郡县虫食桑。八月，河南、淮南、睢州、陈州（今属河南淮阳）、唐州、和州、新野、汝阳、江都、兴化等地出现蝗灾。

元大德七年（1303年），五月，济南、东昌、般阳、益都等地虫食麦，闰五月，汴梁开封县虫食麦。

元大德九年（1305年），六月，通州、泰州、靖海、武清等州县蝗。八月，涿州、良乡、河间南皮、泗州天长等县以及东安、海盐等州蝗。

元大德十年（1306年），四月，大都、真定、河间、保定、河南等地郡县都出现蝗灾。

元至大元年（1308年），晋宁路五月发生蝗灾，保定、真定两个郡县六月发生蝗灾。淮东地区八月发生蝗灾。

元至大二年（1309年），四月，益都、东平、东昌、顺德、广平、大名、汴梁、卫辉等郡县蝗虫泛滥。六月，檀州、霸州、曹州、濮州、高唐（今属山东章丘）、泰安、良乡、舒城、历阳、合肥、六安、江宁、句容、溧水、上元等县发生蝗灾。七月，济南、济宁、般阳、河中、解州、绛州、耀州（今属陕西铜川）、同州（今属陕西渭南）、华州（今属陕西华县）等地遭受蝗灾。八月，真定、保定、河间、怀孟等郡发生蝗灾。

元皇庆元年（1312年），彰德县、安阳县发生蝗灾。

元延祐七年（1320年），六月，益都路发生蝗灾。

元至治元年（1321年），霸州五月蝗虫泛滥。六月，濮州、辉州、汴梁等地发生蝗灾。七月，江都县、泰兴县、胙城县、通许县、临淮县（今属安徽固镇）、盱眙县、清池县等地发生蝗灾。十二月，宁州（今属云南华宁）、海州发生蝗灾。

元至治三年（1323年），七月，真定州下属各县出现蝗灾。

元泰定元年（1324年），六月，大都、顺德、东昌、卫辉、保定、益都、济宁、彰德、真定、般阳、广平、大名、河间、东平等郡县发生蝗灾。

元泰定四年（1327年），五月，河南洛阳县蝗虫将近五亩地多，群鸟食之，几天后蝗虫又聚起来，又食之。七月，籍田蝗。八月，冠州、恩州蝗。十二月，保定、济南、卫辉、冀宁、庐州五路，南阳、河南二府蝗。博兴、临淄、胶西等县蝗。

元致和元年（1328年），四月，蓟州、永平路石城县发生蝗灾。陕西凤翔县、岐山县的庄稼麦苗都遭遇蝗虫，被其残害。五月，颍州（今属安徽阜阳）和汲县（今属河南卫辉）发生蝗灾。六月，武功县发生蝗灾。

元天历二年（1329年），三月，沧州、高唐州及南皮、盐山、武城等地桑稼被虫食之枯尽。四月，大宁（今属内蒙古赤峰）、兴中州（今属辽宁朝阳）、怀州、庆州、孟州、庐州、无为州蝗虫泛滥。六月，益都路莒州、密州两地发生蝗灾。七月，真定、汴梁、永平（今属河北卢龙）、淮安、庐州、大宁、辽阳等郡下属各县都发生蝗灾。

元至顺元年（1330年），五月，广平、大名、般阳、济宁、东平、汴梁、南阳、河南等郡，辉州、德州、濮州、开州、商唐州蝗灾。六月，澋州、蓟州、固安、博州、兴州等地蝗虫泛滥，迫害庄稼。七月，解州、华州（今属陕西华县）及河内、灵宝、延津等二十二个县发生蝗灾。

元至顺二年（1331年），三月，陕州各路都爆发蝗灾。六月，孟州济源县蝗灾严重。七月，河南阌乡、陕县、奉元蒲城、白水等县蝗虫泛滥，庄稼受灾。四月，衡州路各属县连年旱蝗灾，并伴有大水发生，百姓已把草木吃尽，又出现疫病，九成百姓病死。

元至元二年（1336年），七月，黄州蝗，督民捕之，每人一天能捕五斗。

元至元三年（1337年），七月，庚戌，太白昼见，河南武陟县禾将熟，有蝗自东来，县尹张宽仰天祝曰："宁杀县尹，毋伤百姓。"

元至正三年（1343年），六月，广西梧州青虫害稼。

元至正十年（1350年），七月，陕西同州虫食稼，寒雨三日后虫都死了。

元至正十二年（1352年），六月丙午，大名路开、滑、浚三州，元城十一县水旱虫蝗，饥民七十一万六千九百八十口，给钞十万锭赈之。

元至正十八年（1358年），夏季，蓟州、辽州、潍州昌邑县、胶州高密县蝗灾。秋季，大都、广平、顺德以及潍州北海、莒州蒙阴、汴梁陈留、归德府永城都发生蝗灾。顺德下属九县蝗灾严重，广平县人相食。

元至正十九年（1359年），大都霸州（今属河北廊坊），通州，真定，彰德，怀庆，东昌，卫辉，河间临邑县，东平须城、东阿、阳谷三县，山东益都、临淄二县，潍州、胶州、博兴州，大同、冀宁，文水、榆次、寿阳、徐沟四县，沂州、汾州二州，孝义、平遥、介休三县，晋宁潞州（今属山西长治）以及壶关、潞城（今属山西长治）、襄垣三县，霍州赵城、灵石二县，隰州永和，沁州武乡，辽州榆社、奉元，汴梁之祥符县、原武县、鄢陵县、扶沟县、杞县、尉氏县、洧川七县，郑州之荥阳县、泗水县，许州（今属河南许昌）之长葛县、郾城县、襄城县、临颍县，钧州之新郑县、密县等地都发生蝗灾，庄稼草木都被侵蚀殆尽，所到之地足以蔽日，人马都被妨碍不能正常行走。饥民捕蝗为食，或者曝晒至干后堆积起来。消灭殆尽之后则开始人相食。七月，淮南清河县飞蝗蔽日，从西北方向飞来，经过七日后田稼都被消灭殆尽。

元至正二十二年（1362年），六月，莱州胶水县好蚄虫泛滥成灾。

七月，掖县蚜蚄虫害稼。秋季河南卫辉以及汴梁开封、扶沟、洧川三县，许州（今属河南许昌）以及钧州之新郑县、密县蝗灾严重。

元至正二十三年（1363 年），六月，山东宁海文登县蚜蚄虫害稼。七月，莱州招远县、莱阳县以及登州、宁海州蚜蚄虫生。

第四章　疫灾

北宋

宋建隆四年（963 年），秋七月癸亥日，湖南疫，赐行营将校药。

宋开宝二年（969 年），宋太祖下令征讨北汉过程中，在太原对峙几个月，雨季到来后士兵中出现类似于菌痢之类的疫病，随着染病人数的逐渐增多，太常博士向宋太祖进言撤退。一场疫病帮助北汉继续存活了十年。

宋雍熙年间（984—987 年），婺源邑城内外大疫。

宋淳化三年（992 年），五月，都城大疫，分遣医官煮药给病者。

宋淳化五年（994 年），六月，京师（今属河南开封）发生疫病，朝廷派遣太医分发药品来进行医治。

宋至道三年（997 年），江南地区频繁发生疫病。

宋大观二年（1108 年），江东疫。

宋大观三年（1109 年），江东地区发生传染性疫病。

南宋

宋建炎元年（1127 年），三月，金兵围困汴京，城内暴发疫病将近半数百姓因患疫病而死。

宋绍兴元年（1131 年），六月，浙西地区发生严重疫病，平江府以北地区尤其严重，受灾而死百姓不计其数。秋冬时节，绍兴府连年暴发严重疫病，官府招募能够医治疫病的医者，能够救治百人以上者可以度为僧侣。

宋绍兴二年（1132年），春，涪州疫死数千人。

宋绍兴三年（1133年），二月，永州疫。

宋绍兴六年（1136年），四川疫。

宋绍兴十六年（1146年），夏，行都疫。

宋绍兴二十六年（1156年），行都又疫，高宗出柴胡制药，活者甚众。

宋隆兴二年（1164年），淮甸二三十万流民为躲避战乱逃亡到江南地区，只能在偏僻山林的草庐里度日，冻死和传染疫病而死者就有一半，仅有的生还者之后也死了。是岁，浙江地区患疫病的饥民尤其多，疫灾尤其严重。

宋乾道元年（1165年），行都杭州以及绍兴府出现饥荒，民大疫，浙东浙西同样如此。

宋乾道六年（1170年），春，因暖冬民间疫情发作。

宋乾道八年（1172年），行都（今属浙江杭州）爆发疫病，直到秋季没有停息。江西地区发生饥荒，之后出现了疫病。隆庆府（今属四川剑阁）民疫，遭水灾，多死。

宋淳熙四年（1177年），江苏真州疫病严重。

宋淳熙八年（1181年），行都疫病，禁旅多死。宁国府百姓因疫病而死数量尤其多。

宋淳熙十四年（1187年），春季，浙江都民、禁旅大疫，浙西各个郡县也都出现疫情。

宋绍熙二年（1191年），春季，四川涪州（今属重庆涪陵）出现疫病，数千人死亡。

宋绍熙三年（1192年），四川资州、荣州大疫。

宋庆元二年（1196年），五月，行都杭州出现疫病。

宋庆元三年（1197年），三月，行都及淮、浙郡县疫。

宋嘉定元年（1208年），夏季，淮甸大疫，官募掩骼及二百人者度为僧，是岁，浙民亦疫。

宋嘉定二年（1209年），夏，都民疫死甚众。有流浪到江南一带的淮民，饥暑交加，多疫死。

宋嘉定三年（1210年），四月，都民多疫死。第二年三月亦如此。

宋嘉定十六年（1223年），夏季，湖南永州、道州疫情严重。

宋德祐元年（1275年），六月庚子日，四城迁徙，流民多感染疫病，死者不计其数，天宁寺死者尤其多。

宋德祐二年（1276年），闰三月，行都数月间城内疫病感染严重，死伤者众多难以计数。

金

金天兴三年（1234年），汴京大疫，凡五十日，诸门出死者九十余万人，贫穷不能入葬者不在此统计数字内。疫后，园户、僧道、医师、卖棺者擅厚利，命有司倍征之，以助其用。

元

蒙古太祖二十一年（1226年），丙戌冬，从下灵武，诸将争取子女金帛，楚材独收遗书及大黄药材。

蒙古太宗九年（1237年），至怀，值大疫，士卒困惫，有旨以本部兵就镇怀孟。

蒙古宪宗八年（1258年），戊午，引兵入宋境，其地炎瘴，军士皆病，遇敌少却，亡军士四人。

元至大元年（1308年），春季，绍兴、庆元、台州发生疫病，两万六千多人因疫病而死。

元皇庆二年（1313年），冬季，京师（今属北京）发生严重疫灾。

元至正四年（1344年），福州、邵武、延平、汀州四个地方在夏秋季节爆发严重的疫病。

元至正五年（1345年），春夏季节，济南暴发疫病，灾情严重。

元至正十二年（1352年），正月，冀宁保德发生严重疫灾。夏季，龙兴（今属江西南昌）出现疫病，灾情严重。

元至正十三年（1353年），黄州（今属湖北黄冈）、饶州发生严重疫灾。十二月，大同路（今属山西大同）发生疫病，灾情严重。

元至正十六年（1356年），春季，河南发生严重疫灾。

元至正十七年（1357年），六月，莒州蒙阴县发生严重疫灾。

元至正十八年（1358年），夏季，汾州（今属山西隰县）爆发严重的疫病。

元至正十九年（1359年），鄜州（今属陕西富县）并原县，莒州沂水（今属山东沂水县）、日照二县以及广东南雄路发生严重疫病。

元至正二十年（1360年），夏，绍兴山阴县、会稽县暴发了严重疫病。

元至正二十二年（1362年），绍兴山阴县、会稽县又出现了疫病。

第五章　风灾

北宋

宋乾德二年（964年），五月，扬州暴风，军营屋舍都被大风吹损，波及范围达数百区。八月，肤施县大风雨雹灾害，民田受灾。

宋乾德三年（965年），六月，江苏扬州暴风，军营房屋以及城楼上的敌棚都被损坏。

宋开宝二年（969年），三月，车驾驻太原城下，大风一夕而止。

宋开宝八年（975年），广州一整夜狂风暴雨后，雨水高约两丈多，海水也上涨，船只在海上迷失方向。

宋开宝九年（976年），四月，宋州（今属河南商丘）出现大风，城楼、房屋等均受其影响，四千五百九十六区受大风侵害。六月，曹州大风，济阴县官署以及军营被坏。

宋太平兴国二年（977年），六月，山东曹州大风，济阴县官署以及军营都遭受损失。

宋太平兴国四年（979 年），八月，泗州（今属江苏盱眙）出现大风，作物被大风吹坏，铁索被大风拧成一股，华表、石柱被吹断。

宋太平兴国六年（981 年），九月，辽宁高州大风暴雨，五百区房屋受损。

宋太平兴国七年（982 年），八月，海南琼州飓风，城门、州署、民舍殆尽。

宋太平兴国八年（983 年），九月，太平军驻地出现大风天气，大树被拔起，千八十区屋宅都被吹毁。十月，雷州出现飓风天气，七百多区房屋都遭到破坏。

宋太平兴国九年（984 年），八月，广东白州飓风，民舍损坏。

宋端拱二年（989 年），京师刮起来自东北方向的暴风，沙尘漫天，人不相辨。

宋淳化二年（991 年），五月，通利军（今属河南浚县），大风害稼。

宋至道二年（996 年），八月，广东潮州飓风，坏官廨、营砦。

宋咸平元年（998 年），八月，涪州大风天气，城墙庐舍受灾。

宋咸平四年（1001 年），八月，丙子日，京师暴风天气。

宋景德二年（1005 年），六月，树木被大风吹折，八月，福州海上出现飓风，房屋都被破坏。

宋景德三年（1006 年），七月，丙寅日，京师大风，朝廷派遣使者视察庄稼受灾情况。

宋景德四年（1007 年），三月，甲寅日，京师大风，黄沙蔽天，自大名府到京畿，桑稼受灾，唐州尤其严重。

宋大中祥符二年（1009 年），四月乙未日，京师刮起西北风，连日不止。八月安徽无为军大风拔木，坏城门、营垒、民舍，压溺者千余人。九月乙亥日，无为军上奏大风灾害造成一千多人死亡。诏内臣恤视，蠲来年租，收瘗死者，家赐米一斛。

宋大中祥符五年（1012 年），八月，京师大风。

宋大中祥符七年（1014 年），三月，京师大风，沙砾扬起。

宋天禧二年（1018 年），正月，永州出现大风，房屋树木都被大风拔起，数日后才停止。

宋天禧三年（1019年），五月，徐州利国监出现自西南方向的大风，两百多区房屋被坏，十二个人被压死。

宋天禧四年（1020年），四月丁亥日，大风起西北，飞沙折木，昼晦数刻。五月乙卯日，西北方向刮起大风，树木被折，黄沙漫天。

宋天圣九年（1031年），十二月辛酉日，大风持续三日。

宋景祐元年（1034年），六月己巳日，无锡县大风房屋倒塌，很多百姓都被压死。

宋皇祐四年（1052年），七月丁巳日，大风拔木。

宋熙宁四年（1071年），二月，京东地区从濮州到河北发生异常的大风，百姓都受到惊恐。

宋熙宁九年（1076年），广东地区冬十月刮起飓风。

宋熙宁十年（1077年），七月，浙江温州狂风大雨，城楼官舍被漂没。

宋元丰四年（1081年），六月，广西邕城飓风，城楼私宅都受影响。七月甲午夜，泰州海风大作，继而出现大雨，州城被浸，数千间公私庐舍被淹。静海县大风雨，两千七百六十三间官私庐舍被淹。丹阳县大风暴雨，民居被淹，庐舍被毁。丹徒县大风暴潮，沿江庐舍被漂荡，田稼受损。

宋元丰五年（1082年），八月，海南朱崖军飓风，庐舍受损。

宋元祐八年（1093年），当年，福建两浙一带海风引起风暴潮，民田被淹。

宋绍圣元年（1094年），秋州、苏州、湖州、秀州等地海风害民田。

宋靖康元年（1126年），正月夜里，西北方向刮起大风，沙石都被吹起，第二天才停止。二月戊申日，东北方向刮起大风，尘土漫天。三月己巳夜里开始，声音如怒吼大风持续了五日。十一月丁亥日，大风发屋折木。闰十一月甲寅日，有来自北方的大风刮起，数尺厚的雪连夜不止。

宋靖康二年（1127年），正月己亥日，天气昏暗狂风骤起，日夜不停。西北方向出现长两丈多宽数尺长的火光，有百姓时而看见，时而不见。庚戌日大风雨。二月己酉日，大风折木，到晚上尤其严重。三月己亥日，大风。四月庚申日，石头树木都被大风吹起，辛酉日，北风更加厉害，天气异常寒冷。

南宋

宋绍兴五年（1135 年），十月丁未日夜里，秀州华亭县大风暴雨，冰雹大如荔枝，舟船毁坏，房屋倾倒。

宋绍兴二十八年（1158 年），七月壬戌日，平江府风暴潮，数百里被淹没，田庐被淹。八月己丑，检放风水灾伤州县苗税，仍赈贷饥民。

宋隆兴元年（1163 年），八月，浙东、西州县大风水灾，绍兴平江府、湖州以及崇德县尤其严重。

宋隆兴二年（1164 年），八月，大风暴雨，漂荡田庐。

宋乾道二年（1166 年），八月丁亥日，温州大风暴雨引发海潮，百姓受灾严重。

宋乾道五年（1169 年），夏秋季节，浙江温州、台州发生三次大风，民房庄稼都受灾严重，人畜溺死者众多，黄岩县尤其严重。

宋淳熙三年（1176 年），六月，大风连日。

宋淳熙四年（1177 年），九月，明州出现大风，引起了海潮，定海鄞县海岸周围七千六百多丈范围内的田地、屋舍都受大风灾害。六月，福清县兴化军出现狂风暴雨，官舍民宅田地以及海口镇都受灾严重，死伤人数众多。六月乙巳夜里，福建福清县、兴化军大风雨，官舍、民居、仓库以及海口镇受灾严重，死者众多。

宋淳熙六年（1179 年），十一月，湖北鄂州大风覆舟，溺死者众多。

宋淳熙七年（1180 年），二月，湖北江陵府大风，船上着火，烧死、溺死者众多。

宋淳熙十年（1183 年），八月，雷州出现飓风，引起海潮，庄稼树木和百姓都受到灾害。

宋绍熙二年（1191 年），三月癸酉日，浙江瑞安县大风，坏屋拔木杀人。

宋绍熙四年（1193 年），七月，兴化军海风害稼。

宋绍熙五年（1194 年），七月乙亥日，行都大风拔木，很多舟船都被破坏。绍兴府、秀州大风引起海潮，庄稼受灾。秋季，明州飓风海潮，害稼。十月甲戌日，行都大风拔木。

宋庆元二年（1196 年），六月壬申日，台州暴风雨，田庐受灾。

宋庆元六年（1200 年），三月甲子日，大风拔木。

宋庆元七年（1201 年），八月，海南崖州飓风城门被毁，公署、民舍也被毁坏殆尽。

宋嘉定二年（1209 年），七月，台州大风雨驾海潮，坏屋杀人。

宋嘉定三年（1210 年），八月，癸酉日，大风拔木，折禾穗，堕果实；宁宗露祷，到丙子日停息。后御史朝陵于绍兴府，归奏风坏陵殿官墙六十余所、陵木二千余章。

宋嘉定六年（1213 年），十二月，余姚县风潮坏海堤，亘八乡。

宋嘉定七年（1214 年），正月庚辰日，江西江州放灯，黑云暴风忽作，游人相践，死者二十余。

宋嘉定十六年（1223 年），秋季，大风拔木害稼。

宋嘉定十七年（1224 年），秋季，福州飓风，田地庄稼被破坏。冬天鄂州出现暴风，两百多艘战舰被破坏，寿昌军（今属湖北鄂州）六十多艘战舰被破坏。江州兴国县也是这种状况。

宋咸淳四年（1268 年），闰月丁巳，大风雷雨，居民屋瓦皆动。

宋咸淳十年（1274 年），四月，绍兴府大风拔木。

金

金正隆五年（1160 年），二月，镇戎军、德顺军等地大风，百姓多被压死了。

金泰和四年（1204 年），三月，大风，宣阳门鸱尾被摧毁。

金兴定元年（1217 年），五月，河南府出现大风，府门官署都被大风吹坏。

金兴定四年（1220 年），四月，河南府大风，官署被风吹走一百多步。

金正大四年（1227 年），八月，癸亥日宫门左边小门的鸱尾被大风吹落，丹凤门被吹坏，第二天出现风霜，庄稼作物损失殆尽。

元

蒙古太宗五年（1233年），十二月癸巳，大风，霾，凡七昼夜。

元至元八年（1271年），十月己未日，檀州、顺州等地大风雨水，庄稼受灾。

元至元二十年（1283年），正月，汴梁延津、封丘两个县出现大风，麦田都被大风吹得连根拔起。

元元贞二年（1296年），金州、复州大风，庄稼受损。

元皇庆二年（1313年），八月，扬州路崇明州大风，海潮泛溢，漂没民居。

元延祐七年（1320年），八月，延津县出现狂风，白天骤然变黑，农桑植物都被大风吹毁。

元至治元年（1321年），三月，大同路出现暴风，沙土飞扬，一百多顷麦田都受严重灾害。

元至治二年（1322年），十二月，大同、卫辉、江陵属县及丰赡署大惠屯风。

元至治三年（1323年），三月，卫辉路出现大风，蚕桑都受灾而死。五月庚子日，柳林行宫大风拔木三千七百株。

元泰定三年（1326年），七月，宝坻县、房山县出现大风。八月，大都县、昌平县出现大风，一晚上九百多家民居都遭到破坏。

元泰定四年（1327年），五月，卫辉路辉州连续九日狂风后庄稼被破坏殆尽。扬州路通州、崇明州大风，海水溢出。

元致和元年（1328年），四月，崇明州大风天气，海水溢出。

元天历二年（1329年），六月丙午日，云南永平屯田府所隶属昌国的各屯都出现大风暴雨，平地水起。

元天历三年（1330年），二月，胙城县、新乡县出现大风。

元至元二年（1336年），三月，陕西一带暴风，旱灾，无麦。

元至正元年（1341年），七月，广西雷州出现飓风，潮水上涨翻涌，庄稼树木都被残害拔起。

元至正二年（1342年），十月，海州出现飓风，海水上涨，周边百姓被溺死者众多。

元至正十三年（1353年），五月，浔州刮起飓风，官舍房屋都被破坏，房屋门扇都被刮飞到七里之外。

元至正十四年（1354年），七月，潞州襄垣县树木庄稼都被大风连根拔起。

元至正十八年（1358年），正月，山东益都出现大的西北风，益都门口石碑被吹起破碎。

元至正二十一年（1361年），正月，石州大风拔木。

元至正二十四年（1364年），台州路黄岩州海水上涨，飓风大起，树木庄稼都损失殆尽。

元至正二十七年（1367年），三月庚子，京师有大风，起自西北，飞沙扬砾，昏尘蔽天，逾时，风势八面俱至，终夜不止，如是者连日。

第六章　地震

北宋

宋乾德三年（965年），京师地震。

宋至道二年（996年），十月，从陕西潼关西至灵州、夏州、怀庆等多个州县地震，城邑城墙和房屋多受损坏。

宋咸平二年（999年），九月，常州地震，毁坏鼓角楼、罗务、军民庐舍甚众。

宋咸平四年（1001年），九月，庆州地震。

宋咸平六年（1003年），正月，益州地震。

宋景德元年（1004年），正月丙申夜，都城开封地震，癸卯夜复震，丁未夜又震。房屋晃动，声响巨大，移时方止。癸丑夜，冀州地震。二月，益州、黎州、雅州地震。三月，刑州地震不止。四月，己卯夜，瀛州地震。五月，邢州地震不止。十一月壬子日，冬至日京师地震。癸丑日，石州地震。

宋景德四年（1007年），七月丙戌日，益州地震。己丑日，渭州瓦亭砦地震四次。

宋大中祥符二年（1009年），三月，代州地震。

宋大中祥符四年（1011年），六月，昌州、眉州地震。七月，真定府地震，城池损坏。

宋景祐四年（1037年），十二月，京师大地震。之后，忻州、代州和并州（今山西太原）发生地震，房屋损坏，压伤官吏百姓。忻州地震死亡的百姓达一万九千七百四十二人，受伤的人数达五千六百五十五人，因地震而死的牲畜有五万多。代州死亡百姓七百五十九人，并州死亡百姓一千八百九十多人。

宋宝元元年（1038年），正月庚申日，并州、忻州、代州地震。十二月甲子日，京师地震。

宋庆历三年（1043年），五月九日，忻州地震，说者曰："地道贵静，今数震摇，兵兴民劳之象也。"

宋庆历四年（1044年），五月更五日，忻州地震，西北方向有如雷声。

宋庆历五年（1045年），七月十四日，广州地震。

宋庆历六年（1046年），二月戊寅日，青州地震。三月庚寅日，登州地震，岠嵎山摧。从开始震一直未停，每震，则海底有声如雷。五月甲申日，都城地震。

宋庆历七年（1047年），十月乙丑日，河阳、许州地震。

宋皇祐二年（1050年），十一月丁酉夜，秀州地震，有声自北起如雷。

宋嘉祐二年（1057年），雄州北界幽州地震，城邑和城墙遭到了巨大的破坏，地震压死百姓数万人。

宋嘉祐五年（1060年），五月己丑日，京师地震。

宋治平四年（1067年），福建漳州、泉州、建州（今属福建建瓯）、邵武军（今属福建邵武）、邢华军等地地震，潮州尤其严重，拆裂泉涌，压覆州郭及两县屋宇，士民、军兵死者甚众。八月己巳日，京师地震。

宋熙宁元年（1068 年），七月甲申日地震，乙酉日、辛卯日再震。八月壬寅日、甲辰日又震。同月须城县、东阿县地震终日，沧州清池、莫州（今属河北任丘）地震，官府、百姓的房屋、城邑、城墙都遭到巨大的破坏。是时河北复大震，或数刻不止，有声如雷，百姓的房屋大多被损坏了，被地震压死的人数众多。九月戊子日，莫州地震，有声如雷。十一月乙未日，京师、莫州地震。十二月癸卯日，瀛州地震。丁巳日，冀州地震。辛酉日，沧州地震，地震后涌出许多泥沙、船板、螺蚌之类的东西。是月，潮州地震。当年多地发生地震，有些地方一天震达十几次，有的地方地震半年未停止。

宋元祐二年（1087 年），二月辛亥日，山西代州地震有声。

宋元祐四年（1089 年），陕西、河北一带地震。

宋元祐七年（1092 年），九月己酉日，兰州、镇戎军（今属宁夏固原）、永兴军（治所在今西安。辖今陕甘各一部，豫西一小部）地震。十月庚戌朔，环州地再震。

宋绍圣元年（1094 年），十一月二十八日，太原府地震，声音巨大。

宋绍圣二年（1095 年），十月、十一月，河南府地震。是岁，苏州从夏到秋一直断断续续地震不止。

宋绍圣三年（1096 年），三月戊戌夜，剑南东川地震。九月己酉日，滁州、沂州地震。

宋绍圣四年（1097 年），六月己酉日，山西太原地震有声。

宋元符二年（1099 年），正月壬申日，恩州地震。八月甲戌日，太原府地震。

宋元符三年（1100 年），黄山第四峰有泉水沸腾如沸水，从溪水中能闻到香味，名字为朱砂汤，正月，休宁县、太平县有三个人来沐浴，凌晨时分泉水变红有如流丹，三人大惊，相视不敢说话。一会儿，地开始晃动，泉水沸腾，声音像雷声一样，房屋都在震动。五月己巳日，太原府地震。

宋建中靖国元年（1101 年），十二月辛亥日，太原府潞州、晋州、隰州、代州、岢岚、威胜军（今属山西沁县、武乡、沁源一带）、保德军、宁化军（今属山西宁武西南）等地地震弥旬，昼夜不止，坏城壁、屋宇，人畜多死。

宋宣和四年（1122年），五月，宋对北辽用兵，在雄州时发生地震。

宋宣和六年（1124年），京师连日地震，宫殿门皆有声。

宋宣和七年（1125年），七月己亥日，熙和路（今属甘肃临洮县。辖熙、河、洮、岷四州及通远军，相当于大夏河洮河及渭河上游甘谷县以西，西汉水和白龙江上游的西和、社县、宕昌等地）地震，裂度有数十丈，兰州震情尤其严重。数百家陷落，仓库俱没。河东诸郡或震裂。

南宋

宋建炎二年（1128年），正月，长安地震，金代将领娄宿围困长安城数旬，因无外援而城池陷落。

宋绍兴三年（1133年），八月甲申日，平江府、湖州地震。是岁，邓州、随州陷落，金人犯蜀地。

宋绍兴四年（1134年），四川地震。

宋绍兴五年（1135年），五月，行都地震。

宋绍兴六年（1136年），六月乙巳夜，地震自西北，有声如雷，余杭县为甚。

宋绍兴十四年（1144年），河间地震，降大雨冰雹，三日不止。

宋乾道二年（1166年），九月丙午，地震自西北方。

宋乾道四年（1168年），十二月壬子日，石泉军地震。第三日，有声如雷，屋瓦皆落。

宋淳熙元年（1174年），十二月戊辰日，地震自东北方。

宋淳熙九年（1182年），十二月壬寅日，夜里地震。

宋庆元六年（1200年），九月，东北地震。十一月甲子日，地震东北方。

宋嘉定二年（1209年），十一月丙申日，平阳地震，有来自西北方向的声音。十一月戊戌日又震，自此不适的余震，浮山尤其严重。居民房屋十之七八都坍塌，死者两三千人。

宋嘉定六年（1213年），四月，行都地震。六月丙子日，淳安县地震。

宋嘉定九年（1216年），二月甲申日，四川一带出现日食，辛亥日东西两川地带出现严重地震，震级约六七级。三月乙卯，再次地震，甲子日，又震，马湖少数民族地区山脉崩裂长约八十里，江水不通。六月辛卯日，西川地区出现地震，壬辰日又震，乙未日又震。十月癸亥，西川地震。甲子，又震。

宋嘉定十年（1217 年），二月庚申日，东南方向发生地震。

宋嘉定十二年（1219 年），六月，西川地震。

宋嘉定十四年（1221 年），五月丙申日，西川地震。

宋嘉熙四年（1240 年），十二月，发生地震。

宋咸淳七年（1271 年），嘉定府（今属四川乐山）发生多次地震。

辽

辽天显十二年（937 年），夏四月甲申，地震。五月壬申，震开皇殿。

辽统和九年（991 年），九月，南京地震。

辽太平二年（1022 年），三月，地震，云（今属山西大同市）、应（今属山西应县）二州屋摧地陷，崑白山裂数百步，泉涌成流。

辽清宁三年（1057 年），五月，幽州（今属北京地区）发生地震。

辽大康二年（1076 年），十一月，南京地震，百姓房屋很多都被破坏。

金

金天会十五年（1137 年），七月丙戌夜，京师地震。

金天眷三年（1140 年），十二月丁丑日，金地震。

金皇统四年（1144 年），河朔一带（今属河北、山西）地震，震中被压死无人收尸安葬的人，朝廷为其安葬。

金正隆五年（1160 年），二月，河东、陕西一带发生地震。

金大定四年（1164 年），三月夜里，京师（今北京）发生地震。

金大定五年（1165 年），六月丙午日，京师地震，从西北方向发出隆隆声好像打雷，地生白毛。七月戊申日又震。

金大定二十年（1180 年），五月，京师（今北京）发生地震，地上长出白毛。

金大定二十七年（1187年），四月辛丑日，京师地微震。

金明昌四年（1193年），三月，京师发生地震。

金明昌六年（1195年），二月丁丑日，京师地震，大雨冰雹大风，应天门右侧被地震震坏。

金大安元年（1209年），十二月，平阳发生地震，西北方出现声响，几日后又一次地震。自此以后经常发生震动，尤其是浮山县更加严重，居民房屋大多因地震倒塌，两三千人因地震而死。第二年二月，依旧出现地震的声响。六月到九月之间，不停发生不同程度的地震。

金大安二年（1210年），二月乙酉日，地大震，有声殷殷然。六月、七月至九月晦，其震不一。

金兴定三年（1219年），四月癸未日，陕西白天刮起了黑风，伴着如雷般的响声。顷之，地大震。平凉、镇戎、德顺尤其严重，房屋瞬间倒塌，数以万计的人死亡，牲畜死伤数更是不计其数。

金正大四年（1227年），六月丙辰日，地震。

元

元至元三年（1266年），八月辛巳日，夜里京师发生地震。壬午日，又大震，太庙神主受损。西湖寺神御殿内壁、祭器都损坏。顺州、龙庆州以及怀来县都因为辛巳日地震而受害，房屋、人畜损失严重。

元至元二十一年（1284年），九月甲申日，京师地震。九月戊子日，京师发生地震。

元至元二十七年（1290年），二月，泉州发生地震，几天之后泉州又发生了一次地震。八月癸巳，地大震，武平尤甚，压死按察司官及总管府官王连等及民七千二百二十人，坏仓库局四百八十间，民居不可胜计。北京在这一年地震尤其严重，平地陷落，黑沙水涌出，死了近十万人，帝深忧之。

元至元二十八年（1291年），八月，平阳路（今属山西临汾）发生地震，八百多间房屋在地震中遭到破坏，压死者百五十人。

元元贞元年（1295 年），三月，发生地震。

元大德六年（1302 年），十二月，云南发生地震，戊戌日亦如之。

元大德七年（1303 年），八月辛卯，夜地震，平阳、太原尤甚，村堡移徙，地裂成渠，人民压死不可胜计，遣使分道赈济，为钞九万六千五百余锭，仍免太原、平阳当年差税，山场河泊听民采捕。

元大德八年（1304 年），正月，平阳发生多次地震。

元大德九年（1305 年），四月，大同路发生如雷般的声响后开始地震，损坏房屋累计五千八百多家，有一千四百多人在地震中被压死。同月，怀仁县发生地震，出现两处大的地陷，一处有十八步长，深十五丈。另一处六十六步长，一丈深。十一月，大同发生地震。十二月，又出现一次地震。

元大德十年（1306 年），正月，晋宁、冀宁（今属山西太原）连续发生地震。八月壬寅日，开成路地震，王宫及官民庐舍皆坏，压死故秦王妃也里完等五千余人，以钞万三千六百余锭、粮四万四千一百余石赈之。

元大德十一年（1307 年），八月，冀宁路地震。

元至大元年（1308 年），六月，巩昌、陇西县、宁远县发生地震，云南乌撒、乌蒙地三日内发生六次大的地震。九月，蒲县发生地震。十月，蒲县、灵县地震。

元至大二年（1309 年），十二月壬戌，阳曲县地震，有声如雷。

元至大三年（1310 年），十二月戊申，冀宁路地震。

元至大四年（1311 年），七月癸未，甘州地震，大风，有声如雷。

元皇庆二年（1313 年），六月，京师（今北京）发生地震，之后一个月内又震了三次。

元延祐元年（1314 年），二月戊辰，大宁路（今属内蒙古、辽宁、河北交界处）地震。四月甲申朔，大宁路地震，有声如雷。八月丁未，冀宁（今属山西中阳、孝义、昔阳以北、黄河以东，河曲、宁武、繁峙以南及太行山以西地区）、汴梁等路，陕县、武安县地震。十一月戊辰，大宁地震如雷。

元延祐二年（1315 年），五月乙丑，秦州成纪县北山移至夕川河，明日再移，平地突如土阜，高者二三丈，陷没民居。

元延祐三年（1316年），八月己未，冀宁、晋宁等郡地震。十月壬午，河南地震。

元延祐四年（1317年），正月壬戌，冀宁地震。七月己丑，成纪县山崩。辛卯，冀宁地震。九月，岭北地震三日。

元延祐五年（1318年），正月甲戌，懿州（今属辽东地区）地震。二月癸巳，和宁路地震。丁酉，秦安县山崩。三月己卯，德庆路地震。七月戊子，宁远县山崩。八月，伏羌县（今属甘肃甘谷县）山脉崩塌。

元至治二年（1322年），九月癸亥日，京师地震。

元泰定元年（1324年），十二月庚申，奉元路同州（今属陕西渭南）地震，有声如雷。

元泰定三年（1326年），十二月丁亥，宁夏路地震如雷，发自西北，连震者三。

元泰定四年（1327年），三月癸卯，和宁路地震如雷。八月，巩昌通渭县山崩。同月，硐门地震，有声如雷，昼晦。凤翔、兴元、成都、陕州、江陵等郡地同日震。九月壬寅，宁夏地震。

元致和元年（1328年），七月辛酉朔，宁夏地震。十月壬寅，大宁路地震。

元至顺二年（1331年），四月丁亥，真定、陕县地一日五震或三震，月余乃止。

元至顺三年（1332年），五月戊寅日，京师地震有声。九月辛巳日，是夜，地震有声来自北。

元至顺四年（1333年），四月，大宁路地震。五月，京师地震。八月，陇西地区地震。

元元统元年（1333年），八月，巩昌、徽州山崩。九月，秦州山崩。十月，凤州山崩。十一月，安庆县、潜山县地震，秦州地裂山崩。

元元统二年（1334年），信州地震。八月，京师地震，鸡鸣山崩后山地变为河流，方圆百里内死伤者不计其数。

元至元元年（1335年），十一月，兴国路地震。十二月丙子，安庆路地震，所属宿松、太湖、灊山三县同时俱震。庐州、蕲州、黄州震。当月饶州地震。

元至元二年（1336年），正月乙丑，宿松地震。五月壬申，秦州山崩。

元至元三年（1337年），八月，京师地震，几天后又大震，太庙和西湖寺都遭到破坏，祭祀器械很多被损毁。顺州、龙庆州及怀来县皆以辛巳夜地震，坏官民房舍，伤人及畜牧。

元至元四年（1338年），春，保安州及瑞州路新昌州地震。六月，信州路灵山崩裂。七月，保安州地大震，巩昌府山崩。八月丙子，京师地震，日凡二三，至乙酉乃止。密州安丘县（今属山东潍坊）地震。

元至元六年（1340年），秦州成纪县山脉崩塌，大地开裂。

元至正元年（1341年），二月汴梁路地震。

元至正二年（1342年），冀宁路平晋县地震，剧烈声响有如雷声，大地开裂有一尺多宽，居民大都倾倒。七月，惠州雨水，罗浮山崩，凡二十七处，坏民居，塞田涧。十二月己酉，京师地震。

元至正三年（1343年），二月，钧州新郑县、密县地震。六月，秦州秦安县南坡崩裂，人畜被压死众多。七月，巩昌山崩，死伤众多。十二月，胶州及其下属地区高密地震。

元至正四年（1344年），莒州蒙阴县地震。十二月，东平路东阿县、阳谷县、平阴县及汉阳地震。

元至正五年（1345年），春，蓟州地震，所下辖四县及东平县、汶上县地震。十二月，镇江地震。

元至正六年（1346年），二月，益都路益都、昌乐、寿光三县，潍州北海县，胶州即墨县地震。三月，高苑县地震，房屋坍塌。六月，广州增城县罗浮山发生山崩，山水上涌溢出，上百余人被溺死。九月戊午，邵武地震。翌日，地中有声如鼓，夜复如之。

元至正七年（1347年），二月，益都、临淄、临朐，潍州昌邑县，胶州高密县，济南棣州地震。三月，东平路东阿、阳谷、平阴三县地震，河水动摇。五月，临淄又地震，七日后停止。河东地震泉水涌出，城墙崩塌，房屋陷落，百姓死伤严重。十一月，镇江丹阳县地震。

元至正九年（1349年），六月，台州地震。永春县南象山崩，压死者甚众。

元至正十年（1350年），冀宁徐沟县地震。五月，龙兴宁州大雨，山崩数十处。瑞州上高县蒙山崩。十月，泉州安溪县侯山出现山崩。

元至正十一年（1351年），四月，冀宁路汾、忻二州，文水、平晋、榆次、寿阳四县，晋宁路辽州之榆社，怀庆河内、修武二县及孟州皆地震，声如雷霆，圮房屋，压死者甚众。八月丁丑，中兴路公安、松滋、枝江三县，峡、荆门二州地震。

元至正十二年（1352年），霍州灵石县地震。闰三月，陕西出现7级地震，庄浪、定西、静宁、会州尤甚，移山湮谷，陷没庐舍，有不见其迹者。会州公廨墙圮，得弩五百余张，长丈余，短者九尺，人莫能开挽。十月丙午，霍州赵城县霍山崩，涌石数里，前三日，山鸣如雷，禽兽惊散。

元至正十三年（1353年），三月，庄浪、定西、静宁、会州地震。七月，汾州白彪山坼。

元至正十四年（1354年），四月，汾州介休县地震，泉涌。十一月，宁国路地震，所领宁国、旌德二县亦如之。淮安路海州地震。十二月，绍兴地震。

元至正十五年（1355年），四月，宁国敬亭山、麻姑山、华阳山山崩。六月，冀宁保德州地震。

元至正十六年（1356年），春天，蓟州地震持续十日，其下属四县亦是。六月，雷州地大震。

元至正十七年（1357年），十月，静江路（今属广西桂林）东门发生地陷，城东的石山崩裂。十二月丁酉，庆元路象山县鹅鼻山崩，有声如雷。

元至正十八年（1358年），二月乙亥，冀宁临州（今属山西临县）地震。五月，益都地震。

元至正十九年（1359年），正月，庆元（今属浙江庆元县）地震。

元至正二十年（1360年），二月，延平、顺昌县地震。山东地震，天雨白毛。

元至正二十二年（1362年），三月，南雄路（今属广东南雄）地震。

元至正二十三年（1363年），十二月，台州地震。

元至正二十五年（1365年），十月壬申，兴化路地震，有声如雷。

元至正二十六年（1366年），三月，海州（今属江苏连云港市）地震如雷，赣榆县吴山崩。六月，汾州介休县地震，绍兴山阴县卧龙山裂。七月，冀宁路徐沟县（今属山西清徐）、石州（今属山西离石）、忻州、临州，汾州孝义、平遥二县在同一天地震，很多人都被压死。丙辰，泉州同安县大雷雨，三秀山崩。河南府巩县连雨，地震山崩。十一月，华州（今属陕西华县）蒲城县洛河河岸崩塌，水流受阻绝流三日。十二月庚午，华州之蒲城县洛水和顺崖崩，其崖戴石，有岩穴可居，是日压死辟乱者七十余人。

元至正二十七年（1367 年），五月，山东地震。六月，沂州（今属山东临沂）山石崩裂，有声如雷。七月，静江（今属广西桂林）灵川县大藏山石崖崩塌。十月，福州雷雨地震，十二月庚午又震，有声如雷。

元至正二十八年（1368 年），六月，冀宁文水、徐沟二县，汾州孝义、介休二县，临州、保德州，隰之石楼县及陕西皆地震。十月辛巳，陕西地又震。

第七章　其他灾害

雹霜雪灾

北宋

宋建隆元年（960 年），十月，临清县雨雹伤稼。

宋建隆二年（961 年），七月，义川、云岩二县大雨雹。辛丑，丹州大雨雹。

宋建隆三年（962 年），丁卯，潞州（今属山西长治）大雨雹。三年春，厌次县陨霜杀桑，民不蚕。

宋建隆四年（963 年），七月，海州风雹。

宋乾德二年（964 年），四月，阳武县雨雹。宋州宁陵县风雨雹伤民田。六月，潞州风雹。七月，同州（今属陕西渭南）合阳县雨雹害稼。八月，肤施县风雹霜害民田。九月戊子，延州雨雹。

宋乾德三年（965年），四月，尉氏、扶沟二县风雹，害民田，桑枣十损七八。

宋开宝二年（969年），风雹害夏苗。

宋太平兴国二年（977年），六月，景城县雨雹。七月，永定县大风雹害稼。

宋太平兴国五年（980年），寿州风雹，冠氏县雨雹。冠氏、安丰二县风雹。

宋太平兴国七年（982年），芜湖县雨雹伤稼。宣州雪霜杀桑害稼。

宋太平兴国八年（983年），五月，相州风雹害民田。

宋端拱元年（988年），三月，霸州大雨雹杀麦苗。闰五月，润州雨雹伤麦。

宋淳化元年（990年），六月，许州大风雹，坏军营、民舍千一百五十六区。鱼台县（今山东济南）风雹害稼。

宋淳化三年（992年），三月，商州霜，花皆死。

宋至道二年（996年），十一月，代州风雹伤田稼。

宋咸平元年（998年），定州雹伤稼，遣使赈恤，除是年租。

宋咸平三年（1000年），四月丁巳日，京师雨雹，飞禽有损者。

宋咸平六年（1003年），京师暴雨雹，如弹丸。

宋景德四年（1007年），七月，渭州瓦亭砦早霜伤稼。

宋大中祥符九年（1016年），十二月，大名、澶相州并霜害稼。

宋天禧元年（1017年），镇戎军风雹害稼，诏发廪振之，蠲租赋，贷其种粮。

宋庆历六年（1046年），五月甲申，京师雨雹。

宋至和二年（1055年），河东自春陨霜杀桑。

宋嘉祐元年（1056年），大震电，雨雹。

宋熙宁七年（1074年），五月壬寅，雨雹。

宋绍圣四年（1097年），四年闰二月癸卯，京师雨雹，自辰至申。

宋大观元年（1107年），十月己巳，京师大雨雹。

宋大观三年（1109年），五月戊申，京师大雨雹。

宋宣和四年（1122 年），二月癸卯，京师雨雹。

宋宣和七年（1125 年），三月癸酉朔，雨雹。

南宋

宋绍兴元年（1131 年），二月壬辰，高宗在越州，雨雹震雷。

宋绍兴四年（1134 年），三月己未，大雨雹伤稼。

宋绍兴五年（1135 年），十月丁未夜，秀州华亭县大风电，雨雹，大如荔枝实，坏舟覆屋。

宋绍兴九年（1139 年），二月甲戌，雨雹伤麦。

宋绍兴十三年（1143 年），二月甲子，雨雹伤麦。

宋绍兴二十一年（1151 年），三月己卯，雹伤禾麦。

宋绍兴二十八年（1158 年），四月辛亥，雨雹。

宋绍兴二十九年（1159 年），二月戊戌，雹损麦。

宋隆兴元年（1163 年），三月丙申夜，雨雹。

宋淳熙十六年（1189 年），七月，阶、成、凤、西和州霜，杀稼几尽。

宋绍熙二年（1191 年），三月癸酉，建宁府雨雹，大如桃李，坏民居五千余家。温州大风雨，雷雹，田苗桑果荡尽。秋，祐川县大风雹，坏粟麦。

宋绍熙三年（1192 年），九月丁未，和州陨霜连三日，杀稼。

宋庆元三年（1197 年），四月乙丑，雨雹，大如杯，破瓦，杀燕雀。

宋嘉定六年（1213 年），夏，江、浙郡县多雨雹害稼。

宋端平二年（1235 年），五月乙未，雨雹。丙申，大雨雹。

宋宝祐三年（1255 年），五月，嘉定府大雨雹。

辽

辽会同二年（939 年），六月丁丑，雨雪。

辽统和六年（988 年），八月，节度使耶律抹只奏今岁霜旱乏食，乞增价折粟，以利贫民。

辽统和十六年（998 年），是夕，雨木冰。

辽重熙十六年（1047 年），三月壬寅日，大雪。

辽咸雍八年（1072 年），十一月丙辰，大雪，许民樵采禁地。

辽大康八年（1082 年），九月大风雪，牛马多死，赐扈从官以下衣马有差。

辽大康九年（1083 年），夏四月丙午朔，大雪，平地丈余，马死者十六七。

辽大安二年（1086 年），八月戊子，以雪罢猎。

辽大安三年（1087 年），正月己卯大雪。

辽大安四年（1088 年），北阻卜酋长磨古斯叛，斡特剌率兵进讨。会天大雪，败磨古斯四别部，斩首千余级，拜西北路招讨使，封漆水郡王，加赐宣力守正功臣，寻拜南府宰相。

辽乾统二年（1102 年），三月，大寒，冰复合。

辽乾统三年（1103 年），秋七月，中京雨雹，伤稼。

辽保大五年（1125 年），春正月己丑，遇雪，无御寒具，术者以貂裘帽进。

金

金大定八年（1168 年），五月，北方出现大风和雨雹，长六十里，广度十里范围内都受灾影响。

金大定十一年（1171 年），六月戊申，西南路招讨司苾里海水之地雨雹三十余里，小者如鸡卵。

金大定二十三年（1183 年），五月丁亥日，出现大雨冰雹，地生白毛。

金承安四年（1199 年），三月戊午日，大雨冰雹。

金泰和四年（1204 年），出现大雾天气，雾气阴冷，树木结冰。

金兴定元年（1217 年），四月，单州出现冰雹天气，雨雹打伤了庄稼，百姓损失严重。五月，河南府（今属河南洛阳）出现大风，延州原武县出现冰雹，庄稼被伤。

金正大二年（1225 年），四月，京畿地区出现严重雨雹天气。

金正大五年（1228 年），四月，郑州出现大雨冰雹，树木庄稼都受损枯萎。

元

蒙古中统二年（1261年），四月，雨雹，大如弹丸。七月庚辰，西京、宣德陨霜杀稼。

蒙古中统三年（1262年），五月，顺天、平阳、真定、河南等郡雨雹。五月甲申日，西京、宣德、威宁、龙门霜，顺天、平阳、河南、真定雨雹。八月，河间、平滦、广宁、西京、宣德、北京陨霜害稼。

蒙古中统四年（1263年），四月，西京武州（今属山西神池），降霜伤稼。七月壬寅日，燕京、河间、开平、隆兴四路属县雨雹害稼。

元至元四年（1267年），癸巳，车驾薄暮至八里塘，雨雹，大如拳，其状有小儿、环玦、狮、象、龟、卵之形。

元至元七年（1270年），夏四月壬午，檀州陨黑霜三夕。

元至元八年（1271年），七月，巩昌会、兰等州霜杀稼。

元至元十五年（1278年），闰十一月，海州赣榆县雨雹伤稼。

元至元十七年（1280年），四月，益都陨霜。

元至元二十年（1283年），四月，河南风雷雨雹害稼。五月，安西路风雷雨雹。八月，真定元氏县大风雹，禾尽损。

元至元二十一年（1284年），三月，山东陨霜杀桑，蚕尽死，被灾者三万余家。

元至元二十五年（1288年），三月，灵璧、虹县雨雹，如鸡卵，害麦。十二月，灵寿、阳曲、天成等县雨雹。

元至元二十七年（1290年），七月，大同、平阳、太原陨霜杀禾。

元至元二十九年（1292年），三月，济南、般阳等郡及恩州属县霜杀桑。

元元贞元年（1295年），五月，巩昌金州、会州、西和州雨雹大，无麦禾。七月，隆兴路雨雹。

元元贞二年（1296年），八月，金、复州陨霜杀禾。

元元贞三年（1297年），五月，河中猗氏县雨雹。六月，大同、隆兴威宁县，顺德邢台县，太原交河、离石、寿阳等县雨雹。七月，太原、怀孟、武陟县雨雹。

元大德元年（1297年），六月，太原崞州（今属山西忻州）雨雹害稼。

元大德五年（1301年），三月，汤阴县霜杀麦。五月，商州霜杀麦。

元大德六年（1302年），八月，大同、太原霜杀禾。

元大德八年（1304年），三月，济阳、滦城二县霜杀桑。

元大德九年（1305年），三月，河间、益都、般阳三郡属县陨霜杀桑。清、莫（今属河北任丘）、沧、献四州霜杀桑二百四十一万七千余本，坏蚕一万二千七百余箔。

元大德十年（1306年），七月，大同浑源县霜杀禾。八月，绥德州米脂县霜杀禾二百八十顷。

元大德十一年（1307年），四月，郑州管城县风雹，大如鸡卵，积厚五寸。七月，宣德县雨雹。

元至大元年（1308年），四月，般阳新城县、济南厌次县、益都高苑县风雹。五月，管城县大雹，深一尺，无麦禾。八月，大宁县雨雹害稼，毙畜牧。

元延祐七年（1320年），八月，益津县雨黑霜。

元至大二年（1309年），三月，济阴、定陶等县雨雹。六月，崞州、源州、金城县雨雹。

元皇庆元年（1312年），四月，大名浚州、彰德安阳县、河南孟津县雨雹。六月，开元路风雹害稼。

元皇庆二年（1313年），三月，济宁霜杀桑。

元延祐元年（1314年），三月，东平、般阳等郡，泰安、曹、濮等州大雨雪三日，陨霜杀桑。闰三月，济宁、汴梁等路及陇州、开州、青城、渭源诸县霜杀桑，无蚕。七月，冀宁陨霜杀稼。五月，肤施县大风雹，损稼并伤人畜。六月，宣平、仁寿、白登等县雨雹。

元延祐四年（1317年），夏，六盘山陨霜杀稼五百余顷。

元延祐五年（1318年），五月，雄州（今属河北保定）归信县陨霜。

元延祐六年（1319年），三月，奉元路同州（今属陕西渭南）陨霜。

元至治元年（1321年），六月，武州雨雹害稼。永平路大雹深一尺，害稼。七月，真定、顺德等郡雨雹。

元至治三年（1323年），七月，冀宁阳曲县、大同路大同县、兴和路威宁县陨霜。八月，袁州宜春县陨霜害稼。

元泰定元年（1324年），五月，冀宁阳曲县雨雹伤稼。六月，顺元、太平军、定西州雨雹。七月，龙庆路雨雹，大如鸡卵，平地深三尺余。八月，大同白登县雨雹。

元泰定二年（1325年），三月，云需府大雪，民饥。

元天历二年（1329年），七月，大宁惠州雨雹。八月，冀宁阳曲县大雹如鸡卵，害稼。

元天历三年（1330年），二月，京师大霜，昼雾。

元至顺元年（1330年），闰七月，奉元西和州，宁夏应理州、鸣沙州，巩昌静宁、邠、会等州，凤翔麟游，大同山阴，晋宁潞城、隰川等县陨霜杀稼。七月，真定、顺德等郡雨雹。

元至顺二年（1331年），十二月，冀宁清源县雨雹。

元致和元年（1328年），四月，浚州、泾州大雹伤麦禾五月，冀宁阳曲县、威州井陉县雨雹。六月，泾川、汤阴等县大雨雹。大宁、永平属县雨雹。

元至正三年（1343年），三月，壬辰，河州路大雪十日，深八尺，牛羊驼马冻死者十九，民大饥。

元至正二十三年（1363年），秋七月戊辰朔，京师大雹，伤禾稼。

火灾

北宋

宋建隆元年（960年），宿州火，烧毁民舍万余区。

宋建隆二年（961年），三月，内酒坊火，烧毁民舍百八十区，酒工死者三十余。

宋建隆三年（962年），正月，滑州甲仗库火，烧毁仪门及军资库一百九十区，兵器、钱帛并尽。开封府通许镇民家火，烧毁庐舍三百四十余区。二月，安州牙吏施延业家火，烧毁民舍并显义军营六百余区。五月，京师相国寺火，烧毁舍数百区。海州火，烧毁数百家，死者十八人。

宋乾德四年（966年），二月，岳州衙署、廪库火，烧毁市肆、民舍殆尽，官吏逾城仅免。三月，陈州（今属河南淮阳）火，烧毁民舍数十区。潭州火，烧毁民舍五百余区。逾月，民周泽家火，又烧毁仓廪、民舍数百区，死者三十六人。

宋开宝七年（974年），九月，永城县火，烧毁民舍一千八百余区。

宋淳化三年（992年），十月，蔡州（今属河南汝南）怀庆军营火，烧毁汝河桥民居、官舍三千余区，死者数人。十二月，建安军城西火，烧毁民舍、官廨等殆尽。

宋咸平二年（999年），四月，池州仓火，烧毁米八万七千斛。

宋宝元二年（1039年），六月丁丑，益州火，焚烧民庐舍二千余区。

宋元丰八年（1085年），八月，邕州火，焚烧官舍千三百四十六区，诸军衣万余袭，谷帛军器百五十万。

宋靖康二年（1127年），三月戊戌，天汉桥火，焚百余家。顷之，都亭驿又火。己酉，保康门火。

南宋

宋绍兴十二年（1142年），二月辛巳，镇江府火，烧毁仓米数万石，刍六万束，民居尤众。是月，太平、池州及芜湖县皆火。三月丙申，行都火。四月，行都又火。

宋淳熙四年（1177年），十一月辛酉，鄂州南市火，暴风通夕，烧毁千余家。

宋淳熙十二年（1185年），八月，温州火，烧毁城楼及四百余家。十月，鄂州大火，烧毁万余家。

宋嘉定二年（1209年），八月己巳，信州火，烧毁二百家。九月丁酉，吉州火，烧毁五百余家。是岁，泸州火，烧毁千余家。十一月丁亥，建宁府政和县火，烧毁百余家。

宋嘉定五年（1212年），五月己未，和州火，烧毁二千家。

宋嘉熙元年（1237年），六月，临安府火，烧毁三万家。

辽

辽大康五年（1079年），十一月癸未，复南京流民差役三年，被火之家免租税一年。

金

金兴定三年（1219年），春季，朝廷吏部发生火灾。

元

元至元十一年（1274年），十二月，淮西正阳火，庐舍、铠仗悉毁。

元至元十八年（1281年），二月，扬州火。

元元贞二年（1296年），八月，杭州火，烧毁四百七十余家。

元延祐元年（1314年），二月，真州扬子县火。

元延祐三年（1316年），六月，重庆路火，郡舍十焚八九。

元延祐六年（1319年），四月，扬州火，烧毁官民庐舍一万三千三百余区。

元大德八年（1304年），五月，杭州火，烧毁四百家。

元大德九年（1305年），三月，宜黄县火。

元大德十年（1306年），十一月，武昌路火。

元至治二年（1322年），四月，扬州、真州火。十二月，杭州火。

元至治三年（1323年），五月，奉元路行宫正殿火。九月，扬州江都县火，烧毁四百七十余家。

元泰定元年（1324年），五月，江西袁州火，烧毁五百余家。

元泰定三年（1326年），六月，龙兴路宁州高市火，烧毁五百余家。七月，龙兴奉新县、辰州辰溪县火。八月，杭州火，烧毁四百七十余家。

元泰定四年（1327年），八月，龙兴路大火。

元泰定四年（1327年），十二月，杭州大火，烧毁六百七十家。

元天历二年（1329年），三月，四川绍庆彭水县大火。四月，重庆路大火，延二百四十余家。七月，武昌路江夏县大火，延四百家。十二月，江夏县大火，烧毁四百余家。

元元统元年（1333年），六月甲申，杭州大火。

元至正元年（1341年），四月辛卯，台州大火。乙未，杭州大火，烧毁官舍民居公廨寺观，凡一万五千七百余间，死者七十有四人。

元至正二年（1342年），四月，杭州又发生大火。

元至正六年（1346年），八月己巳，延平路大火，烧毁官舍民居八百余区，死者五人。

元至正十年（1350年），兴国路自春及夏，城中火灾不绝，日数十起。

元至正二十年（1360年），惠州路城中火灾屡见。

元至正二十三年（1363年），正月乙卯夜，广西、贵州大火，同知州事韩帖木不花第、判官高万章及家人九口俱死于此次火灾，居民死者三百余人，牛五十头，马九匹，公署、仓库、案牍焚烧皆尽。

饥荒

北宋

宋乾德四年（966年），八月，普州兔食禾。

宋淳化元年（990年），开封、河南等九州饥荒。

宋熙宁七年（1074年），京畿、河北、京东西、淮西、成都利州、延常润府州、威胜军、保安军饥荒。

南宋

宋建炎元年（1127年），汴京大饥，米升钱三百，一鼠直数百钱，人食水藻、椿槐叶，道殣，骨骼无余腐肉。

宋建炎三年（1129年），山东郡国大饥，人相食。

宋绍兴二年（1132年），春，两浙、福建饥馑，米斗千钱。

宋绍兴六年（1136年），春，浙东、福建饥馑，湖南、江西大饥，殍死甚众，民多流徙，郡邑盗起。夏，蜀亦大饥，米斗二千，利路倍之，道路尸骨遍地。

宋绍兴十八年（1148年），冬，浙东、江、淮郡国多处饥馑，绍兴尤甚。民之仰哺于官者二十八万六千人，不给，乃食糟糠、草木，殍死殆半。

宋隆兴元年（1163年），绍兴府大饥，四川尤甚。平江襄阳府、随泗州、枣阳盱眙军大饥，随、枣间米斗六七千。

宋隆兴二年（1164年），平江府、常秀州饥，华亭县人食秕糠。行都及镇江府、兴化军、台徽州亦艰食。淮民流徙江南者数十万。

宋乾道七年（1171年），江东西、湖南十余郡饥馑，江筠州、隆兴府为甚。人食草实，流徙淮甸，诏出内帑收育弃孩。淮郡亦荐饥，金人运麦于淮北岸易南岸铜镪，斗钱八千。江西饥馑，民流光、濠、安丰间，皆效淮人私籴，钱为之耗，荆南亦饥。

宋淳熙九年（1182年），行都饥馑，于潜、昌化县人食草木。绍兴府、衢州、婺、严州、明州、台州、湖州饥馑。徽州大饥，稑秬亦绝。湖北七郡荐饥。蜀潼、利、夔三路郡国十八皆饥，流徙者数千人。

宋绍熙三年（1192年），资、荣州小麦欠收，普叙简隆州、富顺监皆大饥，小麦欠收，殍死者众，民流成都府至千余人，威远县弃儿且六百人。

宋庆元六年（1200年），六年冬，常州大饥，仰哺者六十万人。润、扬、楚、通、泰州、建康府、江阴军亦乏食。

宋嘉定元年（1208年），淮民大饥，食草木，流于江、浙者百万人。先是淮郡罹兵，农久失业，米斗二千，殍死者十三四，炮人肉、马矢食之。诏所至郡国振恤归业，时邦储既匮，郡补不支，去者多死，亦有俘掠而北者。是岁，行都亦饥，米斗千钱。

宋嘉定十六年（1223年），春，海州新附山东民饥，京东、河北路新附山西民亦饥。是岁，行都、江淮闽浙郡国麦、稻颗粒不收。

宋德祐二年（1276年），正月，扬州大饥。三月，扬州谷价腾踊，民相食。

辽

辽统和八年（990年），十一月庚寅，因吐谷浑民饥，赈之。

辽统和二十五年（1007年），十二月己酉，赈饶州饥民。

辽开泰元年（1012年），十二月壬申，赈奉圣州饥民。甲申，诏诸道水灾饥民质男女者，起来年正月，日计佣钱十文，价折佣尽，遣还其家。冬十月丁卯，南京路饥，挽云、应、朔、弘等州粟赈之。

辽开泰七年（1018年），夏四月丙寅，赈川、饶二州饥。

辽太平九年（1029年），燕又仍岁大饥，户部副使王嘉复献计造船，使其民谙海事者，漕粟以赈燕民。

辽景福元年（1031年），秋七月庚戌，赈蓟州饥民。冬十月丁卯，赈黄龙府饥民。

辽咸雍四年（1068年），正月辛卯，遣使赈西京饥民。三月甲申，赈应州饥民。庚寅，赈朔州饥民。

辽咸雍七年（1071年），十一月己丑，赈饶州饥民。

辽咸雍八年（1072年），二月戊辰，岁饥，免武安州租税，赈恩、蔚、顺、惠等州民。秋七月丙申，赈饶州饥民。

辽大康元年（1075年），正月壬寅，赈云州饥。夏四月丙子，赈平州饥。闰月丙午，赈平、滦二州饥。九月己卯，以南京饥，免租税一年，仍出钱粟赈之。

辽大康二年（1076年），二月戊子，赈黄龙府饥。癸丑，南京路饥，免租税一年。

辽大安三年（1087年），二月丙戌，发粟赈中京饥。四月乙巳，诏出户部司粟，赈诸路流民及义州之饥。

辽大安四年（1088年），正月甲戌，以上京、南京饥，许良人自鬻。三月己巳，赈上京及平、锦、来三州饥。

辽大安八年（1092年），冬十月丙辰，赈西北路饥。

辽寿昌五年（1099年），冬十月戊辰，赈辽州饥，仍免租赋一年。

辽寿昌六年（1100年），冬十月甲寅，以平州饥，复其租赋一年。

辽天庆八年（1118年），时山前诸路大饥，乾、显、宜、锦、兴中等路，斗粟直数缣，民削榆皮食之，既而人相食。

金

金至宁元年（1213年），正月，赈河东陕西饥荒。

元

蒙古太宗六年（1234年），时汴梁受兵日久，岁饥人相食，速不台下令纵其民北渡以就食。

蒙古中统元年（1260年），十一月戊子，发常平仓赈益都、济南、滨棣饥民。中统建元，诏还镇临洮。岁饥，发私廪以赈贫乏。给民农种粟二千余石、芜菁子百石，人赖不饥。

蒙古中统二年（1261年），乙巳，赈火少里驿户之乏食者。辛亥，转懿州米万石赈亲王塔察儿所部饥民。赈和林饥民。赈桓州饥民。移治顺天，岁饥，世隆发廪贷之，全活甚众。迁曳捏即地贫民就食河南、平阳、太原。

蒙古中统三年（1262年），正月，忽剌忽儿所部民饥，罢上供羊。六月癸卯日，河西民及诸王忽撒吉所部军士乏食，给钞赈之。七月癸酉，甘州饥，给银以赈之。闰九月甲申朔，沙、肃二州乏食，给米、钞赈之。庚戌，发粟三十万石赈济南饥民。

元至元九年（1272年），四月，京师饥。七月，水达达部饥馑。

元至元十七年（1280年），三月，高邮郡（今属江苏高邮市）饥馑。

元至元十八年（1281年），二月，浙东饥馑。四月，通、泰、崇明等州饥馑。

元至元十九年（1282年），九月，真定路饥馑，民流徙鄂州。

元至元二十三年（1286年），七月，宣宁县饥馑。

元至元二十四年（1287年），九月，平滦路饥馑。十二月，苏、常、湖、秀四州饥馑。

元至元二十六年（1289年），二月，合木里部饥馑。三月，安西、甘州等路饥馑。四月，辽阳路饥馑。闰十月，武平路饥馑。十二月，蠡州饥馑。

元至元二十七年（1290年），二月，开元路宁远县饥馑。四月，浙东婺州饥馑，河间任丘、保定定兴二县饥馑。九月，河东山西道饥馑。

元至元二十八年（1291年），三月，真定、河间、保定、平滦、太原、平阳等路饥馑。杭州、平江、镇江、广德、太平、徽州饥馑。九月，武平路饥馑。十二月，洪宽女直部饥馑。

元至元二十九年（1292年），正月，清州、兴州饥馑。三月，辉州龙山县、里州和中县饥馑。东安、固安、蓟、棣四州饥馑。三月，威宁、昌州饥馑。闰六月，南阳、怀孟、卫辉等路饥馑。

元至元三十年（1293年），十月，京师饥馑。

元元贞二年（1296年），四月，平阳绛州、太原阳曲、台州黄岩饥馑。

元大德元年（1297年），六月，广德路饥馑。七月，宁海州文登、牟平等县饥馑。

元大德三年（1299年），八月，扬州、淮安等郡饥馑。

元大德四年（1300年），二月，湖北饥馑。三月，宁国、太平二路饥馑。九月，建康、常州、江陵等郡饥馑。

元大德六年（1302年），五月，福州饥馑。六月，杭州、嘉兴、湖州、广德、宁国、饶州、太平、绍兴、庆元、婺州等郡饥馑，大同路饥馑。七月，建康路饥馑。十一月，保定路（今属河北保定）饥馑。

元大德七年（1303年），二月，真定路饥馑。五月，太原、龙兴、南康、袁州、瑞州、抚州等地，高唐、南丰等州饥馑。六月，浙西等地饥馑。七月，常德路饥馑。

元大德八年（1304年），六月，乌撒、乌蒙、益州、忙部、东川等路饥馑。

元大德九年（1305年），三月，常宁州饥馑。五月，宝庆路饥馑。八月，扬州饥馑。

元大德十年（1306年），三月，济州任城饥馑。四月，汉阳、淮安、道州、柳州饥馑。七月，黄州、沅州、永州饥馑。八月，成都饥馑。十一月，扬州、辰州饥馑。

元至大元年（1308年），二月，益都、般阳、济宁、济南、东平、泰安大饥。六月，山东、河南、江淮等郡大饥。

元至大二年（1309年），七月，徐州、邳州饥馑。

元皇庆元年（1312年），六月，巩昌、河州路饥馑。

元皇庆二年（1313年），三月，晋宁、大同、大宁三州，巩昌、甘肃等郡县发生饥荒。四月，真定、保定、河间等路饥荒。五月，顺德、冀宁二路饥。六月，上都饥馑。

元延祐元年（1314年），六月，衡州饥馑。七月，台州饥馑。十二月，归德、汝宁、沔阳（今属湖北仙桃）、安丰等地饥馑。

元延祐二年（1315年），正月，晋宁、宣德、怀孟、卫辉、益都、般阳等路饥馑。

元延祐三年（1316年），二月，河间，济南滨、棣等处饥馑。四月，辽阳盖州及南丰州饥馑。五月，宝庆、桂阳、澧州、潭州、永州、道州、袁州饥馑。

元延祐四年（1317年），五月，汴梁饥馑。

元延祐五年（1318年），四月，上都饥馑。

元延祐六年（1319年），八月，山东济宁饥馑。

元延祐七年（1320年），五月，大同、云内、丰、胜诸郡邑饥馑。

元至治元年（1321年），正月，蕲州蕲水县饥馑。二月，河南汴梁、归德、安丰等路饥馑。五月，胶州、濮州饥馑。七月，南恩，新州饥馑。十一月，巩昌、成州饥馑。十二月，庆远今、真定二路饥馑。

元至治二年（1322年），三月，河南、淮东、淮西等地都出现饥荒，延安的延长县、宜川县饥馑，奉元路饥馑。四月，东昌、霸州饥馑。九月，临安县、河西县饥馑。

元至治三年（1323年），二月，京师饥馑。三月，平江、嘉定州饥馑，崇明、黄岩二州饥馑。十一月，镇江、丹徒、沅州、黔阳县饥馑。十二月，归、澧二州饥馑。

元泰定元年（1324年）正月，惠州、新州、南恩州，信州上饶县，广德路广德县，岳州临湘、华容等县饥馑。二月，庆元路、绍兴路，绥德州米脂县、清涧县饥馑。三月，临洮县、狄道县，石州离石县饥馑。四月，江陵荆门军，监利县饥馑。五月，赣州吉安、临江、昆山州、南恩州等地饥馑。八月，冀宁、延安、江州、安陆、杭州、建昌、常德、全州、桂阳、辰州、南安路等地下属各个州县都发生粮食短缺。九月，绍兴、南康二路饥馑。十一月，泉州饥馑，中牟县、延津县饥馑。

元泰定二年（1325年），正月，梅州饥馑。闰正月，河间、真定、保定、瑞州四郡饥馑。二月，凤翔路饥馑。三月，蓟州、漷州、徐州、邳州饥馑，济南、肇庆、江州、惠州饥馑。四月，杭州、镇江、宁国、南安、浔州、潭州等路饥馑。五月，广德、袁州、抚州饥馑。六月，宁夏路饥馑。九月，琼州、成州饥馑，德庆路饥馑。十二月，济南、延川等郡饥馑。

元泰定三年（1326年），三月，河间、保定、真定三路饥馑。三月，大都、永平、奉元饥馑。十一月，沈阳路、大宁路、永平、广宁、金州、复州，甘肃亦集乃路饥馑。

元泰定四年（1327年），正月，辽阳各郡都发生饥荒。二月，奉符县、长清县、莱芜县以及建康、淮安、蕲州所辖郡县都出现饥馑。四月，通州、蓟州、渔阳、永清等县饥馑。七月，武昌、江夏县饥馑。

元致和元年（1328年），二月，乾州饥馑。三月，晋宁、冀宁，奉元、延安等路饥馑。四月，保定、东昌、般阳、彰德、大宁五路所辖各郡饥馑。五月，河南、东平、大同等郡饥馑。七月，威宁、长安县、泾州灵台县饥馑。

元天历二年（1329年），正月，大同及东胜州饥馑。涿州房山、范阳等县饥馑。四月，奉元耀州、乾州、华州（今属陕西华县）及延安、邠、宁诸县饥馑，流民数十万。大都、兴和、顺德、大名、彰德、怀庆、卫辉、汴梁、中兴等路，泰安、高唐、曹、冠、徐、邳等州饥馑。八月，忻州饥馑。十月，汉阳、武昌、常德、澧州等路饥馑。凤翔府大饥。

元天历三年（1330年），正月，宁海州文登、牟平县饥馑。怀庆、衡州二路饥馑。真定、汝宁、扬、庐、蕲、黄、安丰等郡饥馑。二月，河南大饥。三月，东昌须城、堂邑县饥馑。沂、莒、胶、密、宁海五州，临清、定陶、光山等县饥馑。巩昌兰州、定西州饥馑。四月，德州清平县饥馑。

元至顺二年（1331年），二月，集庆、嘉兴二郡及江阴州饥馑。檀、顺、维、密、昌平五州饥馑。六月，兴和路高原县、咸平县饥馑。九月，思州镇远府饥馑。十二月，河南大饥馑。

元至顺三年（1332年），四月，大理、中庆路饥馑。五月，常宁州饥馑。七月，滕州饥馑。八月，大都、宝坻县饥馑。

元元统元年（1333年），夏，两淮大饥。

元元统二年（1334年），春，淮西饥馑。七月，池州饥馑。十一月，济南、莱芜县饥馑。

元至元元年（1335年），春，益都路沂水、日照、蒙阴、莒四县及龙兴路饥馑。是岁，沅州、道州、宝庆及邵武、建宁饥馑。

元至元二年（1336年），顺州及淮西安丰，浙西松江，浙东台州，江西江、抚、袁、瑞，湖北沅州卢阳县饥馑。

元至元三年（1337年），大都及济南、蕲州、杭州、平江、绍兴、溧阳、瑞州、临江饥馑。

元至元四年（1338年），上都开平县、桓州，兴和宝昌州，濮州之鄄城，冀宁之交城，益都之胶、密、莒、潍四州，辽东沈阳路，湖南衡州，江西袁州，八番顺元等处皆发生饥荒。

元至元五年（1339年），顺德之邢台，济南之历城，大名之元城，德州之清平，泰安之奉符、长清，淮安之山阳等县，归德邳州，益都、般阳、处州、婺州四郡皆发生饥荒。

元至正元年（1341年），春，京畿州县、真定、河间、济南及湖南饥馑。

元至正二年（1342年），保德州大饥。

元至正三年（1343年），卫辉、冀宁、忻州大饥，人相食。

元至正四年（1344年），东平路东阿、阳谷、汶上、平阴四县皆大饥。冬，保定、河南饥馑。

元至正五年（1345年），春，东平路须城、东阿、阳谷三县及徐州大饥，人相食。夏，济南、汴梁、河南、邠州、瑞州、温州、邵武饥馑。

元至正六年（1346年），五月，陕西饥馑。

元至正七年（1347年），彰德、怀庆、东平、东昌、晋宁等处饥馑。

元至正九年（1349年），春，胶州大饥，人相食。钧州新郑、密县饥馑。

元至正十四年（1354年），春，浙东台州，江东饶州、闽海福州、邵武、汀州，江西龙兴、建昌、吉安、临江，广西静江等郡皆大饥，人相食。

元至正十七年（1357年），河南大饥。

元至正十八年（1358年），春，莒州蒙阴县大饥，斗米金一斤。冬，京师大饥，人相食，彰德、山东亦如之。

元至正十九年（1359年），正月至五月，京师大饥，银一锭得米仅八斗，死者无算。通州民刘五杀其子而食之。济南及益都之高苑，莒之蒙阴，河南之孟津、新安、渑池等县皆大饥，人相食。

山崩地陷

北宋

宋咸平二年（999年），七月庚寅，灵宝县暴雨导致山崖崩塌，压居民，死者二十二户。

宋咸平四年（1001年），正月，成纪县山体崩塌，压死者六十余人。三月辛丑夜，大泽县三阳砦大雨导致山崖崩塌，压死者六十二人。

宋熙宁三年（1070年），十月庚戌，南郊，东壝门内地陷，有天宝十三年古墓。

宋熙宁五年（1072年），九月丙寅，华州（今属陕西华县）少华山前阜头峰越八盘岭及谷，摧陷于石子坡。

南宋

宋嘉泰二年（1202年），七月丁未，闽建安县山体崩塌，民庐之压者六十余家。

宋嘉定六年（1213年），六月丙子，严州淳安县长乐乡山体崩塌，地下水涌。六月丁丑，淳安县山涌暴水，陷清泉寺，漂五乡田庐百八十里，溺死者无算，巨木皆拔。

元

元至元二十六年（1289年），七月丙辰，泉州同安县大雷雨，三秀山崩。

元大德十一年（1307年），三月，道州营道县暴雨，山裂百三十余处。

元延祐二年（1315年），五月乙丑，秦州成纪县北山位移至夕川河，明日再移，平地突如土阜，高者二三丈，陷没民居。

元至治二年（1322年），十二月甲子朔，南康建昌州大水，山崩，死者四十七人，民饥，命赈之。

元泰定四年（1327年），八月，天全道山崩，飞石击人，中者辄死。

元至元五年（1339年），六月，信州路灵山开裂。

元至元六年（1340年），六月己亥日，秦州成纪县山崩地裂。

元至正三年（1343年），二月，巩昌宁远、伏羌、成纪三县山崩水涌，溺死者无数。七月，惠州雨水，罗浮山崩，凡二十七处，坏民居，塞田涧。

元至正六年（1346年），六月，广州增城县罗浮山崩，水涌溢，溺死百余人。

元至正九年（1349年），永春县南象山崩，压死者甚众。七月丙戌，静江灵川县大藏山石崖崩。龙兴靖安县山石迸裂，涌水，人多死者。

元至正十年（1350年），三月，庆元奉化州南山石突开，其碎而大者，有山川人物禽鸟草木之纹。五月甲子，龙兴宁州大雨，山崩数十处。

元至正十二年（1352年），十月丙午，霍州赵城县霍山崩裂，涌石数里，前三日，山鸣如雷，禽兽惊散。

元至正十五年（1355年），四月，宁国敬亭、麻姑、华阳诸山崩。

元至正十七年（1357年），十二月丁酉，庆元路象山县鹅鼻山崩，有声如雷。

酷暑

北宋

宋天圣五年（1027年），夏秋季大暑，毒气中人。

南宋

宋绍兴五年（1135年），五月，炎热极暑四十余日，草木焦槁，山石灼人，暍死者甚众。

宋嘉定八年（1215年），夏五月，极暑，草木枯槁，百泉皆竭，行都斛水百钱，江、淮杯水数十钱，渴死者甚众。

第四编

———————

救　灾

宋代是中国历史上文化十分繁荣的一个阶段，其许多社会制度也都达到了中国历史上的一个顶峰。救灾在中国古代不仅是实现士人"兼济天下"的理想的载体，更是皇帝以及各级官僚对"天人合一"概念的具体应用，而宋代不仅有着较之前朝代而言相对成熟和完备的救灾体系和救灾法规，并且中央、路级、州县三级行政机构还能够各司其职，根据上级安排以及相关法规的规定协力完成报荒、检覆、赈济等各个救灾环节。皇帝及各级官吏更是将灾害视为自己地位合法性的验证，往往在灾害发生时进行各种赈灾活动，祈求得到上苍的宽恕和百姓的拥护。不只如此，受中国传统儒、释、道文化的影响，一些乡绅、富民以及归乡的各级官员，往往还会尽自己之力，帮助同乡渡过难关。此外，寺庙、宫观等民间组织也是进行灾害救助活动的一股重要力量，往往在施粥赈饥、安辑流民方面发挥着十分重要的作用。

对于与宋朝先后同时代的辽、金、西夏各代，在这一民族大融合的时期，其汉化的程度较高，思想观念和各项社会制度多效仿宋朝，作为可以体现他们国家政权正统地位的救灾活动当然也不例外。不过，具体上辽代更倾向于"救"，金代更倾向于"防"。此外，民间救助也与宋朝多有相似。

相较于救荒问题相对突出、救荒思想相对较多、救荒制度相对完备、救荒措施相对齐全的宋代和明代，元代则仅仅是灾害赈济，这就显得相对平庸，虽然在救灾方面也有很多独特之处，但终究类似于一个过渡阶段，没有很多的闪光之处。就救灾而言，虽然元代的政府在运输形式上突破了历代王朝所采用的陆运、漕运等方式，大胆采用了海运赈灾，但因行省制内部结构问题而造成吏治腐败，最终影响了救灾效果。

第一章　官赈

中国古代每遇自然灾害，往往社会动荡不安，统治者为维护其政权的长治久安，常常会使用各种手段对灾民加以赈济安抚。古代的赈灾类型从施赈主体上看，可分为官赈和民赈。官赈一般是发生了地区性或局部性的重大灾害之后，由地方政府官员主持动用国库所藏物资对灾民进行救助的行为。通常在发生跨省、跨府州等造成大面积损害的灾害之时或之后，由朝廷下旨，指派朝臣或地方官员主持赈济事宜，或发放库中钱粮，或减免灾民租赋，以助百姓渡过难关。

就官赈机构而言，北宋形成了中央—路级—州县相对完善的救灾管理体系，这一体系延续到南宋，并且为其他北方民族政权所借鉴。就中央救灾机构而言，在元丰改制前，三司作为主要的财政机构，负责财货出入，其中度支部的度支常平案是司农寺管理常平事务的上级机构，负责上报司农寺有关常平事宜的请示。司农寺是中央主要负责常平事务的机构，主要管理各地常平仓籴粜账目和粮食的调拨，三司和转运司均不得过问。但在行政关系上，司农寺的常平仓籴粜拨放等事宜的请示和指挥，仍由三司负责。元丰改制，三司财政并归户部，三司的救灾职能也由户部、司农寺等部门替代，并且不断得到完善。户部并三司的三个下属机构为左右曹，与三司度支常平案相类，户部右曹的常平案在常平管理上仍然只是司农寺的上级行政部门，负责的也只是上报下达的职责而已。北宋的路级行政管理机构主要有转运司、安抚司、提举常平司和提点刑狱司。转运司的灾害管理职能主要体现在救灾物资的储备、拨放调运和蠲免倚阁赋税恢复生产。但其灾害管理职能大多限于监督官吏、参与计度和财务方面，而对具体救灾活动的参与相对较少。仁宗以前，安抚使皆因某一具体事宜而设置，事情办妥就会撤销，但其在灾害管理上的职能，几乎相当于地方灾害管理的总指挥。随着安抚司的设立成为常态，其灾害管理方面的职能也发生了变化，更多负责本州上奏灾情、监督官员和防止饥民叛乱。提举常平广惠仓司是路级行政单位中设置时间最晚的一个机构，主要职责是常平仓、义仓的日常管理；赈济灾民；监督救荒。提点刑狱司的职能在整个宋代变化较大，总的趋势是职权范围不断扩大。具体的灾害救助职能大致有三个方面：参与制定救灾政策，协调中央和地方关系；监督地方官吏；直接涉及地方赈救的具体事宜。州县是灾害救助的基层单位。在北宋灾害救助体系中，州县属操作层，是实际灾害管理措施的主要实施单位。具体负责上报检覆、灾时赈救和安置灾民。辽、西夏的救灾机构设置比较简单。金代效法宋制，设置三级救灾管理体系，中央救灾机构主要有尚书省、户部、惠民司、都水监等，路一级救灾机构中主要发挥作用的是提刑司，州县救灾机构设有养济院、暖汤院、普济院等。

元朝救灾的机构可分为四个层面：中央、行省、路级和州县，元代重视中央集权，灾害发生时，中书省的决议往往由皇帝来决定是否实施或皇帝直接命令中书省实施救灾。行省在赈灾体系中不直接面对百姓，主要是对下级路府等上报的灾情进行核实批准，权力较大。路总管府官员在元中后期逐渐不能直接开仓赈救、蠲免赋税，权力受到限制。州县级官员作为体系最下一级，责任重大，但自主权力受限更甚。

宋元时期各个政权的救灾程序大同小异，由于宋代形成了一套比较完备的救灾程序。辽、金、西夏以及后来的元朝，其各种制度多效法宋朝。大致都分有地方诉灾、州县检覆、路司统筹、中央调拨四个救灾层级。对于具体的救灾过程，一般而言有两道程序，即检灾和赈灾。检灾即检查灾情，主要程序是诉灾，是在灾害发生后，民户向官府报告灾情、再由官吏逐级上报；检放，是由检覆和放税构成，检覆是地方官员在接到灾民诉灾后，检查灾伤；抄札，即县级官员以及相关基层人员，登记受灾人口的情况，预估受灾程度。经过诉灾、检放和抄札，政府完成了全部的减灾工作，使官府较好地掌握了灾害发生的实际情况，为下一步赈灾创造了条件。对于赈灾而言，能够对自然灾害所造成损失进行一定程度的补救，以帮助灾民度过灾情。作为赈灾主体之一的政府，具体的赈灾措施主要有禳灾弭灾、赈济、调粟、弛禁、养恤、除害、安辑、蠲缓、节约、赐度牒、贸易乞粮和劝分十二种。史料记载中，各级官府采取各种形式的赈济措施并留下了丰富广泛的官赈事例，我们通过这些具体事例一方面可以把握十几种赈灾措施详细的运作程序，理解各级官赈机构承担的责任。另一方面，可以认识到灾害对社会生产生活的重大影响以及赈灾措施所能取得的实际成效。更主要的是，由于对受灾地区和百姓的救济是传统社会国家和政府发挥职能的重要方面，在发挥这一具体职能的背后，我们往往可以联系当时政府的组织形式和官员从政理念从更深层次认识到中央集权制的传统社会中，君权至上和官僚品级规定等制度性影响是如何在赈灾中为各级官赈机构分配职、权、责的，以及出于个人和集团利益的考虑，长期之内这些措施是怎样出现问题的。

一、官赈机构

救灾是一项系统的工作，有时需要全社会各个部门相互配合，有条不紊地完成各项具体活动。中国古代政府在社会事务的处理方面占据非常大的主导地位，在救灾活动中政府往往都会扮演十分重要的角色。宋元辽金时期，政府在借鉴前代的救灾经验的基础上，同时根据本朝救灾过程中遇到的各种问题，逐步形成了一套合理、严谨的救灾体系，设立了一系列较为完善的各级救灾管理机构。

灾害的行政管理是救灾的重要组成部分，宏观地说，灾害救助是一个庞大的系统工程，它几乎凝聚着各级政府各职能部门的努力。宋元时期的救灾机构总体上可分为中央、地方两个系统，地方系统又可分为路司和州县两个层级。

（一）宋代救灾管理机构

1. 宋代中央救灾机构

元丰改制，是北宋时期官僚体制的一大变革。以元丰三年（1080年）为界，北宋官僚体制可以分为前期和后期两个阶段。前期在以军事政变为前提夺取政权的情况下，宋太祖为了减少后周旧势力的影响，没有触及旧的官僚体制，而是在原有官僚机构的基础上，增设一些新的机构，以此架空原有官僚结构，削夺它们的实际权力。元丰改制，一改过去职责不明，冗员繁杂的情况，将职、官、差遣合并，恢复了原有官僚机构的实际权力。宋代的中央救灾体系也随着整个官僚体制的变化而呈现一定的阶段性。

三司是北宋前期主要的财政机构，朝廷和地方或大或小的开支都要经过三司，三司在这一时期财政管理方面具有十分重要的地位。三司的内部机构设置主要由三个部门组成：盐铁、度支和户部。每一部门下又有若干分案，盐铁分掌七案：兵案、胄案、商税案、都盐案、茶案、铁案和设案；度支分掌八案：赏给案、钱帛案、粮料案、常平案、发运案、骑案、斛米案和百官案；户部分掌五案：户税案、上贡案、修造案、麴案和衣粮案。此外还有负责审计的三部勾园、凭由理欠、开拆、发放等负责具体事务的机构。其中，盐铁胄案和度支常平案与灾害管理有直接的关系。胄案负责修护河渠，常平案掌管诸州平籴。实际上，灾害赈救牵涉的三司机构很多，如蠲免赋税与户部的户税案有关，截拨上贡钱粮赈贷灾民又须经过户部上贡案办理等。

三司度支常平案是司农寺管理常平事务的上级机构，负责上报司农寺有关常平事宜的请示，并传达帝王诏令。常平仓在北宋最早设于太宗淳化三年（992 年），范围仅限于京畿地区，真宗以后逐渐推广到全国，几乎遍及各个地区。常平管理属于部门管理，从地方到中央，都有专门的机构或人具体负责，这些机构和官员与地方政府之间没有严格的统属关系，或者说这一部门具有相对独立的管理体系。司农寺是中央主要负责常平事务的机构，主要管理各地常平仓籴粜账目和粮食的调拨，三司和转运司均不得过问。但在行政关系上，司农寺的常平仓的籴粜拨放等事宜的请示和指挥，仍由三司负责。所以，虽然常平仓的账目和一些具体事务三司不得过问，但常平仓设置的审批和司农寺的行政管理等方面，仍然要接受三司的领导。

有关路级机构对常平仓进行管理的沿革变化，我们将在下面路级救灾系统中具体介绍。三司度支常平案—司农寺，到路级的转运、提刑或提举常平，再到各州常平管勾官—各县常平给纳官，形成了相对完善和独立的常平管理体系。

元丰改制，三司财政并归户部，三司的救灾职能也由户部、司农寺等部门所替代，并且不断得到完善。户部并三司的三个下属机构为左右曹，左曹分三案：户口、农田和检法。其中，农田案与灾害管理有直接关系，主要负责农田还有与农田有关的诉讼案，上奏各地的丰歉情况，劝课农桑，与租佃土地的相关事情，相关官员任满后的赏罚，各州的雨雪情况，检案灾伤还有逃绝人户的情况。农田案是新出现的中央灾害评估机构，目的在于判定灾害等级，为中央制定蠲免、赈贷、除放等减灾措施提供依据。右曹分六案，与灾害管理有直接关系的是常平案，主要掌管常平仓、义仓还有农田水利，绝户的田产，居养鳏、寡、孤、独之类的事情。与三司度支常平案相类，户部右曹的常平案在常平管理上仍然只是司农寺的上级行政部门，负责的也只是上报下达的职责而已。户部右曹常平案在北宋后期最突出的变化当是对社会保障体制的管理。居养院的出现和发展反映了北宋末年的经济实力仍然强大。尽管居养院在运作过程中出现了这样或那样的问题，不管倡导这一制度的权臣蔡京的目的是什么，就制度本身而言，居养院、漏泽园、福田院等制度在较大范围内得以推广和实施，是我国古代社会保障制度发展的一个高峰阶段，对灾害管理也具有一定的意义。

三司和元丰后的户部，是灾害管理的财政管理部门，从灾害的评估到蠲免、赈贷等救荒行为，都需要三司或户部的批准和拨发粮款。司农寺是具体负责常平仓贩济事宜的中央行政管理部门，地方籴粜粮米、开仓放赈等具体事务均由其负责管理。

此外，礼部、祠部和吏部也与灾害的财政管理有关。这两个看似与灾害不可能发生关系的行政部门，随着作为僧道凭证的度牒和作为官吏资格的敕书成为商品，作为这两种凭证的发放机构，也逐渐参与到灾害管理中来，在宋代，尤其是在北宋后期的灾害赈救中发挥了巨大的作用。

北宋时期，祠部参与灾害的财政管理，当在英宗治平四年（1067年），北宋政府开始出售僧道度牒以后。至迟在元祐年间，拨发度牒已比较广泛地被运用到了灾害的赈救和管理中，成为宋代灾害管理乃至整个经济结构中的一种重要成分。苏轼在元祐年间任杭州和扬州知府时，就曾多次请求拨发度牒修理官廨和赈济饥荒，并因此与转运使叶温叟发生冲突。

度牒之所以能够用于灾害管理、军费筹措以及其他方面开支，就是因为它在当时有不菲的价格。正因度牒的高价使中央政府可以在短时间内筹措大量的资金，用于灾害赈救管理和其他事务，这种情况在北宋末到南宋时期越来越严重。一些小规模的灾害几乎完全依靠度牒和官敕来赈济。元祐八年（1093年），河北东西路爆发水灾，引起了第二年这一地区的饥馑。绍圣元年（1094年）十月二十六日，哲宗下诏令拨给只有空名的承务郎敕书十个、太庙斋郎的补牒十个、州助教敕书三十个、度牒五百个于河北东西路，提举司用上述官敕和度牒人易钱粟以充赈济之用。祠部和吏部也因此越来越多地参与到灾害管理中来，成为整个北宋灾害管理体系中不可或缺的重要环节。

2. 宋代路级灾害救助机构

北宋的路级行政管理机构主要有转运司、安抚司、提举常平司和提点刑狱司，这四司互不统属，职能相对明确又互有交叉，既相对独立又相互监督。严格地说，北宋路级行政单位尚未形成十分固定的关系。由于灾害救助是地方行政的重要内容，因此，这四司都不可避免地参与其中，发挥不同的作用。

（1）转运司

北宋转运司设置于太祖乾德三年（965年）三月，职掌经度一路财赋，检察储积，稽考账籍，考察民瘼，举刺官吏。由于其掌握一路财赋、考察民瘼、举刺官吏，所以转运司是北宋路级行政管理机构中最具实权的部门。饥荒赈济事关政府拨粮拨款，因此，其在北宋的灾害管理中起到了十分重要的作用。古代救荒之要贵在救灾物资的储备、拨放和减免赋税恢复生产，转运司的灾害管理职能也主要体现在这两大方面。

从救灾物资储备、拨放上看，转运司的职能十分具体，从灾前储蓄管理仓储、截拨上供米粮、下拨度牒等有价证券，到计度房屋修缮费用监督放赈等。但是，由于职责所限，转运司的灾害管理职能大多限于监督官吏、参与计度和财务方面，而对具体救灾活动的参与相对较少。

①仓储管理

北宋初期，为了保证地方财赋顺利征收和运送，在其他路级行政机构还未设立的情况下，备荒救荒、安抚灾民自然成为转运司的一项重要职责。雍熙二年（985年）七月，宋太宗便下诏令要求各道转运使与相关地方长吏探讨丰稔时积蓄，以备水旱灾害之用。

宋真宗时，地方赈灾主要由转运司负责。咸平三年（1000年），时任集贤院直学士、管勾通进银台司、给事中田锡上书说："莫州（今属河北任丘）上奏饿死百姓一十六口；沧州上奏饿死百姓一十七户，虽然有转运司指挥救灾，根据实际情况相应减价赈粜，但未见到别的官司指挥救灾……"仅有转运司指挥救灾，一方面说明中央政府此次救荒政策单一，没有多方赈济，另一方面也说明此时转运司在灾害管理中的主导性地位。景祐年间（1034—1038年），集贤校理王琪陈请在各州县设置义仓时，也提议由转运使负责管理，水旱灾害发生时，无偿为灾民提供赈济物资。直到仁宗庆历年间（1041—1048年），常平仓的平粜、发放仍主要由转运司负责。熙宁三年（1070年）专门负责常平、义仓钱谷事务的提举常平广惠仓司设立后，中央下拨的常平谷米和皇帝赐地方的常平谷米仍由转运司负责。熙宁五年（1072年）二月壬子，浙江西路发生水灾，神宗赐给两浙转运司常平谷米十万石赈济被水州的军队。

②粮食调配与资金筹集

除在北宋前中期管理仓储外，灾害发生时，转运司还负责常平之外的粮食调配。北宋的义仓设置于太祖皇帝建隆二年（961年），常平仓设于太宗淳化三年（992年）。是中国古代民用仓储体系，由国家代为管理。到神宗时期，这一体系应对青黄不接都显得力不从心了。元祐元年（1086年）侍御史王岩史曾说过："常平仓钱粮储备不充足，请上级准许借拨转运司的钱谷。"

因此，临时性的粮食调配成为常规救灾方式之一。地方救灾所需的粮食，大多依靠截留上供米粮，即漕运粮食。负责一路漕粮征收的转运司自然成为首选。因为，它可以根据地方灾情，及时申请停征漕粮或截留上供粮食，方便赈济。仁宗明道元年（1032年）十二月，江东转运司上奏说本部受灾，请求暂且罢免上供之物，朝廷答应了他们的请求，还令其负责检查受灾地区的救灾粮款是否充足。熙宁七年（1074年）九月壬戌神宗下诏令河北路遭受灾伤州军停止籴粮，转运司需要上奏说明其管辖范围内受灾州军的钱粮是否充足。

熙宁（1068—1077年）年间，截留上供米粮的情况越来越多，主要用于赈济饥民、平粜、提供以工代赈的工粮等。熙宁七年（1074年）夏四月己卯，朝廷赐给淮南东路转运司上供粮五万石，用作受灾州县招募农夫的工粮。熙宁八年（1075年）九月，江南东路转运司乞求拨米三五万石赈济饥民。神宗下诏令淮南东西、两浙、江南东路共截留上供米十五万石赐于受灾州军。到北宋后期（1068—1127 年），这种粮食调配的方式几乎成为一种惯例。元丰六年（1083 年），江淮路发生灾害，发运司授权兑买在京阙额禁军粮米五十万石，兑所得限期半年内上京送纳归还。元祐元年（1086 年）淮南灾伤，尚书省援引此例，奏请截留封桩粮米，哲宗下诏令淮南转运司视察情况，如果本路缺少米粮，就遵照元丰六年旧例。

元祐六年（1091 年），苏轼的一道奏折反映出灾害发生时，转运司对所辖地域范围内的封桩和上供钱粮有较大的灵活处置权。这年杭州大饥，日粜米数量达三千石，苏轼陈请哲宗皇帝速降指挥，令两浙转运司在一两个月内，大致估算出赈济所需的粮食数量上报中央，并即刻指挥转运使官吏调拨其辖下诸路封桩库存钱粮及今年计上供钱粮，进行救灾安排。然后须赶赴浙西诸郡粜卖粮食，不管所携粮食是否充足，仍只依照浙西当地原价适当添加上水脚运费出售给灾民，等卖到米脚钱，并用收买金银还充上供及封桩钱物，这样不至于导致市场上钱荒。所有借贷俵散之类事情，等到米谷出粜有余的时候，才准施行。苏轼这道奏折反映出转运司在北宋后期对处置辖区内所征收的赋税在履行灾害管理的职能时，只要经中央授权，可以自行制订救灾方案。

在北宋后期，官敕和僧道度牒被当作有价证券用于赈灾管理活动中，中央颁发的官敕和度牒，也须经转运司分发到受灾州县。如熙宁三年（1070 年）四月，朝廷给予度牒五百个，交付于两浙转运司，分别赐予经受水灾还有民田欹收州军，以易钱米赈济饥民。苏轼任杭州知州时，曾经上奏朝廷参劾转运使叶温叟度牒分配不公。

③勘灾检覆及与地方蠲免、倚阁

勘灾与检覆是确定灾害程度的基本程序，是政府制定下一步救荒策略的基础。由于古代救灾过程中牵涉赋税的蠲免、倚阁，因此，这一职责自然落到了转运司这个掌管地方财赋的行政机构的头上。

庆历八年（1048 年），仁宗皇帝的一则诏书谈到四京及诸州府军监，庆历八年以前倚阁的赋税并与除放，此事仍由转运司遍行指挥，这说明了北宋前期转运司负责灾害检覆与蠲免事宜。

仁宗诏书谈到"仍由转运司遍行指挥"，这说明此前倚阁税赋等工作还是由转运司完成的。转运司涉及勘灾的主要目的在于能够简化蠲免、倚阁的程序。皇祐二年（1050 年）八月，深州水灾，仁宗下诏令各路转运司上奏其检查蠲减租税的情况。熙宁五年（1072 年）六月，开封近郊和京东西路爆发旱灾，州县官吏推诿，不受理灾民报灾。神宗得知后，即令开封府界提点司、京东西路的转运司上报其体察所放税数。元丰以后，转运司勘灾检覆工作更加细致。元丰元年（1078 年）七月，滨、棣二州遭受水灾。八月，神宗诏令河北路转运司差官视察遭受水灾的人户，若受灾程度达到七分再行检覆，蠲免其赋税，受灾程度不及七分也要检覆，且要依照规定施行。

灾区的其他赋税问题，如支移折变、征发或减免劳役等，也由转运司负责或参与处理。熙宁七年（1074 年）冬十月，成都府路转运司上奏说："本路今年的赋税已运往了其他路的仓储，今年遇到灾害，请求暂免利州和梓州的一半估钱，此外剩余的正色银请求也暂免支移。"后神宗下诏免除绵州（今属四川绵阳）的秋税，但戎州、泸州、龙州和剑州，仍依惯例支移钱物，纳入到年度预算中。同年十二月，神宗又下诏令河东路转运司检查统计灾伤户，准予免除支移。

转运司还参与地方州县劳役的减免与征发的考察与核实等事宜。大中祥符八年（1015 年），真宗皇帝因念及百姓岁役繁重就曾下诏令转运司及各州长吏察访下属官员、使臣、州县官吏。若有能究其本末、知其利害、省功减料、以惜民力，而且所筑河防津要不曾被冲决，则要把这些人如实上奏。熙宁七年（1074 年），神宗皇帝重申，若某路遭受灾害，则转运司要酌情减免其州军的春夫劳役，并要将此事及时上报。元祐七年（1092 年）八月庚申，都水监上奏请求修改河流治理征发劳役的规定。议下工部与各路监司商讨，工部详细陈奏征发修河劳役的地域范围及纳钱代役的时间和违反规定后的处罚等。哲宗同意其所奏请的内容，并指出若遇到州县受灾五分以上或受灾分布不均，需要于八百里外科差的，须经过转运司核实情况上奏后，方可施行。

此外，作为监司机构，监督州县官员救荒活动也是转运司的一项重要职责。其监督地方州县救荒主要有三个方面，其一，惩罚不受理百姓诉灾的官吏。嘉祐年间，河北遭受蝗灾雨涝，霸州（今属河北廊坊）文水县不依从皇帝的救令告示受灾百姓要诉状，本州上级官吏也不按时差官检视，转运司据实上奏，仁宗皇帝说："朝廷之政，寄于郡县，郡县之政，寄于守令，守宰之官，最为亲民。民无灾伤尚当存恤，况有灾伤而不为管理，岂有心于恤民乎？"并对该县主簿、司户、录事参军、判官、通判进行了处罚，知县雷守臣被贬官。其二，严禁闭籴和遏籴。灾害发生后，各地官员为了本州县的利益，闭籴和遏籴的情况比较普遍。嘉祐四年（1059年）六月，仁宗诏令诸路转运司，若邻路邻州灾伤而辄闭籴者，以违制坐之。其三，监督地方灾后重建经费的预算及使用。元丰元年（1078年）京东路遭受水灾，梁山、张泽两泺累岁填淤，浸民田，体量安抚黄廉奏请希望可以从下流疏浚至滨州。神宗从其请，并令开浚沟河，都水监遣官协同转运司检视工料。

（2）安抚司

安抚使一职在北宋最早的职能便是地方上受灾或边疆用兵时，中央特别委派的临时差遣。大致在仁宗以前，安抚使皆因某一具体事宜而设置，事情办妥就会撤销，均不是常设的职务……安抚使更多的是充任使节，巡视、抚慰一方，即所谓体量安抚使。单就安抚使而言，北宋时期大致有三类。其一是缘边安抚使，主要设置在与辽、西夏、西南少数民族地区接壤的地区，侧重于边境安全；其二是东南各省自北宋建立起，先后例以转运使路的首州知州兼一路兵马钤辖、安抚使或经略安抚使；其三则是"因事而置，事已则罢"的体量安抚使。由于体量安抚使并非北宋路级行政机构，因此本节主要介绍前两类。

尽管先后成立的由转运使路首州知州兼任的安抚使具有独立的行政职能和权限，但就其起源而言，却与体量安抚使有密切的联系。或许，真宗皇帝在大中祥符三年（1010年）设置江南东西路、淮南东西路安抚使时所出手札中的话能够说明它们之间的承继关系："辖下州军虽不系灾伤处，亦常安抚，无令堕农。"因此，在各路设置安抚司之初，其职能几乎与体量安抚使无异。

安抚司的救荒职能从真宗皇帝给刚宣旨任命的各路安抚使张咏等人的手札可以看出，其牵扯的具体各项救荒事宜牵涉放税、常平平粜赈贷、蠲逋、安置流民住所、煮赈、监督官吏，以及与转运使等协调权罢各类扰民差使等。此时的安抚司在灾害管理上的职能，几乎相当于地方灾害管理的总指挥，总体调配救灾物资，指挥赈济，措置流民，弹劾渎职不法等，与体量安抚使几无差异。

随着安抚司的逐渐设立，其在灾害管理方面的职能也发生了变化。缘边地区的安抚使由于军事上的需要，地位较高，似乎依然有全权处置灾害的权力。熙宁以后，缘边地区的安抚司在灾害管理上依然有常平借贷平粜、煮赈、受理诉灾、军赈、缉拿盗贼等权力。

但内地转运使路设置的安抚使在灾害管理上的权限却逐渐缩小。由于由一州知州兼任，事实上安抚司更多负责本州具体的灾害管理工作。而对于本路辖下其他州县发生的灾害，安抚司主要肩负稳定社会治安、监督转运提刑和提举司、上报灾情等工作，但仅这些职能也经常被侵夺。熙宁三年（1070年），京东路转运使王广渊假借和买绸绢之名，于其下辖各地征收制钱，没有的就算其五分之息，其苛刻程度甚于青苗法。定州安抚司以其地灾伤，奏请转运司征收州镇军砦等坊郭户绸、绢、绵、布，由于易钱数过多，请求念其灾伤，又居极边，特别蠲免他们。御史程颢、右正言李常参劾王广渊，尽管神宗下诏令提刑司不要进行估价，老百姓不愿卖，则令官府自己售卖，但王广渊由于受到王安石的庇护，一些官员就言此法不可实行。

王安石变法时，安抚司一度不允许上报灾情。熙宁五年（1072年）闰七月，河北大名府，祁、保、邢、莫州（今属河北任丘），顺安、保定军上奏蝗螟为害，进奏院以立法中有凡此例"须捕尽乃得闻奏"为由，不敢通奏。瀛州安抚司上奏该地区发生飞蝗螟虫，但进奏院又将奏折递回，因为近制安抚司不得奏灾伤之事。到了北宋后期，内地安抚司的灾害管理职能似乎只剩下上奏灾情、监督官员和防止饥民叛乱。

（3）提举常平广惠仓司

提举常平广惠仓司在宋代的路级行政单位中是设置时间最晚且最具争议的一个机构，始设于熙宁三年（1070年）八月，掌管常平、义仓、免役、市易、坊场、河渡、水利之法，视岁之丰歉而为之敛散，以惠农民。在置司的前一年九月，北宋已在河北、陕西等路设提举常平广惠仓官，之后不久，各路都开始设置。元祐元年（1086年）闰二月，哲宗下诏废除了其建制，并将其职能归于提点刑狱司，绍圣元年（1094 年）复置，直到北宋灭亡。

从职能上看，提举常平司应该与灾害管理最为相关，操常平敛散之法，申严免役之政令，治荒修废，赈济贫困的百姓，每年检查下属职能部门的廉洁程度，选择清正廉洁的官员继续任用，如果政府官员疲软或犯法，则随其职事劾奏。北宋时期，其涉及灾害管理大致有两方面。

其一，常平仓、义仓的日常管理。从熙宁二年（1069 年）起，宋代主要用以平定粮价及灾荒年赈济的常平仓，开始由诸路提举常平司主管。元丰元年以后，专用于灾荒年赈济的义仓，也隶属提举常平司。

其二，赈济灾民。赈济灾民是宋代提举常平司的重要职能之一。宋代提举常平司在赈灾的具体工作中，偏重于负责籴给借贷政务。元丰七年（1084 年），河东路提举常平司上奏说："去年受灾百姓缺少粮食，而义仓的谷物又不足，请求拨常平封桩粮三五万石以赈济灾民。"朝廷答应了他的奏请。元祐元年（1086 年）淮南地区灾荒，哲宗诏令淮南东、西路提举常平司要体量受灾百姓疾苦，用义仓及常平仓米依规定赈济百姓。绍圣二年（1095 年）河北饥歉，哲宗诏令分赐于河北东、西两路提举司内藏库钱十万石、绢十万匹，以准备赈济。崇宁五年（1106 年）两浙路水灾，徽宗诏令两浙路提举常平司赈济因水灾而缺少粮食的灾民。宣和二年（1120 年）十月，淮南地区灾害严重，徽宗诏令提举常平司官亲自前往受灾地区视察灾情，全力赈济灾民。

此外，提举常平司也负有监督救荒的职责。绍圣元年（1094 年）十月，京西地区遭到了灾害，哲宗诏令京西南、北路提举常平司督视自身所属州县，无令百姓流殍于世。但毕竟提举常平司作为熙丰变法的产物，实际上是将更多的精力投入农田水利、差役和保甲等变法事务中。从设置伊始神宗皇帝诏书中有差官充逐路提举常平广惠仓兼管勾农田水利、差役事，提举常平司就肩负起"总一路之法"的职责。此外，还曾管理过矿业生产、兼领盐法改革和买纳盐场、按察官吏、审理民事诉讼案件、荐举官员等职能。因此，赈济失责的事情时有发生。

熙宁七年（1074 年）许多路出现旱灾，常平司赈济不力。神宗责令辅臣变更旧法，不论其利害，以致常平失其救荒本意。熙宁八年

（1075年），泾州、原州和渭州三地推行保甲法，而百姓流移稍稍增多，提举秦、凤等路常平司不顾农时，想在五月就令逃户返乡，排定户等。

（4）提点刑狱司

提点刑狱司是宋初确立的监司机构之一，其雏形见于开宝五年（972年）。宋开宝五年，派遣常参官四人分别到诸路，查看田土苗稼的生长情状，点检采访公事。而提点刑狱这一称谓出现，并逐渐成为路一级常设机构，在淳化二年（991年）。当年五月庚子，设置诸路提点刑狱。提点刑狱司的职能在整个宋代变化较大，总的趋势是，职权范围不断扩大。除司法和监督外，提点刑狱司所兼领的事务越来越多，同时，空间上的差异也造成兼领内容上的区别。除平理滞狱外，提点刑狱司还直接参与地方的灾害管理工作，主要有监督地方官吏、管理常平、广惠仓粮廪、协调各地实际情况与中央决策和管理层次决策管理之间的偏差等职责。它与转运司、提举常平司、安抚司、钤辖司等，共同构成了这一体系中的执行层级。

首先，参与制定救灾政策，协调中央和地方关系。

提点刑狱司参与灾害管理的情况，出现在真宗大中祥符九年（1016年）和天禧元年（1017年）。面对连续两年暴发的全国范围的蝗旱灾害，转运司为了不生事端，争相奏报蝗不过境，或蝗不食稼、蝗抱草死等，没有起到及时报灾、即行赈救的作用。以河东路为例，大中祥符九年七月庚戌，河东路转运使上奏说蝗虫通过祭祀或者驱赶，已经渐趋殒散。然而到了第二年，河东提点刑狱司上报灾情时，真宗认为应该按时检覆视察来表明皇帝的赈恤之意。在转运司谎报灾情的情况下，品秩较低的提点刑狱司才有机会在中央的授权下，临时参与进来。提点刑狱司参与调查和决策，使原来专属转运使的职责得到了分散，经过不断的发展，它逐渐成为宋代减灾体系中执行层的主要机构。

提点刑狱司参与制定救灾政策主要体现在两个方面：调查灾害破坏程度上报中央，作为决策依据，以及根据灾害发生的实际情况，推测事态发展，策划赈救办法，奏请中央讨论批准。提点刑狱司参与制定救灾政策，也有一个从主动参与向具体职能转化的过程。

大中祥符九年三月，两浙路衢州和润州饥馑，提点刑狱钟离瑾上书申请留米两万石，以便本路赈济使用。仁宗天圣四年（1026年）六月十二日和二十二日，福建路的福州侯官县、建州（今属福建建瓯）、邵武军发生水灾，提点刑狱司上奏灾情，其内容仅限于据实上报，而对具体赈救策略不做过多的谋划。到了仁宗后期，这种情况开始发生改变。皇祐四年（1052年）十月丁亥，由于诸路遭受饥疫并且征徭科调频繁，中央政府令转运使、提点刑狱、亲民官条陈救恤之术，从而正式承认了提点刑狱参与具体灾害管理的职能。

神宗熙宁九年（1076年）二月五日，由于邢州（今属河北邢台）、怀州（今属河南焦作）连年遭受灾伤，百姓生活艰难，河北西路提刑司考虑到若按原来征派足额的青夫，则百姓难以负担，因此请求减免一半的役力。至此后，由提点刑狱提出赈恤办法，中央批复施行的情况才开始增多。

皇祐四年（1052年）中央政府正式承认提点刑狱司处理具体灾害事务的管理职能后，中央政府得到灾害爆发的消息，一般责成提刑司进行灾情调查，并据调查结果作出补救方案，上报中央。

熙宁十年（1077年）七月，黄河在河北东路的澶州曹村下埽决口，澶渊绝流，导致黄河改道，东南流入京东西路郓州、济州的梁山泊，淹没官亭、民舍数万区，良田三十余万顷，受灾州县达四十多个。朝廷在四月派出的旨在督责官吏、行遣盗贼等事的体量安抚使检正中书户房公事安焘，此时又作为中央派驻灾区的使臣，负责赈救。在北宋后期，这种情况十分普遍，提点刑狱司更多参与中央灾害管理的决策。

提点刑狱司主动参与灾害决策的情况，在北宋的早中期居多。仁宗皇祐四年（1052年）体察灾情、条陈救术，已经成为中央委派给提点刑狱的一项重要任务。这种情况的出现是中央政府明确提点刑狱司灾害管理职能的开始，目的是使提点刑狱司可以更好地参与到灾害管理中来，从而保证灾害管理工作的顺利进行。职责明确后，多数提点刑狱官员或拘泥于中央旨令，或与转运使一样不愿多生事端，反而很少主动参与到灾害管理的决策中来。非但如此，甚至还出现了转运、提刑相互扯皮，或共同隐瞒的情况。

提点刑狱司参与制定救灾政策的范围很广，几乎涵盖了灾害管理的每个阶段。在灾前准备、灾害反应、灾后恢复阶段以及减灾对策措施等方面，提点刑狱均有所参与。提点刑狱灾前体察河堤，检括户口，抄札人户等第、人数，以便在受灾时作为决定拨发粮米、度牒等救灾钱物的依据；灾害发生时，调查灾情，条陈救灾策略；灾害爆发后，开仓赈济，安辑流民，报灾伤分数，以备中央制定蠲免倚阁比例；平日考察地方具体情况，协助中央制定灾害发生时的应对策略。提点刑狱在协助中央制定救灾策略、协调地方与中央关系上，作用十分重要。

其次监督救灾官吏。

除处理地方司法事务外，提点刑狱司并兼"劝课农桑、举刺官吏"，显然，它对官吏的监督主要针对州县，而对同级别的转运司、安抚司等的工作不多过问。而当灾害发生时，情况就发生了变化。提点刑狱司的监督范围延伸到与其同级的官僚机构中，如提举常平司等，比自己品秩更高的转运司也在被监督的对象之列。一旦出现问题，往往由提点刑狱司考察核实，申报中央作进一步处理。

元符二年（1099 年）两浙路苏州、湖州、秀州（今属浙江嘉兴）暴发水灾，宋廷因此开始在这些地区增修水利设施，以防水患。由于缺乏统筹安排，致使出现了许多问题。即便是这样，转运与提举常平之间互相包庇，非但没有受到惩罚，甚至还"往往被赏"。崇宁三年（1104 年）三月，徽宗下诏令两浙路提刑司体量实际情况。

提点刑狱司监督转运司的情况并不多见，而且，往往是在中央风闻转运司未尽职守时，授权提点刑狱司进行调查，才会出现。仅就监督一项来说，在灾害发生时，一般的情况是提点刑狱和转运司共同对州县进行监督管理，也时常会有转运司监督核查提刑司工作的情况。而提举常平司则不然，由于二者的特殊关系，提刑司与提举官分分合合，在许多职能上又有相互重叠之处，对提举常平司的监督相对较多些，甚至一度取而代之。

到了北宋末，由于吏治逐步腐败，提举常平和其他官吏一样，渎职不法、贪没钱物的比比皆是。于是，令本路提刑司体量奏闻的情况也便成了家常便饭。由提刑司取勘而降官冲替、革职勒停的提举官，也随之不断增多。事实上，提刑司也摆脱不了走向腐败的命运，还要究劾别的官吏，实在是不得已而为之。

提刑司的监督职能主要体现在对州县官吏的体察上。一方面察"官吏能否"是其自身的职能，而"官吏能否"的一个重要标准就是应对灾害的能力。另一方面，提刑司本身兼提举常平司若干年，在这些年里，监督州县常平管勾、常平给纳官，也是它的一项重要职能。即便是在宋廷设立提举常平时，提刑司也往往要参与其中，与提举官共同监督州县进行赈济。

提刑司对地方官吏赈救灾害的监督主要体现在几个方面。其一，监督州县受理百姓报荒，并据实上报，处罚谎报灾情者；其二，监督州县赈济灾害，察举不称职的官吏；其三，监督州县常平米粮发放，体察不按规定发放常平仓钱之事；其四，按时巡视所属州县的旱涝灾情，监督治理结绝公事，如果有涉枉滥或无故淹延者，申理决遣，并弹劾该官吏；其五，监督州县防灾措施等。

提点刑狱司作为灾害的监察机构，虽然监察范围和内容比较宽泛，但它所享有的实际权力是十分有限的。一般来说，提刑司一级的官僚机构，在实施监督的过程中，只有调查取证和上报奏劾的权力，而没有处分的权力。有州县官吏不法情况出现，往往是由中央任命依靠本路提点刑狱司查察究实上奏，或是依靠监司、廉访使者查察以闻。至多是遵旨奏劾官吏，将违纪官员的姓名上报中央，即"具合降官姓名申尚书省"，而具体处罚由中央决定，是否"重置于法"。

最后，参与具体赈救工作。

除参与中央救灾决策、监督地方官吏外，提点刑狱司的职能还直接涉及地方赈救的具体事宜。主要有开仓发廪赈救；修筑防灾、减灾设施以及维持地方治安，保证灾害赈救的顺利实施，保证灾区社会稳定等方面作用。

开仓赈救，是古代救灾工作的一项主要任务。水旱灾害爆发时，伴随而来的往往是饥馑和盗抢。因饥馑而"转死沟壑""饿殍遍野'的记载不绝于史传。在北宋的生产力水平和经济条件下，开仓赈救无疑是必然的选择。

肇始于春秋战国时期的常平仓，是古代灾害赈救的主要手段之一，宋代出现在太宗执政时期。淳化三年（992年）六月，开封地界粮谷丰稔，谷价至贱。为了防止谷贱伤农，太宗下诏，遣使在京城四门置场，增价籴粮，并就近储存这些粮食，且将这些仓储命名为常平仓。以常参官管理，荒年减价以粜，以赈贫民。这是北宋常平仓的开始，此时的常平仓仅有东京一处。真宗景德三年（1006年），经历了对辽战争后，边境相对安定，宋廷又在除边境外的京东、京西、河北、河东、陕西、淮南、江南、两浙路分各置常平仓。天禧四年（1020年）八月，真宗又下诏，在益州、梓州、利州、夔州以及荆湖南北、广南东西路等，南方有羁縻州边远地区设置常平仓。至此，常平仓已遍及北宋全境。

常平仓初设时，在路级行政单位中由转运司管理，直接对司农寺负责，而当时总揽天下财富的三司不得过问。提点刑狱介入常平仓管理，当在仁宗初期。由于擅自挪用常平仓物的情况十分严重，庆历四年（1044年）八月二日，仁宗皇帝下诏令司农寺下诸路转运司、提点刑狱朝臣等，今后上殿时如有职务更替，需要先将本路常平斛斗具体数目进呈，并且得到移任者确认，才准起离。提点刑狱司参与常平仓管理应在此诏令颁布之前。早在庆历元年（1041年），益州路的常平仓，即是提刑司擘画创置的。

熙丰变法时，常平仓专设提举官，在制置三司条例司的操作下，提举常平广惠仓公事主要经画是青苗法事宜。由于初设时提举常平广惠仓公事的品秩高低不等，最高到正五品上，最低是从七品。无论品秩高低，这些官吏的水平良莠不齐，多是些年少轻狂之辈，悉朝廷旨意，在推行青苗法时，肆意配抑，苛峻不法的情况比较严重。提举常平司所至暴横，捶挞吏民，狂妄作威。这种情况下，熙宁四年（1071年）下诏，令诸路转运使府判官、提点刑狱兼提举常平仓。从元祐元年（1086年）到绍圣元年（1094年）八年间，新法反对派执政，提举常平司的职能完全被提点刑狱所取代，提点刑狱成为地方主要负责灾害赈济的官僚机构。

除常平仓外，提点刑狱司也参与对广惠仓的管理。嘉祐二年（1057年）初置广惠仓时，就规定由提点刑狱司提领，年终将一年的详细账目上报三司，由三司直接领导提点刑狱进行管理。嘉祐四年（1059年），罢提点刑狱兼管广惠仓，由司农寺直接从各州选幕职曹官两员进行管理。但是，由于赈救的需要，提点刑狱一直参与广惠仓的管理工作，熙宁四年（1071年）六月，王安石为了筹集青苗本钱，出卖了广惠仓，在河北提点刑狱王广廉的请求下将广惠仓钱斛并入常平仓中。元祐三年（1088年）复置广惠仓，绍圣三年（1096年）再次并入常平。

此外，在常平和广惠仓的钱解不能满足赈救需要的时候，提点刑狱还负责上报中央，发其他仓进行赈救，而且是一面上报，一面发仓赈救，往往等不到中央下旨。

修筑防灾、减灾设施是提点刑狱在灾害赈救方面的又一重要职能。随着职能的不断增强，从仁宗嘉祐年间（1056—1063年）开始，提点刑狱司越来越多地参与到考察修筑河堤的位置、探讨治理利弊等事项中。嘉祐四年（1059年），仁宗下诏令诸路提点刑狱朝臣使臣并带兼管提举河渠公事。修筑堤堰，防治水灾成为提刑司的又一项职能。另外，由于提刑司在地方上提领军器和工匠，一旦堤坝有险，提刑司仍有调拨军器工匠的职责。北宋路级管理机构的设置相对混乱，以水灾为例，钱谷调拨归转运司管辖，出集常平仓又归提举常平司，军器工匠隶提刑司，修筑堤场的物料又属都水监管理。如果是旱灾或其他灾害发生，中央遣使从中协调，统一管理，这种多头管理的方式，对于中央集权体制来说，并不是件坏事。但是，水灾的暴发刻不容缓，必须所有事项马上到位。这种情况下，多头管理的弊端展现无余。元丰七年（1084年）七月，黄河决口，河北受灾时，数十万民众呼叫求救，而钱谷视察归转运司管理，常平事务归提举司办理，军器工匠隶属提刑司，场岸物料兵卒即属都水监，逐司在远，无一得专，仓卒难以济民。

灾害爆发常常伴随着饥馑和盗贼出没，提点刑狱司在开仓赈救修筑堤防的同时，还具有维持地方治安、保证灾害赈救的顺利实施、保证灾区社会稳定等方面的职能。大中祥符九年（1016年），广南东西路受灾物价稍贵，真宗诏令转运使、提点刑狱官分路抚恤，发放官廪粮食减价赈粜，裁撤多余的监狱，并及时擒捕寇盗，不能纵容，以致惊扰百姓。提点刑狱司最初进行平盗剿匪，一般只限于边境地区。到了北宋中后期，提点刑狱的这一职能得到了加强。提刑司不仅在灾害爆发出现骚乱时，亲自指挥剿匪、献计献策，而且它也不断参与到灾害以外的剿匪行动中。到哲宗元祐六年（1091年），维持地方治安逐渐成为提刑司的一项重要任务，朝廷规定提点刑狱司需半年上奏一次缉拿或在捕贼盗数目，上半年于秋季内上奏，下半年于次年春季内上奏，超过规定期限不奏者，杖责一百。

3. 宋代州县灾害救助

州县是灾害救助的基层单位。在北宋灾害救助体系中，州县属操作层，是实际灾害管理措施的主要实施单位。州县是灾害爆发的承载体，因此，州县对灾害的救助必然要涉及灾害的方方面面。

（1）上报检覆

宋代灾害发生之后州县一级首要责任是报荒和检覆，逐级向上汇报灾情，大致是百姓报荒、县官抄札上报、州官检覆上报等，正所谓"里正言于县，县申州，州申省，多者奏闻"，民诉灾伤由里正向上报告，一县之主当立即检视并上报州府，由知州或知府派检覆官会同该县官员一同检覆灾伤田亩，再上报本路监司机构，本路监司机构派出官员审查。

宋代县级行政单位没有独立的财政能力，上报府州是实施赈救的一个必要过程。府州和监司则在其力所能及的财政能力范围内，知州（知府）通判或转运提刑根据具体情况，一面上报，一面直接实施赈救。另外由于灾害往往也比较突然，若按正常程序上报检覆，势必会导致救灾工作的滞后，故府州以上特别是东京开封府、北京大名府、南京应天府等的检覆工作经常会被省略。皇祐五年（1053年）闰七月，仁宗下诏命开封府遭受灾害的县级地区，各地根据灾情酌情减免税款，很快又专门派遣官员检覆视察，仍减今年体量和买草三分之一。熙宁七年（1074年）四月，北宋北京大名府遭受旱灾，若此时使民投诉，再差官检覆，恐有来不及，知大名府官员上书奏请对于河北路二麦不收者，不用等待差官检覆，悉免其夏税。有鉴于此，州县级别的检覆工作便成为宋代各级官府灾后评估的基本依据。

根据南宋"淳熙令"中的相关条目可以看出，宋代州县检覆灾害损失的条目非常详尽，包括姓名、住址、户等、田亩多少及所在地、两税缴纳情况、现在田亩所种粮食及灾害损失情况等。宋代府州灾害上报与检覆具体程序如下：府州长吏接收到属县诉状的当天，必须派出检覆官员到诉灾地区，一般由通判和幕职官充当。到县后，与当地县知佐分别检察田亩的受灾状况，并根据检覆情况书写"检覆灾伤状"，每五天上报府州一次。检覆完毕，将最终结果上缴知州知府。再由州级行政单位决定放税租的种类及数量，并且贴出文榜，公之于众。这个过程总共不得超过40天。府州再将检覆结果和放税结果上报本路监司，监司检察结果，如觉不当，由转运司从邻州选官前往灾区再次进行检覆，如确有检覆失误，提点刑狱司纠劾。

北宋初期，由里正之类乡里吏人负责上报灾情，北宋中后期以后，由于乡里吏人往往虚报，以贪赃枉法、骗取财物，这种制度逐渐废除。民间诉灾必须由灾伤人户自诉，一旦发现乡里吏人代诉，则要追究责任，予以惩戒。诸乡书手贴司，代人户诉灾伤者，各处杖刑一百，因此而收受财物者，按坐赃罪论处，加一等，允许百姓告发。熙宁三年（1070年）六月，神宗下诏令京东路提刑司调查上奏先前检放人户分数及转运司后来遣官所查的实际受灾情况。元祐七年（1092年）五月，颍州受灾逐州检放之后，转运司隔州差官检覆虚实。元符元年（1098年）二月，又颁布了检覆时限的规定：州县若遇有灾伤需要派遣官员检放，自任受状至出榜，其时间至多不得超过四十日。

（2）灾时赈救

宋代地方州县灾害赈救手段很多，各地自然和人文环境的不同，也使得灾害救助表现出较强的地区差异。州县在救灾过程中的作用主要有发放粮食、安置灾民。

①粮食问题

宋代州县官吏进行灾害救助时的粮食来源主要有五条途径，即平时州县的积蓄，如常平仓、义仓和广惠仓；申诸截拨上供的米粮，以充赈济之用；疏通买卖渠道，任由商人自由买卖；向中央申请度牒，通过赈卖度牒筹集资金，置办粮食以供赈济；劝诱地方富裕之家出钱出米帮助赈济，即劝分。对受灾地区进行粮食供给的方法，视粮食的来源不同也有三种不同的方式：赈济、赈粜和赈贷。赈济是指政府将所收集到的粮食，无偿地发放给灾民；赈粜是将政府储备的粮食，减价出卖给灾民；

赈贷是指灾民在无财力购买粮食的情况下，政府将平日的储备粮食借贷给灾民，待丰熟之日，与税收一起或单独缴纳。

在灾害赈救过程中，由监司、知州或知县负责策划出具体的赈救办法（一般视受灾面积的大小而定）。根据检覆的情况，以耆为基本单位，将受灾地区进行划分，并依照耆的大小，或五耆七耆，或十耆为一区，分别派官进行管理。具体要根据所合各个耆的大小决定派遣官员数，选遣分管官员的标准是除了县官外，另外还可以选取有资历寄居在乡里的士绅或文学助教、长史等官员，但必须是拣择品行端正、清廉敢当、素不作过犯官员。并且要调查所差官员的籍贯，根据籍贯将县分成几份相互委派。在派出官员的官牒上，填写官员职位、姓名、所管耆分去处等项目，以便监督。

区域责任分配完毕后，各区官员开始普查本区情况，调查范围不仅限于受灾人户，对未受灾户也要进行调查。一来，可以抄劄到受灾人户的人数、所居住的位置，并给予证明该户是受灾民户的凭证，作为日后领取赈救粮米的凭证；二来，可以对未受灾的不同等户的人家进行征敛，作为劝分的依据，规定各等户人家缴纳赈灾粮食的数量。使得各仓廪所收缴钱粮数量，簿书当中均有记载。一旦流民不绝，救济赡养难以周全之时，要尽力救灾，必须依靠民众之力。另外，由于各地风土人情、自然环境各异，灾害程度不同，征收的数量也不尽相同。庆历八年（1048 年）富弼在青州赈济河北流民时的征收标准是：第一等户征收二石，第二等户征收一十五斗，第三等户征收一石，第四等户征收七斗，第五等户征收四斗，客户征收三斗。南宋时期，这样的调查要求更加详尽，不仅要抄劄给予，而且还要将灾区人户的受灾情况、地理位置等在地图上作出标记。

粮食支借办法在北宋有过一次较大的变化。北宋初期，借贷办法比较简单，一般不问户等和灾伤情况一律准许支借，只对借贷上限作出规定。景德二年（1005 年）正月六日，真宗下诏令河北转运司副使，指示管辖内的诸州军，巡查按视饥民，有需要的就赈济他们，以每口一斛每户五斛为限。到了熙丰时期，借贷粮食已经与户等和灾伤分数联系在一起，元丰元年（1078 年）四月七日神宗下诏把瀛州的陈次米依灾伤等级也分成七个等级，借贷给四等以下户，不得索赔也不用出息。元丰令颁布后，新规定须是灾伤放税七分以上，而第四等以下者，方许借贷免息。元丰以后，政府加强了对粮食借贷的管理，形成了相对完善的法律法规。

粮食发放的具体办法，各地根据不同情况，针对个人的发放标准也有一定的差别。庆历八年（1048年），赈济河北流民时规定：十五岁以上的，每人日支一升；十五岁以下的，每日给五合；五岁以下的男女都不在支给之列。元祐元年（1086年）四月，根据乡村五等人户逐户计口，做出账簿，大人日给二升，小儿日给一升。虽然每一次方案不一样，但大致的方法没有多少区别，即根据所派出的官员调查的情况，在各个区域内，主事官员对各者进行分组发放。为了避免"亲故颜情，不肯尽公"的情况出现，支散粮食也须根据所遣官员的籍贯，交互差委支散。

②灾民安置

灾民安置是救灾环节中的一个重要组成部分。安置流民包含两层含义，从地理位置的角度考虑，将饥民安置在哪些场所，要遵循何种原则；另外，从灾民自救的角度来看，安置又体现着对不同人群的生存安排。

宋代救灾管理机构：

宋代地方政府安置饥民的居所遵循两个原则，其一是就近获取食物的原则；其二是卫生原则。二者又是相辅相成的。

就近取食是政府赈救管理和灾民居所选择两方面都要注意到的问题，灾害粮食储备过于集中，势必会影响灾民的居所选择；而灾民的居所距离仓库过远，也会影响灾民领取救济粮食。安置灾民主要由官方出资建造房屋或出已有官屋让灾民居住。重和元年（1118年），东南诸路，山水暴涨，至淮州城，人被漂溺，不能奠居。徽宗派出廉访使者六员，分行诸路，检举常平灾伤，随宜赈救，特许借诸司米谷赈给灾民，或劝诱上等户借贷。同时还搭盖屋宇，广令安泊灾民。宣和二年（1120年）十二月二十五日，徽宗诏令各个官司要多方存恤灾民，对于无家可归的灾民要借与之官屋或僧舍居住，内有不能自存之人，依照规定赈济。

卫生问题在上述救灾仓储的设置时也有所论及。事实上，宋人对保障灾民卫生的问题已经有较为深刻的认识。在发放粮食赈济灾民的时候，因会有形形色色的人聚集在一起，若不注意，时间长了就会引发疾疬。宋人还注意到及时掩埋尸体的重要性。大中祥符二年（1009年）四月，升州（今属河南省唐河县）发生火灾。真宗诏令赈恤受伤的，并且官府还要及时掩埋死者。重和元年（1118年）东南诸路暴发水灾时，徽宗皇帝下诏："其被溺之人，并官给棺殓。"熙宁八年（1075年）润州金坛县暴发饥馑，饿殍无数。陈亢做万人坑。每一尸舍饭一瓯，席一领，纸四帖，藏尸不可计数。不仅灾害爆发时是这样，平时处理尸体事实上也是地方管理的一项重要工作。

另外，一些有识之士在地方上宣传医药卫生知识，破除巫谶迷信。周湛任戎州（今属四川宜宾）通判时，戎州百姓不知医药，病者以祈禳巫祝为事，周湛取古方书刻石教导当地百姓医术，禁为巫者，自是人始用医药。中央政府也多次以官方形式颁布医书，提倡医术治病，反对巫术、流俗，提高医者的医术。

北宋的地方官员将灾民人群划分为三个不同的层次，即青壮年、老弱幼小及婴儿，并且针对不同人群的特点进行相应的安置。

青壮年灾民身体强壮，能够从事生产劳动，对灾时赈救和灾后建设能够起到一定的作用；同时他们也是灾害爆发时的社会不稳定因素。为了避免这样的事情发生，北宋的地方政府采取以工代赈和招募充军的办法，来缓解由于灾害所引起的治安问题。

北宋地方政府对于老弱贫疾和被遗弃婴儿的收养，并不限于灾害发生之后。"安养乞丐"和"收抚遗弃"也是州县官吏的日常工作。遇到饥年，乞讨的百姓比肩接踵，县府若没有相应的屋舍给他们居住，再加上严冬霜雪，冻饿而死者就会相枕藉于道，若州县尚能给灾民以安身之处，胜于建设亭榭、广园囿。另外，身为父母官者不能视百姓遗弃孤幼于道而无所作为，对于一岁至四五岁，不能自我谋生的，若只知收抚，而不时时亲自去看望检察，其最终还是会死。要就近选择一室来抚养他们，并要专责一二人平时视养着，自己又时时亲自看望，如对待自己的孩子一样。

灾时的收养是北宋居养制度形成的重要基础。元祐六年（1091年）

浙西地区灾伤，在湖州，贫苦百姓进入城中，许多人相继死去，留下许多被遗弃的男女，官府代为收养。刘彝知虔州（今属江西赣州）时收养弃儿的措施更加制度化，先张贴榜文通告全衢，召人收养，收养者每日给广惠仓米二升，每日一次，将所收养孤儿抱至官中看视。后又将此法推行至县镇，由于官府给予二升之利，百姓争相收养，最后在他的辖境内竟然没发现有夭折的孩子。此外，苏轼、范仲淹等人还在地方上推广了福田院、养病坊等救济手段。随着经济的不断发展，这些地方出现的零散收养措施在北宋末期逐渐形成了相对完善的居养院、福田院、漏泽园等社会福利制度。

辽代救灾管理机构：

辽（907—1125年）是我国历史上于五代以及北宋时期以契丹族为主体建立的统治中国北部的王朝。由于关于辽国的灾荒史料较少，相对于宋朝和金，辽代救灾管理也比较简单。

南北枢密院制度是辽代特有的体制，是辽政府对汉人、契丹人分而治之而设立的政治机构。南北枢密院除了掌控军机、武铨、群牧、主管汉人兵马等职权之外，还囊括总理朝政、任免朝官、总管刑狱、主管工役、课税等方面的权限。就救灾而言，枢密使扮演着重要的角色。辽道宗时，辽东地区遭受暴雨灾害，老百姓的庄稼受到较大损害，为了防止灾情恶化，北枢密院大量征发临河壮丁以巩固堤防，故可见枢密院是辽朝中央权力机关中的救灾机构。

辽代的监察制度设立于辽太宗时期，其主要职责在于肃整朝纲、监察百官、巡抚郡县、纠察刑狱等。辽代的监察制度同宋代一样既对百官起到了监察作用，同时对灾害救助也起到了作用。杨佶为圣宗朝的谏议大夫，出知易州。到任后第三年，燕地闹饥疫，饿殍遍地，于是杨佶开仓廪，赈济受饿百姓。

辽朝在各道还设有义仓。每年出陈易新，允许百姓自愿借贷，并收取借贷者义仓税二分。当某地发生了水灾，洪水漫堤，冲毁道路时，一些官员也会率领百姓修桥筑堤，治患便民。如兴宗朝杨佶，于兴宗重熙十五年（1046年）出任武定军节度使，当时正值漯阳河水失故道每年水患灾害困扰当地百姓，杨佶就用自己的俸禄修建长桥，方便百姓出行。

金代救灾管理机构：

金代统治范围较广，自然灾害也比较多，金政府也重视灾害救济。其赈灾与救济机构的设置大多仿效宋朝，亦可视为中央、路级、州县三层救灾管理机构。在救灾过程中除各级政府直接管理赈济事宜外，另外还设置了一些专门机构管理赈济事务，如：提刑司、普济院、惠民司等。

中央救灾机构：金国的中央救灾机构主要有尚书省、户部、惠民司、都水监等，皇帝是救灾的最高指挥者。世宗大定三年（1163年）三月，中都（今北京）以南八路发生蝗灾，世宗诏令尚书省遣官员前去捕蝗。五月，世宗又下诏令参知政事完颜守道按问大兴府捕蝗官。明昌三年（1192年）十二月，章宗敕令华州下邽县设置武定镇仓，京兆栎阳县设置栗邑镇仓，许州、舞阳县设置北舞渡仓，且各设仓草都监一人。尚书省是直接领导抗灾救灾的最高机构，同时对于失职的官员，尚书省要奏报皇帝处置。世宗大定二十六年（1186年）八月，黄河在卫州堤决口，破坏了州城，世宗命户部侍郎王寂，都水少监王汝嘉前往筹划，备御水灾。又至章宗明昌五年（1194年）八月，尚书省上奏言：黄河水有向南流的趋势，但王汝嘉等却不注意，没有提前做好准备，及时上报，以致延误时机，贻害百姓。另有礼部管辖的惠民司，其初名惠民局。海陵王贞元二年（1154年）十一月初置惠民局。其主要职责是向百姓提供廉价的医药。章宗、宣宗、哀宗时都有惠民司的设置，如余里痕都在章宗时任惠民司督监，金宣宗贞祐二年（1214年），张翰改任惠民司令，金哀宗天兴二年（1233年）八月辛丑，设四隅和籴官及惠民司，以太医数人轮流值班，病人政府给药，仍择老进士二人为医药官。

路级救灾机构：在金国路一级救灾机构中主要发挥作用的是提刑司。提刑司，设置于金章宗即位之初，世宗大定二十九年（1189年）六月乙未，初置提刑司，分按九路，并兼管劝农采访事宜，屯田、镇防诸军皆属于其职权范围。当年八月壬辰，又初次制定……提刑司所掌三十二条律令。《金史·百官志》载：提刑使掌审查刑狱、照刷案牍、纠察滥官污吏豪猾之人、私盐酒曲并应禁之事，兼劝农桑。

提刑司的职责除了审查刑狱之外，另一项重要职责就是劝课农桑，其中包括赈济。如：提刑司设置的当年十一月，章宗即诏有司，规定今后各地一旦有饥馑，今总管、节度使或提刑司应先行赈贷或赈济，然后上报。但是如果有其他人擅令提刑司开仓赈济，则会受到处罚。金章宗明昌初，（蒲察）五斤奉命出使山东、河间，由于百姓受饥，他就令提刑司开仓赈济百姓，回京后具奏皇上，刚开始皇上很高兴。后来太傅徒单克宁言："陛下始亲大政，不宜假近侍人权，乞正专擅之罪。"由是下诏杖责二十。

灾害发生后，提刑司还有维护地方治安的作用。明昌六年（1195年）十二月，章宗谕宰臣，今后若各地水、潦、旱、蝗、盗贼等灾害频发，命提刑司预为规划。承安二年（1197年）十二月，章宗又诏谕宰臣，今后水、潦、旱、蝗，盗贼窃发，命提刑司预见为规划。灾害发生后，提刑司还负有复核受灾情况的职责。章宗明昌二年（1191年）二月，敕令自今起百姓有诉水旱灾伤者，即派遣官员按视其是否属实，申报给所属州府，移报提刑司，同所属检视完毕，始令翻耕。对于未履行好职责，导致饥民无食，提刑司亦要受到斥责。金章宗明昌四年（1193年）三月，诸路提刑司进殿面圣，各问以职事，仍诫谕曰："朕特设提刑司，本欲安民，至今已有五年，效果仍不甚显著。盖官员多不识本职之体，而徒事细碎，以致州县例皆畏缩而不敢行事。山东百姓乏食，尝遣使赈济，盖卿等不职，故至于此。既往之失，其思悛改。"

州县救灾机构：金代州县救灾机构设有养济院、暖汤院、普济院等，其主要职能是向饥民提供食物。金熙宗皇统元年（1141年）陕西大旱，饥死者十七八人，朝廷任命慎微为京兆、鄜延、环庆三路经济使，允许其便宜行事。慎微号召百姓捐粟，得二十余万石粟米，用其设立养济院以救灾民，救活了很多人。此时的养济院可能还只是暂时性的应急设置。金章宗明昌四年（1193年）十二月，谕大兴府于暖汤院日给米五石，以赡济贫者。金章宗承安二年（1197年）始见普济院的设置，当年十月甲午，因大雪以米千石赐普济院，令为粥以食贫民。金章宗承安四年（1199年）十一月乙未，敕京、府、州、县设普济院，每岁十月至明年四月设粥以食贫民。普济院的初设时间虽无从考证，但至少在金章宗承安四年，普济院就已经普遍设置于县以上的行政区了。此外，明昌年间，章宗还下令各州设置镇仓、渡仓，以备灾荒，并设仓草都监一人，县官兼领之。由地方官员兼任防灾的镇仓、渡仓之官，负责地方的防灾救灾事宜。

西夏救灾管理机构：西夏显道二年（1033年），开始系统地建立官制。设立文班和武班，一应官名和职责都类似于宋朝，但机构名称与职责则经历了重新划分的过程，与灾害管理有关的机构主要有受纳司（掌仓库收支）、农田司（掌农田水利平籴）等。此外，西夏汉文本《杂字》，除记载有农田司外，还有"提赈"，这应该是西夏的赈灾救济机构的一个部门。在西夏法典中列录国家中央机构时未见此机构，它可能是一个部门，如受纳司的一个下属部门。

元代救灾管理机构：蒙古汗国时期，由于以游牧业为主，并没有设置防灾救灾制度和相应的储藏制度来管理国家物资。自元世祖忽必烈时，元朝开始逐步建立起自己的救灾机构，并逐步完善政府的救灾制度。元朝救灾的机构可分为四个层面：中央层面包括有中书省、户部、都水监、工部、御史台和大司农司；行省层面；路级层面；州县层面。这些非中央的救灾机构包括行司农司、都水庸田使司、河渠司、行御史台、按察司或廉访司等。此外，元朝还设有太医院及各地的医学提举司、惠民局等疫病预防机构。

中央救灾机构：中央救灾机构包括中书省及其所属户部、大司农司，还有监察系统的御史台、行台、肃政廉访司等。发生灾害后，由地方上报中央，然后由中央审批，进一步采取赈灾措施。由地方各行省上报中央的中书省，是灾后赈灾必经的环节。地方政府将灾情上报中央的同时，也要及时采取相应的措施赈灾。监察系统的各个机构，负责对灾情的勘测和对各个赈灾机构执行措施的监督，纠正赈灾中的弊端，使得地方政府能够很好地履行赈灾职责。

元代中央集权十分严重，灾害发生时，中书省的决议往往由皇帝来决定是否实施或皇帝直接命令中书省实施救灾。元成宗大德元年（1297年）十月，中书省上奏成宗皇帝："随处水旱等灾损害田禾，疫气所染，人多死亡。"成宗皇帝遂诏令被灾人户合纳税粮及五分之上者，全行蠲免，有灾例不该免，以十分为率，量减三分，其余去处普免二分，病死之家或至老幼单弱别无得力之人，并免三年赋役。贫穷不能自存者，官为养济，规定得十分详细。元英宗至治二年（1322 年）十一月，宣德府宣德县地屡震，赈被灾者粮、钞。十二月癸未，由于发生地震、日食，命中书省、枢密院、御史台、翰林院、集贤院、集议国家利害之事以闻。敕两都营缮仍旧，余如所议。可见中书省或其他大臣们商讨后的结果要交由皇帝过目，由皇帝最终裁决。

行御史台等监察机构，有较大权力，办事效率较高。由于元代中央集权严重，路府州县等地方机构权力严重受限，行御史台等监察机构相比较而言就有了较大而又实用的权力。在地方无钱赈济时，行御史台等常可使用所掌握的一定的赃罚钞来赈济。元成宗大德十一年（1307 年），江南大饥，百姓缺食，建康路无粮支散，其余路分饥民卒无钱粮赈济，江南行台都事请求以赃罚钱赈之，民赖以生。另外行御史台不需要层层上奏，与皇帝沟通更便捷，权力较大，效率较高。御史台官有很大的便宜之权，在蠲免赋税方面，要比路县的权力大得多。

另外，元代中央对于灾害发生时也往往遣使宣抚。赈灾时，所遣之使有权发放官廪赈济百姓，由于是皇帝特派，因此便宜之权较多。他们对赈灾过程中出现的弊端给予纠罚，大德七年（1303 年），陈孚任奉使宣抚，当时台州旱，民饥，道殣相望，江浙行省檄浙东元帅脱欢察儿发粟赈济，而脱欢察儿怙势立威，不恤民隐，驱胁有司，动置重刑。陈孚诉其不法蠹民事一十九条，坐其罪，命有司亟发仓赈饥，民赖以全活者众。但同时由于其有众多特权，特别是在元中后期官员腐败情况严重，所遣之使贪赃枉法，谋取私利。

行省救灾机构：行省在赈灾体系中不直接面对百姓，主要是对下级路府等上报的灾情进行核实批准，权力较大，且由于路府担心获专擅罪名，以致不敢轻做决断，甚至"一二百文争差"的案子，也要行文上报，"往复问答"。因此行省积累过多的公务，办事效率低，对于一些上报的赈济措施也未必批准，却耽搁了数日，对赈灾大为不利。元世祖至元二十九年（1292 年），拜降迁庆元路治中，岁大饥，状累上行省，不报……不得已拜降亲自到行省，才得以"发粟四万石"。因此由于行省的监临和节制，所属路总管府处理政务时的独立性和机动性，并没有因为远离朝廷而有所扩大。

路级救灾机构：路总管府在赈济过程中责无旁贷，却权力有限。灾害发生时，路总管府对于县级上报的灾情可以及时采取措施发放粮食。元初，直接有权发放当地的义仓和官仓的粮食。元世祖至元三年（1266年），王惟贤任大名路总管，当时河北大水，水涌入郡城，淹没官民舍且尽。……分命有司缚木为舟以救民，又发官廪以食之。元初为广德郡官的吕辅之也曾发建平官粟旧储二万余斛。元代中后期，由于粮食紧缺，官仓粮食发放权也上归皇帝，路府等无权发放。元仁宗延祐年间（1314—1320年），进士曹敏中任宁国路推官，当年适逢大旱，百姓乏食，郡守因其颇知救荒之法，邀其前去赈济，公闻命即行，还报曰："义仓徒为文具，而劝赈未必能周遍，非得官仓之粟不可！"郡守以公言上行省后，才得以请发水阳仓米二万石付公往赈之。县级到路级各层机构无权蠲免受灾地的赋税，元世祖至元二年（1265年），大名路总管张弘范就曾因大水淹没庐舍且尽，租税无从出而"擅免"租税，遭到"计相"的谴责后，最终亲见皇帝，以"储小仓不若储大仓"豁免专擅之罪。对朝廷的命令，另行其事也会获专擅之罪。元世祖至元二十年（1283年），南京路总管张庭珍不奉行省命令，允许河朔流民渡河入境，即被"以专行上告，事下御史大夫"，幸好汴梁民众起而替张申诉，得以"薄责"了事。

州县救灾机构：县一级机构在赈灾过程中直接与民接触处于体系最下层，任务最重，但其自主权极度有限。相对于路总管府，县级官员更直接采取措施，以赈灾荒。其同路总管府一样都可号召富民捐粟、平籴等。崇安县尹邹伯颜以其公田之租，修平籴之法，致粟且千石，遇灾，以时粜之，民忘其忧。县官对官仓之米无权发放，顺帝初，建昌路新城县尹苗益请求常平及留县之米，初未可行，经过一番抗争后，得以发常平及留县之米赈济。县官的权力受限，责任颇大，从《送胡县令之任序》中可窥知大概：县令之职亦难矣。下抚养疲民，御文法吏，上奉承州府部省，事无巨细，一一身任。其责失节则罪，衍期则罪，民冤不能明照伸雪则罪，奔走奉事之间，少失尊官贵人之意则罪。……加以岁时伏腊，吉凶庆吊，少有失和，则呼叱督责，凶祸狎至。

二、官赈救灾程序

宋代，各种灾害发生得比较频繁，在继承前代各种救荒经验以及在应对本朝频繁的灾害中，宋代逐渐形成了一套比较完备的救灾程序。辽、金、西夏以及后来的元朝，其各种制度多效法宋朝。以致宋元时期各个政权的救灾程序大同小异，其大致分有地方诉灾、州县检覆、路司统筹、中央调拨四个救灾层级。至于具体的救灾管理机构则为州县、路司、中央三个级别，其中路级救灾机构发挥重要作用，是实际救灾的总指挥和执行者。

（一）宋代救灾程序

对于具体的救灾过程，一般而言有两道程序，即检灾和赈灾。检灾即检查灾情，是救灾程序的第一步，也是制定救灾措施的前提。

1. 诉灾

检灾的第一道程序是诉灾，所谓诉灾，指灾害发生后，民户向官府报告灾情、再由官吏逐级上报的行为，或称作披诉。诉灾有专门的法律文书范式，诉灾的格式及内容在《淳熙式》中有明确规定。灾伤的诉状主要包括三个方面的内容：一是阐述灾民的田亩数、赋税数；二是说明受灾的情况；三是强调诉灾要真实，不得有虚假，否则要受到相应的惩罚。民间诉灾的正常途径大致是按百姓报于当地里正，"里正言于县，县申州，州申省，多者奏闻（朝廷）"这样的程序来进行的。

北宋初期，由于没有明确的规定，民间报灾往往出现秋诉夏旱，冬诉秋旱等混乱情况，也有谎报灾情，骗取政府赈济的情况。随着北宋社会逐渐趋于稳定，政府对百姓报灾的诉灾地域、时限及田亩数量开始有了比较细致的规定。比如关于诉灾的时间，宋代就有严格的限制。因为时间延误越久，越难以保证灾害情况的准确性，或者错过救灾的最好时机，会造成巨大的损失，甚者引发社会动荡。一般情况下，北方地区诉灾不得超过七月。太祖开宝三年（970年），诏民诉水旱灾伤者，夏不得过四月，秋不得过七月。宋太宗淳化二年（991年）正月规定，南方地区如荆湖、淮南、两浙、西川、岭南等地区，一般夏天披诉灾荒不得超过四月三十日，秋季以八月三十日为限，违限者，不再接受申报。但也有例外，据《救荒活民书》载："昨来臣僚奏请：晚禾成熟，乃在八月之后，今旱情各有浅深，得雨之处，有早晚不同，乞宽期限。得旨展半月。"此后，鉴于一些特殊灾害的特点，北宋政府还作出过一些相应的调整。太祖乾德元年（963年）的《宋刑统》就注意到了灾害爆发的时间特性，"旱为亢阳，涝为霖霪，霜为非时降霜，雹为损物为灾，虫蝗为螟螽蛰贼之类"，并以此对官吏违反规定上报灾情作出了法律界定和解释。大中祥符九年（1016年），真宗又因蝗旱灾害下诏说："诸路州县若是七月以后上诉灾荒，按规定是不允许的，但是对于今年的蝗灾，特令各级官府收受。"政和三年（1113年）正月又规定：对于遭受旱灾的人家，若有不知道相关规定和期限的，或来不及上诉灾情的，可令官府实地考察受灾情况，并要依据检覆情况具体实施蠲免或倚阁等赈灾措施。在特殊情况下，对诉灾的时限也进行了相应的调整。宋初，政府曾对田亩数量作出过一些限制。太宗太平兴国八年（983年）以前，民间诉灾以二十亩为限，二十亩以下不予检覆上报。雍熙元年（984年）正月，为了体恤贫下之民，太宗下诏放开了土地大小的诉灾限制。

宋代的诉灾制度由最初的刻板的法律条文逐渐顾及地域、自然环境、特殊灾害等问题，在不断的调整中，使报灾规定日益趋向严密与合理。

诉灾是让地方的灾情及时准确地上报中央的程序，但在实行中官员们出于自己政治前途的考虑，存在各种官员舞弊的现象。有官员互相推诿、隐情不报、玩忽职守等问题，对此宋代政府予以严重惩罚。

行政处罚，如孝宗淳熙十一年（1184年）五月诏："中大夫、右文殿休撰吴援特降充直宝文阁，罢宫观。以金州去岁旱伤，细民厥食，守臣既不能存恤，又不即具奏，遂致流徙颇多，显属失职，故有是命。"是指由于金州发生旱灾，而地方官不能及时赈恤，又隐匿不报，造成百姓流离失所，于是将吴援特降职。

刑事处罚，"诸县灾伤应诉而过时不受状，或抑遏者，徒二年，州及监司不觉察者，减三等。"可见宋代政府十分重视民户诉灾，官府要及时接受和处理，超过一定期限，包括州及路级监司仍不察觉者，就属违法行为，要受到刑事处罚。

2.检放

检放是检灾的第二道程序，由检覆和放税构成。地方官员在接到灾民诉灾后，检查灾伤的情况，即为检覆。检覆分三步：第一步"令佐受诉，即分行检视"，"检视"又称为"检按"；第二步"白州"派遣官员覆检。灾情特别严重的，有免覆检者。

实施检覆的最低权力机构是县级行政单位，民诉灾伤由里正上报后，一县之主知县当立即检视并上报州府，由知州或知府派检搜官会同该县官员一同检覆灾伤田亩，再上报给本路监司机构，由监司机构视灾情大小决定就地服救或上报朝廷，由三司根据具体灾情，决定赈救措施。检灾后，根据灾伤程度确定免除田租的多少，也有朝廷派遣使者进行最终的检覆的情况。其中，监司也会派出官员进行核查，以保证上报情况属实。《淳熙令》载，及检放毕，申所属监司检查。检放有不当，监司选差邻州官复检（若非亲检次第，照依州委官法）。失检查者，提举刑狱司觉察究治。以上被差官，不许辞避。即言检放完毕后，还要申报相关监司进行检查，若有不当的还要选派邻州官员复检，对于失职的官员，提举刑狱司还要调查治罪，并且被选中的赈灾官员，不许推辞。

州县对灾情的检放有时间限制，一般从官司接到诉状到公布结果，不超过四十天。哲宗时户部曾言："州县遇有灾伤，差官检放，乞自任受状至出榜，共不得过四十日。从之。"京畿地区的情况有所不同，由于是中央直辖地区，府界诸县申报开封府，再由开封府上报朝廷后，由中书省降札子到审官东院，再由其派官到各县，同该县官员一同检覆。这一程序颇为烦琐，往往会造成耽搁。为了加快办事效率，北宋政府也做过一些调整。熙宁四年（1071年）八月癸亥，权发遣开封府推官晃端彦上书请直接派人检覆京畿地区的灾荒，以加快办事效率。后来，派中央官员到地方检覆仍像以前一样存在着许多弊端。苏颂曾上奏说："臣曾见开封府所辖各县，有人户上报旱灾，依照旧例，由开封府上奏，朝廷派遣官员同本县的官员依照条例逐户一一检覆受灾田段。臣曾多次深入体察问访发现旱灾损坏田里庄稼非常严重，虽地势低下处曾得到一些雨水，有一点收成，但终究是少数。况且百姓还要等待雨水布种秋田，若逐户逐段使百姓只能单方面地等待检覆，实在有碍于农事。京畿之民，本应得到朝廷的重点抚恤。臣欲特别乞求特别指挥权，派遣官员于各个县的各个乡村体察蠲免苗税，不用像以前一样逐户检覆田段。这样希望能简化手续，不至劳扰。"这样省略了监司，却在多数情况下增加了中央的介入，反而使赈救管理受到了影响。

鉴于宋代地方州县两级行政单位中，州是完整的地方财政管理级别，是地方财政的基本核算单位，而县级行政却没有形成相应的、完全意义上的地方财政管理级别，县财政在很大程度上由本州直接管理，县级行政单位虽有核检灾害程度的权力，却没有就地实施赈救的能力，因此，上报府州是灾后评估的一个必要过程。而府州和监司一级行政单位则不同，由于有完整的财政能力，在力所能及的范围内，知州（知府）通判或转运提刑都可以根据具体情况，一面上报，一面直接实施赈救管理。加上灾害的爆发往往十分突然，灾害施救又刻不容缓，依照正常程序按部就班地上报检覆，势必导致救灾工作的滞后。因此，府州以上尤其是东京开封府、北京大名府、南京应天府等的检覆工作经常会被省略。皇祐五年（1053年）闰七月，仁宗下诏令开封府受灾的县份根据其实际情况减税，不用再派官检覆。熙宁七年（1074年）四月，知大名府韩绛上书言："本路发生旱灾已经到了四月，如果让百姓上报灾情，再派官员照例检覆，再蠲免赋税，这恐怕对于食无着落的人有些不合适。所以欲奏请对于河北路今年颗粒不收的，不用等待派遣官检覆，全部免除其夏税。"州县级单位的检覆工作便成为北宋时期各级官府进行灾后评估的最基本依据。

宋代州县检搜灾害损失的条目非常详尽，包括姓名、住址、户等、田亩多少及所在地、两税缴纳情况、现在田亩所种粮食种类及灾害损失情况等，参见图4-1及图4-2。

救诉灾伤状

（某）县（某）乡村（姓名）今具本户灾伤于后户

内元管田（若干）顷亩某都计夏秋税若干

夏税（某）色（若干）秋税（某）色（若干）

非己业田依

次别为开拆

今种到夏或秋（某）色田（若干）顷

或损余灾伤

计（某）色（若干）田系旱伤损

处随状言之

如全损亦言灾伤及

（某）色（若干）田苗色见存

见存田并每段开拆

右所诉田段各立土牌子如经差官检量却与今状不同

先甘虚妄之罪后此额下询

谨状年月日（姓名）

图1-1　淳熙式"救诉灾伤状"

检覆灾伤状

检覆官具位

准（某处）牒贴据（某）乡申人户被诉灾伤某等寻与本县

（某）官（姓名）诣所诉田段检覆到合放租税数取责乡村

又结罪保证状入案如后

两县以上

（某）县据（某）人等（若干）户（某）月终以前

各依此例

如限外非时灾伤则别具某月

披诉状为（某）色灾伤

日至某月日投披诉之外

正色（若干）合放每色（若干）租课作正税

右件状如前所检后只是检放（某）年夏或秋一料内租即

无夹带种时不敷及无状披诉并不系灾伤妄破税租保明是

谨状年月日依例程

图1-2　淳熙式"检覆灾伤状"

考察南宋淳熙式中的相关条目可以看出，宋代灾害评估具体的运作程序大致如下。府州长吏接收到属县诉状的当天，就必须派出检覆官员到诉灾地区，一般由通判和幕职官充当。到县后，与当地县知佐分别检察田亩的受灾状况，并根据检覆情况书写"检覆灾伤状"，每五天上报府州一次。检覆完毕，将最终结果上缴知州知府。再由州级行政单位决定放税租的种类及数量，并且贴出文榜，公之于众。这个过程总共不得超过四十天。府州再将检覆结果和放税结果上报本路监司，监司检察结果，如觉不当，由转运司从邻州选官前往灾区再次进行检覆，如确有检覆失误，提点刑狱司纠劾。

北宋与南宋的检覆程序基本相同，区别在于北宋更多的是零散地针对不同灾害的具体规定，到了南宋时期，这些规定以条例的形式固定了下来。北宋初期，由里正之类乡里吏人负责上报灾情，北宋中后期以后，由于乡里吏人往往虚报，以贪赃枉法、骗取财物，这种制度逐渐废除。民间诉灾必须由灾伤人户自诉，一旦发现乡里吏人代诉，则要追究责任，双方各杖一百，若有收受财物，特别是数量多的，以贪赃枉法论处，罪加一等，予以惩戒。熙宁三年（1070年）六月，神宗下诏令京东路提刑司对比调查最先检放的人户数及转运司后来派员所查的人户数。元祐七年（1092年）五月，苏轼的奏章中说："检覆灾伤税租，本来只是由本州差遣官员计算汇总就可以了，从来没有转运司或者别的部门差官指挥检覆。臣在颍州，看见各个州检放之后，转运司竟隔州差官检查实际情况……"元符元年（1098年）二月，又颁布了检覆时限的规定："州县遇有灾伤差官检放的时间，自接受报灾至出榜的时间，不得超过四十天。"从检覆不实、提刑司纠劾到检覆时限等问题上，明显看出北宋灾后评估的不断完善和南北宋之间的承袭关系。这种承袭关系体现在南宋以法律条文形式，规范了北宋时期出现的灾害评估的不同措施，逐渐形成了比较完备的报灾检覆等一系列灾害评估制度。

3. 抄札

检灾的第三步是抄札，即县级官员以及相关基层人员，登记受灾人口的情况，预估受灾程度，为将来的赈济和救助做好基础工作。抄札亦有时间限制，一般限在十月之前完成。宁宗嘉泰元年（1201年），有臣僚指出：如有灾伤州县，委本路常平使者先次措置合用米斛，日下多置场分，先于普粜，拘钱入官，以备收粜。（东）西分头多委检放抄札官，限十月内须管一切了毕，不得迁延，及不得漏滥，务要全活民命，免致流殍。

至此，宋朝通过诉灾、检覆和抄札这三道灾害救助程序，完成了全部的减灾工作，使官府较好地掌握了灾害发生的实际情况，为下一步赈灾创造了条件。

（二）辽代的救荒程序

辽代的救荒程序也分为"检灾"和"赈灾"两阶段，但辽代赈灾活动必报，报灾活动却不够及时与完善。故而史料中对自然灾害的记录不多，反而对各种赈灾活动花费了大量篇幅叙述。辽朝初期，因政府在大康二年（1076年）东京地区与大安十年（1094年）析津府地区的灾荒中救治不及时、不到位导致"民多死"，在这之后就形成了"凡申报荒灾，务在急速，与走报军机者同限，失误饥民与失误军机者同罚"的奏报制度。初期确有实效，但到了辽代后期，政府政权渐渐难以维持调节灾害的能力，财政方面压力过重，流民大量出现，社会动乱，当局不得不相继出台相关法律政策，比如"除安泊逃户征偿法""入粟补官法"等，以赈济灾荒。

（三）金代的救荒程序

金代的救荒程序与宋代相似，仍分为"检灾"和"赈灾"两阶段。不同的是，金代设立了专门负责处理灾害事宜职位。因为在金代的各种自然灾害中水灾最为严重，因而朝廷专门为防治水灾设立了专门的程序与机构。例如都水监就专门负责"捞黄、沁河，卫州置司"，其中设有监（正四品），掌川泽、津梁、舟楫、河渠之事，少监、丞（正七品），内一员外监分治。掾，正八品，掌与丞同，外监分治。勾当官四员，准备分治监差委。设都巡河官，掌巡视河道、修完堤堰、栽植榆柳，凡河防之事。此外，为了保证各项赈灾措施的顺利落实，还对中央与地方的防灾官员实行奖惩制度。都水外监人员数冗多，每遇到事情都相互推卸责任，或重复邀功，议论纷纭不一，隳废官事。拟罢免都水监掾这一官职，改设勾当官二员，又自昔选用都、散巡河官，止由监官辟举，皆诸司人，或有老疾，避仓库之繁，行贿请托，以致多不称职，拟升都巡河作从七品，于应人县令廉举人内选注外，散巡河依旧，亦于诸司及丞簿廉举人内选注，并取年六十以下有精力能干者，到任一年，委提刑司体察，若不称职，即日罢免。如果守御一方有方，致河水安流，任满，从本监及提刑司保荐申报，量功绩给予升除奖惩。

（四）西夏的救荒程序

西夏救灾程序也分为"检灾"和"赈灾"两个阶段，大庆四年（1039 年），因兴、夏二州发生地震，秋七月发生大面积饥荒，诸州盗贼四起。诸部缺少粮食，百姓群起为盗。威州大斌、静州埋庆、定州笆浪、富儿等族，多的部落有上万人，少的部落也有五六千人，四行劫掠，直犯州城。州将出兵抗击却不能克敌。八月，施行赈济之法。郡县连章告急，诸臣请兵讨击盗贼。枢密承旨苏执礼言请设"赈济法"，言这些百姓本来都是良民，却因为饥荒四处生事，非盗贼之类也。今宜救助这些饱受冻馁之苦的百姓，保护他们的身家财产，则那些将死之人可以继续生存，聚起来成为盗贼的百姓自会分散，所谓救荒之术即靖乱之方。若只是用兵威震慑百姓，肆意诛杀无辜之人，又怎么能够培养国脉的仁孝善之心，应该命诸州按视灾荒轻重，广立井里赈恤灾民。

（五）元代的救荒程序

蒙古汗国时期最初没有设立防灾救灾制度。元世祖忽必烈起，元朝开始逐步建立起自己的救灾机构，逐步完善了救灾制度。在对宋朝继承的基础上元朝形成了"申检体覆"的救灾制度。元代的"申检体覆"制度开始实行是在元世祖至元九年（1272 年）。是年规定：今后各路遇有灾伤，随即申报，许准检验事实，查验原申灾地，若体覆结果相同，则与规定相比及造册完备拟合办实损田禾顷亩分数，核实实际应该纳税石数，权且催征。这一制度包括申灾、检踏、体覆、监察等四个环节，环环相扣，有机地结合为一体。申灾又叫告灾，即向本地上级部门报灾，《元典章》规定其并有一定期限："夏田四月，秋田八月，非时灾伤，一月为限，限外申告，并不准理。"申灾后，按察司负责检踏即勘灾。至元十九年（1282 年）朝廷规定，今后各道按察司，如果接受了各路官司的申灾牒，随即应派官员检踏实际损伤田亩数，检踏清楚后即向按察司回牒，若有关官司向按察司申报的情况相同，则随即可以免除一定的赋税。元仁宗延祐四年（1317年）规定，今后若有水旱灾伤，有司检踏之后，交廉访司体覆，即各部门检踏后，廉访司再负责体覆。之后再由御史台对检踏、体覆两环节进行监察，对于检踏、体覆不实，违期不报，过时不检及将不纳税地并不曾被灾，捏合虚申的情况，严加究治并依例定罪。对于蠲免地税的分数，《至元新格》中规定损失超过八分以上者，其税赋全免；损失在七分以下者，只免收所损分数的税赋；收成在六分的，税粮全征，不需申检。中统四年（1263年）八月，彰德路及洺州、磁州旱，诏免彰德路今年一半田租，洺州、磁州免税赋十分之六。有时《元史》会明确记载所免税粮的数目。

元代的申检体覆制度要针对大灾情，如果辖区内有能力自救的，管民官可以动用物资和人力进行救治，但是需要报上级批准和接受廉访司官员的监督。当灾情较严重时，各州县须将灾情上报各路总管府，各路总管府调度物资进行救灾，若本辖区无力赈济，再上报行省，行省类此不能决者再上报中央即皇帝。下级申报上级后，上级要派人检踏核实，察看实际受灾情况是否与所上报的情况相符，这其中有规定遇到百姓申告灾伤的，任何官司不得干涉，但相关官司要从实检踏。若二者相符，则将受灾田亩数登记入册，根据受灾情况进行赈济。此过程中廉访司要对各级官司检踏结果进行审核，对赈济情况要体覆虚实。

元朝规定申检体覆都是有责任的。至元二十年（1283年），元世祖下诏，自今日起直接管理百姓的官员，若百姓遇到灾伤，超过规定的时间不及时申报，或按察司也不及时遣官行视的，都要追究其相应的罪责。元朝对灾情的估计和救治程度也有相关的制度，至元二十八年（1291年）规定，遇到水旱灾伤，检覆属实后申报各部，损失在十分之八以上的，应交赋税全部免除；损失十分之七以下的，仅免除所损失的部分；损失十分之六的，应缴税费即应全额征收，也不须申检。至于关于灾伤申报的时间也有详细规定。河南至铭路、卫路等路，其期限夏田以五月为限，秋田以八月为限。其余各路，夏田亦以五月为限，秋天水田也是以八月为限，人户应向本处官司陈诉。若遇闰月，期限可延迟半月。对于不是规定时间的灾伤自受灾日为始，限期一月陈诉，若在限外诉告者，皆不受理，仅都省机构准予上呈。后来，由于江南水田多在秋天收获，又规定江南秋田九月申报。

三、官赈措施

检灾之后的工作就是赈灾。赈灾是对自然灾害所造成损失的一定程度的补救，是帮助灾民度过灾情的一种政府行为或者社会行为。赈灾活动自古就有，历来备受关注。宋辽金夏元时期，各个民族通过各种方式相互交流、相互学习，在官方的灾害赈济方面，同样，无论先成立的辽国、西夏，或是后成立的金国，为了维持灾害发生时的社会稳定，均有向中原王朝学习的较为成熟的救灾措施。关于辽、金、西夏的史料远不如宋朝丰富，因而此处统一谈论，不再赘述。总的来讲这一时期，中原政权或是周边政权，其具体的官方赈济措施主要有禳灾弭灾、赈济、调粟、弛禁、养恤、除害、安辑、蠲缓、节约、赐度牒、贸易乞粮和劝分十二种。

（一）禳灾弭灾

中国救荒思想的最原始形态即为天命主义之禳弭论，它将自然灾害与为政得失相联系，主张灾害的爆发是上天对帝王以及其他官员、民众的警示，即所谓"灾者，天之谴也，异者，天之威也"。在这种观念影响下当发生灾害时禳灾、弭灾也成了减灾的一个重要过程。皇帝与宰辅经常恐惧修省、减膳撤乐、祈雨祈晴，除帝王之外其他各级官员包括御史、谏官，还有普通老百姓也都是禳灾、弭灾活动的参与者。在宋辽金夏元灾害频发的几百年里，这些活动不断被重复，成为相对程式化的一个过程。

禳灾指行使法术解除面临的灾难，常用于巫术。宋元时期盛行巫禳救灾之法，特别是在水旱灾害发生后，除了普通的祈晴祷雨之法外，还有一些特殊的方法。北宋时期由中央颁布的有关灾害的祈祷方法大约有三次，并且这三次所颁布的都是祈雨法。第一次在真宗咸平二年（999

年）。是年，从年初到闰三月，京畿地区发生了严重的旱灾。闰三月三日，工部侍郎知扬州魏羽，上唐李邕雩祀五龙堂祈雨法，得到了真宗皇帝的嘉许："此法是前代所传，不用巫觋是因为怕有亵慢之罪。可令长吏，清洁行之。郡内有名山大川、宫观寺庙，并以公致祷告祈雨。"景德三年（1006 年）五月，朝廷又将《画龙祈雨法》刊发，命中央及地方官吏执行。第二次到了皇祐二年（1050 年）八月，仁宗皇帝重申了先朝祈祷雨雪的方法，并令以后遇到愆旱，即依法祈雨。第三次熙宁十年（1077 年）四月，神宗推行古《蜥蜴祈雨法》，与《宰鹅祈雨法》一起颁发。元代虽无雩礼，而皇帝欲以不雨自责，一方则审决重囚，一方则遣使分祀五岳、四渎名山、大川及京城市观。

　　弭灾是指在自然灾害发生后，皇帝和各级政府所进行的一系列政治领域的应对措施。各代均有实行，宋代弭灾活动更为丰富。首先，与其他最高统治者一样，宋朝的君主们很少参与到实际的灾害救助中，他们所从事的灾害管理活动通常只是理论上的。与其他国度或社会意识形态不同的是，宋朝乃至整个中央集权制社会的统治集团，更注重探讨导致灾害的决定因素。而在科学不发达的当时，这种探讨只能停留在宗教与崇拜的层面上。他们关心的不是灾害本身，而是将更多的注意力投入到人们所赋予灾害的政治意义，以及由此引发的一系列政治斗争上。皇帝的弭灾活动可以分为两个方面，其一是亲自祈祷或遣使祈祷，制定祈祷对象及祈祷仪式和等级。至道二年（996 年），丙寅，京师大旱情，朝廷派遣中使祈雨。戊辰，命宰臣祭祀郊庙社稷祷雨。辽、金两代每逢旱灾发生，皇帝常带领大臣择日行瑟瑟礼，也叫射柳，祈雨抗旱。太宗天显四年（929 年）五月，射柳于太祖行宫，行瑟瑟礼。穆宗应历十七年（967 年）四月，射柳祈雨，五月以大旱，命左右祈雨，不一会儿，果然下起了雨。景宗保宁七年（975 年）四月，射柳祈雨。重五日（五月初五）质明，陈设设置完毕，百官列班在球场乐亭南等候。皇帝回辇至幄次，更衣，行射柳、击球之戏，亦辽俗也，金因此也以此为风尚。其二是内省自身为政得失。君主每遇饥荒，往往下诏减膳，用示节约克苦，且常以身作则，为天下倡。宋仁宗、英宗一遇灾变，则通朝变服，捐膳，撤乐。高宗绍兴五年（1135 年）以久旱减膳。金章宗泰和四年

（1204年）夏四月，因久旱，避正殿，减膳，省御厩马。宣宗贞祐四年（1216年）七月，因旱灾、蝗灾，敕减尚食数品。其次，在传统观念里，灾害发生不独是帝王施政不当的结果，同时也是宰执没有尽到燮理阴阳、辅弼帝王的职责的产物。因此，宰执在弭灾措施中的主要任务就是与帝王一起探讨为政得失；接受御史、谏官等下级臣僚的弹劾，上章待罪；辞职请出，到地方担任知州等。在祈祷或上述措施实施有效的情况下，宰执们还须率领百官入贺，劝帝王复正殿、常膳、加尊号等。关中遭遇大旱饥荒，朝廷拜张养浩为陕西行台中丞，张养浩既闻命，登车就道，经华山，祷雨于岳祠，泣拜不能起。天忽阴翳，一场雨持续下了两日。及到官赴任，张养浩复祷于社坛，大雨如注，水三尺乃止，禾黍等农作物自行生长起来。最后，台谏官及各级官吏运用传统统治思想中有关灾害的观念与宰臣抗衡，成为帝王对政府的掣肘力量，使灾害参与到政治事件当中。《宋史》记载辽寿昌末年（1100年），萧文在易州做知州，当时适逢大旱灾情，百姓十分担忧，萧文祈祷过后马上就下起了雨。

（二）赈济

赈济措施在宋代较为流行，具有多种多样的具体形式，但主要可分为兵赈、工赈、赈给、赈贷和赈粜五种。

1.兵赈

兵赈是宋代，特别是北宋常用的赈灾措施。兵赈，也称荒年募兵，就是在灾时招募灾民当兵，以此赈济灾民。招募充军（以军代赈）是将军队的粮食储备间接地分配给饥民的一种赈救办法，把强壮的饥民招募到军队中，可以达到既救济饥民，又消除骚乱隐患的作用。宋人吴傲曾说："饥荒之年最要紧的事情就是防止盗贼骚扰百姓，而防盗贼首先就是募民为兵。盖饥困之民不能为盗贼，而或至于相率而蚁聚者，必有以倡之，闾里之间，桀黠强悍之人不从事得以生计的业务，而其智与力足以为暴者，皆盗之倡导者也。因其饥困之际，重其衣食之资，募以为兵，则其势宜乐从，桀黠强悍之人既已衣食于县官而驯制之，则饥民虽欲为盗，谁与倡之？是上可以足兵之用，下可以去民之盗，一举而两得之，孰有便于此？"此政策在宋太祖时期得到确立。太祖为言："可以利百代者，唯养兵也。方凶年饥岁有叛民而无叛兵，不幸乐岁而变生则有叛兵而无叛民"，于是确立了募兵养兵制度，荒年募兵更是成为定制。宋代得以良好贯彻。仁宗时，方偕为温州军事推官，正好遇到饥年，有百姓想去投军以就廪食，但军队编制有限，吕夷简当时任提点刑狱，就告诉方偕说："温民饥且死，势必将会聚起而为盗贼，岂若署壮强以尺籍，且消患于未萌，而公私交利乎？"之后吕夷简即向州县下达公文，增加了七千人的名额。富弼在青州赈救河北流民时也将无业但身强力壮符合禁军入伍标准的灾民招募进军队，脸上刺上"指挥"二字，奏请朝廷拨充诸军。饥民虽然身体强壮，但是他们缺乏相应的军事素质，在没有军需保障和正规军事训练的情况下，想取得战争的胜利是比较困难的。同时，青壮年劳动力流向军队，也造成国家负担加重、税收减少的不良后果，影响北宋经济与军事的正常发展。神宗元丰二年（1079年），以兖州、郓州、齐州、济州、滨州、棣州、德州和博州百姓饥荒，募民为兵，以补充开封府界、京东西将兵源的匮乏问题。神宗元丰三年又诏：河北水灾，缺少粮食的百姓众多，宜寄招补军。

2. 工赈

以工代赈是宋元时期，特别是宋代赈灾措施的重要组成部分。它指政府在发生灾害以后通过使用灾民劳力兴修水利、道路等工程，以为灾民发放报酬的方式赈济灾情。灾害发生往往会产生大量的流民，造成社会大量的富余劳动力，如果社会没有给他们提供合适的就业机会，就会是社会的不稳定因素，相反如果官府正确引导，不仅可以解决灾民的生存问题，也可以利用廉价劳动力建设大量有利于再生产的工程，节约政府运作成本。此法起源于春秋，到宋代发展贯彻。以工代赈在北宋最早见于皇祐二年（1050年）。这年江浙一带爆发饥荒，殍殣枕路，时范仲淹知苏州，召集诸寺主僧，责令其处处修造，官府也大兴公役，由是大量招募饥民，就此而救活饥民每日以千数计。自此以后，以工代赈逐渐成为政府赈救灾害的一种补充形式。熙宁二年（1069年）十一月，派遣官员提举各路常平仓、广惠仓兼管勾农田水利差役事。熙宁六年（1073年）神宗下诏："自今之后的灾伤，用司农常法已经不足以赈救的，一并预先计算当修农田水利工役募夫数及其直上闻，乃发常平钱谷，募饥民兴修。这种方法不仅可以有效避免社会不稳定因素的影响，而且还能充分利用灾害发生时农村剩余劳动力从事农田水利、桥梁道路、城垣官厅等工程的建设，对以后的减灾工作创造条件。熙宁七年（1074年）正月，河阳灾伤，开常平仓赈济，斛斗不足，乞兼发省仓，诏赐常平谷万石，募民兴修水利，以赈饥民。熙宁八年夏，吴越地区大旱，赵清献公僦民完城四千一百丈，为工三万八千人，计佣与钱粟。宋哲宗元祐元年（1086年）二月十二日下诏给广惠仓钱三万缗，赐给缺少兵源的地区兵役钱粮和衣物，募民应征当兵，以赈恤灾民。宋孝宗淳熙二年（1175年）诏浙东地区今年遭受旱灾的州军，仰转运、提举日下派遣官员组织兴修水利，招募本处缺少食物的人支给钱米，因此存济，趁时修筑，不得因而科扰。

3. 赈给

赈给是将物资直接无偿给予灾民的救灾之法。具体就是灾害发生后向灾民发放钱财或粮食等生活必需品，以保证灾民可以获得最低的生存保障。主要目的就是帮助受灾百姓度过临时性的困难。当自然灾荒过于严重，以致颗粒无收时，百姓即使不缴纳租税也无法生活，这时政府不得不进行赈济以安抚人心。赈给措施在宋元时期相当普遍。赈给的方式和物资多样，大多由政府赈给灾民粮食，但也有赈给钱财或者其他物资的。

一般情况下，赈给主要是粮食，以最直接地解决灾民的饥饿问题。宋代首次实行赈谷措施是太祖建隆三年（962年）三月，当时下诏赐沂州饥民种子和粮食。太祖开宝六年（973年）二月丙申，从京师运送米二万石赈济曹州饥民。辽圣宗统和元年（983年）九月，东京、平州两地发生旱灾、蝗灾，下诏赈之。仁宗嘉祐元年（1056年）秋七月丙戌，赐给河北路诸州军因水灾而徙往他处者每人五斗米。辽道宗大康元年（1075年）九月，以南京发生饥荒，出钱粟赈济。大安三年（1087年）二月，朝廷发粟赈济中京地区的饥民，同年夏四月，又诏出户部司粟，赈济诸路流民及义州的饥民。宋徽宗大观三年（1109年），江、淮、荆、浙、福建等地大旱，秦、凤、阶等地形成饥荒，发粟赈济。宋高宗建炎三年（1129年）二月戊辰，出米十万斛运抵杭、秀、常、湖州、平江府等地，低价粜卖，赈济东北流民。金世宗大定九年（1169年）三月，以大名路诸猛安民户粮食匮乏，世宗遣使开仓廪减价粜粮。金章宗明昌三年（1192 年）十月，遣使赈济因河决遭灾的民户。元世祖中统元年（1260 年）平阳发生大旱，遣使赈之。中统二年（1261 年）甘州发生饥荒，朝廷给银以赈济灾民。同年沙肃二州百姓缺少粮食，朝廷同样给米钞赈济灾民。至元五年（1268 年）益都路发生饥荒，以米三十一万八千石赈济。至元六年（1269 年）大名路等路饥荒，赈米十万石。东平路饥荒，赈米四万一千三百多石。东昌路饥荒，赈米二万七千五百九十石。济南路饥荒，赈米十二万八千九百石。高唐、固安二州饥荒，赈米二万零六百石。至元十年（1273 年），诸路蝗蝻灾五分，霖雨害稼九分，赈米凡五十四万五千五百九十石。中统三年（1262 年）济南路发生饥荒，朝廷以粮三万石赈之。元成宗元贞元年（1295 年）诸王阿难答部百姓饥荒，赈粮二万石。是年六月，又以粮一千三百石赈隆兴府饥民。元成宗大德四年（1300 年），鄂州等处百姓饥荒，发湖广省粮十万石赈之。这些都是一次性发粮赈济的情况。有时赈粮是按月规定期限，依饥荒的严重程度分别赈济一个月至四个月不等，如元世祖至元十九年（1282 年）真定发生饥荒，赈粮两月。至元二十三年（1286 年）大都属郡六处饥赈粮三月。元成宗大德元年（1297 年）闰十二月，般阳路发生饥荒和疫病，给粮两月。泰定帝泰定三年（1326 年）二月，河间、保定、真定三路发生饥荒，赈粮四月。对于赈济期限长短的依据，史籍未见明确的记载。

其次，为解决灾民的穿衣御寒问题，亦常有赐给灾民薪炭或衣物、绢帛。宋高宗绍兴三十一年（1161 年）春正月丙申大雨雪，给三衙卫士行在贫民钱及薪炭，命常平赈给辅郡细民，雪寒，百姓大多缺少食物，诏临安府城内外贫乏之家，人给钱二百、米一斗及柴炭钱，并于内藏给之。辅郡之民，令诸州以常平钱依临安府赈济。辽圣宗统和六年（988 年）十一月，给寒者分发裘衣。辽道宗大康八年（1082 年）九月大风雪，牛马多死，赐扈从官以下数量不同的衣物和马匹。

除了解决灾民的温饱问题，还赈给灾民耕田、种谷、耕牛和马等物，以帮助灾民重新进行再生产。如宋仁宗天圣七年（1029 年）三月辛巳，诏契丹饥民所过地方赈米给他们，并且将他们分送至唐州、邓州等州，以闲田安置他们。宋高宗建炎二年（1128年）春正月丁亥，任用两河流亡吏士沿河给流民官田、牛和种子。宋孝宗隆兴元年（1163年），诏宽籍田之法：贫乏下户，或者因为饥馑而逃亡的人户，官府有关部司即时籍给他们田地，不希望立刻返乡回归旧业的，州县应严申赦文以五年为限；希望归业者即刻送还原州县。辽圣宗统和六年（988年）发生霜灾和旱灾，因为灾民饥馑而诏令三司，旧以税钱折粟，估价不实，应该提高折价以利灾民，又迁出吉避寨居民三百户前往檀州、顺州和蓟州，择沃壤分给他们耕种，赈给他们牛和种谷。统和七年（989年）六月，圣宗诏令出各类牲畜赐给边部的贫民。统和十二年（994年）十二月，又赐给南京统军司所管辖的贫户耕牛。太平十五年（1035年）招募百姓耕种滦河的空旷之地，第十年才开始收取租赋。道宗大安七年（1091年）春二月，诏令赈给渭州贫民耕牛和布绢。寿昌二年（1096年）春正月，卖牛给乌古敌烈、隈乌古部贫民。《金史·食货志》记载："百姓因为租税和灾害不能继续生存，纷纷抛庐弃田，相继流亡而去。朝廷屡次下诏，招愿意回乡复业的百姓，蠲免他们当年的租税。"金章宗初即位，以平阳一路地狭人稠，无地者多，令官府核实官田，分给贫民耕种。不久，又诏令召集流民迁往河南地广人稀处，量给闲田。

另外，除赈给实物之外，也经常赈给灾民钱币，以让他们自己根据自己需要添置生活用品和生产工具或赎回妻女。宋仁宗天圣七年（1029年）下诏称河北大水，冲毁澶州浮桥，受灾群众中存活三口的人户给钱二千，不到三口的人户给钱一千。仁宗嘉祐元年（1056年）秋七月丙戌，还曾下令赈给被水灾溺死的人户，父母和妻子赐给钱三千，其余二千。宋哲宗元祐八年（1093年）十二月丁巳，朝廷出钱粟十万，赈济流民。高宗绍兴三十一年（1161年）春正月丙申，因为大雨雪灾害赈给三衙卫士和贫民钱以及薪炭。宋宁宗嘉定元年（1208年）九月壬子，令安边所出钱一百万缗，江淮用这笔钱置办六使籴米赈济饥民。嘉定七年（1214年）冬十月壬辰，宁宗又出内库帑钱赈济临安贫民。辽圣宗开泰二年（1013年）七月诏令以敦睦宫闲余的钱财赈济贫民。辽道宗咸雍八年（1072年）十一月，赐给延昌宫贫户钱。金世宗大定四年（1164年）九月，平州、蓟州遭受蝗灾和旱灾，百姓缺少粮食，不少人自鬻为奴，世宗下令出内库财物帮他们赎身。宋淳熙九年（1182年）七月辛巳，诏令出内库钱三十万缗，付给浙东提举朱熹，作振粜饥民之后备。金章宗承安四年（1199年）十月，陕西和蒲州、解州、汝州、蔡州等地粮食歉收，发生饥荒，流民多被典雇为富人的奴婢，朝廷下令出官绢将他们赎为良人，放还乡里。中统三年（1262年）七月，朝廷以课银一百五十锭赈济甘州贫民。大德七年（1303年）朝廷又以钞万锭赈济归德饥民。元世祖至元二十四年（1287年），斡端发生饥荒，朝廷以赈钞万锭赈济。泰定二年五月（1325年）"巩昌路临洮府饥，赈钞五万五千锭"。当灾情较为严重时，赈钞与赈粮往往同时施行，如元成宗大德十一年以钞一十四万七千余锭，盐引五千道，粮三十万石赈绍兴、庆元、台州三路饥民。泰定二年（1325年）闰正月，保定路发生饥荒，赈给钞四万锭、粮食五千石。

4. 赈贷

赈贷是将物资，如粮食、农具等，通过借贷的方式给予灾民，帮助其度过困难时期的措施。农民遇到灾年歉收就会流离失所，过着朝不保夕的生活，那么政府的救济之法，自然要以保证百姓的性命为最优先，所以需要"急赈"。等到百姓的生机有延续之可能，此时若要维持生计，就必须恢复生产。宋代的赈贷之法始于太祖建隆三年（962年），时任户部尚书郎中的沈义伦出使吴越刚刚返还，上奏言扬州、泗州饥民大多被饿死，但郡中军队的粮储尚且还剩余上万斛，宜以这些粮食赈贷饥民。有官员批评这种做法："若是当年收成特别好，谁承担这种做法所造成的损失？"沈义伦回答说："国家以仓廪之粟赈济饥民，自当召来和气，致丰年，何必担心水旱灾害呢？"太祖高兴地答应了他的请求。此后，荒年赈贷成为定法，但此时仍"不限灾伤之分数，并容借贷，不拘民户之等第，均令免息"。太祖开宝四年（971年）平灭南汉之后，诏令赈济广南路所管辖的州县乡村的贫乏人户，派遣长吏于省仓内量其贫困程度施行赈贷，候丰稔日令只归还原来赈贷的粮食数量。王安石变法后，为了改善财政状况，结合青苗法规定第四等以上的人户借贷常平仓的米粮必须出息，第四等户以下的人户才可免息，息额为二分。宋真宗乾兴元年（1022年）春二月，诏令贷给苏州、湖州、秀州饥民仓廪粟。

神宗元丰四年（1081 年）二月二十日，听闻阶州、成州、凤州和岷州人户因缺少粮食而四处流亡，诏令诸路第四等以下人户支借常平粮斛，每户不得过两石，仍不向他们收取利息。后哲宗元祐年间（1086—1094 年）因赈贷出息被民众指责为与民争利之策，因而取消了出息之令，直至宋末。

放贷的种类有许多，主要者即贷种食、牛、具等农本，也就是农贷。宋太宗至道二年，诏官仓发粟数十万石，贷给京畿地区及内郡民为种粮。英宗治平年间（1064—1067 年），澶州知州刘涣因河北地震，百姓缺少粮食而大多选择贱卖自己的耕牛，令官府发公钱购买这些耕牛，第二年百姓因为没有耕牛，导致牛的价格增十倍，刘涣将所买来的耕牛以买价重新卖给百姓。神宗元丰年间（1078—1085 年），虢州知州查道，因百姓极度贫困，急取州麦四千斛贷民为种粮，民生因此复苏。越州知州会巩遇到灾荒，令官府出粟五万石，贷民为种粮，到丰收的时候将这些还回的粮食与当年的岁赋一起入官仓，农事因此未曾停息。元世祖也曾因为发生水旱灾害贷给灾民粮食。顺帝时因为江州发生饥荒，总管王大中就贷出富人谷粟以赈贫民。

5. 赈粜

赈粜是将赈济所使用的米粮以低价售卖给灾民的一种有偿的赈济措施。宋代的赈粜最初主要是为了平抑物价，而非赈灾。但是由于其余救灾措施无法使受灾的上户群体得到实际赈济，赈粜就成为常用的赈灾措施。真宗大中祥符二年（1009 年）二月，陕西发生旱灾，诏令发仓廪粟赈粜饥民。庆历元年（1041 年）十一月，因为京师谷价踊贵，朝廷取仓廪粟一百万石，减价出粜赈济贫民。孝宗乾道六年（1170 年）六月，宁国府、建康府等府圩田被水灾破坏，但是所有第四等人户依条不该赈济，于是官府将常平米减价出粜给他们。熙宁八年（1075 年）吴越地区发生重大饥荒，越州知州赵汴令出官粟五万二千余石，平价卖给百姓，设置了许多粜粟之所，以便利前来粜粮的百姓。西夏时期，赈粜措施亦主要用以平抑物价。宋大中祥符三年（1010 年）德明境内荒歉，其邻近族帐争相抢夺赈粜的粮食。至元二年（1265 年）秋，益都发生大规模蝗灾，造成饥荒，朝廷命令当地官府减价粜卖官粟以赈济灾民。至元三年十二月，在大都、城南等地方设置米铺三十处，每铺日粜米五十石赈济贫民，等到秋收时节才关闭。六年又增设京城米铺，方便百姓赈粜。至元二十一年（1284 年）在京城施行赈粜之法，分别派遣官吏将海运之粟以低于市价的价格减价赈粜。赈粜所使用的物资除了米粮之外，还可以有其他的种类，比如韩绛知成都府时张咏镇蜀日，春季粜米，秋季粜盐，官府给券以惠贫弱百姓，赈济的种类往往因各地物产丰歉不同而有所差异。

（三）调粟

调粟主要分移民调粟和移粟就民两种。

灾害发生后，粮食是赈济灾害的主要问题，除直接向灾害发生地运输粮食外，迁徙灾民往粮食较为充足的地方也是灾害赈济的一个重要手段，这可以解决人口分布不均、交通运输能力有限的问题，此外，亦可以起到疏散灾民，维持社会稳定的作用。宋仁宗庆历八年（1048 年）河北发生水灾，百姓流亡到京城东寻找食物。宋高宗绍兴元年（1131 年），淮东、京东西地区的灾民大多流移到常州、平江府，朝廷下令各郡对这些流民进行赈济。绍兴十八年（1148 年）冬，绍兴府发生饥荒，依靠官府救济才能生存的百姓有二十八万六千人，若是不给他们赈济粮食的话，这些百姓就吃糟糠、草木，饿死近一半。流民渡江到达行都后被高宗知晓，诏令临安府赈济他们并且将其遣送返乡复业。宋孝宗淳熙八年（1181 年），江、浙、两淮、京西、湖北、潼川、夔州等路水旱灾害相继发生，官府发仓廪粟赈济并且蠲免部分租赋，派遣专使按视，灾民流入江北的，命当地官府为流民所在地置办家业。

辽建国之初，太祖耶律阿保机曾置"建州"（今辽宁省朝阳市西南大凌河南岸），《辽史·地理志》记载："州在灵河之南，屡遭水害，圣宗迁于河北唐崇州故城。"

金世宗大定三年（1163 年）滦州发生灾荒，诏令赈恤滦州饥民流移之苦，命他们前往山西，由当地富民负责赡济，在道路两旁计口给食。金章宗明昌三年（1192 年）七月，敕尚书省，饥民如果到达辽东，恐怕难以立即得到食物，必有饿死的百姓，命令散粮官统计饥民想居住的地方，官府给他们居住文书，各地官员按照人数分散安置，令当地富

庶的人户出粟赡养他们,限期两个月,所获得的粟充作秋税。金宣宗贞
祐三年(1215年)四月丙辰,诏谕当地主官留在山西的流民,少壮者
充军,老幼者前往邢州、洺州等地获取食物,想去河南的流民也任由其
自行前往。移民就食也是西夏进行赈灾的手段之一。

西夏皇帝赵保吉就因饥荒而令夏州、银州和宥州的州民之中的青壮
年去河外就食。西夏崇宗天祐民安七年(1096年),西夏境内饥困,饥
民鬻其子女到辽国、西蕃换取食物。易粟榷场也是西夏王朝常用的赈灾
措施,宋大中祥符元年(1008年)正月降旨加赐守正功臣。西夏境内
遭遇旱灾,诏令榷场勿禁西人市粮,以赈其乏。

元代在发生灾害后也往往调灾民到近处有粮食的地方就食,但元代
的移民就粟往往是蒙古部族民众的移动,这也体现了元代对全国人口的
等级划分。如中统二年(1261年)就曾迁曳捏即地贫民就食河南、平
阳、太原。元世祖至元七年(1270年)诸路发生旱灾和蝗灾,令饥民
就食他所。至元二十五年(1288年)秋七月,诸王也真部曲发生饥荒,
分五千户前往济南获取食物。至元二十六年(1289年)六月,辽阳路
等路饥,令免除当年赋役,移乙部曲饥民就食甘州。当年十二月,又徙
瓮吉剌尼户贫乏者就食六盘。对于汉族等百姓在灾荒发生时往往被迫流
亡他乡,如元世祖至元二十八年三月,真定、河间、保定、平滦等地发
生饥荒,尤其以平阳、太原最为严重,流移就食的饥民有六万七千户,
饿死三百七十一人。这次流移应是百姓自发的寻食移动,途中有灾民未
能达到目的地就饿死于途中。由于流民的大量涌入,加重了就食地的经
济负担,因此就出现有的地方官府不愿意接收甚至派兵严防前来就食的
百姓。如元明宗至顺元年(1330年),山西发生大规模饥荒,河南行省
恐流民入境发生变故,檄守武关。

移粟就民通常作为移民就粟的辅助,即调拨别处的粮食赈济本地饥
民。如果饥民可以迁移,就令饥民移动到粮食丰足的地方就食;如果饥
民不能转移,而粮食运输方便的话,就移动钱粮至灾区赈救。两种方法
并不冲突,有时可以同时采用。宋乾德二年(964年)四月,灵武发生
饥荒,转运泾州的粮食赈济饥民。嘉定二年(1209年)六月,命江西、
福建、两广所辖年成丰稔的州县,籴运粮食给临安。但因古代交通不

便，物资运送困难，因而移粟就民之法并不流行。

辽圣宗开泰六年（1017 年）冬十月，南京道发生饥荒，朝廷调云州、应州、朔州、弘州等州的粮食赈济。太平九年（1029 年）八月，燕地发生饥荒，户部副使王嘉请求造船，招募研习海漕者，移送辽东的粮食赈济燕地，后因道路艰险不方便运送而被搁置。同时这种举措还会大大增加朝廷和民众的负担，甚至导致农民起义。

西夏也有移粟就民之举。例如夏崇宗贞观十年（1110 年）九月，监军司以闻，乾顺命发灵州、夏州等地的粮食赈济。

元代，移粟就民主要是对饥民的赈济，如至元二十四年（1287 年）闰二月，因为女真水达达部连年饥荒，移粟赈之。元代的移粟就民措施又分内陆调拨和海运两种形式。内陆调拨，或是调他省粮食救济饥民，如天历二年（1329 年）四月陕西发生饥荒，朝廷发孟津仓的储粮八万石，跨省赈济；或是利用内河漕运调邻近地区粮食，运赴灾区，如至元二十九年（1292 年）正月，青州发生饥荒，就令陵州发粟四万七千八百石赈济，通过运河北上运粮救荒。此外，通过海道运粮赈济饥民，是元代具有特色的救荒措施之一。元代正式开辟了自江南长江口至北方渤海湾诸商埠间的海运，并逐步取代了以往的河运，成为南粮北调的主要运道。元代有时截漕分粮，作为应急措施赈济沿途路府的饥民，如至大元年（1308 年）十月山东诸路发生大规模饥荒，中书省臣请求以江西、江浙海漕储粮三十万石，内分五万石贮存在朱汪、利津二仓，赈济山东饥民。元代主要是利用海运米来赈济大都路与辽阳行省的饥民，京师的海运粮主要用于赈粜。辽阳行省的赈济，如至元二十五年二月，朝廷发放海运米十万石，赈济辽阳省军民。延祐五年（1318 年）四月，辽阳发生饥荒，运送海漕粮十万石到义州和锦州赈济贫民，这类赈济调运粮食的数目还是相当可观的。元代调粟（主要以移粟就民为主）经常为之，既有省内协济，又有跨省调运，数额巨大，接济地区广泛，是颇具效果的救荒措施。

（四）弛禁

宋辽金夏元各代为了强化自身统治，都对民众制定了许多"禁规"，令其严格遵守。然而当自然灾害发生时，一些"禁规"会妨碍灾民正常生产、生活秩序的恢复，故而便会在一定的区域范围内特开禁令，允许灾民做原来"不被允许做"的事情。

1. 禁遏籴

两宋时期由于灾荒频发，最初各地为了储备粮食以赈灾荒，即使是丰收之年也不允许本地余粮出境，相距很近的地区米价也有很大不同。李觏《旴江集》曾就此情形议论："一斗米很可能在一个地方卖出五六十文，在另一个地方就卖八九十甚至一百二三十文，另一地或许卖二百二三十文。鸡犬之声相闻，而舟楫不通运送，使得粮食丰收的地区农户得不到收入，粮食荒歉的地区人户得不到食物，这不是良好的解决办法。况且在境内本身也有各类禁条，使民籴无法运行只能等待官籴。而且商人在城镇，农户在乡村，若籴则米粮聚集在州县，不籴则粮食留存在乡村，只是日日修城池而不筹其中蓄积，也是很可笑的。如若官籴数足然后放民籴，那么河道应该会便利不少。官籴价格一定，民籴价格逐渐升高，难易如何判断？我认为应当放宽禁令，听民自便，仍为著令以告后来。"因而朝廷特采取禁遏籴措施救灾。禁遏籴即禁止各地政府实行阻止粮食出境的措施，能够促进粮食从丰稔地区流向受灾地区，赈从而济灾民。高宗绍兴十三年（1143年）三月丙午，筑园丘赈济淮南饥民，仍禁止遏籴。理宗宝庆三年（1227年）监察御史汪刚中指出，"丰收地区，谷贱伤农；凶歉地区，赈济无策。只有以有余粮的地区的余粮赈济储粮不足地区，才能使发生饥荒的地区米价不会过高，农民可以得利。希望严禁遏籴禁令，凡两浙、江东西、湖南北州县有米处，自由贩鬻流通；若是违令，准许被害者越级上诉，官员按违令情况弹劾，吏处决发配，百姓按律令行事"，理宗听从了他的建议，确立了禁遏籴的救灾措施。

2. 罢官籴

罢官籴，即在灾荒年份暂停政府收购粮食，以此来缓解粮价的上涨。宋代政府每年照例都要收购一定数量的粮食，以此来供给军队、官员等非生产性人口的需要。但是在灾荒之年，粮价必然上涨很快，政府若是还要照例收购，就会进一步促使粮价的上涨，导致人民抗灾能力的下降。因此，政府在灾荒之年暂停收购粮食对于广大农民的抗灾自救，意义重大。真宗大中祥符八年（1015 年）常州通判张晶之，目睹饥荒中，发运使急于官籴，粮价日渐增高。公奏官籴，而民不流亡。神宗熙宁七年（1074 年）河北地区自春至夏大旱异常，因此朝廷九月诏河北灾伤州军罢籴。

3. 限制纳贡

限制纳贡算是辽金时期较有特色的一个赈济手段，其具体之法即减少向中央的纳贡，以减轻受灾各地及诸部族的负担。辽圣宗统和十二年（994 年）二月，免除诸部当年的输羊及关征，统和十五年（997 年）四月，免除奚五部当年的麋鹿贡赋，十月又免除奚王诸部所有贡赋。统和二十一年（1003 年）十二月，免除三京诸道贡赋。辽道宗大康三年（1077 年）正月，减少诸道春贡的金帛数量，免除每年所贡尚方银。大安三年（1087 年）四月，免诸路一半的贡赋。大安四年（1088 年）又减免诸路日常上贡的服饰和日常用品。寿昌三年（1097 年）六月，诏免诸路驰驿贡赋；天祚帝天庆七年（1117 年）正月，减厩马所耗费的粮食，分给诸局。

4. 其他禁令

辽代会同五年（942 年）五月，“禁屠宰”。圣宗统和元年（983 年）九月丙辰，南京留守上奏说秋霖害稼，请求暂时停收关征，以打通山西粮食籴易，圣宗准奏。统和七年十月，“禁置网捕兔”。统和十一年（993 年）正月，“禁丧葬礼杀马”。兴宗重熙十五年（1046 年）九月，禁止百姓私自设置捕猎装置捕杀狐狸和野兔。道宗咸雍八年（1072 年）十一月丙辰，发生大雪灾害，“许民樵采禁地”。天祚帝乾统三年（1103 年）二月，武清县遭受水灾，“弛其陂泽禁地”。

（五）养恤

宋元时期抚恤措施有多种，包括施粥、居养、赎子及对突发性灾害的破坏给予救济等。

1. 施粥

施粥是临灾救荒的最急切之法。宋代建隆元年（960 年）夏四月，派遣使臣分抵各个京城门，赈饥民粥。天禧元年（1017年）三月辛酉，诏令官府做稀粥赈济怀、卫两地的流民。同年十二月丙寅，又因京城大雪寒冷，赈给贫民粥。景祐元年（1034年）正月，诏令开封府界内诸县和各灾伤州军做糜粥赈济饥民。嘉祐四年（1059年）春正月辛丑，派遣官员分别前往京城各地，赐给孤苦、贫穷、苍老、患疾病者钱，畿县委令伴以糜粥赈济饥民。熙宁八年（1075年）正月，洮西安抚司遭遇大旱，请求施粥给饥民。辽代主要还是偶然施粥行为，虽有粥厂的设置，但一般都是地方官吏和富民从之。《辽史》中未见有官方设置粥厂的记载。名臣刘伸致仕不久，适逢燕、蓟两地发生饥荒，便与辞官归家的赵徽、韩造每日做糜粥赈济饥民，依靠他们的施舍活下来的饥民不可胜计。富人张世卿也设粥济贫持续数十年。金章宗时日趋完备，时间和空间上均有固定，遂奠立"粥厂"制度。承安二年（1197年）冬十月甲午遭遇雪灾，朝廷以米千石赐普济院，令为粥赈济贫民。承安四年冬十月乙未，又敕令京城府县广设普济院，命他们每年十月至第二年四月施粥赈济贫民。泰和五年（1205年）三月，命给诸寺米，每年自十月十五日至正月十五日，做粥赈济贫民。元代对于荒歉之救济，以蠲免、赈米、平粜为主，施粥较次，且无特色。元仁宗延祐六年（1319年）十二月，赈救上都、大都灾民，冬夏两季在路旁施粥赈济饥民。元惠宗（顺帝）至正十二年（1352年）五月，起复余阙为淮东宣慰副使，守安庆。第二年春夏遭遇大饥荒，人相食，余阙捐献自己的俸禄做粥赈济灾民。

2. 居养

指临时收容抚恤的方法。官府常常在灾害发生时，以立安民、给药、抚婴之法，并在各个地方设置种种收容机构。其中，也有固定的设立处，如居养院、安济坊、福田院等，这样的收容所虽然并非专门为灾民所设置，但是其收容之人却以被灾难民为主。《宋史》载，"京师原来设置东西福田院，以收容老、疾、孤、穷、丐者。之后给钱、粟者才二十四人。英宗命增置南北福田院，并东西各广官舍。日收容三百人，每年出内藏钱五百万作为其费用。后用泗州施利钱，数目增为八百万。"熙宁二年（1069年）京师大雪，诏老、幼、贫、疾、无依者，统一在四福田院额外给钱收养，直到春稍暖为止。同在熙宁年间，但凡鳏、寡、孤、独、癃、老、疾发，及贫乏不能自存者，让他们居住原人户已经灭绝了的房屋，他们生活的花费用原灭绝人户的财产冲抵。金代普遍设立普济院是在承安四年十一月乙未，敕令京、府、州、县设立普济院，每年十月至第二年四月施粥赈济饥民。除了政府的组织，也有的官员亲自主持，金朝官吏傅慎微募民入粟，得二十万石，立养济院赡养饥民，很多人得以生存下来。宋崇宁元年（1102 年）八月，设置安济坊养贫病者，仍令诸郡县一并设置。九月，在京师设置居养院以处置鳏、寡、孤、独者，仍以户绝财产作为赡养费用。十一月，又设置河北安济坊。崇宁三年二月丁未，设置漏泽园。最初，神宗诏开封府界僧寺旅寄棺柩。贫困人户不能负担起安葬费用的，令畿县各度官不毛地三五顷，听人安厝。命僧主之，安葬人数在三千人以上，度僧一人。蔡京将之推广为园，置籍癃人，挖坟三尺，务必使棺材不会暴露出来。监司巡吏检察安济坊，亦招募僧道主持，三年就医治了超过一千人。各县增置居养院、安济坊、漏泽园，道路上若遇到寒、僵仆之人以及无衣的乞丐，准许送近便居养院，给钱米救济。孤贫小儿适龄教育的，令入小学参加听读。其衣如果褴褛，就取常平头子钱内给他们制作衣物，并且免除一切入斋费用。遭到遗弃的小儿，官府雇人乳养，由宫、观、寺、院代为赡养。王宥做靳州知州时，年成不好，百姓流离失散，路上常有抛弃婴孩的百姓。王宥令吏收取这些婴孩，计口给粮食，平均给妇女们照养，每旬都去看望，存活下来很多人。宣和二年（1120 年）诏令各居养院、安济院，裁立中制："在应居养的日子，给饥民税米或粟米一升钱十文，省十一月至正月加柴炭五文，省小儿减半。安济坊钱米依居养法，医药如旧制。"黄苗任台州知州时，安葬没有棺材的死者一千五百人，设置养济院，创立安济坊以居养病患和囚犯。元太宗九年（1237 年）在燕京等十路设立惠民药局，给各处五百两为运营资本。中统二年（1261年）诏令成都路设惠民药局。中统三年，又敕令太医大使王献、副使王为仁管理诸路医人惠民药局。中统四年，复置惠民局于上都。至元十六年（1279 年）诏令湖南行省在戍边军队的行进路线上，每隔四五十里就设立一所安乐堂，医治病患，赈济饥民，安葬死者，由官府负担其费用。

3. 赎子

赎子是由官府出资为饥民赎子。北宋太宗淳化二年（991年）诏令陕西缘边诸州，饥民如果将男女鬻入近界部落，由官府为他们赎身。大中祥符三年（1010年）六月，诏令上一年陕西若是饥民鬻子，由官府代为赎还其家。庆历八年二月己卯，赐给瀛州、莫州（今属河北任丘）、恩州、冀州缗钱二万，用于赎还饥民鬻子。辽开泰八年（1019年）燕地爆发饥荒和瘟疫，百姓大多流殍，以佶同当时任南京留守事，发仓廪之粮赈济饥民，以针傭出买贫民鬻子。金熙宗皇统四年（1144年）陕西、蒲州、解州、汝州、蔡州（今属河南汝南）等州发生饥荒，百姓流落典雇受人驱使的，官府以绢赎他们为良民，丁男三匹，埽人幼小二匹。大定三年（1163年）十一月庚戌，下诏称中都、平州及饥荒地区并且经契丹剽掠的，质卖妻子的人户，由官府代为收赎。元世祖至元二十七年（1290年）三月，永昌（今属甘肃永昌县）站人户饥馑，众多百姓选择卖子及奴产，朝廷命令甘肃省政府为他们赎还，并且给米赈济。至大元年（1308年）闰十一月，大都米价飞涨，北方流民发生饥荒，有鬻子女的都命有关部门为他们赎身。对于地震、海啸、山洪等突发性灾害，元政府也根据坍塌房屋及死伤人畜等情形，分别抚恤。元武宗至大三年（1310年）十一月河南发生水灾，死者给棺材安葬，房屋被冲毁的人户给钱钞。泰定帝泰定三年（1326年）十一月，崇明州发生海水溢岸，漂没百姓的房屋五百户，死去的百姓给钞二十贯。

（六）除害

1. 治蝗

宋代治蝗之事常有。《中国救荒史》记述："各种天灾的处置方法不一样，有可以用人力就能够解决的，有的则不能由人力解决。凡遇到水灾与霜灾，这是非人力所能解决的，至于旱灾，则有车戽之利，蝗蝻灾害则有捕瘗之法。对于那些可以用人力应对的灾害，我们岂能坐视而不救哉？镇守主宰一方的统治者应当在发生人力可以解决的天灾后迅速制定防御和施救措施。"《宋史》记载，蝗虫祸害庄稼，官府马上招募百姓扑捕，用钱粟换他们所捕到的蝗虫，一升蝗虫可以换到三升或五升菽粟。神宗熙宁八年八月，有除蝗之诏规定，发生蝗蝻灾害的地方，县令应当亲自与民众一同打扑。如果地方过于广阔，就分别差派通判职官监司提举等分别任命到各处，招募百姓捕蝗蝻。如果捕得蝻五升或者蝗一斗，就给细色谷一升。如果捕得蝗种一升，就给粗色谷二升。若是给银钱就以中等值与之。派遣官员烧毁这些蝗蝻，并且监司差官要去田里覆按，倘有穿掘扑打这种处理行为的话，一旦损伤苗种，就免除田主当年的租税，按照市场价格赔偿给地主钱数。绍兴年间（1131—1162 年），朱熹招募百姓捕蝗，如果得到大蝗虫，一斗给钱一百文；得到小蝗虫，每升给钱五百文。南宋孝宗淳熙八年（1181 年）九月，制定诸州官捕蝗的刑罚：如果蝗蝻初生，一旦飞落，而地主或者邻近的百姓隐瞒不上报，耆保也不曾及时举报扑除者，前面所述的各方各判杖刑一百。准许百姓告报，如果当地职官承报而不受理，或者受理而不即亲临扑除，又或者扑除未尽却申报说已经清除干净的官员，有以上情形的各罪加二等。各地由官府管理的荒田牧地，如果是飞蝗栖落的地点，应该派人招募百姓取掘虫籽；如果因为上一年对虫籽补取不尽而导致第二年又生发蝗虫的，判杖刑一百。各地蝗虫生发飞落或者遗籽扑掘不尽导致再生发的，地主和耆保各判杖刑一百。如果因穿掘打而扑损苗种的地主，免除他的税赋，按照市价赔偿给地主钱数，但最大不能超过一顷。嘉定八年（1215 年）四月，飞蝗越过淮河向南，所经过的禾苗、山林、草木都被啃食完。从夏季开始直到秋季，诸道派遣的捕蝗者成千上万。饥民竞相捕蝗，官府出粟米交换。嘉定九年（1216 年）五月，浙东发生蝗灾，用来换取蝗虫的粟达上千斛。辽代有时治理蝗虫还依靠其天敌，例如咸雍九年（1073 年）秋七月丙寅，南京上奏说归义、涞水两县蝗虫飞入宋朝境内，其余被蜂所食。大安四年（1088 年）八月庚辰，有部门上奏称宛平、永清两地蝗虫被飞鸟捕食。金代不仅设立捕蝗官，遣使捕蝗，而且还颁布法律，如大定三年（1163 年）五月中都发生蝗灾，诏令参知政事完颜守道按问大兴府捕蝗官。兴定二年（1218 年）四月丁卯，河南诸郡爆发蝗灾，五月诏令派遣官员监督捕河南各路的蝗虫。朝廷对捕蝗官要求严厉，严禁官员投机取巧的懒惰行为，金至宁三年（1215 年）四月丙申，河南路发生蝗灾，遣官分别扑捕。圣上谕令宰臣要细致，派下去的捕蝗者不能仅关注道旁，看不见的地方就不多加在意，这点要以此为戒。据传金代还有捕蝗图，它是古代最早以图文形式公之于世的。金朝泰和八年（1208年）七月庚子，下诏更改制定蝗虫坐罪法。乙巳，诏令颁布捕蝗图，此捕蝗图没能流传至今。至元二年（1265年）陈祐任南京路治中，适逢东方发生大型蝗灾，尤以徐、邳两地最为严重，责令立即捕蝗。陈祐安排民丁数万人到当地，告知左右捕蝗主要的顾虑就是损害庄稼，这次的蝗灾虽大，但是谷物已经成熟，不如令农民尽早收刈，既能省力又可以得到收成。左右有人以恐怕涉及专擅之罪不赞同，陈祐说："为了救济民众而获得罪名，我也心甘情愿。"即刻命令使者分散执行，两州的民众皆赖于此得以存活。元仁宗皇庆二年（1313年）再次重申秋耕的命令。因为秋耕的好处在于能够掩阳气于地中，使得蝗螟遗种皆被日光所曝死，次年所种的庄稼，必定长势要比平常的庄稼好。每年十月，命令一名州县正官员巡视境内，有虫蝗遗籽的地方，想方设法除掉。

2. 祛疫

祛疫在宋代较为流行，得益于宋代医术的大发展。典籍中不乏此类论述："京师发生疫病，命太医制药，内库给出犀角二枚，太医折断观察发现其中一枚乃是通天犀。内侍李舜举请求留下来御用，帝曰：'我怎么能以奇珍异宝为贵，以百姓为轻呢？'竟然将它打碎了，命令太医之中擅长察脉的，到县官府授给药物，审处患者的病情给药。切勿使病情被庸医所贻误，夭折生命。"宋真宗天禧年间（1017—1021年），官府于开封近郊的一个佛寺附近买了一块地，专门埋葬无主尸体。并由政府雇人来埋尸，每埋一具尸体，还必须配上棺材，大人给六百钱，小孩三百钱。宋仁宗至和元年（1054年），开封府疫死、冻死一批人，无人认尸，仁宗下诏命令有关部门"瘗埋之"。熙宁八年（1075年）吴越地区发生饥荒，到了春天，百姓大多患有病疫，于是设置了病坊，收容处置疾病之人。招募诚实僧人，分散到各坊，安排他们早晚负责病患的医药饮食，不要延误病情，故百姓多得以生存。苏轼任杭州知州时发生大旱，饥荒和瘟疫并行。苏轼制作馇粥药剂，派遣使者和医生分散到各坊治病，救活了许多人。宋宁宗庆元元年（1195年）临安府出现一次大的疫病，宁宗下令拿出内库钱送给因疫而死的人作为棺殓费。临安府在宋宁宗庆元五年（1199年）再次大疫，官府又"赈恤之"，其措施仍是颁散钱粟以赈。若一些人全家都因疫而亡，即使政府送给棺殓费，也会没有亲人掩埋，尸体就会一天天地放在床上，或露尸街头，狼拖狗咬，惨不忍睹。时间久的话，就会促使疫病传播，带来更严重的后果。对于这种情况，宋政府会有各种措施来应对这种情况。南宋宁宗嘉定元年（1208年）淮河流域发生了大的水灾，水灾过后，尸体遍野，政府招募人掩埋尸体，凡能埋二百人者，政府赐予度牒。宋宁宗嘉定二年，三月宁宗从内库中拿出钱十万缗赐临安贫民作为棺槽费，四月又赐临安诸军疫死者棺材钱。嘉定三年（1210年）四月，宁宗又出内库钱二十三万缗赐给临安军民，不久又下诏令临安府赐给贫民死者棺材。嘉定四年（1211年）三月，临安府再次赈济得病百姓，赐给死者购买棺材的钱。

元初也效仿了宋金的救灾备荒制度，由政府出钱设立了相应的医药机构，并视府州大小征调良医主事，以在饥、疫发生时，免费对灾民进行诊治，并提供药品，以防止和控制疫病的发生。元世祖至元十六年（1279年）诏湖南行省，在戍军归还的途中，每四五十里就设立一所安乐堂，医治病患，赈济饥民，安葬死者，所有花费均由官府承担。

（七）安辑

安辑的内容主要措施有给复、给田、赍送、除积欠和宽禁捕。发生自然灾害以后，灾民为了生存而四处流离，由此常常造成了土地荒芜和稼穑不成，也必然会对国计民生和社会安定产生很大影响。因此，对流民的安辑政策也是政府减灾的一个重要举措。

1. 给复

此即减赋、复赋之利，以诱流民还乡复业之法。例如宋仁宗皇祐年间（1049—1054年）于苑中作宝岐殿，每岁召辅臣观看刈麦。皇帝听说天下废田尚多，土著民罕见，有人弃田流徙为间民。天圣初年（1023年）诏令流积十年的百姓所拥有的田地可由他人耕种，三年之内，税收减免一半。后又诏令能自行复业的流民，税赋也照这样征收。继而又限制流民在百日复业的话可以蠲免赋役五年，减旧例的十分之八，期满不归的百姓的田地可由他人领受。至此之后朝廷每下赦令，就以招流民归乡，分百姓田地为言。因遭受天灾而流亡的百姓，又想因为税收减免的优惠回乡复业，可以缓期召回。庆历三年（1043年）陕西发生饥荒，诏韩琦安抚灾民。韩琦实行宽征徭，免租税，给复一年的政策。辽大康五年（1079年）十一月癸未，恢复南京流民差役三年，遭受火灾的家庭免租税一年。金大定二十九年（1189年）十二月，河东南、北路提刑司上奏，宁化、保德、岚州发生饥荒，给复复业的流民一年。

2. 给田

给流民以闲田并免租赋而安之。灾害发生后，灾民四处流亡，给田往往可以让灾民在一个地方安定下来并且重新拥有生产资料，恢复往日正常的生产过程。宋仁宗天圣七年（1029年）闰二月诏令河北转运使将契丹流民分送到唐州、邓州、汝州和襄州，以闲田处置他们，三月辛巳，又诏契丹饥民所经过的地方赈给他们米，分别护送他们到唐州、邓州等州，将闲田分给他们耕种。宋高宗建炎二年（1128年）春正月丁亥，派遣两河流亡吏士沿河给流民官田、牛和种子。宋孝宗隆兴元年（1163年），又下诏宽籍田之法云："贫乏下户或许因饥馑逃亡，官司要即时管理其田土，致令不复归业，令州县严申赦文规定五年之限，应归业者当即把田土归还给他们。"辽圣宗太平年间（1021—1031年）募民耕种滦河旷地，十年才开始收租。《金史·食货志》载，"百姓无法生存，大多抛弃庐田流亡。朝廷屡次降诏，招复业者，免除当年的租金。"元代官府安辑，首先会命令所在官司对流民详加检视，"随即系官房舍，并勤谕士居之家、寺观、庙宇权与安存"；对于贫穷不能自存的流民，还要视其情况赈济口粮。若有些流民愿意就地安置，务农生产，政府则给予田产，并免除其一定年限的差税。

3. 赍送

赍送即官府力量，送遣流民回籍，使得安其所业。除积极诱导灾民回乡复业或在他乡置业外，赍送也是安辑流民的一个重要举措。民众流亡在京师道路上，……其中可归业的流民，官府要酌情遣送他们归乡。宋神宗熙宁八年（1075年）春正月戊午，诏令流民愿意归业的，由州县出资送返。韩琦在益州做知州时发生饥荒，流民载道，韩琦给他们粮食送他们回乡，橄剑关民想要向东流移的也不禁止。宋孝宗乾道元年（1165 年）绍兴府一带聚集大量饥民，两浙路转运判官姜洗赈济饥民，除拣选壮健愿还乡及有经纪之人，各已给米使之自便。元代需给予返乡流民必要的路费，如元世祖至元十九年（1282 年）赈济真定饥民，其中流移到江南的百姓，官府送给他们归乡的粮食。

4. 除积欠

官府往往有安流之诏令，而流民多不敢归，其故即在于有司追索积欠，因此特颁布除积欠的赈灾指令。朱熹曾讲述过被灾州县官员多有只见到蚕麦稍微成熟，便说民生已经复苏。急于在这个时候催理积年旧欠，上下相乘转相督促。使得百姓刚刚脱离歉收的忧虑，就又陷入被官府追偿债务的苦难当中！元代对于愿意返回原籍的流民，官府更是给予优厚的政策。首先流民的原籍产业，当地官司应妥为保管，流民还乡时，尽数归还。流民还乡后，从前所欠国家一切租税，全部蠲免，并免差税三年，对于所欠私人债务，也令债主以三年为期，延缓催讨。

5. 宽禁捕

灾民于饥荒严重之时，强者多铤而走险，流为盗贼。灾后虽闻抚籍之令，亦惧罪不敢归。故设法宽一时之禁捕，以招抚之。

（八）蠲缓

1. 蠲免

（1）蠲租

蠲免赋税，即政府免除本应征收的一部分赋税或者是积欠政府的一部分财物，这项措施是宋代减灾的主要措施之一。蠲免赋税由两个阶段组成，即灾时蠲免和灾后蠲免。灾时蠲免除了救灾本身以外，最重要的目的在于安抚灾民，避免流移；而灾后蠲免旨在招诱流民归业，恢复当地经济。北宋自开国之初，就将灾害爆发后蠲免赋税的权力部分下放到州县一级官吏的手中。宋代攻下诸国之后往往以体恤民众为最先任务。朝代相互传承，凡无名苛细的事，常加划革，尺缣斗粟未曾听闻对此有所增益，一遇水旱徭役则蠲除倚阁，殆无虚岁，倚阁之后如果还是凶歉之年就继续蠲免。宋自太祖乾德元年（963 年）四月，诏诸州长史视民田受旱灾情况蠲免租赋，不用等候申报。自此之后每遇到灾荒，各地都遵照此例执行，并且较前代更加频繁。故马端临云："宋以仁立国，蠲租之事前代为过之，几不胜书。"乾德二年（964年）四月，太祖念及春夏之际阴雨连绵，委派各处长吏视察民田，没有见到育苗的就给予放免租税。乾德五年（967年）七月又下旨说夏秋以来水旱频发，恐致百姓流离。命令诸道州府长吏预告人民，发生灾害的地方，免除今年租赋。州县可以在进行评估后，对受灾田亩先行蠲免，然后再据蠲免的数量逐级上报或直接报于中央。中央再根据蠲免情况，决定受灾地区的两税或其他赋役和杂税的征收比例，而无论是蠲放赋税的比例还是要缴纳赋税的比例都由检覆灾伤的结果来决定。宋太祖开宝元年（968年）六月癸丑朔，诏令民田被霖雨河水破坏的，可以免除当年的夏税。开宝五年六月，又诏令沿河民田有被水灾破坏的，上报给有关部门就能免除租赋。太宗淳化元年（990年）受水旱灾害的地区免除田租。淳化四年（993年）又遣使分别前往畿县，统计民田被水灾破坏的人户蠲免租税。真宗天禧四年（1020年）发粟减租以赈济诸路饥民。至道二年（996年）以百姓贫困放免江南诸州南唐时旧欠官物千二百四十八万缗。大中祥符元年（1008年）下诏免除对诸路州军农器收税。哲宗元祐三年（1088年）发生大旱，免除地主的租税。徽宗崇宁中司漕者谓：凡是不愿意支移，而愿意缴纳道里脚价的百姓，特增设道里脚价之费，斗钱是以前的五十六倍，而这项规定对于贫民需索最为严重，甚至有用耕牛交换粮食而赖账的。英宗治平元年（1064年）出现大范围水灾，这一年畿内、宋、亳、陈、许、汝、蔡、唐、颍、曹、濮、济、单、濠、泗、庐、寿、楚、杭、宣、洪、鄂、施、渝州、光化、高邮军大水，派遣使者去各地视察赈恤，蠲免当地百姓赋租。大观二年，诏令天下租赋科拨支折，先征富户后征贫民，又诏令道里脚钱不及一斗的就暂免征收，这种做法的弊病虽然没有减少，支移之法逐渐成为祸害百姓的政令。唯宋代以宽大为政策，虽支移折变之法弊病较多，但是实行了倚阁之法调和其中，唯独可惜的是其因循守旧，无革新之念，故终北宋之世，田制未立，岁赋亦不振。南渡后，屡次以灾伤导致蠲租不一，高宗优待淮民，休兵后，未曾征税。高宗建炎二年（1128年）秋七月辛丑，因为春霖夏旱蝗等灾害频发诏令监司、郡守条上对受灾严重的州郡蠲免田赋。绍兴六年（1136 年）诏令去年旱伤及四分以上州县将绍兴四年以前积欠租税免除。执政初议倚阁，上曰：若倚阁，州县因缘为奸，又复催理扰，仍尽蠲之。绍兴二十八年（1158 年）三省言平江府、绍兴府、湖秀州遭受水灾，欲免除下户积欠的租税，拟令户部开具有无侵损的年成计算结果，皇帝认为不需如此，只要是必要的花销，就可以让内库拨还，朕平日不随意花费，内库所积攒下来的财务正是作预备水旱灾伤之用，本是民间钱，还为民间百姓使用，用了又有什么可惜的呢。于是诏令平江等地将积欠税赋一并蠲免。其后，孝宗蠲免广德军的月椿钱，又准许免除积欠经总制钱。光宗减收江浙诸路椿钱和买折帛钱，又蠲免了两浙路茶盐身丁钱。宁宗蠲免百姓身丁钱和买折帛钱，理宗蠲免两浙军属县官私僦及瓦砖竹木芦苇之微。蠲免是宋代政府赈灾救荒的一项重要措施，它在助民度荒、宽纾民力方面起到了很大作用。在蠲免中也有一些问题，如上免下不免，先免后收等。高宗绍兴三十一年（1161年）张阐曾指出："监司郡守贪赃枉法，受灾州县往往免除积欠的措施有名无实，两税先期追扰，商贾深受重征之苦，如果能革除这些弊端，灾害所带来的盗贼问题或许可以被消除。"理宗景定二年（1261 年）长洲县遭遇水灾，朝廷开始全免征收租税，总计苗一万二千七百余石，之后又准蠲放一分，计苗一千二百七十余石，因为其间一万一千余石之米已放，官吏复催征，百姓相信朝廷仁厚，不信有此前后矛盾之事。百姓怀疑这个"前免后收"之事是地方官在作祟，差点儿闹成民变。辽穆宗应历三年（953 年）冬，"以南京水，诏免今岁租"。辽圣宗统和四年（986年）十月，以南院大王留宁言，恢复征收南院部民今年租赋。辽兴宗重熙十一年（1042 年）十一月，因为上京今年资金紧张，恢复其民租税。辽道宗咸雍十年（1074 年）二月，蠲免平州复业百姓的租赋。金熙宗皇统四年（1144 年）十月，以河朔地区各州县地震，诏免其一年的租税。金世宗大定九年（1169 年）二月，中都等路遭受火灾，朝廷下令免征租税。金章宗明昌三年（1192 年）十二月，诏令免除受黄河水灾地区当年租税。西夏大庆四年（1143 年）京畿及夏州地区发生了地震，宋仁宗曾下令这两个地区的人民遭遇地震，一户若死亡两人就免租税三年，若死亡一人则免租税二年，有受伤者的人户免租税一年。另在《天盛律令》中，也有"庄稼冻枯死的注销"的记载。

除了免除租税措施外，朝廷也有采取过一些减轻租税的办法。宋太宗淳化元年（990年）由于水旱之灾，曾有不少地方减免田租。宋真宗天禧四年（1020年）冬十月甲辰，减收水灾州县的秋租。辽圣宗统和四年（986年）耶律隆运（韩德让）上言说西州屡次战乱，再加上饥荒连年，适宜采用轻税赋的政策治理流民，圣宗听取了这个建议。统和六年（988年）西京地区发生霜旱灾害，百姓缺少粮食，大同节度使耶律抹只奏请圣宗以"所纳之司税钱，增价折粟利民"，圣宗听从了这个建议。金太宗天会二年（1124年）正月，因为以东京连年不丰收，诏令减免一半田租和市租。也有延迟缴纳赋税的记载，宋仁宗天圣五年（1027年）春正月庚午，诏令西京、福建路遭受水灾的州军中去年秋税未纳的，特予延迟纳税。宋哲宗绍圣二年（1095年）三月四日诏令河北东西路并京东路，淄州、齐州、郓州、濮州和济州灾伤，人户催去年秋料残零税租，并行延迟纳税。

蠲免租税也是元代政府最常使用的救荒措施。在自然灾害发生时，依照灾情严重程度、受损田亩比例，对民间租税进行相应的减免，起到了舒缓民力的作用。元代税制，效仿唐代，向内郡百姓收缴的税种有两种：一种是丁税，一种是地税，都是仿照唐代的租、庸、调法制定的。向江南百姓收缴的税种为夏税和秋税，仿照唐代的两税法。当遇灾时蠲免租税的次数比宋朝更频繁。大灾普蠲全国，小灾蠲免一路两路，几乎无岁不施行，所以能够赈济贫困百姓，复苏民生。太宗十年（1238年）诸路遭遇旱蝗天灾，诏令免收今年田租。第二年诏令亦如之。世祖中统四年（1263年），因为发生旱灾减免百姓田租。至元四年（1267年）发生蝗患，免租，之后两年诏亦如之。至元十六年以发生水灾为由，蠲免本年田租。至元二十七、二十八年，诸州饥馑，诏免田租。元明宗至顺二年（1331年）发生大饥荒，免除租税。元代灾伤州县蠲租，有的全免，有的只免一半，差税或者免除三年，或者免除一年，酒、醋、门摊等课征项目，每为除免，积欠的一并免除。其余徭役，则在遭遇大荒时例行减免。如中统三年闰九月，济南路遭遇李檀之乱，军民皆饥，尽除差税徭役。至元七年南京、河南境内蝗旱，减差徭十分之六。世祖至元十七年十一月末、甘、孙三地民贫，免其役三年，十二月又赈济巩、昌、常、德等路饥民，仍免其徭役。成宗大德二年（1298年）正月发生水旱灾害，诏令免除老病单弱者的差务三年，大德五年又免除各路被灾重者的差务。

元代北方农民负担的租税主要有税粮、科差两种。税粮包括按人口征收的丁税和按地亩征收的地税，科差包括按户等征收的丝料、包银和俸钞。南方主要延续南宋旧例，征收夏、秋两税，其中地税在元代租税中占主要部分。与此相关，元政府建立了一整套较为完备的灾伤申检、体覆及减免地税制度，元世祖中统四年（1263年）以秋旱霜灾减大名等路税粮。元世祖至元二十五年（1288年）南安等地遭受战乱的免征税粮。元成宗大德八年（1304年）七月，以顺德、恩州去岁霖雨，免其民租四千余石。除粮食之外的租赋，《元史》中也多有记载，如元世祖至元六年（1269年）因济南、益都、怀孟、德州、淄莱、博州、曹州、真定、顺德、河间、济州、东平、恩州、南京等地遭受桑蚕灾伤，视情况减免丝料的上贡数额。至元七年（1270年）三月益都、登、莱发生干旱，诏令减免其今年包银的一半，五月南京、河南路又发生蝗灾，减收今年银丝的十分之三。至元二十七年（1290年）四月，以荐发生饥荒免除今岁银俸钞，给上都、大都、保定、平滦万零一百八十锭，给辽阳省千三百四十八以上锭。对于连年发生灾荒的地区，有时政府会一次性减免此前逋欠的全部租税，如至元二十七年（1290年）十二月，一次性免除大都、平滦、保定、河间自至元二十四年至二十六年（1287—1289年）的逋租十三万五百六十二石。

（2）免役

自然灾害往往造成众多流民，社会劳力缺乏，荒地无人耕种，在这种情况下，通常便减免徭役，以给生产补充必要的劳力。免役，即免除受灾群众徭役的一种救济方式，此种救济方式属于间接性的。免役之法来源甚早，宋初比较重视此法。真宗景德二年（1005年）三月壬申，大名府发生饥荒，朝廷命转运司发仓赈救。当时边城缺乏军饷，有关部门请求下转运司经度，皇帝认为百姓刚刚复业，如果一味关注外部矛盾，导致民怨，那该如何收场？宋仁宗乾兴元年（1022年）二月庚子朔，皇帝御正阳门，大赦天下，恩赏悉依南郊例。水灾州军悉除其民逋租、流民复业者，例外更免其科纳差役，仍贷给他们粮种。仁宗至和年间（1054—1056年），谏官上奏："陛下每遇水旱之灾，必露立仰天，痛自刻责。而官吏不称职才使得陛下忧勤于上，人民愁叹于下。今年无收成，朝廷为放税免役及仓廪拯贷，存恤之恩不可谓不周到。"神宗时期（1068—1085年），王安石推行新法，颁布免役法，规定免役必须出役钱，因此宋代政府在此期间多不用免役来进行赈灾。之后由于新旧党交替掌权，用免役之法赈灾，时有时无。到南宋后，除宁宗嘉定二年（1209年）秋七月癸卯，诏令招募百姓赈济饥民并且免除他们的徭役之外，已几乎不见有免役之法用于赈灾的记载。辽圣宗乾亨五年（982年）六月颁布"罢徭役诏"："庄稼不丰收的情况下，以使用百姓的劳动力代替征收租税；遇到蝗蝗灾害的时候，免除百姓的徭役来赈济饥贫。"辽道宗大康五年（1079年）十一月恢复南京流民差役三年。为使更多的人能从事生产，也还有大赦罪犯，宋太宗端拱二年（989年）自二月不雨至于五月，诏录系囚，遣使分诸路决狱。宋太宗淳化五年（994年）春正月乙丑，流放罪之下的囚犯都赦免释放。宋仁宗天圣七年（1029年）河北发生大水，命钟离瑾为安抚使，诏令他所到的地方命令当地长吏从轻决发落囚犯。宋孝宗淳熙八年（1181年）五月，以久雨，减京畿及两浙囚皋罪名一等，杖刑以下罪犯无罪释放。辽道宗清宁三年（1057年）七月，因为南京发生地震，于是大赦其境内罪犯。辽道宗大安四年（1088年）正月，赦免西京役徒，二月，又赦免春州役徒，终身者皆五年就免除刑罚，同时赦免泰州役徒。

2. 停缓

（1）倚阁

倚阁指官府延迟征收应得赋税。宋代开始实行倚阁是在真宗景德二年（1005年）十二月，当时延缓了海州（今属连云港）朐山、东海等县所逋欠的赈贷米粮。倚阁的对象偏向于中等以下之人户。宋孝宗淳熙二年（1175年）刘珙在建康赈灾，首次上奏倚阁三等户夏税。绍熙四年（1193年）十月，光宗下诏令各路提举亲自去受灾州县验灾，并对第四、第五等户及受灾八分以上的人户，其所欠的赋税，视其具体情况进行延迟征收。具体倚阁数额则视户等高低，纳税额度而定。光宗绍熙三年下诏规定：每户纳税十石以上者，倚阁额度由州县决定，其余纳税人户分三等，纳税五石的可以倚阁三分之一，纳税二石以上五石以下的可以倚阁二分之一，纳税二石以下可以全部倚阁。

倚阁时间的长短往往是在数月至一年之间，诏令多于两税或随两税征收的其他赋税出现征收困难之后下达，期限的下限往往是距倚阁诏令下达最近的两税的起征时间。宋神宗熙宁八年（1075年）九月丁亥，司农寺请求倚阁常、润及苏州常熟县百姓所欠的熙宁六年的常平钱谷，等到来年征收夏税时再行催纳，神宗诏准了司农寺的请求。自九月至明年五六月起征夏税，其间共八九个月。神宗元丰元年（1078年）闰正月二十七日，环庆路经略司上奏说：环庆二州今年粮食缺乏，对蕃部及弓箭手去年所欠的全部赋税，请求依照汉民的等级倚阁七分，至来年征收秋税时缴纳，神宗也诏准了他们的请求。自闰正月至九十月起征秋税，其间也亦八九个月。倚阁时间也有长如数年短如一月者，高宗绍兴二十六年（1156年）九月丁卯，国子正陈天麟请将逃户赋税倚阁三年或五年，那么老百姓自己就会回乡归业。有时候并无明确的倚阁期限，神宗熙宁八年（1075年）三月丙申，沂州（今临沂）上奏言："第三等以下人户所欠的去年部分秋税，请求暂时对之倚阁，等候丰熟之年再行催输。"朝廷答应此请求。神宗元丰二年（1079年）九月癸酉，权发遣户部判官李琮陈述奉诏调查逃绝户的税役，据苏州常熟县天圣年间的账簿，有逃绝户倚阁数年的赋税、绸绢、苗米、丁盐钱共计一万一千一百余贯、石、匹、两。绍兴十九年（1149年）正月五日，高宗下诏倚阁绍兴府，上年未纳税租，等将来丰熟的时候随夏秋税一同缴纳。黄灏出任常州知州的时候，饥民众多，而州县仍在督促清缴逋欠税款，当时有旨准许倚阁夏税，黄灏遂上奏请求一并倚阁秋苗，不等候申报就施行。元太宗十年（1238年）诸路均发生旱蝗灾害，诏免今年田租，旧年未曾输纳的也一并停征，等到丰年再行计较。至元二十年（1283年）诏令停征燕南、河北、山东诸郡的租赋。

当达到倚阁的期限时，缴纳赋税可一次性缴清或分料缴纳。正常情况下，期满后以前倚阁的逋欠即应在规定期限内纳足，哲宗元祐年间（1086—1094年）曾有"各灾伤的倚阁租税，到庄稼成熟之日，分别作为二年四料送纳"的规定。徽宗宣和四年（1122年）下诏令河东路周边的九个州的熟户及弓箭手于大观元年（1107年）以前借贷的钱斛，予以除放。大观二年以后至政和元年以前数，还是暂行倚阁，期限是十年，此为十年二十料。《庆元条法事类》还规定："诸灾伤倚阁税租者，至丰熟日随夏秋每料催纳二分。"即以本户所倚阁正税为基，一次缴纳20%，分五料纳清。

（2）缓刑

缓刑是在灾荒年份实行减宽刑罚的措施。宽刑属于间接的救灾措施，意在为赈济灾荒创造一个宽松的政策环境。宋代政府十分重视社会稳定，常在灾荒年月实行宽刑的措施。在灾荒年份，富人大都为富不仁，灾民生活艰难，违法之事也就在所难免，若按平常年份依法办理，势必会激起民变，造成社会的不稳定，这是政府不想看到的结果，因此就必须实行宽刑的措施。宋代最早实行宽刑是在宋太祖乾德元年（963年）夏四月发生干旱，甲申在京城祠庙里普遍进行祈雨活动，傍晚就下起了雨，减免荆南、朗州、潭州管内死罪一等。光州大饥荒，强盗群起将仓廪粟发放给饥民，吏按照法律当死，光州知州上奏请求减免这些人的死罪。仁宗明道元年（1032年）江淮大旱，蝗虫四起，尤其以扬、楚两地最严重。仁宗安抚流民，让富人出粟分给贫乏饥民，然仍有群辈持杖为盗，捕得按律皆当以死罪论处。仁宗给予笞刑遣送返乡，前后有数十百人。神宗熙宁元年（1068年）春正月丁丑，以大旱减免天下罪囚一等，杖刑以下的就释放。哲宗元符二年（1099年）夏四月丁亥，因遭遇大旱减四京囚罪一等，杖刑以下的释放，朝廷在灾荒年份仍以宽刑的方式配合其他办法救灾。宋太宗淳化五年（994年）正月，遣使视察诸路刑狱，如果是在饥年囤积居奇的应该诛杀为首者，其余的减免死刑。金章宗泰和四年（1204年）四月因为久旱，派遣使者审理罪犯，理冤狱。元仁宗延祐四年（1317年）正月，帝谓侍臣曰："中书连连上奏百姓缺少粮食，……然尝思考这一问题的解决方法，惟有缓刑……"

（九）节约

节约措施的种类大约有禁酒、节省费用与开放山泽三种，施救范围有的仅限于皇室和官府，有的延及百姓。

禁酒的主要原因是酿酒糜费粮食。辽兴宗景福元年（1031年）蓟州黄龙府发生饥荒，诏令百姓不得造酒浪费谷，又禁职官不得擅造酒浪费谷，有婚祭者，有关部门批准后方可饮酒。金太宗天会十三年（1135年）正月，诏令公私禁酒。正隆五年（1160年）又禁朝官饮酒，犯者判死罪。益都尹京安武军节度使爽金吾、卫上将军阿速等饮酒，因为是近属，所以只杖责七十，其余人皆杖责一百。世宗大定十四年（1174年）诏猛安谋克之民，今后不许杀生祈祭，若遇节辰及祭天日，才准许饮会。自二月至八月终，禁止饮宴，不许赴宴会，恐妨碍农功。虽然在农闲月，亦不许痛饮，犯者抵罪。大定十八年（1178年）三月，命戍边女真人遇祭祀、婚、嫁及节辰可以自己造酒。二十九年十二月，禁止官中上直官及承应人饮酒。哀帝天兴二年（1233年）九月，禁止公私酿酒。元世祖至元十三年（1276年）因冬季无雨雪，春泽未降，使遣使问便民之事于翰林国史院。耶律铸、姚枢、王磐、窦默等曰："保证粮食充足的方法只有节约，糜谷的作用无非是制作醴醴曲蘖，更何况自周、汉以来，每代都对酿酒有明确的禁令，祈福祭祀活动的花费也很大，宜一切禁止。"世祖从之。五月，又严申大都禁酒令，违令者抄没他的家产，分给贫民。至元十五年（1278年）四月雨露充足，稍弛酒禁，百姓患重病需要以酒服药的，由官府酌情发放，十一月又放宽了酒禁。至元十八年（1281年）三月，禁止甘肃瓜州、沙州等州饮酒。至元十九年（1282年）四月，又重申严酒禁，私造者财产子女没入官府，犯人发配。当年九月辛未，又因为丰收放开了诸路酒禁。至元二十二年（1285年）甘州发生饥荒，禁酒。至元三十一年（1294年）又因为甘肃等地的米价踊贵，诏禁酿酒。成宗大德六年（1302年）陕西发生干旱，禁民酿酒。大德七年（1303年）十二月，放宽京师地区对酒的课征，许贫民酿酒。同年正月，弛大都酒禁。大德十一年（1307年）杭州一郡岁以酒糜米麦二十八万石禁止酿酒，河南益都亦宜禁止造酒，制可。同年二月，放宽中都酒禁，十月弛酒禁，又立酒课提举司。仁宗延祐元年（1314年）禁酿酒。延祐元年，以岁荒，禁酿酒。英宗至治元年（1321年），诸路饥，禁酒。文宗天历元年（1328年），灾伤等路，禁酿酒。顺帝至正六年（1346年），陕西饥，禁酒。十五年，上都饥，严禁酒。元朝立国之初，饮酒之风盛行，消耗粮甚巨。元世祖至元初年（1264年），"京师列肆百数，日酿有多至三百石者，月已耗谷万石，百肆计之，不可胜算矣"。至元十四年（1277年）三月翰林国史院耶律铸等大臣上奏："足食之道，惟节浮费，靡谷之多，无逾醪醴曲蘖"，把申严酒禁作为备荒良策。自此之后每逢大灾发生之时，常申严酒禁，对于违禁者也实行了较为严厉的惩罚。元世祖至元二十年（1283年）规定将私自造酒者的财产、女子收入官府，主犯发配，有时甚至以死抵罪。元成宗大德八年（1304年）大都酒课提举司设槽房一百所，大德九年（1305年）并为三十所，每所一日所酿不许过二十五石之上，违者处罚。

除申严酒禁外，开放山泽也是节省粮食积极赈济的一个重要手段。元世祖至元十三年（1276年）规定每逢饥年，受灾州郡山林、河泊出产的产品，除巨木、花果外，虾鱼、菱芡、柴薪等物品全免征税，准许贫民从便交易采买以赈济饥民。每次开禁一般期限一年，但同时官府也附加一些限制，如有"有力之家，不得攙夺""二十人以上不许聚众围猎"等，并且由各地的廉访司常加体察，违者治罪。

节省费用的方式则更直接。宋仁宗时，右司谏庞籍上奏说："东南每年上供六百万石粮食，府库物帛皆出自民间，百姓饥年艰食，国家若不节俭，民生又怎么能复苏？臣今天上奏，望宣示六官抑制奢侈，以济艰难。"

（十）赐度牒

度牒是封建社会发给佛教僧尼的身份凭证。出家人只有持有度牒，政府才承认其为合法的僧尼，才能够享有种种特权，如免除赋税徭役和减免罪罚等。因此，度牒在宋代时期十分受欢迎，更成为一种特殊的商品和货币。宋代政府发行了大量的度牒，在社会经济和政府财政中占据了相当重要的地位，尤其是在某些地方发生灾害时，政府就赐度牒以代替货币让地方政府出卖筹钱赈济贫乏。如治平四年（1067 年）十月庚戌，朝廷给陕西转运司度僧牒，令用于籴谷赈济遭受霜旱灾害的州县。神宗熙宁七年（1074 年）八月丁丑，赐给环庆安抚司度僧牒，用于募集粮食赈济汉蕃饥民。哲宗绍圣元年（1094 年）以京东河北之民乏食，流移未归，下诏给空名假承务郎敕十、太庙斋郎补牒十，州助教不理选限敕三十。度牒五百，付河北东西路提举司，召人入钱粟充赈济。孝宗乾道三年（1167 年）八月四川发生大旱，朝廷赐制置司度牒四百以备赈济。宋代政府用度牒赈灾是在英宗时期及以后，这只是财政状况不断恶化情况下的一种无奈之举。西夏虽在其立国的两个世纪之内战争和自然灾害频发，但因其军队中除内宿护卫等一少部分军人之外皆无须国家负担粮饷，因而少有鬻买度牒以救灾的记载，纳钱物度僧的所得主要用于佛事活动。对此，《天盛律令》中有"诸人修造寺庙为赞庆，尔后年日已过，毁圮重修及另修时，当依赞庆法为之，不许寻求僧人。又新修寺庙口为赞庆，舍常住时，勿求度住寺内新僧人，可自旧寺内所住僧人分出若干。若无所分，则寺侍奉常住镇守者实量寺庙之应需常住，舍一千缗当得二僧人，赐绯一人。舍二千缗当得三僧人，赐绯一人。自三千缗以上者一律当得五僧人二人赐绯。不许别旧寺内行童为僧人，及新寺中所管诸人为僧"的记载。金世宗大定五年（1165 年），以边事未定、财用缺乏的名义，诏令自东、南两京外的百姓可以进纳补官以及卖僧、道、尼、女冠度牒，紫、褐衣师号和寺观名额。并且每年赐给庆寿寺、天长观每道折钱二十万。金章宗承安二年（1197 年），也曾诏令卖度牒、师号、寺观额，复令人入粟补官。

（十一）贸易乞粮

灾害发生会造成巨大的粮食需求，此时向他国贷粮也是对付灾荒、饥馑的一个重要措施。宋大中祥符三年（1010 年）灵州（今宁夏灵武）、夏州（今陕西靖边县一带）地区大旱，民众饥困，西夏王赵德明以民饥上表调粮数百万。西夏崇宗正德二年（1128 年）春，遣使贺金正旦，金主问夏国事宜，使者说今年遇到了饥荒，于是命人发放西南边粟交易给饥民。在与他国乞粮的同时，西夏国还通过榷场和双方边民的私自贸易来争取更多的粮食。宋大中祥符元年（1008 年）夏州大旱，宋真宗诏告部下："朕知道夏州旱歉，已经下令榷场勿禁西蕃市场上购买粮食的饥民，盖抚御戎夷，当务含容，不然很快将会祸及大量生灵。"自从西夏立国之后，宋朝便启用了边境贸易作为制衡西夏的砝码。如西夏惠宗乾道二年（1069 年）西夏又发生了饥荒，文彦博便请求禁止汉人与西人之间的私自交易，次年宋廷屡次严申命令河东、陕西诸路经略司禁止边民与西贼交市，颇闻禁令不行。自今有违者，经略司并干官吏劾罪重断，能告捕者有厚赏。虽然有时宋朝严禁粮食出口，但在饥馑之年还是放宽这一限制的。还有通过劫掠方式赈灾的。宋咸平六年（1003 年）六月，驻扎东关镇，掠河东。东关镇在灵州东三十里，保吉以部下饥乱，挈其族党三万人树栅居之，分掠河东边境。宋大中祥符三年（1010 年）六月，西夏境内荒歉，与邻近部族争博粜量斛以平物价。又点集所部广作炮楼，向西攻下河州宗哥诸族，尽掠夺其货财。甚至还可能被抛妻卖子，天祐民安七年（1096 年）七月国中大困，民鬻子女于辽国、西蕃换取食物。

（十二）劝分

劝分即国家在灾荒年间以官职作为赏赐，劝谕有力之家无偿赈济贫乏或减价出粜所积粮食以惠贫者的措施。宋代以前这项措施实施得极少，从宋代开始大量实施此项措施进行赈灾。宋代首次实施此项措施是在真宗天禧元年（1017 年）四月，登州牟平县学究邓巽出粟五千六百石赈饥，请求官府给他颁发官职，未获得准许。晁迥、李维请求朝廷准许他的请求，以规劝更多的人捐献粮食赈济灾民，等到丰稔之年就可以停止，于是诏令补给邓巽三班借职（今承信郎）。从邓巽之后的捐粮请求做官之人，朝廷都准许了他们的请求。此后，真宗天禧四年（1020 年）六月，太常少卿直史馆陈靖请求朝廷每遇水旱等荒歉之年遣使安抚，设法招募富民纳粟以助赈贷。自此，劝分之法正式形成制度。孝宗乾道五年（1169 年）饶州连年遭遇旱涝灾害，百姓生活艰难。朝廷诏命调拨义仓米赈济饥民，只拨到六千八百石，不足一月赈粜之数。又从上贡米中拨付一万石，仍微不足济。同时又从上户处"劝谕"所得十九万六千石，成为此次赈济的主要来源。因此，宋代政府十分重视劝分之法，制定了十分优厚的劝分赏格。高宗绍兴元年（1131年）诏令赏赐给出粟济粜的百姓职务，粜米达到三千石以上授予守阙进义校尉，一万五千石以上授予进义校尉，二万石以上可以取旨优赏，已有官荫而不愿被授予官职的人，参照其他办法执行。孝宗乾道七年（1171年）八月，湖南、江西两地发生旱灾，立即以赏赐官职劝谕有余粮的家庭出粟赈济百姓。没有官职的人户出粟达到一千五百石就可以补进义校尉或者不理选将仕郎；达到二千石补进武校尉，进士可以减免文解一次；达到四千石可以补承信郎，进士补上州文学；五千石补承节郎，进士补迪功郎。文臣出粟一千石减二年磨勘，选人转一官；二千石减三年磨勘，选人循一资，各与占射差遣一次；三千石转一官，选人循两资，各与占射差遣一次。武臣出粟一千石减二年磨勘，选人转一资；二千石减三年磨勘，选人循一资，各与占射差遣一次；三千石转一官，选人循两资，各与占射差遣一次。五千石以上，文武臣并取旨优与推恩。劝分赏格的设立，说明宋代政府对劝分的重视，但更多的是，北宋后期特别是南宋时期，凡是遇到需要赈济的地方，大体都要行劝分之法，劝分之法亦成为宋代政府荒政中常用的措施。

金初至金末，也曾多次实行劝分。其实行范围，从普通民众、一般官吏到僧侣道人。金熙宗皇统三年（1143年）三月，陕西旱饥，诏许富民入粟补官。宣宗贞祐二年（1214年）京师给官民能有赒给贫人者加官升职的奖励。章宗明昌二年（1191年）敕令山东、河北缺食之地，纳粟补官有差。金棣州民荣楫赈米七百石、钱三百贯，冬月散柴薪三千束，特令各补两官。元泰定帝泰定二年（1325年），也曾令人劝分，入粟以补官，但这种方式有一定缺陷。

四、官赈事例

对于官府的三级救灾体系而言，各级政府官员无疑发挥了领导带头作用，其相互之间的职责隶属关系、监督制约关系，甚至检举揭发官员的不作为和贪污腐化在救灾中的负面影响等都直接导致救灾措施是否有效执行以及效果如何。具体的赈灾措施分为十二种，各级救灾机构在这些措施中所起到作用的比重也各不相同，禳灾弭灾往往运用于中央机构中，具体到皇帝身上就是通过祈祷上天，以罪己躬责的方式盼望灾害的消弭，人民恢复安定的生活，赈济、养恤、除害、安辑、赐度牒等多是路级、州县级地方官员或以上报中央和上级的方式，或者凭借手中的权力，承担相应的职责，进行及时的赈救。

（一）禳灾弭灾

咸平三年（1000年）初，宋真宗车驾巡视大名府，当时正在调丁夫十五万修黄河和汴河。时任盐铁判官、监察御史的王济上书认为兴修这些工程需要耗费大量的人力物力，请求放慢兴修的进度。于是，朝廷便派遣他去调查情况，王济上奏请求减丁夫十万。宰相张齐贤让王济立下状纸保证这两条河不会因拖慢进度而决堤。

仁宗庆历三年（1043年）五月发生干旱，丁亥夜里下起了雨。戊子，宰相章得象等入朝恭贺。仁宗说："昨夜朕忽闻微雷，因起露立于庭，仰天百拜以祷。须臾雨至，朕及嫔御衣皆沾湿，不敢避去，移刻雨霁，再拜而谢，方敢升阶。"得象对答："非陛下至诚，何以感动天也？"上曰："比欲下诏罪己，避寝撤膳，又恐近于崇饰虚名，不若夙夜精心密祷为佳耳。"精心密祷是仁宗皇帝所特有的一种方式，"忽闻微雷""露立于庭""御衣沾湿"而"不敢避去"，凸显仁宗焦虑的心理，以及下雨后，内心负担的缓解。当然，所谓"崇饰虚名"之类的事情，并非他认识到了公开的祈祷和避寝撤膳对灾害管理没有任何关系。

仁宗庆历四年（1044年）参知政事范仲淹因自大中祥符（1008—1016年）以来灾害不断，当年又有火灾地震和大面积的旱灾爆发，上章将其归结为：天下官吏老耄、贪浊、昏懦，"贤明者绝少，愚暗者至多""天下枉滥之法，宁不召灾渗之应耶"以及天下茶盐之利，本是万民赖以生存的资本，官府的控制使得人民断绝了生活来源，因此犯罪的人"岁有千万"，是有司与民争利，并以此请按察天下官吏的治迹，慎重天下之法令：弛茶盐之法，尽使通商，去苛刻之刑。

仁宗皇祐四年（1052年）十二月，天不下雪多日，仁宗皇帝十分着急，躬责减膳，不见任何效果。宰相庞籍上章："臣等不能燮理阴阳，而上烦陛下躬责引咎，愿守散秩，以避贤路。"仁宗说："是朕至诚不能感天而惠不及民，非卿等之过也。"当天晚上，天降大雪。在很大程度上，帝王引咎躬责，宰相上章待罪，在北宋被认为是消弭灾害的一种重要方法。

嘉祐元年（1056 年）正月，四十六岁的仁宗皇帝抱病，一个多月后才有所好转，至七月才恢复了日常工作。此时仁宗的三个儿子相继去世，仍然无嗣。这年正是大水灾年份，从四月起，河北、河东、京东西、湖北、两川相继爆发了水患。五月开始京师更是大雨不止，雨水淹没安上门关，折坏官私庐舍数万区。六月，仁宗下诏令中外实封言时政的缺失，千万不要有所避讳。知谏院范镇认为这是由于仁宗自即位以来，"虚副贰之位三十五年"，水灾的出现是上天"晓谕陛下以简宗庙"，而"宗庙以承为重，故古贤帝王即位之时，必有副贰，以重宗庙也"。

仁宗时，陈希亮知鄂县，有巫师收敛民财祭鬼，并把其叫作春斋，他们告诉老百姓"如果不及时祭祀，就会有穿着绯衣的三个老人纵火"，老百姓就会遭受火灾，希亮到任后禁止了此项行为，老百姓不敢说什么，也没有发生火灾，于是就拆毁淫祠数百区，勒令巫师为农者达七十余家。夏竦知洪州时，洪州风俗比较迷信，巫师蛊惑民众的现象比较严重，夏竦就查出所辖境内的千余家巫师，勒令其从农，并毁坏了他们祭祀用的淫祠，后朝廷下诏令江、浙以南悉禁绝这种行为。

英宗治平元年（1064 年）春季发生干旱。左谏议大夫、枢密副使胡宿上言认为九宫贵神管理水旱，虽然名不见经传，但在唐朝的时候其地位仅次于昊天上帝，唐明皇还有唐肃宗都曾亲自前往祭祀，大和年间（827—835 年）虽降为中祀，但会昌年间（841—846 年）就恢复了其旧礼，仍然派宰相亲自主持修祠，至和年间（1054—1056 年），有光禄寺的小吏因怠慢祭祀而震死了二人，其威灵所传，耳目未远。而今夏雨水较少，所以此时应特遣近臣，前去祭祀九宫贵神。英宗命太常礼院详议。于是礼官议以国朝旧制，每年零祀外，水旱灾害一旦持续的时间比较长，就遣官告天地、宗庙、社稷及诸寺宫庙、九宫贵神。四月己亥，英宗下诏："自今起发生水旱灾害，官员要去向九宫贵神祈雨。"

英宗治平元年（1064 年）春，京师、郑、滑、蔡、汝、颍、曹、濮、洛、磁、晋、耀、登等州，河中府、庆成军地区爆发了几乎遍及北宋北部地区的旱灾。英宗由于身体欠佳，将准备在京祠庙亲祷的事一推再推。四月十八日，司马光劝言："伏见权御史中丞王畴建言希望陛下仿照真宗的故事，到诸寺观祈雨。朝廷虽然批准了他的请求，但因为讲议选日已经耽误了许久。至今车驾未出，百姓议论狐疑，皆云这件事恐怕会被半途放弃。臣愚以向者，圣体不安，远方之人，妄造事端，讹言未息。若闻车驾一出，则远近释然，莫不悦喜。况今春少雨，麦田枯旱，禾种未入，仓廪虚竭，城乡发生饥荒。陛下为民父母，当与同其忧苦，祈祷群神，不能漠然视之，置之不理。况且诏命已降，四方百姓均已知晓，若是又迁延此事，久而不出，则道路之人，逾增猜惑。还不如最初就没有此项提议。且王者以四海为家，故称乘舆，或称行在。车驾暂出，近在京城之内，亦何必拘瞽史之言，选拣时目，而将万民朝夕之急忘于脑后，这大概也并非成汤桑林、周宣云汉之意。臣愚，伏望陛下，断自圣心，于一两日之间，车驾早出，为民祷雨，以副中外颙照之望。"甲午，英宗祷雨于相国、天清寺。司马光将旱灾与英宗的病情联系在一起，劝他出祷祠庙，以此消除人们因旱灾对英宗身体不适的种种猜测，并且可以"副中外颙照之望"，消弭事端和讹言。

"濮议"是北宋中期发生的一件大事。英宗即位后，宰相韩琦等在治平元年（1064 年）请下有司议英宗的父母，濮安懿王及谯国夫人王氏、襄国夫人韩氏、仙游县君任氏所用的典礼。翰林学士王蛙以《仪礼·丧服》为依据，主张封英宗父濮安懿王为皇伯，而宰相韩琦、曾公亮等执政集团主张封为皇考，参知政事欧阳修更是引经据典加以论证。议论一出，朝廷内部立刻分成了两个阵营，以侍御史知杂事吕诲、监察御史里行吕大防等人为首的台谏僚属认为，执政集团的皇考说是无稽臆说，从而怠慢了帝王宗庙，导致了近日水灾的发生。"简宗庙，致水灾"，要求改称皇伯。而中书门下也针锋相对指出："上天降灾，皆人主事。故自古圣人逢灾恐惧，多求阙政而修之，或自知过失而改悔之。庶几以塞天谴。然皆须人事已著于下，则天谴乃形于上。今濮王之议本因两制礼官违经弃礼，用其无根之臆说，欲定皇伯之称……"

　　赐额和加封是宫观祠庙系帐的补充，也是对这些宗教活动场所灾害祈祷时出现灵显事件的表彰。相州（今河南安阳）西边的隆虑山中的一个名寺大门之前有左右二池，东边为黄龙的窟宅、西边为白龙的窟宅。政和年间（1111—1118 年）适逢大旱，安阳人祷于池，立刻就下起了大雨，于是地方官员立刻为之上奏，朝廷下诏加封爵。另据《续资治通鉴长编》，神宗熙宁十年（1077 年）九月，"黄河诸埽龙女庙，并以灵津为名，封神济夫人"。宋人对待祠庙加封赐额的态度十分认真，他们相信加封是对山川神仙的褒奖，能够取悦于神明，以便使神明更好地保佑当地一方水土。而加封不当，则会招致祸患，轻则祈祷不应，重则兴风作浪危害居民。《东坡志林》载："仁宗嘉祐七年苏轼为扶风从事，当年遭遇大旱灾情，苏轼询问父老境内可以祷雨的地方，云：'太白山至灵，自昔有祷无不应。近岁向传师少师为守，奏封山神为济民侯，自此祷不验，亦莫测其故。'吾方思之，偶取《唐会要》看，云：'天宝十四年，方士上言太白山金星洞有宝符灵药，遣使取之而获，诏：奉山神为灵应公。'吾然后知神之所以不悦者，即告太守遣使祷之，若应，当奏乞复公爵，且以瓶取水归那。水未至，风雾相缠，旗幡飞舞，仿佛若有所见。遂大雨三日，岁大熟。吾作奏检，其言其状，诏封明应公。吾复为文记之，且修其庙。祀之日，有白双长尺余，历酒馔上，嗅而不食。父老云：'龙也。'"在宋人心目中，祈祷、册封祠庙对于救灾管理的影响是巨大的。

　　神宗熙宁元年（1068 年）十二月，有人因累年的灾害无法消弭而上言说：灾异皆是天数，并非由人主宰为政有失所致。刚刚再次拜相的富弼听到后十分恼怒："君主所畏惧的只有上天，若是连上天都不敬畏，那么又有什么事是不能做的呢！这肯定是奸佞小人的谗言，希望以此动摇陛下的心智，使辅拂谏争之臣，没有办法施展才能。是治乱之机，不可以不速救。"随即上言，"……所以陛下应该极力追究发生灾害的缘由，推至诚，行至德，思所以厌塞其变，以感谢天下的谴告。不然，则恐董仲舒所谓的'伤败乃至'，就是会必然发生的事了。"以此来告诫神宗，要重视上天用灾害发出的谴告和警醒，若无所顾忌，则"国家将有失道之败"。

熙宁七年（1074年）三月，一场历时大半年的旱灾发生。二十六日，在神宗下诏求直言的前两天，监安上门、光州司法参军郑侠便上书及流民图："去年发生大蝗灾，秋冬又发生大旱，以致今年春季不下雨，麦苗干枯，黍、粟、麻、豆皆来不及种，五谷的价格踊贵，民情忧惶，百姓纷纷逃移南北，困苦道路……皆由中外之臣，辅佐陛下不以道，以至于此。"要求神宗"诸有司掊敛不道之政，一切罢去"，以便"早招和气"，并以死相威胁"如陛下观臣之图，行臣之言，自今以往至于十日不雨，乞斩臣于宣德门外，以正欺君慢天之罪"。四月，旱灾仍在继续。实行近两年的方田均税法被废除的当天便下起了大雨，这一切也为13天后王安石的罢相做了铺垫。司马光在随后的上书中说：青苗、免役、市易等六项新法措施，是"今朝政阙失"，"陛下以旱暵之故，避殿撤膳，其焦劳至矣，而民终不预其泽，不若罢此六者"，使京畿以外的地方也得到雨泽。四月十九日，王安石在臣僚的攻击下辞职罢官，出知江宁府。

神宗熙宁十年（1077年）刘挚上书说："臣伏见近日都城之中，火灾频起，人情惶惶，转相骜讹。盖自冬春以来，久旱所致。今昼夜暴风，气候干燥，故易以致火。必得雨泽，乃可消伏。欲望圣慈，命官精洁祈祷，以安人心，以致天泽。兼已近四月中期，春麦方实，夏麦将结，正渴雨之时也。"

哲宗元祐七年（1092年）蔡京带领军队在长安驻扎，遇到旱灾，他就照前例，在紫阁祈雨。同年张士逊知邵武县，待民宽厚，以前他管理射洪，遇到旱灾，就在白崖山陆使君祠祈雨，后下起了大雨。所以这次邵武出现旱灾，他就在距城三十多里的欧阳太守庙祈雨，并把庙彻底翻修了一下，直至下足雨后才回来。

（二）赈济

张咏担任蜀州知州，春季粜廪米，以比当时的市场价格低三分之一的价格赈济贫民。规定凡是土户为保，一家犯罪，一保皆连坐，不得粜米，百姓因此少敢犯法。王文康担任益州知州时，有献议者建议变更为张咏之法，现在穷民没有被赈济的途径，重新落草为寇，文康上奏恢复了这个做法。蜀地的百姓大喜，写了民谣歌颂他们："蜀守之良，先张后王，惠我赤子，俾无流亡，何以报之，傅寿而康。"宣和五年（1123年）正月四日，臣僚上奏说听闻蜀地的父老称谓本朝名臣治蜀非一任，唯独张咏的德政居多，如赈粜米事，最著名的就是皇祐甲令，至今施行已过百年。他的方法是，一斗粜卖小钱铁钱三百五十文，每人每日限粜二升，团甲给历，赴场申报粜米，每年总计六万石。自二月一日始，至七月终。贫民缺少粮食的时候，都被朝廷给予了实惠。近几年漕臣不守职责，米价渐增，或是粮食陈腐不堪，与糠秕交杂，不仅仅损失了六万之数，而且稽查不严。请求下旨诏令漕臣学习皇祐甲令，仿照其施行。

文彦博在成都时米价腾贵，就命令各城门相近的十八处寺院减价粜米，不限其数，张榜通知百姓。第二天米价遂减，之前采取的方法或限升斗出粜，或抑市井价值，适足以增其气焰，而价终不能平，大抵赈济措施必须因地制宜。

自设置常平仓以来，遇到荒歉之年，物价稍高，就减价出粜。出粜之时，令诸县统计逐乡近下等第户姓名，印给关子，令收到回执前往常平仓，每户粜与三石或两石，唯是坊郭则每日零细粜与浮居之人，每日五升或一斗，百姓受到实惠，救济了很多饥民，没有见到坊郭有物业的人户来零集常平仓斛斗。

刘彝任江西知州时发生饥歉，百姓有把孩子遗弃在道路上的，刘彝命人揭榜通知，召人收养，每日给广惠仓米二升，每月抱至官中看视一次。后来又将这种方法推行于县镇，百姓因为每月二升粮食纷纷收养孩子，所以当地生子没有出现夭折的。

赵令良在隆兴二年（1164年）任驻守绍兴的将帅，当时流民聚集在城郭等待赈济，饿死的百姓不计其数。绍兴的通判王恬、阎立宁和孙建建议发放常平、义仓之米赈济灾民，等到来年庄稼成熟为止，不这样的话百姓恐怕粮食无以为继。况且每旬给百姓斗升之米，一方面会增大官府投入的人力，另一方面百姓也得不到多少实惠，不如不管距离和饥荒程度的大小，每人都赈给两个月的粮食，令百姓回归本业。赵令良按照这个方法执行下去，派遣官员委官抄札给粮遣散百姓，百姓欢呼盈道，靠此方法存活下来的民众很多。

苏次考察澧州的赈济措施，觉得抄札不公问题十分严重，于是设计出印历，在半张纸上写明某家口数、大人数、小儿数以及合请米数，贴在各人门的首壁上。该户内如果平时的生活声迹存在虚伪，准许人告发，并且据此委派官员核查。又遇到百姓请米手续冗多的问题，就令几人为一队，逐队用旗引，卯时一刻，引第一队人户领米；二刻，引第二队；以至辰巳，皆用前法，再没有冗杂的现象，并且老幼、疾病、妇女皆得均籴。又在上任遭阳司户的时候遭遇大涝水灾，命令典押将县图逐乡绘出，农田全部被破坏的地区用绿色标记，未全部破坏的地区用青色标记，没有发生水灾的地区用黄色标记。又请乡耆以逐乡为图，仍以青、绿、黄色别其村分，与前图对比，故不检涝而可知受灾分数。这种方法十分简要，催科、赈济等工作的施行亦以此为准。

耀州发生大旱，田野内寸草不生。毕仲游称各郡县的赈济大多不够及时，付出众多人力而百姓却得不到救济，因此在饥荒发生之前，就张榜告示称郡将赈济，会平粜若干万石，实际上这却是个虚数，用以劝谕百姓不要出境，百姓听闻愉快地定居此处。不久之后，粮食逐渐紧缺，毕仲游命官府出粟以市价赈粜给百姓。邻境的百姓流散殆尽，其中流亡到耀州的民众有十七万九千口，官府能够发放的粟不及万石，以民粟作为补充，每户民众都有充足的粮食，没有流亡的百姓。监司不信这份奏报，在长安搜寻流民，抓到两个人，称此是耀州的流民，将他们送还郡县，仲游验问之后发现两人皆是逐利者，自己所积攒的粮食很丰厚，不是流民，监司非常惭愧沮丧。

（三）养恤

润州金坛县内养恤的孩童起初数量不足十人，后来逐渐增多，一个月之后人数达到了三百，一年之后，老者、疾者、妇人背负着褓褓的总计超过千人。等到年末，人数又翻了一倍，第二年开春的时候少壮者咸集，人数又翻倍。中间因为阴晴异候，导致人数增损不齐，但是最多每日的波动不超过四千，大概是五分之一。以县城东部偏广仁废庵为起点，经过岳祠，终点为慈云寺，形成了关隘。来领取粮食的人，优先发放给孩子，其次是妇人，最后发放给男子，赈济灾民分别先后，并且在他们出入时派人招待。孩童需要居养的，在早上和黄昏赈给粮食。若是不是为了居养而来的，每日就不再赈给粮食，因为该方法会导致粮食不足，难以维持。来此居养的人，遵从他们去留的意愿。有疾病的患者，另外单独安排他们的住处，到与旁邑相邻的远乡地区建造房屋收容他们，但是不限制他们必须入住，分发给他们粮食让他们归家，考虑到疾疫积累久了之后会传染而不阻止他们之后再来。

这次赈济总共耗用九百六十二石米、二千二十二缗钱，其中有一大半用于籴米；薪柴三千九百大束，一万四千二百小束；苇席用于藉地、遮蔽风雨和安葬死者的总计三千四百六十件；食器耗用三百件，由于是循环给食，中间随失随补，总计凡一千三百九十件。

等到岳祠空庑的时候，又春糜赈济饥民。最开始来此接受赈济的灾民才数百人，县民暗自欣喜，灾情持续的时间虽然长，但却能保证人们的伙食。之后人数逐渐多了起来，三个月之后，人数超过万人。……没几天，调拨的钱谷逐渐到达，再加上四月朔粮食增多，奔走者也增员。有史执笔记录使得灾民受给不受欺瞒，有阇执朴巡视使得灾民的去来不拥挤，又因为赈济所用的米皆是精凿，是平时中下之家不能有的，而现在却用来赈济灾民，因此各地的流民纷纷赶来，有一万五千人。每个得到赈济的灾民吃饭之前，必会举首仰天三叩，然后才敢开始进食。

（四）除害

朱熹知晓绍兴府会稽县的蝗虫颇多，便派遣使者到当地查探。据差人回报，会稽县白塔寺相对于东山下的蝗虫数多，收拾得到大者一篮，小者一袋，并且其地头村人皆称蝗虫遇夜食稻。朱熹根据这些具体状况写成了奏折连同大小蝗虫二色都申报给尚书省，遂即乘船出门，黄昏便到了有蝗虫的广孝乡第十都、第十七都，与会稽令、尉步行亲自到田间看视，这里的蝗虫大的不多，小的却有无数，聚集在禾苗上。还没有结实的稻苗，茎叶都被咬伤。已结实的稻苗，谷苗皆被咬落，对苗稼的伤害很大。绍兴府先支钱一百贯文，付给会稽县募人打扑，派遣官吏焚烧处理。本司亦支钱一百贯文付县，增加招募的民众。据申报该县两日内已经买到蝗虫七石三斗八升五合。朱熹还与帅臣王希吕一起询究祈祷、打扑、焚瘗治理蝗虫的方法。

晁补之任齐州知州时遭遇饥荒，河北流民流亡齐州境内。晁补之请求朝廷发粟赈济饥民，得到一万斛的粮食，于是为流民添置住所，购买生活器用，饥民集居在一起，又每日给他们糜粥和药物。晁补之亲自救治灾民，救活了数千人，挑选高原安葬死者，男女分开安葬。

熙宁八年（1075年）夏，吴越地区发生大旱。九月赵抃任越州知州，遇到了前所未有的大饥荒，询问下属各县受灾情况：被灾情波及的乡镇有多少，百姓能自给自足的人户有多少，需要官府赈济的人户有多少，沟防构筑可用于安置灾民的有几所，库钱仓粟可以发放的有几何，可被招募出粟的富户有几家，僧人道士储存的粮食根据记录还存有多少，以上数字派人各自计算筹备粮食。州县吏记录百姓之中孤老疾弱、不能自食的二万一千九百余人张榜公示。所以饥荒发生的时候，当年共赈济给穷人三千石粟，收到富人及僧道士的捐赠四万八千余石，自十月朔开始，每人每日可以受领粟一升，幼小孩童给半升，考虑到男女力气不一，女性可能受到欺负，令男女受领粟的日期分开。又考虑到每人受领两天的粮食，担心百姓来往不便就在城市郊野设置了五十七所给粟场地。又因为官吏的数量不足，因此招募百姓充当吏，给他们粮食委任他们做事，因此没有粮食的百姓也可以因此得到粮食。能够依靠自己获得粮食的百姓，命富人在这些百姓籴米时不能拒绝。又发放官粟五万二千余石，以平价卖给百姓，为了便民又设置籴粟的场所十八处。招募百姓修建城墙四千一百丈，使用工人三万八千人，计算他们的佣金，又给他们粟米。百姓进行民间借贷需要偿付利息的，告诉富人先把钱借给他们，等到庄稼成熟之后，官府会督促他们偿还。被遗弃的男女孩子，找人代为收养。

第二年春季又发生大规模瘟疫，在当地设置病坊，处置患有疾病而又无家可归的百姓，招募两名僧人，嘱咐他们负责这些患者的医药和饮食，并且命令将死者就地安葬。按照这种方法，赈济穷人达三个月就当停止，当年却赈济了五个月，对此事的非议赵抃全部一己承担，不连累自己的亲属。有上报申请的活动，往往便宜行事。赵抃在此时已经十分疲惫，但仍不松懈，每件事都要躬亲参与。给病者的药食耗费，大多出自他自己的私钱。百姓不幸蒙受旱疫，有的存活下来免于死亡，有的虽死但受到很好的安葬。

（五）安辑

滕达道任郓州知州时刚刚发生饥荒，就乞奏调拨淮南米二十万石作为储备。之后淮南和东京地区皆遭遇饥荒，只有滕达道拥有调拨到的米粮，召集城中富民，与他们商议流民马上就要到这里，我们没有地方收容他们，一旦疾疫暴发难免会波及你们。他说得到了城外报废的营田，想在那里建造席屋收容那些流民。富民同意这项建议，短期内就建造了二千五百间房屋。流民到郓州之后，滕达道依次给他们授地、井以及灶器等生活用具，以兵法安排他们的职责，年少的流民负责做饭，壮年负责砍柴，妇女负责洗扫家务，流民宾至如归。圣上遣工部侍郎王古到这里按视，之间庐舍道巷之内各处引绳棋布，肃然如军队的营阵，王古大为惊讶，把这里的情况绘成图禀报给皇帝，并且称赞这种方法所救活的百姓达五万人。

（六）赐度牒

袁甫被提举为江东常平适逢当年发生干旱，即向饥民发放库庾的积粮。凡是有存粮的州县不论粮食新旧皆命人调拨，总计拿到钱六万一千缗、米十三万七千石、麦五千八百石，遣官分行赈济，赈给饥民粟米、病患药品，并且对身体单弱以及失业的市民进行了间接救济。上奏朝廷称江东地区水旱灾害频发，再加上有时甚至雨雪连月，饥民甚多以至有举家枕藉而死的情况。庄稼尚未成熟，灾情严峻。皇上诏令赐给江东一百道度牒资助花费。当时江、闽地区的盗贼逼近饶、信两地，考虑到民情易动，分发榜文谕令安民，檄文发放到诸郡，关制司上报给朝廷，为保证境内对抗灾害的目的，必须要求寇不来犯。于是提点本路刑狱兼提举，转移到番阳办公，霜冻破坏了桑苗，春夏季又连连降雨，导致湖水溢出，诸郡遭受水灾，接连申请朝廷赐给二百道度牒用贩卖所得的钱财赈恤灾民。袁甫在江东任职五年，救活了许多人。

（七）活用各类措施

皇祐元年（1049年）富弼升任给事中，知青州兼京东路安抚使。河朔地区发生水灾，流民前往京东地区，富弼择所部丰稔的五个州，劝百姓捐献粟米赈灾，得到十五万斛，交给官廪，命将这些粟米贮存在流民所在地。得到公私庐舍十余万区，零散地收容这些流民以便发放薪柴、水，官吏在自家收容流民的话，就多给他们俸禄，派人去流民聚居的地方，赈给老弱病残者额外的粮食。凡是可以从山林河泊等地获取到食物的流民，政府和地主不多加干涉。把各官吏的功劳都记录下来，约定为他们奏请朝廷给予赏赐。五日之内，马上派遣人员制作酒肉馈饭，人人尽力，百姓合力将流民中的死者安葬，称为丛冢，写文祭奠。第二年，麦子大丰收，流民受粮返乡，救活五十余万人，招募为兵的也有上万人。富弼之前的救灾措施都是把流民聚集在城郭中煮粥赈济他们，饥民聚在一起很容易暴发疾疫，等到相互传染致死或是因数日得不到食物，等到舍粥的时候皆成了僵仆。而富弼的赈济措施简便周到，救活了几千万人。

五、官赈实效

官赈的各种措施在实际运用时发挥了不同的作用，不仅受到实施赈救的具体官员个人品行的影响，在中央集权制的传统社会中，还受到君权至上和官僚品级规定等制度性影响造成职权责的错位。禳灾弭灾以统治者通过祈祷罪己的方式来调节灾区百姓的心理，在安定民心方面起到一定作用，但形式主义、迟滞和一定程度的欺瞒性等弊端也集中体现了中央集权的制度性影响。其他如赈济、调粟、驰禁、养恤、除害、安辑、蠲缓、节约、赐度牒、劝分等具体的赈救措施直接或间接的效果多有不同。一项新的救灾政策出现后，在初期往往能取得良好的成效，随着官僚体制、中央集权制度固有矛盾的存在，上下级官员、中央和地方、各地方之间的利益形成博弈甚至不可调和。

（一）禳灾弭灾

禳灾弭灾的出现主要是由于当时的人们对"弭灾"活动可以调节灾区百姓心理的这层作用是有所认识的。帝王将相们认识到了在灾害爆发时，安抚民心的重要意义。北宋时期人们对灾害的恐惧对当时社会有着较为深刻的影响，而调节人们心理的活动往往由祈祷来完成。"弭灾"活动在安定民心、传达中央思想方面起到了一定的作用，但"弭灾"活动同样存在许多弊端。

在急功近利思想的影响下，祈祷活动并没有按统治者预先制定的仪轨进行，往往徒有形式，没有起到安定民心的作用，反而成为百姓的笑柄。神宗熙宁十年（1077年）全国范围内爆发了严重的旱灾，神宗皇帝颁布了《蜥蜴祈雨法》，让开封地区的百姓一同祈祷。具体办法是：令坊巷各以大瓮储水，插柳枝，泛蜥蜴，使青衣小儿环绕呼喊："蜥蜴蜥蜴，兴云吐雾。降雨滂沱，放汝归去。"因为旱情严重，开封府督促得非常急。在短时间内，抓大量的蜥蜴十分困难，于是就找一些类似蜥蜴的壁虎来顶替。壁虎不会游泳，入水即死，小儿更换其语曰："冤苦冤苦，我是蝎虎，似凭昏昏，怎得甘雨。"从"降雨滂沱，放汝归去"到"冤苦冤苦，我是蝎虎"，反映百姓对国家急功近利做法的无奈与嘲笑。

宋辽金夏元消弭灾害是一种重要方法。无论是帝王还是宰辅，从心态上看，似乎躬责也好，待罪也好，多是一种试探性的，更多的是几分侥幸，希望真能以此感动上天，消弭灾害。

实际上皇帝下诏罪己、惩罚自己的方式无非是减少些食物、控制一下饮食、打发几个宫女、换个办公的环境而已。当时这些象征性的惩罚已经是帝王对自己最严厉的做法。北宋时期的禳灾弭灾活动，是一个程式化的运作过程，皇帝象征性惩罚自己，宰相上表待罪一般也不会真正得到惩罚，他们更注重这些措施实施后的政治效果。淳化三年（992年）夏季发生旱蝗，没有下雨。当时（李）昉与张齐贤、贾黄中、李沆同居宰辅，以"燮理非材，上表待罪，上不之罪"。"上不之罪"是一个程式，其实际意义在于满足上天惩罚的要求，借以消除灾患与上天进一步的惩罚。大中祥符八年四月，荣王宫大火，宰相王旦上表待罪，真宗降诏罪己。又有人认为火灾是人为的，不是天灾，请置狱劾罪。王旦对真宗说："火灾最初爆发的时候，陛下已经向天下百姓发布了罪己诏，臣等皆上章待罪。现在却反而将火灾的原因归咎于人，如何能得到百姓的信任呢？而且火虽有迹可循，怎么知道这场火灾不是天谴呢？"

当时交通及通信的不发达，以及在灾害管理过程中的官僚风气，使得地方上的灾情不能及时上达中央。除了实际赈救工作受到影响外，就连祈祷活动也是如此。南宋甚至闹出许多笑话。孝宗乾道九年（1173年）秋，赣州、吉州两地连雨暴涨。洪迈镇守赣州，想多多制备土袋来堵住城门，隔绝杜水入城，两天后洪水才退去。但是朝廷却命令在这时候祷雨，于是扣押这个命令不下达，把这里的情况据实上报。不久听闻吉州在小厅设置祈晴道场，而在大厅祈雨。洪迈询问其原因，郡守回答说乞求晴天是为了缓解本地的水灾，而祈雨则是朝廷的旨意。以至于洪迈感慨道："不知变通到如此地步，就是在迷惑神天，幽冥之下，上天到底该晴该雨？"

宋代"弭灾"活动的具体运作过程中难免弊端丛生。王巩《甲申杂记》记载："内侍刘永达奉命在北岳祈雨，但是上天却很久都不应。召群巫询问，皆是不灵验。有人说有一个巫师特别灵验，刘永达立刻召见了她。巫师特别倨慢，称是嘉应侯转世。刘永达觉得不能凭巫女的一番说辞就相信她是嘉应侯爵，巫女很生气。刘永达问她嘉定侯的庙堂在京师哪里，巫女胡乱指了一个地方，刘永达于是以鞭捶之刑处罚她。巫女于是屈服……"虽然，这条记载宣扬的是因果报应，有神仙鬼怪等荒诞的内容，但是，从中我们至少可以看出，内侍外出祈雨时的倨傲，以及地方上冒名顶替的混乱状态。

（二）赈济

赈济措施的优势在其原则的公平性。赈济的原则是视户等定数额，即官府根据民户占田及拥有财富的多少将百姓主观分为主户和客户两类。主户是指占有土地，拥有一定的财产，并且缴纳赋税的民户；客户则是指没有土地，且不缴纳赋税的民户。政府又根据主户有用财富的多少，将其分为五个等级，第一、二等为富裕之上户，第三等为中户，第

四、五等为贫困之下户。组织赈济工作的原则是自下而上，先赈济客户和下户，再赈济中户和上户。财力越多的人户，所能得到的救济就越有限。宋代赈济原则明显照顾了社会弱势群体，但赈济措施存在不足。

官员只做官样文章。经常是州、郡发生凶荒，朝廷就发放仓廪之粟，赐内帑之钱，以为是赈恤百姓的支出。然而往往施行之后，效果缓慢，朝廷耗资巨大，而饥民却得不到分毫的利益。因救济迟缓，有司官吏只以簿书为先，不顾念百姓生命。遇有水旱灾伤，除非十分严重，不肯申达。县报给郡，郡报给藩，一旦上报就得经过旬月才能到达朝廷。等到命令下达施行，遣官检勘，官员也动辄就以文法和后患为借口，不愿细查。只顾自己方便，而不赈恤百姓饥民。不到民众死亡的严重程度，朝廷无从得知灾情的发生。等到救灾命令下达，赈济所用的钱粮到达，已经没有多少灾民了，这时候赈济虽然有百姓能得到实惠，但却也是寥寥无几。

赈济实惠惠及不到饥民。江东地区发生旱蝗，尤其是广德和太平地区。真德秀与患司大讲荒政，亲自前往广德，以简便的手续发放官廪粮食赈灾。之后又弹劾太平州私创大斛，宁国守张忠恕私自藏匿赈济米。尚书省的臣官也言说近来因为江淮饥馑，命行省赈济饥民，但是当地的官吏与富民却因此勾结成奸，使得赈济实惠惠及不到贫民。但即使钱粮能如数给予灾民，物资也十分有限，甚至不能勉强温饱。

不是每个皇帝都勤于赈济。辽代除圣宗和道宗外，其他皇帝的赈济活动就鲜有记载。在具体的赈济过程中，一些毫无良知的官吏不但不捐资捐粮救济灾民，反而趁着救灾的机会大捞一笔，贪污、克扣朝廷发放的救济粮款。耶律昭大发感叹说："春夏赈恤的时候，吏更多在粮食中掺杂糠秕，克扣重量，不过数月，当地就又申报贫困。"

1. 兵赈

兵赈本意是将足以危害朝廷的各种社会力量通过募兵转化为保护朝廷的军队，但也弊病累累。灾民中"老弱病残"一般不会被招募到军队当中，这就导致了最终入伍的人数要大打折扣，赈济效果受到限制。宋朝养兵的目的不在强军，而在安定社会，招募的新兵综合素质不达标，拉低军队的整体素质。冗兵问题严重，宋代特别是北宋时期兵员增长速度极快，据统计开宝年间（968—976年）在籍军人总共三十七万八千人，禁军的骑兵和步兵是十九万三千人；至道年间（995—997年）在籍军人总共六十六万六千人，禁军的骑兵和步兵是三十五万八千人；天禧年间（1017—1021年）在籍军人总共九十一万两千人，而禁军的骑兵和步兵是四十二万三千人；庆历年间（1041—1048年）在籍军人总共一百二十五万九千人，而禁军的骑兵和步兵是八十二万六千人，巨大兵员数量形成庞大军事体系，大量政府财政收入被庞大军队所消耗。

2. 工赈

以工代赈能够直接缓和灾区灾情，促进受灾地区水利和农业发展，维护社会稳定。"邑人皆顿全活，水陆又俱得利"，工赈以一种社会互助的方式保障了灾民的基本生活。当然，以工代赈也存在其局限性。以工代赈同荒年募兵一样，无法惠及灾民当中的"老弱病残"等弱势群体，从而使赈济效果受限。流民人数与招募人数不匹配，以致"防闻灾伤路分募人工役多不预先将合用人数告示，以致饥民聚集，却无合兴工役"。当时工赈的水平也普遍不高，虽能保障灾民的基本生活，但恢复生产的能力仍然受限。

3. 赈给、赈贷

赈给更适合于小范围救灾，赈谷和赈银一般被认为是最符合灾民实际需求的措施。赈贷较赈给更适合受灾面积大、灾情严重的情况，对国家财政的负担较小。放贷足纾灾民眼前之急，利多弊少。但放贷之实效确实有限。

官府常对赈贷的发放进行阻挠，百姓无法真正得到钱财。苏轼于哲宗元祐五年（1090年）担任杭州知州，曾指出赈贷根本缺点："自从二圣嗣位以来，赈贷工作的指挥，多被有司巧为艰阁，故四方虽然百姓都知道有'黄纸放白纸收'之语，但执政官员只做常程文字进行下达，一旦具体工作落入胥吏庸人之手，百姓就没有了拿到钱财的希望。"官府对患有疾病的百姓仍会按时责偿，导致民不聊生。官府对于利息的追偿，或是申严归还利息的期限，或是征用他们的损耗，或是直接收取他们的利息，或是给予百姓米粮而使他们归还钱币，或是对贫困没有可以偿还东西的人户进行监督而不处置，或是胥吏打着赈贷的旗号而对编民进行征纳，凡此种种皆是弊病。有司甚至以如果赈贷规定的利息很高可以给当地政府一定提成为条件，命当地长官监督收税。现实中受到赈济的往往是富民而非贫苦饥民。

4. 赈粜

赈粜在施行过程中容易出现官商勾结谋取私利的现象。嘉祐四年（1059 年）六月丁丑，朝廷诏令转运司，凡是因为邻州发生饥荒就下令立刻闭粜的地方官员，以违制论处。哲宗元祐六年（1091 年）八月己卯，监察御史虞策言说两浙受到灾伤的州县赈济的米粮多被贩夫和公吏相互勾结冒粜，其次是发给强壮之人，饥饿羸弱的灾民往往饥困交迫，或是被踩躏死伤。赈粜的另一个弊端就是遏粜、闭粜。绍兴六年（1136 年）婺州百姓有因为遏粜成为盗贼，朝廷诏令对闭粜者判处流放，侍御史周秘上奏称若是诏令将百姓判处流放，恐贪吏怀有私心，坑害善良百姓。朱熹也曾描述过临路遏粜现象十分严重，他下属县内的胥吏竟然蔑视朝廷号令，带领吏卒大肆拘拦粜米的百姓，以至于断绝了百姓的往来之路。一年遭到大旱，检放发现损失已经达到七分以上，而上流庄稼丰熟的地区，仍然循习旧弊，公然遏粜，以致米船不通，百姓缺少粮食。由于本地州军没有米粮可以赈粜，紧急挪用兑诸邑官钱，差人前去收购粜米。差去的人回报说已经粜到米，却遭各地官府出榜禁止放行。各地客贩已经不通往来，官粜又受到阻碍，境内饥民日渐狼狈。浙东地区久不下雨，庄稼田苗已经枯槁，百姓极其缺少粮食。临邑有米可粜但当地官府却禁遏不许出境，百姓为饥所迫，已有夺粮之意。

官吏贪墨与商人的囤积居奇。朱熹介绍衢州赈粜剩余米一万八千一百九十九石一斗九升，但申报的时候却不会上报这些米的下落，而是会擅行支用。他看到还储存的只三千一百六十五石三斗八升，与前面的数额相差巨大。粜卖米麦，本是为了赈济穷民的措施。但存在牙侩与狡猾之徒，让盗匪假扮成穷民冒粜冒支。并且串通斛手将粮食倒卖给奸诡相熟的人，而不考虑村落中没有粮食的饥民。饥民即使粜到米粮，也已经是将要关毕的时候，斛手往往会在粮食中掺杂一半糠秕。

宋代养兵的费用逐渐增多，亟须为边疆军队储备粮食，于是各地和籴、结籴、俵籴、均籴、兑籴、博籴、括籴等名目也愈加烦琐。然而籴给官府的米粮多，则百姓各家收藏的就必然少，一旦遭遇凶歉饥荒，百姓便会没有粮食接济。而官吏也会有大肆征收等弊病，所以和籴的举措，仅仅适合筹集国用，对农户未必便利。

（三）调粟

移民就粟不是官府积极主动地援助灾民，而是待灾民因衣食所迫等不及官府救援而自动迁徙之后放任这种行为。有时地方官吏还会擅自驱逐入境的流民，饥民不仅取得食物十分艰难，还可能饱受追捕，甚至失去生命。移粟调民也因当时交通不便，物资运送困难，影响赈济效率。

（四）弛禁

宋代的财政权收归中央，地方不能留有余财，使得禁遏籴之法不能很好贯彻。加之灾荒之年频发，地方普遍财政吃紧，各地认为如果不加禁止只会使别处的百姓恣意将本地的资源搬运离境，导致本州本县粮食匮乏，由之导致遏籴不能从根本上禁止。

（五）养恤

养恤政策的惠及范围相对较小，办法相对消极，有时还会因为执行人员的贪墨与舞弊以及制度本身的缺陷影响实效。并且居养、赎子等法弊病虽不若施粥之甚，仍有潜存之弊。

施粥之利一能救急，适宜解决其他赈济发放前或是赈济后仍未能温饱的灾民问题；二是成本低廉，所费甚少但所活人多，手续与设备也相对简易；三则是方法简便易行。古人应对灾荒的措施仍能在现在实行的唯有做粥，没有繁杂的审查程序，不用防备奸诈之徒，简单明了，方便实行。

但是施粥措施也存在许多困难和弊病。首先是技术上的缺点，州县赈济饥民的方法，或是给他们米豆，或是给他们吃粥饭，只要来领取的百姓就会给予，不会也不能辨别他们的身份。谷价上涨的时候，每个人都想得到赠予的食物。这样赈济等到仓库中的存粮无几，快要饿死的百姓即使出现在眼前也没有粮食可以救治，虽然出发点是好的，但是救治的方法却不当，施粥应当仅仅是针对那些因饥馑而快要死亡之人免于死亡，而不是让百姓生活富裕。应当在宽广的地方进行施粥，夜晚关闭，早晨开门，人满就关门不再允许进入，午后给灾民食物然后放他们离开，饥民每日可以得到一顿饭就不会轻易饿死。至于那些能够以自己的力量每天吃到一顿饭的百姓就都不会来了。这种比之前不分辨百姓身份就给予他们粮食的做法，可以救活更多的人。赈济饥民应该分两处，选择身体羸弱的饥民制作稀粥早晚给两次，不要让灾民吃饱，等到他们前一顿饭所提供的精力用完，然后再给下一顿，这种做法首先需要保证两处不能相距太近。一旦制作出来米粥，必须官员亲自品尝，这样可以防止生水及石灰混入粥里。至于不给浮浪游手施粥的规定，完全没有道理，虽然他们平日游手好闲，但是在饥饿的时候他们和普通百姓应该一视同仁。其次，主持施粥者经常舞弊，各灾荒区域施散之不普遍。一旦某一城镇进行施粥，这个消息就会传播到其他地区，以致各地的饥民都闻风赶来，当地的官府不愿意施粥给外地的饥民，于是很容易使饥民聚集在一起被饿死。同时虽然施粥会使距离近的饥民获得食物，却不能周及僻壤深山之类的地方。饥民没有固定的停留地点，而施粥却是在固定的几处，如果不能多多设置处所，以粥赈济饥民，恐怕饥民就会奔走于各地，难以在自家留宿。甚至可能身处十里之外仍需要早晚各来一趟，疲于奔命。再次，受粥者非真饿，而饿者不得粥。受灾施粥时往往身体强壮之人可以得到，羸弱的饥民得不到。离粥铺近的百姓可以得到，距离较远的得不到。并且由于是胥吏分发，因此与他们亲厚者得到的较多，而那些鳏、寡、孤、独、疾病等真正需要被赈救的饥民往往未必能得到。等到赈救工作完成已经到了深冬，官府怀疑赈救的真实性，又令人前去核实，命令饥民自备裹粮，数次到各地参与点集，但却让他们空手而归，困于风霜凛冽之时。因此，施粥措施往往使得胥吏勾结成奸，导致贫者未必能够申报，申报了也未必能给米，就算申报也未必能全数得到，甚至有一户能得到好几户所应得的粮食，而有人户却一口粮食也得不到。最后，施粥时还容易导致病菌滋生，爆发瘟疫。粥铺往往或聚集数千饥馁疲民于一厂之中，热气蒸腾，易染疫病。发生灾荒的时候，往往流民会有饥馁疾病，他们扶老携幼逃亡，若是驱赶他们也不会前往别处，对他们的救济稍微迟缓一些可能就会死去，资助给他们购买粮食的钱币，则会导致粮价上涨，米粮难枭，如果直接分发给他们粮食散之菽粟，仓廪中的粮食又不够普及那么多人。在这时候煮粥虽然可以缓解燃眉之急，但也不是最好的方法，上上策乃是防灾，而非灾后救助。

（六）除害

宋人利用蝗虫的天敌作为捕蝗的辅助手段。蝗的重要天敌鸟类、蛙类、蜘蛛、昆虫和菌类对飞蝗发生有抑制作用。朝廷曾经因为青蛙能捕食蝗虫而诏令禁止捕蛙。襄信、新蔡两地的县令言说飞蝗经过的时候遇到一群大鸟，大概有数千只，将蝗虫啄食殆尽，幕府从事前往当地按视发现确如他们所言，因此写作了一首短歌记载当时的情况："广州奇禽鸿鹄群，劲羽长翼飞蔽云。啸俦命侣白其职，饮水栖林余不闻。今年飞蝗起东国，所过田畴畏蚕食。神假之手天诱衷，此鸟乃能去螟贼。数十百千如合围，搜原剔薮无孑遗。历寻古记未曾有，细察物理尤应稀。"绍兴二十六年（1156 年），淮、宋地区将要秋收，庄稼连片，却遇到了蝗虫灾害，它们所经过的田亩庄稼全部被一扫而尽。不久之后出现了一种名字叫鹙的水鸟，形态像野鹜那样高大，长有长喙，可以存贮数斗的物体。鹙以千百为群，更相呼应，啄食蝗虫，填满它们的喙，不吞食反而吐出来，吐过之后又去啄食。相邻的数十个邑都发生了这样的状况。不过十天，蝗虫无一存活。因此当年获得大丰收，徐泗上奏折将这件事报告朝廷，朝廷下制封鹙为"护国大将军"。可见不论是宋廷保护食蝗的蛙，还是金朝封食蝗的水鸟为护国大将军，在对自然力抵御能力还很薄弱的时代，是一种利用天敌抑制蝗虫的美好愿望。当时还有人指出，本朝的捕蝗之法甚为严苛，蝗虫初生的时候是最容易捕打的，但是往往村落之民常常出于对祭拜的迷惑，不敢打扑，因此遗患不绝。如何应对这种迷信状态的办法，姚崇、倪若水和卢怀慎进行了辩论。

（七）安辑

宋、辽、金、夏、元各代政府为了存恤流民实施了许多有效的措施，安置因灾伤而流移四方的百姓，使他们回归本业。但是，这些措施都是在灾后才采取的，因而当时的人士认为要想消除灾伤之后大量的流民，首选措施应当是在平时培育民众抵御灾害的能力，而不是在灾后进行补救。临灾之际，已然形成流民潮，在安置流民时亦应该采取灵活和安全的措施使民众得到真正的救助和安置，不至于为了截留流民而做成官样文章。本地确实不适合百姓继续生存，却要强制抑制他们的流动，甚至在他们流亡到其他地方之后又要被勒令返乡，这种做法显然不合乎常理。已经流亡的百姓固然要赈救，但是也要尽力存恤未流亡的百姓。

苏文忠评论称："臣亲入村落，访问父老，看到他们脸上皆有忧色，告诉我说丰年还不如凶年，官吏会以夏麦已经成熟为借口，催促百姓归还积欠，胥徒进门将枷锁套在身上，求死不得，所以流民不敢归乡。孔子曾说苛政猛于虎，我以前并不相信，但是今天看来，真是有过之而无不及！水旱灾害杀人，百倍于虎；而百姓对催欠的畏惧，又甚于畏惧水旱灾害。长此以往，百姓怎么能安居乐业？朝廷的仁政又怎能实现呢？"

（八）蠲缓

蠲免赋税是灾害管理的常见手段，在自然灾害发生时，依照灾情严重程度、受损田亩比例，对民间租税进行相应的减免，尤其是减免地租与灾害的申检、体覆结合，形成了较为完备的制度，有利于各级政府对受灾地区及时采取相应措施，避免严重的饥荒发生和人民流亡，同时也保证灾后重建的顺利进行。南宋名臣真德秀在论及蠲放的好处时说："一是赋税减轻必然会导致百姓的流亡减少，不会造成百姓抛弃田亩，也能保证政府能收到足够的税款；二是农民可以依靠自行播种储备粮食，在灾荒发生的时候能够减轻官府的救灾压力；三是税赋减轻可以避免更多百姓落草为寇，稳定治安。"因此，推行蠲免，既可以稳定民心，使农民不致流亡他乡，又能在本来就得不到赋税收入的情况下宣扬帝王的恩惠。灾害发生时如果不行蠲免，农民没有粮食可以交纳，非但不能收到赋税，督责稍严反而会使农民流亡，导致土地荒芜，更有甚者捐身为盗，引起内乱。

州县蠲免赋税的权力是十分有限的。在一般情况下，由监司进行覆检上报三司或户部，再由其决定放免比例，是蠲放赋税的一个必要的环节。即便是灾情紧急，来不及检覆，而由州县先行蠲放的情况，也往往是地方官吏上奏灾情与需要放免的种类及数量，由中央下诏决定。如果情况更为严重，地方也必须先将灾荒的情况上报中央，由中央下诏准许地方决定放免的数量时，地方才有权自主决定蠲放比例。宋代之检田法，其作用除查勘逃户田地及荒地外，更有检视水旱灾伤之效能。每年报灾日期，分为夏、秋二季，夏以四月为期，秋以七月为期。但呈报后手续至繁，大报由县报州，州遣通判、司录会同县令检视，约定灾伤成款，再申报中央政府，由三司定分数，决定蠲减或倚阁。当其查视灾伤之时，乃以田苗被灾之成数，定蠲减租税之标准。并检视田苗之有无，无苗者免税。检视之法，凡呈报灾伤田段，需要保留各自的苗色根荏，未经过检覆，不得耕犁改种其他植物。

地方自主蠲免赋税是不可能实现的。以漕米为例，各地每年上缴的税赋都有一个基本的定额，如没有特殊情况，每年由各路转运司分三次，即十二月至二月；三月至五月；六月至八月，缴于地方发运司，过期如仍没有缴纳到，则就由发运司以所籴米代替，这往往直接从转运司调拨，其价格几倍于本路粮食的实际价格。有时候转运司米虽然到了，但是又超过了规定的期限，就不得充当缴纳的漕米数。在这样的严厉督责下，地方往往悉转运司的意图，有灾不报的情况时有发生，根本谈不上能作出自行蠲免决定。即便有不顾转运司的权势坚持报荒蠲放的，也必须有中央的政令，才能施行。这样不仅使得地方的权限仍然置于中央的控制之下，转运司同样也要接受来自州县的约束，这样从理论上就能够形成一个相对完善的监督机制。但与此同时也限制了地方进行灾害赈救管理的自主性，使蠲放应有的减灾效果受到影响。

蠲放赋税体现的是帝王的恩德，地方官吏不敢将自己的努力凌驾于浩荡的皇恩之上。嘉祐元年（1056年）京师及河北地区爆发大规模水灾，河北转运使周沆上奏说："百姓遭受水灾，四处漂泊，衣食无靠，臣本想就近发粮赈济，但考虑到这本应是上天和皇帝的恩泽，希望皇上能早日遣使赈恤灾民。"一个地区受灾开仓放粮，尚须帝王亲下诏旨，派出使臣，以示皇恩。蠲免赋税更能体现德泽苍生的举动，自然更需要帝王来完成。

从效果上看，蠲免赋税和其他赈救措施一起对地方减灾也起到了相当大的作用。益州、利州遇到荒年，朝廷任命韩琦为体量安抚使。当时地方上征调赋税十分紧急，市场上出售绮绣等物都没有现钱支付，韩琦就暂缓蠲免百姓的赋税，也逐步裁汰贪赃不称职的官吏数百个，救活了饥民一百九十万。章绛任楚州淮阴县主簿时，违抗上级命令蠲免当地赋税，使百姓免遭流离之苦。除此之外，蠲免赋税还在稳定民心、避免百姓流移等方面起到了重要的作用。但是，应该看到，宋代正税——两税之外的杂税种类繁多。数量也多于正税，而且，不同地区有不同的税种。上报蠲免何种或几种税赋，能够反映州县官吏的态度，对减灾效果将会产生较大的影响。因而就会有以法令为具文，根本不付施行者；有时行而不忠，反以害民者。各地奉命蠲免钱粮，或是先期征缴留存，到蠲免的时候抵扣；或是阳奉阴违，不为百姓扣除赋税；或是故意将这个消息迟延告诉百姓，声称还有别的税款需要征收；有的虽然实行蠲免，但额度较少。也有将荒地上报成丰熟之地，将丰熟之地上报成荒地以使自己能够获得更多私利，或者隐报灾荒，向灾民们索取赋税来彰显政绩的官员。这样很容易破坏农业生产的时令规律，对民生有很大损害。再加上负责检视的县令，又常常因为亲自前往田地检查太过劳累，往往差遣下属的曹掾、簿尉等胥吏办理，这些胥吏到达寺庙或人家中，往往也只是集合起受灾人户，由他们自报灾伤情形，这时候就会以灾民对他们贿赂的多少来决定对他们蠲免多少赋税，州、县也默许了他们这样发展。其结果往往使受灾最严重的贫穷农户不但得不到任何实惠，反而会加重他们的损失。王安石施行方田均税法，也没能革除这项弊病。有地方在执行方田均税法的过程中阳奉阴违，富豪以财物贿赂官吏将本应由他们承担的赋税以蠲免的形式转嫁到普通百姓身上。百姓不堪重负，流亡他乡，而官府的财政收入也亏空较多。当时少数豪猾地主所做的妄报欺官之事也有难逃政府查核的。民间申诉水、旱灾害往往不受限制，有人在秋季申报夏季遇到干旱，有人在冬季申报秋季发生干旱，甚至常常在秋收之后申报灾害，企图因为无从核实而欺妄官吏。这时候如果拒绝他们申报是不可行的，但是任由他们申报而不加以核实也不可行。太宗淳化二年（991年）正月丁酉，诏令荆、湖、江、淮、二浙、四川、岭南等地所管辖的州县，民间申诉水旱灾害的日期夏季以四月三十日、秋季以八月三十日为限。

由于各级官僚互相推诿责任，或有意拖延，常使这一制度不能及时施行。有的地方如果遇到人户申报，不及时检踏，按察司也不差好人体覆，这中间又向灾民征税，人民为了逃避这种麻烦不肯申报，即使申报也不等待官府检覆，按农时番耕，上下相互推诿拖延，常常是应该蠲免的税赋很多，但因为官府没有多少检覆灾伤的奏报，只是估计大概的数字，然后税赋统一向百姓收取，逼迫人民。虽然在御史台加强监察后，情况有所好转，但这种现象总是难以避免。

（九）节约

节约这种救灾措施，如减少食物的办法，充其量仅仅是系君主个人为虚妄故事而执行的措施。类似这种减少食物的方法，不能在全国各阶层人民中普遍推行，并且以严厉手段监督，必然会徒劳无功。宋元时期的节约措施只是以一人或者数人的例行形式，显然得不到太大的实效。至于其他方法中，如所谓禁米酿酒，有时也会生出极大的弊端。禁酒的原因是酒要用米粮来酿造，但是酒一旦酿制好就能获取更多的利润。禁酒的措施无异于杀鸡取卵。军屯驻扎的地方，朝廷允许他们酿酒销售以筹措军费，加上官府税收逐渐增多，百姓的生活更加艰难。禁酒所得甚至多于平常的税赋，一旦放开禁令，朝廷财政可能也会受到影响。宋元时期对京官边军的犒赏、郊庙百神祭祀、招待远方使者这些事情上是绝不能禁酒的，往往禁酒之令只是针对民间百姓。普通百姓平时少有酿酒的行为，荒年因为缺少粮食更不会酿酒，不须禁止就可以禁酒，只有官府和富豪之家，平日积攒的米粮较多，荒年颁布的禁令又不一定会限制到他们身上，虽然颁布了禁令，实效却大打折扣。

（十）赐度牒

出卖度牒救荒救灾，当时朝野上下有不同的意见。王安石变法时期，主张以卖度牒换取的钱粮充当常平仓的籴本，理学家程颢则不甚赞同。熙宁二年（1069年）宋神宗询问王安石关于程颢言说不可卖祠部度牒做常平本钱一事的看法，王安石回答说："程颢所言自以为是正道，但是臣以为程颢所言还未达到。现在贩卖度牒所得的钱财可以置备粟饭四十五万石，若是在荒年每人可以赈贷三石，则可救活十五万人的性命，若以为这样做不合理，是不精通王权之道的表现。"董煟也说："用度牒换米是一种权宜之计，反对这项措施的人称度牒一旦发放过多，会导致人丁稀少。但是灾荒时期流民特别多，以一本度牒换一人为僧便可以养活十人的性命，应该无所顾忌地马上实行。但是这项措施确实不应该经常实行。"

北宋晚期到南宋前期，由于度牒发放毫无节制，朝野上下批评之声四起。绍兴二十七年（1157 年）八月辛亥，宋高宗就指出，朝野上下多有议论发放度牒之事的。现在不靠耕田为生的百姓有二十万人，发放度牒会驱农为僧，一人可以领田百亩，每度一人为僧就会有百亩的田无人耕种。考虑到佛法自东汉明帝时流入中国，终不可废止。有意禁绝，只是唯恐僧徒多会导致耕田者过少。

（十一）劝分

劝分能够在灾害发生的时候筹集到更多的粮食来缓解灾情、赈济灾民，但其本身的不成熟性也会导致很多弊病。一旦政府过于依赖劝分的方式来赈济饥荒，长此以往会造成冗官越来越多，官员的权力被分散，不利于行政效率和政府诚信的树立，米粮的筹措来源只会越来越少。倘若饥荒持续十年，想凭借这种方法赈救百姓的性命是无济于事的。百姓只要缴纳粟米就可以得到官职，固然人人都乐而为之。但是往往在他们缴纳米粮之后还需要花费各类的费用，不能立刻得到好处，不利于树立官府的威信。如果能够革除这项弊病，先给予他们官名和赴任告示，那么救荒的米粮也就不用发愁了。

第二章　民赈

民赈是政府以外的人或机构，在灾害发生时的援助行为。在中国传统儒、释、道等各种社会观念影响下，在灾害发生时的赈救活动中，除政府以外，士绅富民与官观寺院也以各种方式参与到救灾活动中，也是整个社会减灾活动的一个重要的组成部分。通常是在县以下局部地区发生自然灾害之时，由民间义士自愿向灾民捐赠物资，分散性和自发性显著。宋元时期，民间赈济事宜频繁，方志中常有"义举""善行""义士""笃行"等记录，甚至在官赈所鞭长莫及之地区作为官赈的补充措施施行。

一、士绅富民赈济

宋代，繁荣的社会文化熏染着这一时期社会各个阶层，特别是受过一定教育的士绅富民阶层，灾害发生时他们中的许多成员不仅具有"兼济天下"之心，也具有"兼济天下"之力，以各种方式救助了许多的灾民。辽、金、夏、元以其较高的汉化程度，也使得其受中原文化的影响，出现了士绅富民的灾害救助活动。

（一）宋代士绅富民赈济

富民士绅自发进行赈济灾荒行为，则始见于宋代。宋代是民间自发救助灾害的萌芽时期，较为典型的是范仲淹的义庄和朱熹的社仓。

北宋仁宗庆历（1041—1048 年）、皇祐（1049—1054 年）年间，范仲淹所设立的义庄，就是典型的民间救助机构。但其周济对象限于贫寒的族人，并不对族姻以外的人进行赈济。随着义庄制度的逐步发展，逐渐将救济的对象扩展到宗亲以外的人。神宗年间任参知政事的吴奎曾在家乡潍州北海立义庄以救济亲戚朋友当中的贫乏者，后至孝宗乾道四年（1168 年）知绍兴府的史浩以官府之力创立了专给乡曲贤士大夫之后的贫困无以丧葬嫁遣者的义庄，后其出任福州，在当地又创立一个旨在救养贫苦孕妇的义庄，之后当其乞骨还乡之后借鉴之前为官时创办义仓的经验与待阙居里的沈焕还有耆老汪大猷共同向乡里倡议，汪大猷首先拿出二十亩田地以起倡导作用，其后诸热心人或是直接捐出自己的财产，或是拿钱购买各种物资，并详细地记录了下来，此外，另有知明州（今属浙江宁波）林大中拨助绝户田产二顷，一共得田五顷有余，又在郡城西望京门内购买土地并建造房子十五间，将其命名为"义田庄"，于光宗绍熙元年（1190 年）正式运行。南宋孝宗乾道四年朱熹为母丁忧，居福建崇安县开耀乡五夫里，适建宁府一带发大水，视察灾情后朱熹感慨道："今时肉食者，漠然无意于民，直是难与图事。"为了赈济灾害，朱熹与该乡土居朝奉郎刘如愚，劝豪民减价出粜谷物，同时上书建宁府知府徐嘉，请发常平米，救济灾民。朱熹利用官给常平米"始作社仓于崇安县之开耀乡"，老百姓就此得以免除饥饿，浦城（今属福建浦城县）的盗贼也不再出现，有的皆束手就擒。后孝宗下诏令仰慕且愿意设置义仓的可以自行设置，官府不要强制民间设置，以自愿形式将社仓推广全国下，社仓也出现多元发展布于天下，其与朱子社仓论，其仓本或出于官府，或出于某家，或出于民众；其服务范围或及于一乡，或及于一邑；其赈济方式或粜而不贷，或贷而不粜。

除范仲淹的义庄和朱熹的社仓外，另有地方士绅富民以赈粜和赈给的形式赈济灾民。嘉兴府（今属浙江嘉兴市）陶士达，在乡里有长者的美誉，嘉定三年江淮大饥，陶士达乃自行调查其附近的饥民两千余家，拿出了自己私廪的粮食减价赈粜灾民，许多人仰赖于此。不久，疾疫又渐起，灾情加重，陶士达又出私财赈济饥民，救活了很多人。黄岩人陈容，设立本价庄，每年拿出缗钱数千在秋天收购粮食，在春天以本价粜卖，每年都会有所盈余，每遇凶岁，他就以市价的一半出售，城中四周都依靠他的供给。黄岩人黄原泰，生性乐善好施，遇到凶年，他从闽浙等地买来粮食，以买价的一半赈济邑人。王速在春夏之交，拿出了其私仓的所有粮食，减价出粜，一邑之米价赖之以平，又遇乙酉年大饥，煮粥以赈济饿者，为里人的表率，救活了很多人。如果是饥荒的大面积爆发，饥民的人数又是特别多的情况下，则"以粥赈"的现象更为常见。如金坛县（今属江苏金坛区）张恪，在乡里有善人的美誉，因遇旱年而乡里百姓饥饿无食，他就拿出自己积存的粮谷以平价赈粜以惠乡里。当外来流民众多灾情加剧的时候，又在道旁建造茅舍，捐出所有积谷煮粥以赈，每天来就食的人不下数千人。更有甚者，如金坛县刘宰，私人救助规模甚为巨大，刘宰曾三次赈饥。宁宗嘉定七年（1214 年）他第二次私人创立粥局。饥民很多，幸得友人响应捐助，才能继续。翌年，农历四月初，正当青黄不接的时候，来粥局就食的，多达一万五千多人。黄虎抚恤乡邻就像对待自己的家人，乡里孤贫人家的嫁娶就如同自己子女嫁娶一样；凶年饥岁，他就或赈或贷；遇到有人家房屋倾圮漏雨，他就主动前去修补，所以他所居住的乡里没有流殍，得了病的人也不必四处奔波。

此外，还有民间赈贷。宋代在赈贷方式广泛被使用的广大乡村地区，虽然官方赈贷行为依然存在，但以官绅富民为主体的民间力量逐渐取代了国家力量，成为灾荒赈贷的主体。这一情况的出现，主要是由于"富民阶层"这一民间力量的崛起而引起的。王安石曾试图通过青苗变法，以官方赈贷重新取代民间赈贷，达到"昔之贫者举息于豪民，今之贫者举息于官，官薄其息而民救其乏"的目的，但却未收到预想的效果，反而加重了灾民的负担，"名为抑兼并，乃所以助兼并也"，以失败告终。

这种民间借贷具有其双重性。一方面，民间赈贷作为灾荒救济的重要手段之一，对传统社会小农经济结构的维系和社会的稳定具有重要意义。民间赈贷能够降低小农经济结构的脆弱性，增加灾民抵御风险的能力，减少破产和流徙现象，维持社会稳定。浦城人陈子文开设制衣坊为饥民制作衣物，并且招收贫困人户进行工作来间接周济贫匮，贷给灾民的钱物只记本金不收利息，救活了许多百姓，真德秀作诗称其"高义"。这种赈贷往往基于赈济灾民，不计较经济上的得失，有的富民在灾民无法偿还其债务时甚至会直接烧毁契约，免除贫民债务，助其渡过难关。南剑州（今属四川剑阁县）人梁伯臣在饥荒之年，有贫民向他筹借钱款，他毫不吝啬地赈济给他们，却不做记录。不论借款人是否会还款，都不过问。婺州东阳人郑少宏在灾年发放自己的私人积蓄贷给乡邻，"归逋如期，慨焉焚券"。一些官员借助民间赈贷这一方式，也取得了不错的政绩。南宋官员赵善坚"勘谕上户籴米借贷，排日煮粥以食民之不给，津遣邻郡流移，收养小儿遗弃，病者医药以疗之，无流移冻馁之人，存活者几百万口，实迹可考"。但另一方面，灾荒所引起的民间赈贷行为的增多，又会导致很多潜在风险，从而增大社会不稳定因素。灾荒所带来的经济凋敝和社会动荡可以增大民间赈贷的风险，增大社会不稳定因素，这在宋代突出表现为"高利贷"的盛行。绍兴二十年（1150年）十二月丁巳，宋高宗时朝臣就提出"富室乘农民之急，贷以米谷，使之偿钱，而又重取其利"的担忧。

民间工赈也是宋代民间赈济的重要组成部分。工赈在宋代已经程序化、制度化了赈灾措施。北宋前期，工赈是一些官员的个人行为。北宋皇祐二年（1050年）范仲淹任职杭州，因吴中大饥而吴民素喜竞渡，好佛事。于是纵民竞渡，又召记诸寺住持以饥岁工贱令其大兴土木，又新仓廒招募舍工技服力日数万人。当年，两浙地区唯杭晏然，百姓不流徙。欧阳修任职颍州发生饥荒，上奏请求免除黄河夫役，保全了万余家。又赈给民工食粮，大修土木水利工程，灌溉民田。熙丰变法后工赈的流行达到了巅峰，直到南宋后期，政府组织的工赈活动逐渐被民间的工赈活动所取代。

（二）辽、金、西夏士绅富民赈济

辽、金、西夏与宋同处一时代，许多方面均以宋为师，其民赈方式与宋代基本相同，但辽、金、西夏并无宋代义庄、社仓的记载。

相对来讲辽代的民赈比较简单，记载也比较少。道宗朝，名臣刘伸任职期间，适逢燕蓟地区出现饥荒，申与致政赵徽、韩造每日煮粥以赈济灾民，所救活的百姓不胜数。天祚帝乾统十年（1110年），谷价飞涨，宿卫兵士的薪俸多不能自给，萧陶苏斡就拿出自己私廪的粮食赈济他们。另外，辽朝还通过劝分调动民间捐资以济贫民，如辽圣宗统和十五年（997年）二月，劝诚所属部落的富庶人家出纳钱财赡养贫民，亦有寺院捐赠赈灾钱物的。

金代官绅富户救灾也多有记载。赵秉文早年任宁边州刺史时遇到饥年，他就拿出自己的俸粟以倡导豪民捐奉，赈济贫乏者，依靠此而活下来的有很多人。朝散大夫同知东平府事胡景崧，在秋冬之交，拿出一部分布絮发送给没有御寒衣服穿的百姓，而且还继续熬粥来给养他们。东平行台的严武叔，一年冬天出现大的饥荒，活着的人往北逃的不知饿死了多少，僵尸为之蔽野，严武叔就命人煮粥，盛放在道旁，人们可以随意吃，这样所救活的不知有多少人。还有的官员亲自为灾民治病，或给灾民买药。广威将军郭珺在疾疫流行的时候，亲自调兵救护，许多人受到了他的救济。陕西转运使贾氏在遇到饥年就开仓救济饥饿的人，当疫病爆发他就拿出自己的俸禄购买医药，治病救人。金末，五翼都总领信光祖糜粥以救饿者，且思欲遍及灾民。另有地方官员劝诱富户出粟救济灾民。如昭义军观察判官梁公，劝诱上户人等，就佑圣寺千佛院设粥一百日，以避免出现流民饿殍的现象。除了朝廷的劝导，也有富民主动拿出自家的存粮，救济灾民。富民张子厚在金章宗明昌初年，有一年收成不好，饿死者，十户有五户，张子厚每日设糜粥，以赈济附近得了病的人，并亲自前往照顾他们，赖以全活者甚众。赵诚出其家所有财产，以救活旁近乡邻。金末，五台州境岁饥，姚孝锡出家所藏粟万石赈济贫乏百姓，多人被他周济，乡人都称颂他。宣宗贞祐年间，曹阡出家中所有余粮赈救饥民，救活许多百姓。

（三）元代士绅富民赈济

元代的民赈基本沿袭宋代的制度，其义庄的设置大部分分布在经济较发达的江南东部，创建者也是当地的士绅富民，其用途或保护乡民，或服务宗族，或专供士人。但元代义庄的发展却步履维艰，民风日下，百姓以钱为重，一切能获利的手段都会采取，不会留下一丝一毫的利益给自己的族人。在这种社会风气下，外加政府对百姓的盘剥，元代义庄的发展江河日下。

元代社仓与宋代社仓作用相似，但元代社会风气的改变使得备荒的义仓也弊病百出，形同虚设，百姓受困于义仓，民间但见其害而不见其利，凶年饥荒而民不免于流离死亡。如某县的义仓粮有二万余石的积累，皆为豪强所侵夺，义仓总是掌握在有"产业抵税""豪富之家"手中，义仓粮不仅被挪用，而且也为一些贪官污吏所侵吞，甚至一些地主富豪也勾结官吏从中渔利。自世祖至元六年（1269年）设立义仓，后至元朝末年，社会各社仓多空乏。

私人赈济在元代其形式主要是赈贷。陈殷，豫章丰城（今属江西丰城）人，在遇凶年饥岁时，不待政府劝分，主动发廪赈贷；汪林，常山

（今属浙江常山县）人，家境富裕，岁歉之时借贷给贫者钱粮，不求其偿还，又设义冢，以归葬亲族之不能葬者；张照，济南人，其父张信，以商贾起家，富甲一方。壬辰年饥荒，他出粟赈贷，乡人依靠他得以全活。另元代也有施粥的行为，大德末年，宜兴郡守王德亮，在宜兴（今属江苏宜兴）遇到饥年的时候，施粥救活了羸困不能行动的人；单济之，在报了父兄的仇之后，遂闭门不仕，遇到饥年主动煮粥以救饥民，救活了很多人，乡里人都很感激他的恩德。董某，字君实，真定（今属河北正定）人，善于理财，等到他的财富积累到一定程度后就散给周围乡里的人，遇到荒年就煮粥救人，并且另给年老多病的加以肉吃。

二、寺观赈济

宋元时期，寺观赈济在灾害救助中发挥着重要作用，其具体的救助方式有提供救助场所、收留流民、医药救助等。

（一）宋代寺观赈济

宋代的宗教赈济主要在佛、道二教中展开，但更多的是佛教的赈济活动。这可能是和佛教与道教的教义不同有关，佛教注重参禅苦行，积德行善；道教则是讲究清净无为，修道升仙。灾害发生时，宋代政府常常以僧寺、道观作为赈济饥民的场所，其具体措施或由政府拨粮，或是寺院支出钱米，命僧侣道士煮粥救济饥民。如若出现无家可归的流民，则是由寺院或道观贡献屋舍设法安置。由于得到政府各方面的支持，寺观的赈济效果往往比较好。孝宗乾道元年（1165 年），浙江遭受灾伤，饥民流入临安，宋廷政府诏令于近城寺院设立一十二处粥场施粥，后权发遣临安府薛良朋上奏说：由于浙西诸州军皆受水伤，而饥贫人户多在本府城内外求乞，为以防粮食不足，请求预支拨常平、义仓米斛，委官与近城寺院一十二处，煮粥给散养济。孝宗下诏答应了他的请求，令临安府恪意奉行。后来饥民得到这个消息，纷纷络绎而来。组织者唯恐饥民"奔趁不及"，又在城南大禹寺及城南道士庄添置两场煮粥给散。另地方富民的赈济活动中亦有僧道参与，如刘宰赈饥中就有僧人的加入。

（二）辽代寺观赈济

辽代佛教盛行，以寺庵僧尼和在家居士为核心的佛教徒每当发生自然灾害时，常会以施舍钱财、发药疗疾等手段赈济灾民。最直接的方式便是"布施"，在佛教中指施舍他人财物、体力和智力等为他人造福而求累积功德以致解脱的一种方法。佛经主张"言布施者，以己财事分布与他，名为之布；慞己惠人，目之为施。"大安三年（1087年）五月，政府专项赈灾账户中记载"海云寺进济民钱千万"，此举对缓解政府因频繁赈灾而出现的财政危机和灾后广大民众的正常生产、生活秩序的恢复，起到促进和保障作用。

辽代不少僧俗医者都参与过对民间穷苦患病百姓的医治活动。辽兴宗朝素有"华佗之能"的著名医生邓延正，不仅服务于上层社会，"至于寓泊途舍，贫贱悍独婴疾恙者，皆阴治活之"。辽天祚帝朝居住在燕京城郊的佛教居士琅琊仁及，就在平日及灾疫流行时积极救治患病的乡民，因此颇得口碑。据乾统八年（1108年）记载，琅琊仁及"德动四民，学通半古"，"尔后医方针灸，光扬内外"。

（三）金代寺观赈济

金代僧侣道人除赈济钱粮外，亦有医病以救灾民。在宋政权南渡后，人们四处逃亡，无所依托，全真教的高志公竭力救援了许多人。长春真人有余粮时则惠济饥民，又经常设置粥棚，救活过很多人。金世宗大定初年，广宁大饥，民多流亡失业，同知广宁尹卢孝俭，从寺庙借来米粟，使之够一年之用，按平常市价卖于百姓，既救活了百姓，也使寺院获了利。此外，在灾荒年间，道人给灾民无偿治病、救人。白云庵（今属北京房山区）发生大地震，城邑乡村的屋庐都摧毁了，压死者不可胜计，只有张道人与其徒所居住的房屋，裂为两半，他们幸免于灾，张道人遍寻木石间，听呻吟声，这样救活了很多人；遇饥馑之年，碰见不能自存的人，张道人就赈恤他们，不致饿死；在行祷岳渎山川的时候，张道人经常随身携带三千缗钱，以救济孤独无依的人。东岳先生刘公无忧，为救治赡道的病人，用符药针艾治疗，悉无所用，最后默默祈祷，直到病人痊愈，通过这样他又能为世人除邪治病。

（四）元代寺观赈济

元代的民间救济中佛道僧徒发挥着重要作用。僧道不仅参加政府的救助活动，也参与组织和实施私人赈济。杭州殊胜寺禅师圆明，本名俞正因，在江南新附元朝时，许多民众生理未定，于是他煮粥赈济饿食者，每日数以千计，时间久了老人们相互搀扶也从远处而来，每年的中元节，他都设置无遮口，为死去的人祈祷冥福。前后二十余年，圆明大师救活了许多人。东昌人镏志德，为金陵天禧讲寺佛光大师，在饥年之时，大师在路上施食，救活了数万人。道士蒲察道渊，道号为通微子，他拿出了自己所有的财产来赈济灾民，赖以全活者甚多。

第五编

防灾

宋元时期，在救灾层面上出现了现代灾害管理机制的雏形，并且运行状况良好；在防范灾害层面也做到了防微杜渐，防患于未然，提高了传统社会抵御灾害的能力，保障了农业文明的延续，更为后世王朝提供了可资借鉴的范本。

灾害过后国家为防止百姓在流离失所的情况下食不果腹，往往会动用仓储机构中储备的粮食，因此仓储建设就成为荒政的重点，其中设置广泛的仓储比如政府管理的常平仓、官督民办的义仓、民办为主的社仓等建设以宋朝最为完善，其他政权以不同的形式设置了类似的机构，而惠民仓、广惠仓、丰储仓、平籴仓等一度在宋朝设置，起到辅助作用。

江河湖治理是政府应对洪旱灾害以保证人财物安全、保护流域生态环境以发展农业生产、提高粮食运输效率以加强救灾能力的重要手段。各政权在其统治范围发挥了水利治理和管理的职能，设置中央和地方的水利管理机构，颁布规章制度。对黄河泛滥问题，北宋、金、元都投入巨大的人力物力或疏或堵；在南方的长江太湖流域，北宋、南宋、元都要面对该地区河道疏通、围湖造田等生态环境与农业生产如何和谐发展的问题。另外，沿海地区的海塘海堤建设对防潮水侵蚀农田以及造成百姓财产损失方面起到重要作用。最后，疏通、修复运河、开辟新的水运渠道保证漕粮供应也是宋元时期各政府的一项重要工程。

对于疫病和地震的预防和监控，宋元时期也得到进一步的发展完善，体现了宋元时期科技文化的飞跃。

第一章 仓储

灾害的频繁发生给人民带来的灾难是巨大的，政府在灾害发生后都会大力施救，仓储建设是荒政的重心。宋元之时，各类仓储名目、种类繁多，有常平仓、义仓、社仓、惠民仓、广惠仓、丰储仓、平籴仓等。宋代的仓储种类比较多，其中惠民仓、广惠仓、丰储仓、平籴仓等甚至为宋代所独有。辽、金、元相对比较少，关于西夏的仓储的史料则仅有少量记载。

一、常平仓

宋代名目繁多的仓储机构中，常平仓的设置最为普遍，作用也最大。

宋代常平仓沿袭前代设置的通例。宋太宗淳化三年（992年）到宋真宗景德三年（1006年）是常平仓的草创时期。其设置开始于淳化三年六月，是年京畿地区获得大丰收，粮价大跌，为了常平物价，朝廷就派遣官员在京城的四个门设置收购粮食的场所，加价收购粮食，并命令有关部门将收购来的粮食就近储存，将其命名为常平仓，设置官员（常参官）管理，当遇到荒年的时候就减价出售，以赈济灾民。至道二年（996年）八月，又在江南、两浙、淮南诸州设置粮食收购场所，分别派遣京朝官莅临管理。之后由三司主管、在粮食丰收之时收购以填充仓库成为常例。但立国后所设的常平仓，就地域而言，仅限于京师四门；就仓储设备而言，只是"虚近仓"即暂寄他仓；就管理而言，还没有严格的制度。宋真宗、仁宗两朝，是常平仓发展的重要时期。景德三年（1006年）以后，除沿边州军以外，京东、京西、河北、河东、陕西、淮南、江南、两浙等处都普遍设立了常平仓。至天禧四年（1020年），荆、湖、川、陕、广南等地也都设置了常平仓。至此，除福建路外，各路均设置了常平仓。随着常平仓数量增多，仓储总量也明显增长。天禧五年（1021年），诸路总籴量为183000余斛，至宋英宗治平三年（1066年），常平仓入谷551048石。40年间，增加了两倍多。常平仓所贮谷类，计有米、麦、粟粳、谷、豆等。王安石变法的宋神宗熙宁（1068—1077年）年间是常平仓的改革创新期，主要进行有息借贷和中央与地方管理机构改革。改革后的常平仓进入了快速发展时期，并很快达到鼎盛之巅。熙宁二年（1069年），诸路常平、广惠仓钱谷，约有1500万贯石。熙宁九年（1076年），常平司库存达37394089石贯匹两斤束道件。元丰八年（1085年），尚有积存30000000余贯石。从宋哲宗元祐（1086—1094年）年间开始到北宋灭亡，常平仓逐渐衰落。至南宋，常平仓在宋高宗绍兴（1131—1162 年）、宋孝宗乾道（1165—
1173 年）、淳熙（1174—1189 年）年间得以恢复发展。但由于战事的
增多，地方财政的枯竭，以各种借口挪用常平钱谷现象日益严重，至宋
理宗时期，常平仓已甚少积粮，直到南宋灭亡。

　　常平仓最初的实施办法，在王安石变法以前被称为"赈粜"。根据
户口的多少，留取上供钱一两千贯至一两万贯不等，作为粜本。丰年的
春秋二季以高于市价籴谷，青黄不接时以低于市价粜出，但粜价一般不
至于低于原籴价。籴粜价格的高低程度，每斗约比一般市价相差三五文
之间。后又作规定：当向受灾的州军粜卖米谷时，每斗价格必须限制在
一百钱之内，各州籴买米谷的数额，每一万户应以一万石为常设数额，
最多不得超过五万石。如有三年以上的贮谷，就须将陈粮逐年上交于粮
廪，再以新谷补充。其后籴本大多往往由政府提供，贮谷年数也减为两
年，后又成了纯粹交纳军粮的制度。王安石变法时，为与青苗法配套，
政府开始利用常平仓法进行有偿借贷，出现"赈贷"，主要分为贷粮种
和以息赈济。"遇贵量减市价粜，遇贱量增市价籴，可通融转运司苗税
及钱斛就便转易者，亦许兑换。仍以见钱，依陕西青苗钱例，愿预借者
给之"。即在灾害发生的青黄不接时，为保证受灾人民的生产生活，以
诸路常平、广惠仓籴本为本金，在每年夏、秋两季粮食收获之前，估量
收成价格，定制借贷粮食的每斗价格，依照人户意愿折钱进行放贷。待
到收成时百姓再上缴相当本息数额的钱款或粮食，利息较低，一般为
三二分息，如河北不超过三分，京西、陕西等路也不过二分而已。对常
平仓而言，也有"倚阁"，凡借贷常平仓钱谷者，因天灾等原因不能按
期还本付息的，予以延期，但期限有限。但到变法后期，随着王安石的
卸任和神宗的妥协，常平仓又有了新的发展，即将常平仓钱谷一分为
二：一半用来继续推行赈贷，一半则恢复平籴平粜即赈粜。如熙宁三
年（1070 年），当神宗得知长安、同州、华州秋旱特甚，流民往京西
路就食的情况后，即令陕西、京西转运使体量赈恤，仍以常平仓储粮减
价出售。常平仓还有赈济功能。赈济一般是义仓的救助手段，而在实际
运作中常平仓也往往通过赈济的方式，对灾民进行救助，一般是无偿发
放。宋真宗大中祥符二年（1009 年）二月，朝廷派遣使臣在京城四门

开设了八个粮场，减价粜售常平仓粟麦，以平衡开封物价。再如熙宁六年（1073年）西川艰食，神宗诏曰："司农寺体访西川艰食州县，如有灾伤，发常平仓，减价赈济，诸路准此。"元丰七年（1084年），河东路提举常平司言："去年灾伤民户阙食，义仓谷不多，乞于常平封桩粮支三五万石赈济，从之。"

宋朝常平仓的管理机构时有变化。首先是中央管理机构。宋太宗淳化三年（992年）在京城初置时，"以常参官领之"。宋真宗景德三年（1006年）大举恢复常平仓，在中央由司农寺专门负责。司农寺在宋初所领官品位较低，远在三司使之下，常平仓归司农寺专掌，增加了其事权，而三司度支司"别置常平案"，以牵制司农寺，对司农寺有监督和检查的权力。王安石变法时，设置主持变法的中央机构——制置三司条例司吞并了司农寺的常平仓管理权力。而在宋神宗熙宁三年（1070年）中央仍由司农寺负责管辖，条例司的相当一部分权力归属司农寺。所以，在这一时期常平仓属司农寺专管。而进入元丰三年（1080年），宋神宗以户部左右曹掌握三司的权力，三司名存实亡。至此常平事务划给户部右曹主管，而右曹专领于右曹侍郎，右曹侍郎又直接受控于宰相。司马光当政时曾予以调整，户部尚书总领左右曹。宋哲宗绍圣后，重新翻版。政和二年（1112年）五月，宋徽宗下诏重申，依神宗时官制，委任右曹侍郎专管常平，南宋设置户部侍郎两员，承担左、右曹职事。常平仓的中央管理机构基本上还是户部右曹，只不过多了左曹侍郎的干预。其次是路级管理机构。从常平仓初设到提举常平官出现这段时期（景德三年至熙宁二年）内，常平仓路级管理机构并不明确。这段时期路级常设机构主要是漕司与宪司，故可推断常平事务应由二者之一兼领。其实转运司与提刑司由于常平仓处于草创时期反复经历撤销和复置，所以在这段时期都兼领过。景德三年（1006年）正月，常平仓在各路设置时，规定委转运司并本州选幕职州县官清干者一员，专掌其事。即常平事务各路归转运使主管，各州则由转运使挑选幕职州县官之"清干者"专掌其事，三司无权过问。宋仁宗景祐元年（1034年）七月仁宗下诏，常平仓主管官员由司农寺、转运司选差幕职州县官或京朝官兼任。诸路多由提点刑狱兼领，州多委于通判，县则委令丞。并下诏诸路提点刑狱，"今后得替上殿，并先进呈本路常平仓斛斗数目，方得别奏公事。移任者，亦须依此发奏后，方得起离"。这已表明，提刑司对常平仓具有干预权。此后，提刑司又逐渐获得了"添籴常平仓斛斗"的权力。宋神宗熙宁二年（1069 年），实行青苗法，诸路各设提举官二员，并下令各路设提举常平官，负责推行新法并管理本路常平仓，至此这种路级常平管理机构保存下来。提举官的设置，标志着路级常平仓管理步入正规化、专门化的轨道，以后路级管理机构在衰落之后总要恢复提举常平官。提举常平官在熙宁初设置后，元祐、绍圣间罢复不常。宋哲宗元祐元年（1086 年）罢提举常平官，将其职责"委提点刑狱交割主管，依旧常平仓法"。自此之后，经绍圣、建炎至绍兴数十年间，提举、提点交相存废。直到宋高宗绍兴十五年（1145 年）八月，才确定常平仓由提举茶盐官监管，称为提举茶盐常平公事，通常称提举常平官。最后是州县常平仓管理机构。常平仓初建时，州郡常平仓便置专管官，一般由幕职州县官清干者充任，专门负责籴粜敛散之事。宋仁宗景祐元年（1034 年）七月，又下诏选差幕职州县官或京朝官"兼监常平仓"，这又出现了兼管官。熙宁二年（1069 年）九月，制置三司条例司在河北、京东、淮南等路试行常平新法时，曾令转运司及提举官，于每州通判幕职官内选差一员"专管勾"各州常平诸事，这时的提举官、专管勾都是临时选派的，真正意义上的提举官是在熙宁二年九月九日设置的。元丰元年（1078 年）十月，又下令诸路州军差官一员主管常平钱谷，10 县以上州军差二员分管，无通判的地方，委知州主管。真正意义上的诸州常平管勾官，设于元丰三年（1080 年）九月四日。宋神宗令逐路转运司及提举官于逐州现任通判或幕职官内选差一员，专切管勾常平诸事，即专门点检所在州及诸县常平田产、钱物，并点检催促粜籴、贷支、收纳等事，比较详细地规定了专管官的选任与职事。北宋后期，常平管勾官多次存废。南宋沿用北宋旧制，诸州仍置常平管勾官，称诸州常平主管官。两宋州级常平官基本上一致，都是由通判或幕职官充任。宋代县级常平管理机构很简单。除了熙丰之间有专职管理官——纳给官外，其他时期并不太明确，大多是由主簿和县丞权兼任。

　　辽国的主要民族是契丹族，其生活方式仍是以畜牧业为主，农业意识较为淡薄，其仓储建设并不发达，据史料记载仅有和籴仓和义仓两种仓储。辽道宗初年，南京道的咸（今属辽宁开原东北）、信（今属吉林四平市一带）、苏（今属辽宁大连金普新区）、復（今属辽宁大连瓦房店市）、辰（今属辽宁盖州市）、海（今属辽宁海城市）、同（今属辽宁开原市一带）、银（今属辽宁铁岭市银州区）、乌（今属内蒙古科尔沁左翼后旗）、遂（今属辽宁彰武县一带）、春（今属内蒙古突泉县）等五十余城内，还有它们附近的各个州，都建设有和籴仓，依照祖宗定制，出陈易新，允许百姓自愿借贷，并收取二分的利息。此处的和籴仓功能上类似于宋朝的常平仓，可以解决荒年的粮食问题，不同之处在于允许百姓自愿借贷，官府往往会免除百姓借贷的官粟，改赈贷为直接的赈济。

金初已经有了防备灾害而设立的仓储。在常平仓正式确立之前，有类似常平仓的"仓廪"。例如《金史·食货志》记载金世宗大定二年（1162年），官府按市值收缴百姓家存粮食，以实仓廪，给百姓留存的粮食够全家吃一年。大定十二年（1172年）十二月，金世宗又诏和籴粮食以实仓廪。有关这些仓廪的记载表明其建置都早于常平仓，但其在和籴、积蓄粮食方面功能类似于常平仓。这时的常平仓遇到丰年增价籴买，以防谷贱伤农；遇到凶年减价粜卖，以防物贵伤民，通过调节物价，以使粟价平稳，是谓常平。但最初常平仓并没有实际推行下去。金章宗明昌三年（1192年）八月章宗下诏令各县设置常平仓，各个州、府、县官兼职管理。此后，常平仓才正式设立，成为永制。另外，金代关于常平仓的设置范围规定则是距州城六十里内的县就近使用州仓，六十里外的县则需要自己设置常平仓。到明昌五年（1194年）九月时，金国的常平仓已形成一定的规模，共有常平仓五百一十九处，所储存的粟米有三千七百八十六万三千余石，可够全国官兵五年食用，所储存的大米八百一十余万石，可备四年之用。直至金末，常平仓仍旧保留未废。就常平仓的作用而言，也主要是为赈济灾民及保障军队的给养提供了保证。金熙宗皇统二年（1142年）十月，燕京等路秋熟，命有司增价和籴。金世宗大定二年（1162年），遣人去山东东西路收籴军粮，除户口岁食外，尽令纳官，给其值。金宣宗贞祐三年（1215年）十月，命高汝砺籴于河南诸郡，令民输挽入京。从金初至金末，金的上京、西京、东京、南京地区全面实行了和籴，以备灾荒之用。

元代在路府设立常平仓始于元世祖至元六年（1269年）。但实际在中统元年（1260年）十一月，已有常平义仓的存在，发常平仓赈益都、济南、滨棣饥民。元代常平仓的运作之法亦为丰年米贱，官府增价籴买，凶年米贵，官府减价粜卖。至元八年（1271年），在各路府常平仓"收籴粮斛"标志着常平仓大规模地建立，大都设在河北、山西、陕西、河南、山东和皖北各地路、府一级的行政中心。而且还兴建了大批常平仓仓廒，至元九年（1272年）正月，全国各处奉旨添盖（常平）仓廒，仰各路总管府摘差正官及坐去造作人员，催督起盖，每间约储粮千石，合用木物，令人匠从实计料，估直于各路见在官钱支买，会计铁数就于附近炉冶开造，工匠先尽系官投下内差拨，如不敷，于军民站赤诸色户内补差，其夫役止令各路于本管旁近丁多之家借倩（债），官为日支钱米。仓储的粮食来源于官府的和籴粮还有诸官仓所拨给的粮食，另外，至元二十三年（1286年）朝廷议定盐法，铁课收入成为常平仓的资金，而铁课籴粮则成为其仓储粮食的来源之一。由此，元世祖在位期间常平仓积谷数曾达80余万石。

元代常平仓除救荒以外还具供应军需功能。元世祖至元年间（1264—1294年）任监察御史的王恽认为设立常平仓可以增加国家的战备能力，使得军兴之时，除屯田粮及正税外，还有百万余石的米谷可以作为军粮，即使军队频繁调动，军需问题也可以得到解决，另外还可以减少和籴，减轻老百姓的负担。

二、义 仓

义仓之制源于北齐，正式设立于隋开皇时期。开皇五年（585年）隋文帝下诏设置义仓，义仓设立的主要目的是备荒救灾。其谷本由百姓在正税之外以义租的形式缴纳于政府。主要由政府监督，民间管理，设置的范围遍及村、社，防灾救灾方面受惠范围更加广泛。义仓制度在唐宋沿用并加以发展，在宋代320年的历史长河中，义仓经历了太祖、仁宗、神宗、哲宗时期"五兴四废"最终稳定下来，并被沿用至宋亡。

宋代义仓始设于宋太祖乾德元年（963年），由宋太祖下诏在各州县设立，每年春秋两季纳税时，每缴纳一石粮食之外，还要再缴纳一斗，贮藏于义仓，以备荒年时贷给贫民。乾德三年（965年）太祖又下诏令州、县可直接按口贷给灾民粮食以充当种子和食物，若义仓的粮食不够发放，则可上奏从官仓中发粮赈贷。乾德四年（966年）因这种方法过于麻烦，于是予以废止。乾德之后，因为各地情况不一样，法令执行得也不一样，有的地方虽然废除了义仓，但又将收回的钱谷继续贷给了百姓，此后一直延至数十年后至宋太宗太平兴国年间（976—984年）仍然存在，太平兴国七年（982年）二月，庐州民负义仓米一万七千余石，诏特贷之。后虽屡次提及复置义仓，但终因大臣们意见不一而后缓，至宋仁宗庆历元年（1041年）重新设置义仓。庆历二年（1042年）正月，仁宗又诏令上三等户的百姓每纳税米一斗，外加纳一升，但不久义仓又废。宋神宗熙宁二年（1069年）七月欲恢复，因为王安石的反对而作罢。期间自庆历议定废除之后，有地方官吏偶尔设置。熙宁五年（1072年）二月，考城知县郑民瞻就曾私自置义仓。其后，至熙宁十年（1077年）九月，经司农主簿王古奏请，在开封府所属的京畿地区的丰收区重置义仓。第二年即元丰元年（1078年）将义仓事务划归提举司管辖，自是年缴纳秋税起，又令京东、京西、淮南、河东、陕西各路同时复设义仓。并规定应完税额不足一斗者的民户，准免义租。此法又同时颁行于川、陕四路，输纳税额仍按每石带纳一斗的旧法规定办理。但此后义仓之米直接上缴于县府，不留于乡里。元丰八年（1085年）十月，又将诸路义仓一概取消。宋代义仓的再次正式设立是在哲宗时期。宋哲宗绍圣元年（1094年），"闰四月丙戌，复义仓。"元祐八年（1093年），监察御史黄庆基上奏请求"复立义仓"，后经过"户部详度"，绍圣元年（1094年）诏除广南东、西路外，并复置义仓。自来岁始放税二分以上免输，所贮义仓专充赈济，辄移用者论如法。此时除广南东、西各路外，各地同时遍设义仓，每缴纳米一石带纳五升。后徽宗下诏"依元丰、绍圣法"，直到南宋时期灭亡，义仓是持续存在的。

宋代义仓的行政管理体系是在总结前朝义仓制度经验教训的基础上完善的。对义仓的管理更加规范和严密，从管理机构的设置与职责方面都有明确具体的规范，形成与行政级别相对应的路、府、州、县四级管理体制。太祖、仁宗时期的义仓存在年限短促，其具体的管理机构不甚明了。宋神宗元丰元年（1078年）复立义仓时，明确规定所立义仓"事隶常平司"；元丰八年（1085年）义仓被罢废后，所遗义仓米由"提点刑狱司"暂管，负责相应赈济事宜；元丰改制后，义仓在中央由户部右曹主管——"户部右曹掌常平、农田水利及义仓赈济"，在各路隶属于提举常平司，州则委于通判，县则委于县令。

义仓有多种功能。首先是赈给功能，由于义仓谷米是民户在义务纳税之外的额外交纳，是民间财产暂存于官仓以备不时之需的，其性质决定了义仓在法律上"唯充赈济，不得他用"。而且规定在制度设置上义仓专司水旱赈济，无偿赈济失去生计的灾民。除了赈给功能外，宋代的义仓还有借贷粮种、充当"籴本"以及存幼恤孤的功能，即除了赈灾救荒还有济贫扶弱的功能。实际上，赈贷也是宋代义仓最早的功能之一。宋太祖乾德三年（965年）就明令"今人户欲借义仓粟充种食者，委本县具灾伤人户申州，州司即与处分，计口赈贷"。充当籴本，在常平仓仓本不足时经常从义仓米中借拨过去行使赈籴功能。

辽圣宗统和十三年（995年）皇帝下诏令诸道设置义仓，义仓在辽圣宗时候开始普遍设置。其管理方法是每年秋天百姓将其所收获的粮食拿出一部分交与义仓，由社司管理其账目，辽国的义仓也是取之于民，用之于民。在抗灾中义仓是起了很大作用的，统和十五年（997年）夏天，籴发义仓粟米赈济南京道灾民；中京留守贾师训清理当地流民时，将"老弱癃疾不能自活者，尽送义仓米给养"。

金代没有义仓的记载，但金在民间建有防备水旱的仓廪。金太宗天会三年（1125年），由于要防备饥荒，太宗诏令一末粟米缴纳一石，基层的每个谋克（金国军政合一的社会基层组织、编制单位及其主官名称）要专门设置一个仓廪储存。

元代在乡社设立义仓最初始于元世祖至元六年（1269年），由地方村社经办的粮仓并由社长管理。义仓的设立与元朝推行的社制密切相关。至元七年（1270年），元世祖颁布立社法令，诸县所属村疃凡五十家立为一社，不以是何诸色人等，并行立社，众推举年高通晓农事有兼丁者立为社长，如一村五十家以上只为一社，增至百家者另设社长一员，如不及五十家者与附近村分相并为一社。若地远人稀不能相并者，斟酌各处地面各村自为一社，或三村五村并为一社，仍于酌中村内选立社长。在立社条文中，元朝政府要求各地以社为单位，实行劝课农桑、兴修水利、植树灭蝗等举措。同时，为备荒起见，也令各社设立义仓，至元七年（1270年）二月，忽必烈诏令，每社立义仓，社长主之。如遇丰年，收成去处各家验口粮，每口留粟一斗，若无粟抵时存，留杂色物料以备。俭岁就给各人自行食用，官不得拘检借贷动支，经过军马亦不得强取。社长明置文历，如欲聚集收顿或各家顿放，听从民便，社长与社户从长商议，如法收贮，须要不致损害。如遇天灾凶岁，不收去处或本社内有不收之家，不在存留之限。

元政府对于义仓粮的征收、管理、使用都有详尽规定。具体管理之法是丰收之年一丁纳粟五斗，驱丁纳粟二斗，没有粟米则可缴纳杂色银，遇到凶年则发粟米与百姓。元世祖至元二十一年（1284年）新城县遭遇水灾、二十九年（1292年）东平等处发生饥荒，政府都发粜了义仓粮食赈济灾民。到元仁宗皇庆二年（1313年）朝廷重新强调设义仓之令。由于义仓之制行之已久，兼之政府财力缺乏，民间更无余粮以纳，义仓名存而实废。

三、惠民仓

宋代惠民仓之制始于后周显德年间（954—960年），是以正税之外的杂税"杂配钱"购买粟米储存起来，遇到凶年，降价卖给百姓。宋代沿袭后周的做法，也设立了惠民仓。辽、金、夏、元关于其记载则较少，甚至没有，其作用类似于常平仓。常平仓的经济是独立的，惠民仓则是以杂税折粟而贮藏起来的，岁歉则减价粜出，它的本钱是纯由补助而得。

宋太宗淳化五年（994年），宋朝政府开始在各州设置惠民仓，惠民仓的设置依各地具体情况而建。当时的惠民仓的作用就是在谷价上升的时候降价粜售谷米给贫民，但数量不超过一斛。宋真宗咸平二年

（999 年）十月，朝廷又批准户部员外郎成肃的奏请，在福建设置惠民仓。同年真宗又下诏令诸路转运司只要管辖范围内有惠民仓的，当熟则增价以籴，歉则减价出之。至天禧四年（1020 年），惠民仓又在"荆、湖、川、陕、广南"各州设置。当时惠民仓若要平籴，必须提前上报，由政府派遣专员办理。南宋时，一些官员仍在地方创置惠民仓。宋高宗绍兴二十年（1150 年）张澄在南昌创置惠民仓；宋宁宗嘉定十三年（1220 年）李诚之于蕲州创置惠民仓；嘉定十五年（1222 年）真德秀创于潭州，宋理宗绍定元年（1228 年），资政殿学士曾从龙奏请于潭州十二县分设惠民仓；端平二年（1235 年）董洪于延平创置。

由于常平仓、义仓所储粮食有限，宋代法律对它管理严格，不是遇到大荒大饥之年，轻易不敢随便发籴。但惠民仓是地方官员控制，管理不如常平仓、义仓严苛，便于救助，在功能上与常平仓实现互补。常平义仓虽专为备水旱，但非饥荒已甚地方官不能申请发廪，及至层层申报核准，亦动经一两月，而救民饥如救大火，及开仓赈救，亦成燎原之势了。所以对于小饥的赈济与青黄不接时的赈籴，惠民仓立刻发挥其功效。因为惠民仓是官仓，贮之于郡城中，地方长贰与他们的幕佐有权在互相监视下随时开仓减价出籴，无须层层申报，可迅速消弭饥馑于无形之中，则惠民仓既可辅助常平仓而匡所不逮，正于社仓差相类。所不同者，惠民仓设于城市，社仓设于乡村，两者并行而不悖。

四、广惠仓

广惠仓是宋代独有的一种经常性的慈善赈济部门。它主要用于经常性的慈善放谷，且兴废不定，推行范围也不及其他仓种广泛。

宋仁宗嘉祐二年（1057 年）八月，朝廷采纳韩琦的建议，正式诏令诸路广置广惠仓，负责赈济城郭内的老幼贫乏不能自存者。宋代广惠仓开始出现。最初，枢密使韩琦请求募人承佃诸路户绝田，将其夏、秋所输纳的课税给在城不能靠自己生存的老、乏。建好广惠仓后，宋仁宗下诏令逐路的提点刑狱司提领，年末将其一年的收支状况上报三司，十万户以上路府可留存一万石，七万户以上的可留存八千石，五万户以上的可留存六千石，三万户以上的可留存四千石，二万户以上的可留存三千石，一万户以上的可留存一千石，不满一万户以上的可留存一千石，有多余的可以允许出售。嘉祐四年（1059年），宋仁宗下诏，将广惠仓改隶司农寺，逐州选募职曹官各一人专门管理。并于每年十月，专门差遣官员看望老弱疾病不能自理之人，记录他们的户籍姓名，从第二个月开始每天一人供给一升米，年幼的供给半升，每三天送一次，直至第二年二月；若有多余的，则根据县的大小将其均分。广惠仓改隶司农寺后，常与常平仓相混，有时通称常平广惠仓。到宋神宗熙宁二年（1069年）九月，由于诸路常平广惠仓收入支出管理不当，人利未博，以致更出省仓赈贷。制置三司条例司请将广惠仓钱米依常平仓法，除量给老、疾、贫、穷外，亦进行贵贱籴粜。熙宁四年（1071年）正月，神宗下诏鬻卖全国广惠仓田作为常平仓的本钱，即广惠仓仓本被并入常平仓用于青苗放贷。六月，河北路提点刑狱司王广廉请求以将广惠仓钱斛并入常平仓，得到神宗同意，广惠仓遂被废止。后至宋哲宗元祐三年（1088年），依侍讲范祖禹的奏请，哲宗下诏复置广惠仓，二月十二日，又下诏给广惠仓钱三万缗以及缺额役兵的钱粮衣赐。绍圣元年（1094年）九月十二日朝廷又罢除了广惠仓，此后直至北宋灭亡。南宋时期，宋孝宗乾道五年（1169年），知成都府晁公武派遣官员往泸、叙、嘉、眉等州，乘其丰收之时用公库钱物共三十余万贯收籴米谷斛，专置仓廒收储，仍以广惠仓为其名，每斗米减价只卖三百五十文，专门用来赈粜，不许他用，并把回收的本钱加钱再做仓本。此事上奏朝廷后，孝宗批准了他的做法，并令学士院降诏奖励。宋光宗绍熙年间（1190—1194年），四川制置使丘宗卿也在成都创置广惠仓，储米三十余万石，令制司掌管，并且在凶岁起到了很大作用。这样，赈济方式在无偿赈给城内贫民的前提下，又延伸出赈粜和养济的功能。宋宁宗庆元元年（1195年）五月，宁宗下诏令诸路提举司设置广惠仓，此后，广惠仓在南宋各地相继设立，直到宋亡。

广惠仓制度的具体运作内容，马端临有详细记载：初，天下没入户绝田，官自鬻之。至嘉祐二年，枢密使韩琦请留勿鬻，募人耕，收其租别为仓贮之，以给州县郭内之老幼贫疾不能自存者，谓之广惠仓。领之提点刑狱，岁终具出纳之数以上三司。户不满万，留田租千石；万户倍之；……；七万留八千石；十万以上留万石。田有余则鬻如旧。四年，诏改隶司农寺，州选官二人主出纳，岁十月则遣官验视，应受米者书其名于籍，自十一月始，三日一给，米人一升，幼者半之，次年二月止；有余，乃及诸县，量其大小而均给之。

广惠仓制度主要包括：1.经费来源的规定，所没的户绝财产及其所得收益；2.赈济对象，州县郭内老幼贫疾不能自存，先于州内赈济，有余再赈济诸县；3.管理机构，北宋最初由提点刑狱司掌管，不久在仁宗时即改隶属于司农寺，出纳事务由州派遣官员负责，神宗熙宁年间（1068—1077年）由于广惠仓仓本被并入常平仓，两仓即同归各路提举常平司管辖，"诏诸路各置提举官二员，以代官为之，管当一员，京官为之，或共置二员，开封府界一员，凡四十一人。"南宋时期又隶属制置司；4.仓储规模以户数为依据大小不等；5.赈济的标准及赈济期限也有了明确的规定，从每年的十一月至次年的二月，每人给米一升，幼儿减半，三天一给。

五、丰储仓

丰储仓也属宋朝独有的仓种。南宋以临安为行在时，曾将上供米剩余约百万石，贮藏于他廪，以备军储及饥荒之用，该廪即为后来的丰储仓。宋高宗绍兴二十六年（1156年）户部尚书韩仲通奏请在行在（今属杭州）设立丰储仓，其目的是"以备水旱"，但储粟仅百万斛。其后，又在镇江及建康（今南京）储备二百万斛粮食。主要为荒年提供军粮，减官籴以宽民力，也用于灾后的直接赈济。绍兴三十年（1160年），"关外亦积粮一百万斛有奇，然行在岁费粮四百五十万斛余，四川一百五十万斛余，建康、镇江皆七十万斛余"。宋孝宗淳熙六年（1179年）六月，孝宗又诏"建丰储仓"，丰储仓的规模进一步扩大。

丰储仓设立时，高宗曾言："所储遇水旱诚为有补，非细事也。"董熠也曾提到丰储仓，说其仓本来自上供米粮的结余，其功能是备水旱、助军食。赈灾救荒是其重要功能。宋孝宗淳熙八年（1181年），临安府受灾，九月二十七日，孝宗下诏拨发丰储仓米三万石交付临安府下属各县，二万石交付严州及其下辖诸县以赈济灾民。另据婺州（今属金华）知州洪迈曾言，淳熙八年婺州曾遭受旱灾，丰储仓支降了米五万石赈粜灾情。淳熙十四年（1187年），临安府又受旱灾，十一月十八日孝宗又拨丰储仓米一万石，交给临安府分拨到受灾县赈济灾情。宋宁宗嘉定元年（1208年），临安府请求安置淮浙州军流民五百六十户，计二千八十一人。宁宗又下令拨丰储仓米二千石，专充赈济流民支用。嘉定二年（1209年）丰储仓拨发给江浙流民三千六百七十六人返乡的路费和复业的粮种。嘉定十三年（1220年）发生火灾，宁宗又令提领丰储仓所取拨米三千四百三十九石八斗，并交付临安府，按受灾程度大小逐一给予赈济，并要在发放完毕后，将此上报尚书省。

丰储仓也用于济贫助弱。宋光宗绍熙二年（1191年）二月六日，光宗下诏支丰储仓米五万石，令户部和临安府守臣共同办理，计口赈济临安城内外的贫乏老疾之人，并强调一定要百姓受到实际好处，且要将赈济人数上奏朝廷。宋宁宗庆元元年（1195年）正月，宁宗也要内藏库支钱一万贯，丰储仓更支米三千石付临安守臣徐谊，措置给养贫病之民，务要实惠均济。嘉定三年（1210年），中书门下省又上报说，临安府城内外细民因病或致缺食，实为可悯，理宜给济。于是皇帝下诏令丰储仓取拨米三千石，付临安府给散病民，仰守臣措置，选差通练诚实官属分明支借，毋容吏奸以亏实惠，仍开具支散过实数申尚书省。

六、平籴仓

平籴仓的设立与其他仓储相似，也为弥补常平仓的灵活性不足。宋朝沿袭唐旧制，州县各置常平义仓，以备水旱、救凶荒。但常平置使自专一司，州县发敛皆禀命焉。虽河内有饥民，不容以便宜从事，此制置司所以自创平籴仓。

平籴仓创于南宋，具体时间不确定。有人认为平籴仓是南宋理宗绍定、淳祐年间以救荒为目的而设立的仓储。另有史料记载，平籴仓隶转运司，宋宁宗嘉定八年（1215年）真德秀创立，民赖其惠，虽歉岁市无贵籴。在嘉定八年以前，已有平籴仓设置。不过，真德秀所创立的平籴仓时间不过六七年，籴本就化为乌有。嘉定十四年（1221年），岳珂又重新设置平籴仓，没有多长时间也废掉了。直到宋理宗淳祐十二年（1252年），"舒滋复置"。此时，平籴仓也开始在不少地区开置。《淳祐临安志》中记载平籴仓于淳祐三年（1243年）由大资政赵公与慧于兰桥之北新桥东岸创设。至淳祐八年（1248年）增加到了二十八个廒，积米共六十余万，每年高价买进，低价卖出，以维持市价稳定。但是，运作一段时间后由于只向外粜卖，而没有及时补充仓本，平籴仓的运作也就没法儿正常进行下去了。景定元年（1260年），理宗下旨令临安府收籴米四十万石，充当籴本，开设平籴仓。宋度宗咸淳元年（1265年）朝廷拨发公田米五十五万石交付于平籴仓，待米价上涨而向外出粜，以维持市场粮价稳定。

平籴仓的初始籴本来源多有不一。景定元年（1260年）临安府（今属杭州）增补仓本时，动用朝廷的封桩库钱。除此，各地方上的平籴仓本则都由地方上自筹解决。徽州平籴仓是由太守郑侯"游观之娱，厨传之饰，岁时交邻之聘，得十万缗，揭以为平籴本。俾有司秋入而春出之，以相循于无穷氓也"。昌化县的平籴仓也是由邑宰"节县用，积楮币五万"建立起来的。除上述由官府筹集仓本外，还有些平籴仓仓本是由民间筹集捐赠而得。江西新淦县的平籴仓是由知县"与邑之好事者谋储粟千斛于（社坛旁之候馆）两芜，为平籴仓，以权市价之高下。……且因社而有仓，故助米者皆列名碑间"。

平籴仓出粜之法，较详细的是岳珂复置建康（今属南京）平籴仓时所定的规式，每岁九月趁米出起籴，于一两月内籴足，至次年二月以后农务东作日，米价长二麦未收之际，止照元本价值量搭官吏靡费，每石不许过二百文出粜。委本司钱物官拘收元本，次岁收籴如初。江南东路九郡除建康府为一万石外，其余八郡各给五千石做籴本。岳珂复置平籴仓不久，平籴仓之制又被废弃，之后，其继任者舒滋又将其恢复起来，拨籴到米一十万石，每年春冬两季开仓赈济，若遇到凶年，就直接减价赈粜，待秋天丰收的时候再籴买粮食，以保持仓本继续受惠百姓。

七、社仓

社仓之名始见于隋代，隋文帝开皇十六年（596 年），在度支尚书长孙平的建议下，隋文帝下诏设置社仓，并于当县安置。唐承隋制，将其安置在县级行政单位。

宋神宗熙宁二年（1069 年），先由知陈留县苏涓提出设置社仓的建议，在其所辖地区重设社仓，其目的是劝百姓置义仓以备水旱。既建于社，又有借贷之法，且又主要针对乡村。社仓仓谷本是从民间筹集，一等户每户出粟二石，二等户每户出粟一石，三等户每户出粟五斗，四等户每户出粟二斗，五等户每户出粟一斗，若缴纳小麦其数量亦如此。每个村设一个社仓，每个社仓都会安置一个看守的人，具体的输纳是由耆首来掌管，县衙里都要备案。遇到丰年，则酌情输入；遇到凶年向民出粮。同时社仓还通过借贷之法来保持仓谷新陈相登，借贷时并不规定具体的数量，也保证了老百姓各种需要。由于义仓之法既可以防备凶歉，又可以创立借贷通融制度，深惠于民。社仓之法深得神宗称许，但后被王安石所阻，终未得行。

社仓的大规模设置始于朱熹的倡导。所谓社仓，又称"朱子社仓"，最早进行社仓实践的是朱熹的同门好友魏掞之。宋高宗绍兴二十年（1150 年），魏掞之在建宁府建阳县长滩铺设仓，遇歉收以谷贷民，不收利息。后来朱熹设立义仓时也承认参照了好友魏掞之的社仓法。社仓最终作为一项制度确立下来，朱熹居功甚伟。宋孝宗乾道四年（1168 年）戊子，朱熹为母丁忧，居福建崇安县开耀乡五夫里，而恰逢建宁府一带发大水，以致"春夏之交，建人大饥"，视察灾情后朱熹深感肉食者对受灾百姓的漠然，朱熹为了赈济灾害，一边向富户劝募余粮，以常价赈济灾民，同时上书建宁府知府徐嘉，请发常平米，救济灾民，于是向"常平官借粟 600 斛"，徐嘉随即调派船只，运米六百斛，这六百斛即地方州郡的常平米。之后，"始作社仓与崇安县之开耀乡，使贫民岁以中夏受粟于仓，冬则加息什二，以偿，岁小不收，则弛其息之半。大侵，则尽弛之"。朱熹利用这六百斛米作为仓本在崇安县开耀乡设置社仓，使得贫民在中夏之时可从社仓贷出粟米，利息为什二，到冬天偿还，若遇到凶年，则减少一半利息，若遇到大凶之年颗粒无收，则本息都不用还。如此数年之后，利息就会数倍于本金，一方面受惠的百姓将会增多，另一方面过多的利息收入又可以捐赠给百姓。因其惠及乡里，赈济效果显著，朱熹于淳熙八年（1181 年）向宋孝宗呈请《社仓事目》时，特别强调"随宜立约，申官遵守"，即各地乡土风俗不同，要实行差别化设立，在设立与否以及立约内容方面可以"随宜"，将自主权下放给各地方；一旦达成，须严格遵守，并上报官府，并受其监督。同年十二月二日，"诏行社仓法于诸郡"，至此，社仓由朱子的个人行为上升为国家制度，由敕令所负责在全国各地推广。到朱熹去世后的二三十年间，社仓"落落布天下"了，且俱称"皆本于文公"，甚至还有一次性在十二县设置百所社仓的奏请。朱子的社仓法在全国得到极大普及。

社仓属民办仓储，其管理模式总的来说是官督民办，官府只负责监督，不干预社仓的具体事务。南宋政府对社仓管理人员的任职条件亦有明确的规定，"仍差本乡土居或寄居官员、士人有行义者与本县同共出纳"。为了保证社仓惠及乡民的初衷得以实现，南宋政府对社仓管理者的选择非常严格，不仅要求家境殷实，没有过重的赋税负担，而且要崇尚儒学，以齐家安国、忧国忧民为理想；另外这些人还要有良好的口碑，有一定的威望及受到乡人普遍拥戴的社会地位，通过种种条件的规定尽量降低管理者徇私舞弊的发生概率。

社仓储粮最初来源有两个：一是拨州县常平仓粮，二是富人自愿出粮，日后归还。后来在社仓的发展过程中出现了乡民自筹经费的现象，江南东路的余干县于宋宁宗庆元五年（1199 年）所建社仓"掊其资产之券，质之府库，为钱一千二百二十七贯有奇，得米七百石领之"。而对于社仓的运作过程，朱子初设社仓时"岁一敛散，既以纾民之急，又得易新以藏，俾愿贷者出息什二，……岁或不幸小饥，则弛其半息，大祲则尽蠲之"，"至今十有四年，其支息米，造成仓厫三间收贮，已将元米六百石纳还本府，其见管三千一百石，并是累年人户纳到息米，已申本府照会，将来依前敛散，更不收息，每石只收耗米三升"。即每年贷借一次，春夏借秋冬还，归还时随收成情况收利息二分或减半或全免，形式灵活。当社仓米积累到一定程度时归还所借常平粮，此后以收取的"息米"作为贷借的仓本，通过仓米置换，社仓从源头上脱离官府的掣肘，更具独立性。归还完毕后，乡民再借贷社仓粮米时就不再收取利息，归还借米时只须交纳每石三升的耗米，大约占到贷本的百分之三，极大地惠及了乡民。

社仓借贷的具体执行规制也非常严格。将借贷者，每十家结为一甲，每甲推选出一个甲首。五十家组成一社，并推选一个通晓仓务的人为社首，每年正月，各甲都要把各甲的情况告示社首。对于有逃军及没有德的人，或丰衣足食之人不准其入甲。对于应当入甲的人户，须遵从他们自己的意愿。对于愿意从社仓借贷的人，借贷时要说明一家人口的情况，成人一口借贷一石，儿童减半，五岁以下的不准申请，若甲首说明情况特殊可以多贷给一倍的粮食。社首在审订情况属实时，要拿着涉及审批环节每个人的签字画押到其所管辖的社仓，再审无误后，然后再排定。甲首还要记录借贷人借贷的详细情况，根据正簿分两次给，第一次是刚开始下田时，第二次是耘耔的时候。秋天有收成后，还谷的时间不能超过八月三十日，所还米谷湿恶低劣不实的要受罚。社仓通过实行社首负责制、设立借贷对象的限制性条件、强化内部惩戒机制对社仓的运作流程进行了详细的规范，并且运作过程中政府负有监督之责，"敛散时，即申府差县官一员监视出纳"。

辽金夏无社仓的记载。

西夏仓储机构在此进行简单介绍。西夏建窖储粮早在李继迁重建夏州政权之时即已出现。宋真宗咸平五年（1002 年）泾原部属陈兴与秦翰等率兵袭击继迁所部康奴族，"穷其巢穴，俘老幼，获器畜甚众，尽焚其窖藏"。随着农业生产发展，这种储粮的公私窖藏越来越多。西夏在摊粮城、西使城、左村泽、鸣沙州、葭芦城、米脂砦、质孤堡、胜如城、龛谷砦等十多处建有粮仓，其中鸣沙和龛谷的粮仓，被称为御仓或御庄。

西夏著名的公私粮仓粮窖，有夏州境内的德靖镇七里平和桃堆平。七里平有谷窖大小百余所，粮约八万石；桃堆平的粟窖，被称为"国官窖"，其规模"密密相排，远近约可走马一直"；陕西葭芦、米脂地区的"歇头仓"，"（其）里外良田不啻一二万顷。夏人名为珍珠山，七宝山，言其多出禾粟也"。被夏人誉为"金窟垯"的石堡城，"夏人窖粟其间，以千数"。谅祚帝在西市城（今甘肃定西）曾"建造行衙，置仓积谷"。至于贺兰山西北的"摊粮城"，是西夏后方著名的储粮地。宋哲宗元符二年（1099 年）新筑的定边城，本是西夏的领地，该地"川原厚运，土地衍沃，西夏昔日于此贮粮"。

灵州西南的鸣沙川（一作鸣沙州）的"御仓"，窖储米多至百万石。它是西夏黑山威福监军司军粮供应地，派有司吏、案头进行管理。《天盛律令》卷十《库监派遣调换门》记载："官黑山新旧粮食府，大都督府地租粮食府，鸣沙军地租粮食府，林区九泽地租粮食府。"西夏境内还有所谓"御庄"，坐落在兰州附近的龛谷城及质孤、胜如二堡。宋神宗元丰四年（1081 年）九月，宋军统帅李宪向兰州进军，曾发掘西夏龛谷川的粮窖，取其积谷。大军过龛谷川，秉常僭号御庄之地，极有窖积，及贼垒一所，城甚坚固，无人戍守，唯有弓箭铁杆极多，已遣逐军副将，分兵发窖取谷及防城弓箭之类。西夏的仓储功能与中原有所不同，其位置处在边境或战略要地，有些仓储甚至备有大量弓箭、铁杆等武器，是为了防止仓储被盗和监视生产者劳动，防止其逃跑，而派有一定数量的士兵戍守。质孤、胜如二堡的"御庄"，则其地"平沃，且有泉水可以灌溉，古称榆中"。

第二章　江河湖治理

江河湖泊治理是古代防灾的一个重要手段。宋元时期由于气候、地形、水文变化等自然因素，人类因发展农业生产而破坏生态等人为因素，或出于政府为更好利用水运条件以完成防灾的各种基础储备工作，其间三者矛盾交织，再加上各民族政权的对立与更迭，使这一时期的江河湖治理呈现异常复杂的局面。

宋朝建立的水利管理机构直接体现了农业文明中大一统政权组织国家力量建设重大工程的制度性构架，因而被各民族政权所借鉴学习，从中央到地方每一级都发挥相应职能。政府颁布的规章制度一方面为当时水利建设提供指导，另一方面也为后世提供了丰富经验。

这时的黄河处在灾害爆发的一个高峰期，频发的河患给人们带来了巨大的灾难，黄河的治理也就成了占有黄河的各个政权的一件非常重要的事情，花费大量的人力物力，对于黄河的治理或堵或疏，但对于黄河河患的治理始终无法彻底解决。

这一时期中国人口的大量南迁，造成南方人口的迅速增长，使得北宋末年就较为严重的南方填湖造田行动日益严重，一定程度上缓解了社会的粮食危机，另一方面使得河道堵塞，天然湖的防洪功能丧失，带来了一系列问题，政府为此也采取各种措施来阻止围湖活动的进行。

两宋和元都建有沿海的海塘海堤，对于防止土壤盐碱化、保障沿海地区农业生产具有重要作用，无论是建筑材料，还是建造技术工艺都有重要创新。

宋元时期，或定都汴京或定都燕京，京城巨大的社会需求都要依靠富庶的江南地区，由此，运河的修建、保持畅通的漕运渠道也是宋元时期各政府的一项重要工程，以此满足京城的粮食需求，还有使得北方发生灾害时能够及时地拨运粮食，满足救灾的需要。

一、北宋、辽、西夏江河湖治理

北宋、辽、西夏时期开启了一个各民族政权对立但又相互借鉴、融合的时代，对于中原农业文明向外扩展传播具有重要影响，就水利防灾而言，各政权纷纷以宋王朝建立的水利管理机构体系为模板。北宋的中央管理机构是工部中的水部以及专门的治理机构都水监，在地方上则以各路级、州县以及中央派出专管水利的机构和官员形成三级治理体系。在制定规章制度方面，沈立的《河防通议》、熙宁年间的《农田利害条约》是北宋水利治理经验的集中总结，西夏的《天盛律令》中展示了西夏有关水利灌溉和农田水利管理的规章制度。

由于黄河泛滥严重，北宋倾注大量人力物力从事河防工作，大力进行治河。为了更好地发挥淮河的航运输粮以及防洪功能，通过开河设闸筑堰进行相应的治理。对于太湖的治理，不同的阶段有不同的特点，先后以治塘浚浦、排水治田为主要特征，在建设沿海的防潮海堤和海塘方面也出现了重要创新。辽代水利建设史籍记载较少，本书根据现有文献记载作一定的叙述。西夏的水利成就主要在农田水利方面，将在农业防灾篇中详细说明。

（一）水利管理机构与规章制度

1.管理机构

工部历来是中央最高、最直接的水利事务领导机构。北宋时期，元丰改制后工部下属有三：屯田、虞部、水部。水部隶属工部，工部是水部的直接领导机构，掌沟洫、津梁、舟楫、漕运之事。凡堤防决溢，疏导壅底，以时约束而计度其岁用之物。修治不如法者，罚之；规画措置为民利者，赏之。除中央水部外，另一非常重要的专治水利事务的中央机构还有都水监。宋初都水监并未设立。随着黄河泛滥频繁，出现专门的治理机构，宋仁宗皇祐三年（1051年）五月，"三司请置河渠一司专提举黄汴等河堤功料事。三司河渠司即都水监之前身，后河渠司地位逐渐重要。至和二年（1055年）十二月，以殿中丞李仲昌都大提举河渠司，以仲昌知水利之害特任之也。嘉祐三年（1058年）十一月，己丑，诏置在京都水监，罢三司河渠司。后三司废除，都水监发挥的作用更加突出。职掌大致为：掌中外川泽、河渠、津梁、堤堰疏凿浚治之事，丞参领之。凡治水之法，以防止水，以沟荡水，以陂池潴水。凡江、河、淮、海所经郡邑，皆颁其禁令。视汴、洛水势涨涸增损而调节之。凡河防谨其法禁，岁计茭捷之数，前期储积，以时颁用，各随其所治地而任其责。兴役以后月至十月止，民功则随其先后毋过一月，若导水溉田及疏治壅积为民利者，定其赏罚。凡修堤岸、植榆柳，则视其勤惰多寡以为殿最。

除中央统治者及主管部门积极指挥调度参与外，也需要地方的支持执行。地方水利机构及置官大致分为三类：（1）地方州县。一般而言，县设县令，次官县丞、主簿，县邑户少者不设令、丞，或县丞行令事或主簿行令、丞事。因为县令"总治民政"，水利之政必在其中，宋徽宗崇宁二年（1103年）蔡京上言："熙宁之初修水土之政、行市易之法、兴山泽之利，皆王政之大，请县并置丞一员以掌其事。"县域水利遂有专司。同时宋以文臣知州、以通判贰之，"其事务悉归本州知州通判兼总之"，可知州之水利政务也是州级地方长官职责所在。（2）地方诸路。宋仁宗天圣八年（1030年）全国设十八路，而各路大体设四司即安抚使司、转运使司、提点刑狱司、提举常平司，四司实际上是中央派出的监察机构。一般地方财赋须转运中央，那么河流畅通则转运便利，河流淤塞则转运受阻，故转运使司与河渠治理有着密切联系。元祐时就令转运使、副皆兼都水事。另外诸路亦设有水利司，诸路下水利司还有提举官。（3）地方河渠、堤堰等。一般而言，宋代重要的河流诸如黄河、汴河、洛河、广济河、漳河、滹沱河、惠民河等由中央直接派遣机构和官员治理，如河北黄河堤防司、提举汴河堤岸司、巡护惠民河、广济辇运司、清河辇运司等机构。这些专门机构尽管是中央派出，但与地方管理并没区别。都提举、河堤判官（州通判充任或州判官充任）等即为诸河流之专门官员。

辽朝的官职，在辽太祖时期沿用契丹旧俗，职守名称与中原大不相同。等到世宗时得到燕云十六州，才开始效仿唐制建立官班。在辽代的"宣徽院"机构中，北南二院都设有工部，其中南面官有尚书、侍郎、郎中、员外郎等。就水利职官来说，中央设有都水监，分设太监、少监、丞、主簿等官。另外，就预防水灾而言，南北枢密院中的枢密使扮演着重要的角色。贾师训在道宗时任南枢密都承旨，他"寻扈驾春水，诏委规度春、泰两州河堤及诸官府课役，亦奉免数万工"。春、泰两州是辽帝四时捺钵之地，身为南枢密院承旨的贾师训承担修护，规划河堤及诸官府课税的责任。辽道宗时，"辽东雨水伤稼，北枢密院大发瀕河丁壮以完堤防"。由此可见，在辽朝的最高权力机关中设有专门的官吏，负责河堤修护规划等方面的水灾预防任务。

西夏为保障水利设施的正常使用，制定了比较完善的管理体制，西夏境内的干渠、支渠等大型水渠和与之配套的道路、桥梁以及渠边的防护林带一律属国家所有，由各转运司实施管理。遇到以下三种情况，转运司必须奏请上级机关审定：第一，每年春季例行的水渠修浚工程开始之前须向中书奏报计划，并会同有关部门在宰相面前确定具体负责人名单；第二，在计划外临时抽调民工劳力，须报请中书审批；第三，每年例行收取水浇地租税后，须将账簿报送磨勘司审核。转运司具体负责的事务可以分为两类，即对水浇地税收的管理和对水渠安全的监护。管理水浇地税收的最高机构是京师都转运司，大都督府转运司在其领导下工作。每年纳税期至十月底止，此前转运司的任务是和其他政府部门一道催缴租税和登记造册。租户缴纳的地税为实物，其中的"冬草"和"条橡"是修建水闸的基本材料，由大都督府转运司统一收纳储存，以备来年工程之需。

2.规章制度

（1）沈立著《河防通议》及北宋其他河防法令

宋沈立所著《河防通议》，该书为治河者遵守的法据。该书未能完整保存，部分保留在元代沙克什所撰《河防通议》中《沈立汴本》。根据宋代相关史籍中的零散记载，宋代的有关河工修防法令制度也可略见一二。大致包括：以蠲免租税补偿灾民损失或采取赈济措施。宋太祖乾德二年（964年），滑州河坏，派殿前都指挥使韩重赟、马步军都军头王廷义等督士卒丁夫数万人治之，被泛者蠲其秋租；宋神宗熙宁七年（1074年），蠲被水户夏税；河防发丁夫及缮治时间的规定。"可上户出钱免夫，下户出力充役"。乾德五年（967年）正月，帝以河堤屡决，分遣使行视，发畿甸丁夫缮治。自是岁以为常，皆以正月首事，季春而毕；种植榆柳巩固堤防，严禁伐榆柳；奖励民间献书、献计。开宝五年（972年），"凡搢绅多士、草泽之伦，有素习河渠之书，深知疏导之策，若为经久，可免重劳，并许诣阙上书，附驿条奏。朕当亲览，用其所长，勉副询求，当示甄奖"；对河防官吏授任的规定并以法约束。开宝五年至今开封等十七州府，各置河堤判官一员，以本州通判充；如通判缺员，即以本州判官充。宋太宗淳化二年（991年），诏："长吏以下及巡河主埽使臣，经度行视河堤，勿致坏隳，违者当置于法。"开宝四年（971年）十一月，河决澶渊，泛数州。官守不时上言，通判、司封郎中姚恕弃市，知州杜审肇坐免，定期派遣官员巡检工作。熙宁七年（1074年），诏籍所兴水利，自今遣使体访，其不实不当者，案验以闻。

（2）北宋熙宁《农田利害条约》

宋神宗即位后，对农业和水利颇为重视，熙宁元年（1068年）下诏令诸路监司，寻找能者修复往年埋没的陂塘，沿江浸坏的圩岸，不得耕的沃壤，劝募百姓重新耕种。神宗积极主张兴修水利以发展农业生产，在实地考察的基础上针对水利建设提出指导性建议和法规，制定了中国历史上第一个农田水利法——《农田利害条约》，并于第二年十一月十三日在全国颁布施行，为水利改革的一部分。

条约共分为八卷，主要鼓励兴办水利建设以及各地水利现状以及兴修水利的一些具体细则，还有有功人员奖励办法等。其主要内容如下。

一是不论官员百姓，只要了解农业耕作技术或者水利工程修建，都可以积极向官府提出自己的建议，各级官员应当认真听取，如果确实有利，应当奏明朝廷以决定是否采纳。如果工程浩大，民力不足，允许受利人在官仓内借贷支用。待工程实施完毕，对于有贡献之人予以奖励。诸色人能出财力、纠众户，创修兴复农田水利，经久便民，当议随功利多少酬奖。其出财颇多、兴利至大者，即量才录用。

二是下令各个州县将自己所辖区域荒田以及需要浚修或修建的水利工程进行详细调查，令各县考察所管陂塘堰埭之类，可以取水灌溉者，有无废坏合要兴修，及有无可以增广创兴之处，绘制成图，并且说明修建办法，呈报上级官府。凡有能知土地所宜，种植之法及修复陂湖河港，或原无陂塘、圩埠、堤堰、沟洫而可以创修，或水利可及众而为人所擅有，或田去河港不远，为地界所隔，可以均济流通者，县有废田旷土，可纠合兴修，大川沟渎浅塞荒秽，合行浚导，及陂塘堰埭可以取水灌溉，若废坏可兴治者，各述所见，编为图籍，上之有司。

三是对于各项工程修建所需人力、物力的解决方法及兴办的范围和官办、民办的办法进行了几项规定。①所有居民以户为单位出工出料，如有不符者另加科罚。②兴修如果遇到财力不足的问题，官府可以贷以青苗钱，利息适当调低，归还时间延长。其土田迫大川，数经水害，或地势污下，雨潦所钟，要在修筑圩岸、堤防之类，以障水潦，或疏导沟洫、畎浍，以泄积水，县不能办，州为遣官，事关数州，具奏取旨。民修水利，许贷常平钱谷给用。③官府如果出现财力不足状况，可以劝告财力富足的地主出钱贷于贫民，按照惯例付出利息，官府进行监督管理。④如果有私人自行进行出资兴建水利工程，应该按照功劳大小予以报酬奖励。

《农田利害条约》的公布促进了当时农田水利建设的开展，出现了一个四方争言农田水利、古陂废堰、悉务兴复的局面，调动了各方积极性，很多民间身份等级不同的人纷纷"争言水利"都被召入朝廷，由此获得官职和俸禄。从宋神宗熙宁三年至九年（1070—1076年）全国兴修水利农田达 10793 处，受益民田面积达 88 亩。这样短时间内取得如此大的成就，在过往的历史上也是少见的。

（3）西夏《天盛律令》

西夏仁宗天盛年间，以前代律令为参考，仿照宋朝政书体例，用西夏文字编著成一部有关政治制度与法令的专书，名为《天盛改旧定新律令》，简称《天盛律令》。它是迄今为止发现的最早的以少数民族文字刊行的法典，除目录外，共分二十卷。该书章节设置新颖独特，吸纳了中原唐宋律统的优点，还不失自身刑罚习风的朴素特质。

西夏统治者为了有效管理好水利灌溉事业，制定的有关水利灌溉和农田水利管理的规章制度，主要体现在《天盛律令》中。《天盛律令》卷十五中的"春开渠事"门、"园地苗圃灌溉法"门、"灌渠"门、"桥道"门、"地水杂罪"门等对有关农田水利管理的事项从开渠管理制度、管理机构、人员职责、水利设施维护、法律责任等方面作出了详细规定。比如具体规定了水渠的组织管理及水的使用办法。其管理水渠的基层组织管理者有渠头、渠主、渠水巡检、伏事小监等。他们的主要任务有二：其一，负责巡视监察和修理水渠。律令规定："诸沿渠干察水渠头、渠主、渠水巡检、伏事小监等，于所属地界当沿线巡行，检视渠口等，当小心为之。渠口垫版、闸口等有不牢而需修治处，当依次由局分立即修治坚固。若粗心大意而不细察，有不牢而不告于局分，不为修治之事而渠破水断时，所损失官私家主房舍、地苗、粮食、寺庙、场路等及佣草、笨工等一并计价，罪依所定判断。"可谓任务明确，责任重大，不可丝毫麻痹大意，玩忽职守，否则就要受到法律的惩处。其二，负责管理放水灌田。其具体律令规定："唐徕、汉延及诸大渠等上，渠水巡检、渠主诸人等不时与家主无理相争、决水，损坏垫板，有官私所属地苗、家主房舍等进水损坏者，诸人告举时，其决者之罪及得举赏、偿修属者畜物法等，与蓄意放火罪之举赏、偿畜物法相同。""宰相及他有位富贵人等若殴打渠头，令其畏势力而不依次放水，渠断破时，所损失畜物、财产、地苗、佣草之数，量其价，与渠头渎职不好好监察，致渠口破水断，依钱数承罪法相同。……（诸人）若行贿徇情，不告管事处，则当比无理放水者之罪减二等。又诸人予渠头贿赂，未轮至而索水，至渠断时，主罪由渠头承之，未轮至而索水者以从犯法判断。渠头或睡，或远行不在，然后诸人放水断破者，是日期内则主罪由放水者承之，渠头以从犯法判断。若逾日，则主罪当由渠头承之。"这些规定表明，西夏政府要求管理放水者及放水之人，必须遵守下列原则：即不得无理决口放水；严格按照排定的放水次序进行；定时放水，不得逾期；水法面前人人平等。如规定放水依次进行，即使是当朝宰相也得遵守，如"不依次放水"，就要受到法律制裁；提倡尽职尽责、廉洁奉公，杜绝徇私舞弊，贿赂公行。

（二）北宋、辽、西夏江河湖治理

北宋、辽、西夏并立时期，北宋保有广大的中原地区，大江大河较多，大型水利建设成绩突出。辽朝仅从现有的史料记载中侧面反映出辽代的水利情况。西夏偏居河套、宁夏平原与河西走廊，缺少大型江河湖治理，多以农田水利设施建设为主。

北宋时期的河患十分严重，遭受水灾的地区面积也比较广，北宋政府专门设置了河渠司管理河务，有时遇到河患，可以说倾全国之力来治理黄河，所耗费之大，历史罕见，治河措施主要是防御下游河患，抗御水灾，兴役最大的是筑堤、堵口和开引河、减河等工程。淮河这一时期，其主要功能是河运，以解决北方的粮食问题，具体的治理以开河、设闸、筑堰为主。对长江下游地区尤其是太湖治理，往往"开江浚浦"，一是为了便于漕运，二是整顿塘浦圩田系统，使其既有利于蓄水灌溉，又能排水不致壅塞，但这种塘浦圩田体系最终在王朝后期趋于瓦解。对于沿海易遭受海潮威胁而造成海水倒灌、农田被淹、土地盐碱化的地区，政府往往兴建防潮堤或海塘，而在这一时期，其建造材料和技术得到了明显的改进。

1. 黄河治理

黄河水患在整个北宋的灾害史中占据着重要地位。北宋时期黄河水患的特点主要有三方面：首先，水灾爆发次数频繁，受灾面积广。北宋时期的黄河水患几乎涵盖了现在的黄河中下游河南、山东，北至河北中部海河流域，南到淮河流域江苏、安徽的许多地区。此外，黄河泛滥的频次也有所增加，在北宋的168年里，有54个爆发年份，平均3年多一次。其次，灾情严重，造成黄河多次改道和分流，造成改道的决溢在北宋一共有7次，黄河如此大规模的改道，在整个黄河灾害史上都是罕见的，最厉害的一次造成38万人流离失所，30万顷良田被淹。最后，受灾地点集中，河北地区尤罹重患，其地处黄河中下游，黄河的大部分决溢都波及这个地区，使该地区成为当时主要的黄泛区。

由于黄河泛滥严重，皇帝十分重视河事，认为"修利堤防，国家之岁事"。宋仁宗皇祐三年（1051年）五月二十三日，管理国家财政的三司设立河渠司，专门管理有关黄河、汴河等河堤的工料事情。九月，仁宗下诏，令三司河渠司每年开浚一次汴河。至嘉祐三年（1058年）朝廷下令将河渠司改为都水监，到仁宗时正式设置了专门管理河事的部门。宋神宗熙宁七年（1074年）四月三日，又置疏浚黄河司。同时，也令沿黄河及汴河府州长官兼任本州河堤使，若遇到黄河决溢不能及时上报，其罪责重至判死刑。稍后各沿河府州又各置河堤判官，以本州通判充任。此外亦有巡河及管埽等专官，治理黄河时大面积使用埽工技术，制作埽来堵塞决口，加固堤岸，在水患常发的堤岸形成了埽岸。因为一般有巡视的官吏、常驻的埽兵，便形成配置齐全、长期驻守并维护黄河河堤的机构，称之为埽所。宋代埽所机构的出现大约在宋太宗时期。淳化二年（991年）三月，宋太宗下诏："长吏以下及巡河主埽使臣，经度行视河堤，勿致坏隳，违者当置于法。"宋神宗时期埽所的设置趋于完备。宋神宗元丰三年（1080年）五月，权都水监丞苏液言："分黄河八，都大应管逐埽职事，绘成图，令都水监仿此，每岁首编进。"这样埽所的建设，从中央到地方机构设置、职官的设置都初步形成，埽所的设置也基本成型，在以后治河过程中不断地发展完善。

由于黄河泛滥严重，北宋政府倾注了大量人力物力从事河防工作，大力进行治河。治河措施主要是防御下游河患，抗御水灾，其中兴役最大的是筑堤、堵口和开引河、减河等工程。北宋立国之初，在整治汴京四渠的同时，就积极修筑了黄河河堤。北宋期间防河堵口通常是民、兵共用。多则数十万，少则数万，规模、声势都较为宏大。宋太祖乾德元年（963年）正月，朝廷征发开封府附近数万丁夫修筑河堤，还命令左神武统军保护他们。乾德四年（966年）七月，黄河在澶州灵河大堤决口之后，太祖下诏令殿前都指挥使韩重赟、马步军都军头王廷义等率领士卒丁夫数万人修复河堤。到了十月，修好大堤使黄河水重归复故道。

对于黄河决溢，北宋政府都要采取适当措施抢险堵口，鉴于黄河河堤连年溃决，宋太祖乾德五年（967年）正月，派出大批官员到黄河下游实地查看，并发京畿附近丁夫进行大修，从此建立了"皆以正月首事，季春而毕"的河堤岁修制度。民间除堵口、修防等临时大工须供应征发物资又出丁夫以外，由于黄河年年决堤，平时每年正月到三月都要出丁夫岁修。沿河民家还须按户在河旁种植榆树，备修河梢料。自后，岁役河防丁夫年年增加，宋哲宗元祐七年（1092年），都水监请求往后每年额定修治河防的丁夫为十五万人，这其中不包括沟河丁夫。此后北宋政府规定，从元祐八年（1093年）春起，每年春夫以十万为额。关于堵口所使用的材料，按旧制，当预计到黄河有决口的可能时，有关部门经常在秋季的第一个月就预备好了堵河用的材料，有梢茭、薪柴、楗橛、竹石、芟索、竹索等，数量达千余万，人们把这叫作"春料"。朝廷把诏书下达沿河盛产这些东西的府州，并遣使与管理河渠的官吏趁农闲之时带领丁夫水工，收购这些东西，以备将来使用。除了每年例制征发春夫修堤之外，若遇到一些大的决口往往还花费数十万钱动员数州丁壮，从事堵口活动。如宋太宗太平兴国八年（983年）黄河在韩村决口，朝廷征调数路丁夫堵塞河堤，好几个月都没有成功。第二年春天，又征拨兵士五万，以侍卫步军都指挥使田重进带领，进行堵口。宋真宗天禧三年（1019年）六月，黄河又在滑州天台埽决口，朝廷立马又派遣使者征收数州薪石、楗橛、芟竹数目多达一千六百万，并征发了兵夫九万人前去治理。宋仁宗天圣五年（1027年），朝廷征发丁夫三万八千人，兵卒二万一千人，拨发缗钱五十万，去堵塞黄河的决口。整个北宋期间，似此大型工役堵口修堤，为数较多。

河防工程中，回河兴役所耗尤为巨大。宋神宗元丰元年（1078年）春，朝廷征发民夫五十万人，兵士二十万人，想疏通黄河故道以引导黄河北流，若不行，则决开黄河北岸的王莽河口，若任由黄河流动，则有可能向南流动浸及京城。而回二股河兴役动用的民夫和耗费的资材更为巨大。据不完全计算工程约支费过钱粮三十九万二千九百余贯石匹两，买物料钱七十五万三百余贯，征用人力总计三十七万多人。

2. 淮河治理

北宋时期，淮河的主要功能是航运，这对于"南粮北调"，缓解北方的粮食危机，特别是对于救灾有十分重要的作用。此外对于防洪也有一定的作用，北宋时期国家对于淮河的治理主要体现在开河设闸筑堰。

对于淮河的治理，后周时期就曾进行过大规模的闸堰建设，宋袭后周之制，对于后周之时在淮河修建的堤堰进行了整修，渠道建设达到较高水平。另外，开河也是北宋治淮的一个重要内容，宋太宗雍熙元年（984年），淮南转运使乔维岳利用故沙湖开河，自淮安北的末口到淮阴和磨盘口长六十里。在淮安西北，淮河河势自东流转向西南流形成约三十里的山阳湾。新河名沙河或鸟沙河，可以避开山阳湾险段。宋仁宗皇祐年间（1049—1054年），江淮发运使许元自淮阴向西，接沙河开运渠至洪泽长四十九里。后不久，马仲甫又开洪泽梁六十里。后至宋神宗熙宁四年（1071年），因新河淤塞，发运副使皮公弼又重新开通，再至宋神宗元丰六年（1083年），都水监丞陈佑甫更接洪泽渠向西开龟山运河至龟山蛇浦长五十七里，宽十五丈，深一丈五尺，这样淮水南岸运河完成，由楚州经运河至龟山下，再渡淮至泗州接汴渠。

堰闸的改建始于乔维岳。乔维岳开沙河后，又设西河堰，在西河第三堰创建两个斗门，二门相距五十余步，设悬门（平板闸门）蓄水，等到水蓄满与故沙湖平后，再开启行船，泄水，船来往很方便，西河上其余的堰都废除了。

开沙河后三十五年，宋真宗天禧三年（1019年），开扬州古河，绕城南、城东接运河，拆除了附近的三座堰。这段运河上只有邵伯堰起作用了。宋仁宗天圣四年（1026年），真州江口堰和楚州北神堰旁都修建复闸通航。宋神宗熙宁五年（1072年）九月，日本僧人成寻经过这段运河时记载：从京口闸（今属镇江江岸）过江，江间三十五里，至河口入扬州界，有闸一（即龙舟闸），待潮起过闸，前行二里到瓜洲堰，以牛二十二头牵船过堰；再前行至江都邵伯闸，依次通过三道闸门；此后又经过高邮、宝应两县的闸，至楚州淮阴石渠镇闸头，潮涨开闸，出船至淮口，进入淮河。

3. 太湖与长江治理

北宋期间，投入大量人力物力，"开江浚浦"。治理太湖，前期多为治塘浚浦，同时为了便利漕运，将凡有障碍舟楫转漕的堤岸堰闸，一切毁之。宋太宗淳化年间（990—994年），因苏州太湖的堤岸毁坏，并且许多相连的渠道也被湮没了，太宗下诏修筑堤坝，疏浚渠道。史料对此记载："苏州太湖塘岸坏，及并海支渠多湮废，水侵民田，诏（赵）贺与两浙转运使徐爽兼领其事，伐石筑堤，浚积潦，自吴江东赴海。"宋真宗天禧二年（1018年），张纶疏浚昆山、常熟诸湖及港浦，导湖水入海；宋仁宗天圣元年（1023年），赵贺筑苏州太湖塘岸，浚浦排涝，复良田数千顷。景祐年间（1034—1038年），范仲淹在吴淞江东北主持疏浚港浦，疏导积水，使之东南入吴淞江，东北入长江，并建闸挡潮，曾取得过一段时间的成效，他"亲至海浦，开浚五河，以疏导诸邑之水，自东南入于吴淞江，东北入于扬子与海"，"就常熟、昆山之间浚五大浦，茜泾、下张、七丫、白苑、苑许诸浦以杀其势，为数州之利"。至和二年（1055年）修苏州至昆山间之至和塘。至和塘又名昆山塘，上起今江苏苏州市，下至昆山注入长江，主要由自然河道娄江改造而成。娄江在宋元时期是太湖下游的第二大河，仅次于吴淞江。庆历二年（1042年），大筑长堤于吴淞江、太湖之间，"横截数十里，以益漕运"，接着又在吴淞江宽广的进水口植千柱水中，建筑吴江长桥。这些措施一方面造成了水流散漫失去控制，同时又造成了壅阻湖水下泄，加重下游河港的淤埋、太湖地区的塘浦圩田系统，因之严重地遭到了破坏。嘉祐五年（1060年）王纯臣督修苏、湖、常、秀四州筑田塍以御风涛。并设专门机构，统领地方护江士兵常年维修。治塘浚浦工作的连年开展伴随着江南的大规模开发，在宋仁宗时太湖地区的水利与航运、圈田与治水、挡潮与排涝、蓄与泄等的矛盾已日益严重起来。这些矛盾的交织影响，在后期终于导致了太湖塘浦圩田的解体。

宋神宗以后，塘浦圩田面临日益破坏的境况，北宋政府也采取过一些治理措施。宋神宗熙宁年间（1068—1077年），郏亶提出运用高圩深浦，束水入港的办法，来恢复和发展塘浦圩田体制，在低田治理方面，他主张治三江。所谓三江，就是太湖下游的出海主河，即吴淞江、娄江和东江。宋时，东江早已湮塞，而以淀山湖出金山上的小官浦代替东江。其治理的办法是，在三江的南北开纵浦，以通于江，又于纵浦的命作横塘，以分其势。横塘纵浦都要深阔，同时利用开河的土方，堆成高堤，以卫农田。在高田治理方面，他主张蓄雨泽，措施是在沿海、沿江高地开横塘纵浦，而且也要深广，借以引江水、潮水灌溉，并可多蓄水泽，使遇大旱之年，也有水可灌田。这样就能达到"低田常无水患，高田常无旱灾，而数百里之地常获丰熟"的目的。熙宁六年（1073年），郏亶被任命兴修太湖水利，但仅一年，因豪强阻梗，而被迫停工。宋神宗熙宁六年（1073年），中书检正沈括复言："浙西泾浜浅涸，当浚；浙东堤防川渎湮没，当修。"宋哲宗元祐四年（1089年）单锷著《吴中水利书》阐述治理太湖水灾意见，主张"上阻"：堵塞西部水阳江流域东流入湖的水；"中分"：开沟渎分水北入江；"下泄"：疏通吴淞江以东诸浦，排水入海，并主张先排水后治田。此后，郏亶之子郏侨主张上源下流分疏归江入海，筑堤塘、堰闸，防御外水，控制内水，再筑圩岸治田。绍圣二年（1095年），修护今江苏的"武进、丹阳、丹徒县界沿河堤岸，及石石达、石木沟。"元符三年（1100年）又令"苏、湖、秀州，凡开治运河、沟渎，修垒堤岸、开置斗门、水堰等"。宋徽宗崇宁二年（1103年），"浚吴淞江，自大通浦入海。"崇宁三年（1104年）再"开浚吴淞江、青龙江"。政和元年（1111年）诏"苏、湖、秀三州治水，创立圩岸"，治理太湖随之进入高潮。户曹赵霖自政和末至宣和初

（1116—1119 年）主持兴修两浙水利，主张开治港浦，置闸启闭，筑圩裹田，三者缺一不可，说："治水莫急于开浦，开浦莫急于置闸，置闸莫利于近外。"近外指的是靠近入海处。筑圩岸要高大，以便逼水外泄。"兴修水利，能募被水艰食之民，凡役工二百七十八万二千四百有奇，开一江、一港、四浦、五十八渎"，后遭到豪强反对。太湖治理，功败垂成，赵霖也受到了处分。

北宋的 168 年间，太湖水利始终没有得到很好的治理，而豪强地主又趁水利失修、塘浦残缺，大肆兼并，任意圈围。个体农民只能自筑塍岸，以防水旱。于是，唐末五代时形成的横塘纵浦，位位相承、圩圩棋布的大圩田，逐渐分割为犬牙交错、分散零乱的小圩。太湖的塘浦圩田系统，终于趋于瓦解。这个情况，自南宋至明清一直没有改变。

4. 石塘海堤建设

为防止沿海地区遭受海潮引起的海水倒灌村庄、农田被淹、土地盐碱化的发生，古代政府都会带领人民修筑防潮堤或海塘。宋代用石料来修筑的石塘成为保护海塘不被破坏的重要创新。

宋仁宗景祐三年（1036 年），杭州知州俞献卿于杭州江岸开始修筑石堤，总长几十里。这个正式石塘的建立，在塘工技术上是一个重大的进步。余塘作为壁立式的石塘，向海面用条石砌成，整体性较好，比土塘、石囤塘坚固。而工部侍郎张夏负责六和塔至东清门段，做石堤 12 里。石堤筑成后，人民生命财产得以安全。张夏向朝廷提出建议，设置捍江五指挥，每个指挥下辖捍江兵士四百人，专管采石桥塘，随损随修。庆历四年（1044 年），转运使田瑜、杭州知州杨偕进一步修石塘，在余塘的基础上，沿杭州东面的钱塘江岸，修筑了总长 2200 丈的石堤，"崇五仞，广四丈"。此一仞约为五尺六寸，故其堤高二丈八尺。迎潮面砌石逐层内收，形成底宽顶窄的塘形。塘脚以竹笼装石保护，防止涌潮损坏塘基。背海面衬筑土堤，用以加固石塘和防止咸潮渗漏。其中自龙山官浦的 2000 丈是旧修而成，"增石五版为三十级（一说为十三级）"，御看亭下新筑 200 丈。这样，使石塘更为坚固，能抵御更高的海潮。另外，时任鄞县（今属宁波市）县令的王安石也在钱塘江南岸的部分地区修建石塘，名叫坡陀塘，用碎石砌筑，向海面砌成斜坡，其上再覆以斜立长条石。

石塘的筑法，一般"石坚土厚，相当胶固，杀上而方下，外强而内实，最悍激处更为竹络，实为小石，布其下，及圆折其岸势，务以分杀水怒"。考虑到海潮的冲击力量极为强大，因此，设计时针对海潮的特点，使迎水面用石砌成立墙式，然后逐级内收，底宽顶窄，使之略有斜坡。海潮来时，往往不能直接接触到顶墙，这就增加了抗波浪冲击的能力以及石塘自身的稳定性。在背水面附近以土堤做帮衬，不仅又大大增加了石堤的稳定，而且还可以防止咸潮的渗透。塘基外用竹络装石块做护堤，这样既可以削弱波浪的冲击力，又可保持塘基不至于被潮流掏空，这种石塘是后世石塘"坦水"技术的先驱。

北宋期间，在苏北沿海还修筑了著名的"范公堤"。当时，唐李承修的通州－盐城旧堤已经坍毁。宋仁宗天圣元年（1023年），范仲淹任泰州西溪盐官，建议修复、扩建唐堤，得到转运副使张纶的支持。在范张两人的相继主持下，工程顺利完工，人称"范公堤"。它南起通州，中经东台、盐城，北至大丰县，全长180里。稍后，至和年间（1054—1056年），海门知县沈起，又将范公堤向南伸展70里，人称"沈公堤"。两堤对捍卫苏北农田及盐灶有重要作用，后来元朝在苏北对"范公堤""沈公堤"都做了维修和扩展，使两堤的长度延伸到300多里。

（三）辽朝江河湖治理

辽代的水利建设记录较少，现有的记载只是从侧面反映出辽代的水利情况。

为防止水患，辽朝也下诏修筑河堤、兴修水利。如辽圣宗统和十三年（995年）九月，"以南京学生浸多，特赐水碾庄一区"。"水碾"是用水力推转的石磨，既然如此，则必然存在着渠道灌溉系统。进一步搜集有关史料证明，燕京近郊有禁种水稻两条，赐水碾一条，且提及漷阴旧渠一条。漷阴，辽为镇，金设县，即今永乐店公社之北漷县村。统和十二年（994年）春正月朔"漷阴镇水。漂溺三十余村，诏疏旧渠"。旧渠不知所指，用以排洪应为较大河流。漷阴东有白河；西有方数百里的延芳淀，后来有卢沟分支的漷河等三四条。所疏浚者不外此等水道淀泊有关之水渠。

辽东雨水伤稼时，北枢密院就大发濒河壮丁以完堤防，后来被大公鼎上书阻止，但仍表明辽朝是有类似的抗灾措施的。另外，辽道宗大康六年（1080年）梁援在东京为官时，就领导人民兴修水利，致使"水不为害"在辽臣贾师训的墓志铭中则有如此记载。大康七、八年（1081—1082年），"诏委规度春、泰两州河堤，及诸官府课役，亦奉免数万工"。《全辽文》卷九《建塔题名》记载的大安七年（1091年）残刻中，也提到"糺首西头供奉官泰州河堤口"之事。由此推断泰州河堤之役即使不是年年必举，也应该是经常需要经营的工程。杨佶任武定军节度使时，"漯阳水失故道，岁为民害，乃以己俸创长桥，人不病涉"，杨佶此抗灾举措心系群众，受到老百姓的衷心爱戴，以至于他调离此地时，"郡民攀辕泣送"。大安四年（1088年）五月，道宗诏"禁挟私引水犯田"，既然禁止"私自"引水灌田，那么从反面说明辽朝是有这一项引水灌田的公共管理措施的，对抵抗旱灾缓解旱情有着积极作用。

二、南宋、金朝江河湖治理

北宋灭亡后，金朝以少数民族身份进入中原，宋人在南方重建统治秩序。在江河湖治理中，南宋无论在管理机构还是规章制度方面都沿袭了北宋的传统，对长江下游的太湖围田治理和沿海的海塘海堤建设也持续进行下来。

金朝则在汲取前朝经验的同时往往融会贯通、推陈出新，金代水利机构在两次政治制度改革中不断趋于成熟和完善。都水监明确成为中央专管河防事务的机构，地方州县在具体的治水任务中承担重要责任。《河防令》是金都水监颁布的一部专门以防洪治河为主的法律，是目前所见防洪方面最早成文的，规定了洪灾发生时的各项具体操作细则。黄河的治理对于初至中原的金国来说是一件重要的事情，其沿袭北宋的制度设置都水监管理河务，治河兴役，修堤堵决。对中都附近的永定河治理主要着眼于漕运和防洪，在漕运水道建设和疏导方面也颇有建树。

（一）南宋、金的水利管理机构和规章制度

1. 管理机构

南宋的各级水利管理机构大致继承北宋。宋代的都水监，到了宋高宗绍兴十年（1140年），事务大大减少，被合并到工部，南宋再无都水监这一机构。

金代建立以后，在金熙宗时期和海陵王时期进行了"天眷官制"和"正隆官制"的两次改革，中央政治制度模仿唐宋设置，金代水利机构也在两次政治制度改革中不断趋于成熟和完善。金熙宗"天眷官制"正式设立"三省制"。而中央水利机构，是尚书省下的工部。海陵王继位之后于正隆元年（1156年）颁行新的官制，裁掉了中书省和门下省，以尚书省总揽政务。金代"正隆官制"完成后尚书省下设六曹，其中主管水利的机构是工部。金代一省制下工部不像唐代和宋代那样下设直接的部司机构，而是工部直接总领水利之事；从执掌范围看金代一省制下的工部也不像宋代那样具体，不直接负责水利的具体事务。作为水利行政机构，有重要的水利决策职责。

金代的都水监在天眷初年出现，其长官称都水使者。娄室族子海里天眷元年，擢宿直将军。与定宗磐、宗隽之乱，再迁广威将军，除都水使者。临潢人卢彦伦在天眷初年行少府监兼都水使者。金代的都水监像宋代一样也设立外都水监，其出现的时间可能是在海陵王贞元元年（1153年），金代始设都水监丞两员正七品，内一员外监分治。金代"正隆官制"改革完成后，都水监已经明确成为中央专管河防事务的机构，是金代中央具体负责水利之事的工程机构，具体负责各项水利之事的实际执行任务。

金代延续北宋地方州县共管河防水利之事的设置。金熙宗时期在地方设置了十九路，涉及河防的主要是河南东路、山东西路下的四府十六州，并制定了地方官员管理河防的具体事宜。金世宗大定十七年（1177年）祥符县陈桥镇之东至陈留潘岗，黄河堤道四十余里就由县官摄其事。后河防事繁多，增设埽官同地方州县一同管理。大定二十七年（1187年），世宗颁布诏令要求"每岁将泛之时，令工部官一员沿河

检视。于是以南京府及所属延津、封丘、祥符、开封、陈留、胙城、杞县、长垣，归德府及所属宋城、宁陵、虞城，河南府及孟津，河中府及河东，怀州河内、武陟，同州朝邑，卫州汲、新乡、获嘉，徐州彭城、萧、丰，孟州河阳、温，郑州河阴、荥泽、原武汜水，浚州卫，陕州阌乡、湖城、灵宝，曹州济阴，滑州白马，睢州襄，滕州沛，单州单父，解州平陆，开州濮阳，济州嘉祥、金乡、郓城，四府、十六州之长贰皆提举河防事，四十四县之令佐皆管勾河防事"。黄河沿岸的四府（河南府、开封府、大名府、归德府）十六州、四十四县官员都承担起自己辖区内的河防，同都水监一起管理河防事宜。关于金代州县官员提控河防事，金代的《河防令》规定：金代每年会从中央选派一名旧部官员到沿河州县巡查河防；令京府州县守涨部夫官从实规措，修固堤岸，并据此奖惩升迁；州县提举管勾河防官每六月一日至八月终各轮一员守涨，九月一日还职；沿河兼带河防知县即使不是河水上涨的月份，也要相互轮值向中央提控河防事。至此金代形成了地方州县的河防体系，扩展了金代的水利管理范围，同专门的水利机构共同维护沿河安全，形成了金代从中央到地方有效的水利管理体系。

2. 规章制度

《河防令》是金都水监颁布于金章宗泰和二年（1202 年），是《泰和律令》中的 29 种法令之一，现存于元《河防通令》中，是一部专门以防洪治河为主的法律，也是目前所见防洪方面最早成文的。金灭北宋后面临黄河决口的威胁，为了尽快恢复生产，金人在吸取北宋治理黄河经验与在宋代和宋以前河防法令的基础上编定、颁布了该条令。其法令方面较为详细，共计十一条，现存十条，主要为洪灾发生时的各项具体细则。

其主要内容有：（1）朝廷的户、工两部每年派出大员巡视黄河，监督、检查都水监派出机构，分治都水监和地方州县的河防修守工作；（2）河防工作人员因工作需要可以使用最快交通工具"驰驿"；（3）州县负责河防的官员每年从六月初一至八月底轮流上堤防汛；（4）沿河兼管河防的知县，非汛期也要定期上堤指挥境内修防；（5）治河州县有功、有罪都要上奏，河工埽兵平时按规定放假；（6）河防汛情紧急，防守人力不足时，沿河州府负责官员可与都水监官吏及都巡河官商定所需数量，临时征派人夫；（7）河防军士、人夫患病需要就医，由都水监向州县支取药物，费用由官府发给；（8）埽工、堤岸出现险情时，由分治都水监和都巡河官员负责指挥官兵抢救；（9）堤防埽工情况每月报告工部，转呈主管朝廷政务的尚书省；（10）除设有埽兵守护的黄河、滹沱河、漳河、沁河等，其他有洪水灾害的河流出现险情，主管及地方官府要临时派出人夫紧急进行抢险；（11）卢沟河（今永定河）由县官和埽官共同负责守护，汛期派出官员监督、巡视、指挥。重大的犯令行为要按刑律处分。

《河防令》是现在能看到的最早的河防法令，它受到宋及宋以前的河防法令的影响，如对防守的县官、埽官的规定以及监督、巡视、指挥的规定与宋代相似，能看到宋代河防法令的影子。不过在规定的内容上有所差异。《河防令》不是宋代河防法令的简单重复。

（二）南宋、金江河湖治理

金和南宋北南分治，在江河湖治理中因气候、地形、水文特征呈现不同的特点。黄河在金统治期间泛滥严重，为治理黄河水患，任命沿河州县长官兼任河防的职务，设立了专门的治河机构"埽所"，由都水监和分治监任命都巡河官和巡河官，在具体的治河程序和技术上为后世积累了有用的经验。对于金朝首都中都附近的永定河治理，基本上是采取水来土挡，筑堤防水的办法。金代的漕运河渠是运输储备漕粮的大动脉，航行着南来北往的船只。统治者对于漕运河道的治理能够做到及时疏通，清除湮塞，修护水闸。

靖康之难后，南方人口迅速增加，为解决粮食问题，便大量地"围湖造田"而造成严重的水道淤塞，江湖防洪功能下降。南宋对太湖以及长江的治理主要以建设圩田、开浚港渎和整理围田为主。另外，在靠海地区为防止涨潮造成沿海人财物损失与土地盐碱化，政府组织百姓兴建了阻挡海潮的海塘和海堤。

1. 金朝黄河、永定河治理

宋室南迁之后，黄河主要就位于金国的统治范围之内，由于这一时期黄河泛滥严重，治黄也就成了金国的一件大事，金人设官置属，以主其事。

金统治时期黄河泛滥。金世宗大定八年（1168年）六月，河决李固渡，水溃曹州城（今属山东菏泽），分流于单州（今属山东单县）之境。大定十一年（1171年），河决王村，南京孟（今属河南孟县）、卫州（今属河南辉县）界多被其害。大定十七年（1177年）秋七月，河决白沟（今属河北新城县）。此后，黄河在大定二十年（1180年）、二十六年（1186年）、二十九年（1189年）和金章宗明昌五年（1194年）分别决口，泛滥成灾，沿河州县多受其害。黄河泛滥的间隔时间，最短为三年，最长为六年。其中在卫州决口两次，在曹州也决口两次。从泛滥的范围看，今山东、河南、河北三省是主要地区。

金国治理黄河水患，基本沿袭宋制，设立了专门的治河机构。沿河上下共设25个护堤，6个在河南，19个在河北。护堤设散巡河官一员，后又特设崇福上下场都巡河官兼石桥使。巡河官大都从都水监廉举，总并统领场兵12000人，每年用于河渠治理的薪柴111.3万余束，草183.07万余束，桩拭之木不与。这是防治河患的必备物资。每次修筑护堤，都要用大量民工、军夫。其中大定二十年（1180年），河决卫州时，用工179.6万余，日役夫2.4万余，期以70日毕工。在几次大的治河工役中，用工最多。

金代在地方基层设置了专门的水利机构——"埽所"。金代的"埽所"设置基本延续了北宋时期的设置，只是在数量和规模上有所减少，埽工技术在北宋的基础上有所提高。金代的埽所的机构整体设置上同宋代相仿，其职官都巡河官和巡河官是由都水监和分治监任命。沿黄上下凡二十五埽，六在河南，十九在河北，每埽各设散巡河官一员，都巡河官凡六员，后又特设崇福上下埽都巡河官兼石桥使。凡巡河官，皆从都水监廉举，总统埽兵万二千人。从出现的金代埽所看，金代的埽所集中分布在黄河中下游地区四府地区，而且金代黄河大面积南移到淮河流域，埽所的设置也延伸到了淮河下游的徐州等地区。金代埽工技术也继续向前发展，金代根据北宋的埽工技术逐步形成了金代的埽工技艺和规范。首先是总结出一个标准的卷埽（高一丈长二十步）需要的材料，"三千八百五十条束，一千一百束梢、二千六百二十五束草。两千一百七十束埽，四百五十五束打绵蓑；另需要签椿九条，擗橛七条、拽后橛六十条、竹索四九条，棉蓑三百五十条，小橛料索计数"。另一个进步是改进了竹索制埽的方法，即"明昌七年定到打造卷埽竹索法"。金代利用生长在怀州和卫州的竹子当材料制作卷埽竹索，并规定选用竹子的规格要经过官方的检验。小茭索每条用八破竹两竿，用青篾子两股合成，长两丈围两寸半，手索每条用八破竹二十一竿，用篾子三股合成，长一百尺，围六寸，与以前规定的竹索在尺寸和材料上都有些许改变。

金国为提高治河效率，任命沿河州县长官兼任河防的职务，分段管理所辖境内的河防。金世宗大定年间（1161—1189年），南京有司言，乞专设场官。大定十九年（1179年）九月，设京埽巡河官一员。大定二十年（1180年），又于归德府创设巡河官一员，埽兵200人，如此，河防建设效果仍不明显。大定二十六年（1186年）八月，黄河泛滥后，御史台称"自来沿河京、府、州、县官坐视管内河防缺坏，特不介意，若令沿河京、府、州、县长贰官皆于名衔管勾河防事，如任内规措有方，能御大患，或守护不谨以致疏虞，临时闻奏，以议赏罚"。金世宗采纳了这个建议，于是四府、十六州之长贰，皆为提举河防事，44县之令佐，皆任管勾河防事。

金国对河防机构建设较为重视，但具体运作上仍有许多问题。"都水外监员数冗多，每事相倚，或复邀功，议论纷纭不一，隳废官事。拟罢都水监掾，设勾当官二员。又自昔选用都、散巡河官，止由监官辟举，皆诸司人，或有老病，避仓库之繁，行贿请托，以致多不称职"。对此，金国严格挑选治河人员，执行奖惩制度。拟升都巡河作从七品，于应入县令廉举人内选注外，散巡河依旧亦于诸司及承簿廉举人内选注，并取年六十以下能干者，到任一年，委提刑司体察，若不称职，即日罢之。如守御有方，致河水安流，任满，从本监及提刑司保申，量与升除。金章宗明昌年间（1190—1196年），朝廷就曾对玩忽职守的治检覆河堤官和守涨官给予处罚。对治河管理人员的整顿以及严加管束，是河防工程建设的有力保障。总的来说，金国在多年的治河过程中积累了丰富的经验，大体有以下几方面。

一是修筑堤岸，防止水患成灾。修筑堤岸是防灾排涝最常用的方法。修筑堤岸除用泥石垒筑外，还有一种用场岸的办法护堤："有司常以孟秋预调塞治之物，梢（树枝）茭（草）、薪柴、楗橛（小木桩）、竹石、茭索、竹索凡千余万，谓之春料，诏下濒河诸州所产之地，仍遣使会河渠官吏，乘农隙率丁夫、水工收采备用。凡伐芦荻谓之茭，伐山木榆柳枝叶谓之梢，辫竹纠茭为索。以竹为巨索，长十尺至百尺，有数等。先择宽平之所为埽场，埽之制，密布茭索，铺梢，梢茭相重，压之以土，杂以碎石，以巨竹索横贯其中，谓之'心索'，卷而束之，复以大茭索系其两端，别以竹索自内旁出，其高至数丈，其长倍之。凡用丁夫数百或千人，杂唱齐挽，积置于卑薄之处，谓之'埽岸'。既下，以橛臬阂之，复以长木贯之，其竹索皆理（埋）巨木于岸以维之。遇河之横决，则复增之以补其缺。凡埽下非积数叠，亦不能遏其迅湍。又有马头、锯牙、木岸者，以蹙水势护堤焉。"

二是测量地势高低，顺其自然，采取回避迁徙，修筑堤岸等措施，治理河患。黄河决口于卫州时，横流而东，沧州境内有九河故道。"张大节即相宜缮堤，水不为害"。金世宗大定二十七年（1187年），黄河决堤于曹州、淮州之间。朝廷派康元弼前去巡视，"相其地如盎，而城在盎中，水易为害，请命于朝以徙之，卒改筑于北原，曹人赖焉"。卫州曾为河所坏，增筑东门以寓州治。水退之后，民众不愿迁徙，想归复卫州，于是派遣康元弼前去巡视，民众归复故里。在黄河决口于滑州、卫州时，朝廷派段铎前去督役，修治堤岸。段铎周密布置，仔细测量，"工省费轻，人忘其劳"。后授段铎为曹州刺史，增邑三百户提举河防事。方夏淫潦，黄河泛滥，段铎亲自率僚属露宿堤坎之上，风号浪激，旁观胆悸，段铎安然不动，致使水势下降，黄河退复故道。

三是疏分河水，以杀其势。这是金国治河官员常用的一种方法。在水势凶猛之时，或者水未泛滥成灾之时，舒缓分导，以杀水势。金世宗大定七年（1167年），黄河决于李固，朝廷派梁肃巡视河患之地。梁肃考察实地后上奏："决河水六分，旧河水四分。今漳塞决河，复故道为一，再决而南则南京忧，再决而北则山东、河北皆可忧。不若止于李固南筑堤，使两河分流，以杀水势便。"朝廷采纳了这个建议。金朝治水官员所采取的疏分河水等治河办法固然可取，但仍是应急的治标之计，而非立足长远的治本之策。

四是修固堤岸、广种榆柳，防患于未然。金朝的一些有识之士和治河官员，在长期治河实践中，总结出了以防患为主的长远方法，这就是疏其厄塞，修固堤岸，广种榆柳，"数年之后，堤岸既固，绿材亦便，民力渐省"。这个措施，着眼于长远，为朝廷所采纳。

金朝定都于中都，即今天北京，永定河的治理至为重要。永定河治理思想的重点是开发利用河水以通漕运，对防洪问题，基本上是采取水来土挡，筑堤防水的办法。如曾于金世宗大定十一年（1171年）开金口，分水过中都北，东入漕河，以通漕运。但由于高峻积浅，不能胜舟而告失败。以后又于大定二十九年五月至明昌三年六月（即1189年至1192年），在永定河上兴建卢沟桥，定名广利桥，以便利南北交通。但对于永定河的洪水灾害，只堵决口，不做工程。如大定二十五年（1185年），永定河决上阳屯、显通寨等处，只发民夫堵塞缺口，以致下游改道。

2.金朝漕运水利建设

金代的漕运河渠，主要有黄河、潞水、高良河、漳水、衡水、拒马河、沙河、北清河等。这些河流是金朝的运输大动脉，航行着南来北往的船只。世宗时，"撒八反，转致甲仗八万自铭州输燕子城，运米八十万斛由蔡水入淮，馈伐宋诸军，期以一日，望之如期集事"。大定年间，运河堙塞，世宗出郊见后，询问其原因，主者奏道："户部不为经画所致。"世宗责备户部侍郎曹望之："有水运不浚治，乃用陆运，烦费民力，罪在汝等，其往治之。"可见漕运的重要和金朝廷的重视。

金迁都中都之后，其地理位置居中，东去潞水50里，因此设闸以节高良河、白莲潭诸水，用以运输山东、河北、河南之粟。金朝又在各濒河州城，置仓以储藏旁郡的粟米。如恩州的临清、历亭，景州的将陵、东光，清州的兴济、会川，献州及深州的武强，都是置仓的地方。当时，通漕运的水道有三：一是旧黄河，行经滑州、大名、恩州、景州、沧州、会川，二是漳水东北的御河，通往苏门、获嘉、新乡、卫州、浚州、黎阳、卫县、彰德、磁州、洺州，三是衡水，经由深州汇于滹沱河，以运献州、清州的官饷。此三水都合于信安海壖，溯流而至通州，由通州入闸，十余日而后到达京师。其他如霸州的拒马河，雄州的沙河，山东的北清河，都是重要的水运之路。但是自通州而上，地峻而水不留，其水势易浅，舟胶不行，所以常得从陆地挽运。

金国对于漕运河道及时疏通，清除堙塞，修护水闸。如泰和五年（1205 年），章宗到霸州，因漕河浅沚，影响漕运，"敕尚书省发山东、河北、河东、中都、北京军夫六千，改凿之"。大定年间，运河堙塞，世宗命漕运官、户部官员等前去浚治。大定二十年（1180 年），世宗又下诏，命有司修护漳河水闸，保证了漕运的正常运行。

3. 南宋太湖治理

南宋置都临安，太湖流域及皖南沿江近畿辅，且为主要财富所出，这一时期对太湖以及长江的治理主要以建设、整治圩田和围田为主。

南宋时，浙西的围田区和江东的圩田区是国家的主要农业经济区。由于北宋末年浙东（今属浙江钱塘江以南）、浙西围湖为田推行得过快，到南宋时则因围田太多，使得先前的湖失去了相应的防洪功能，经常造成水灾，朝廷上下屡次有人主张废田还湖，但围田有增无减。国家虽常有禁令，亦无济于事。江东圩田情况也相似。

南宋初，宋高宗绍兴年间（1131—1162 年），遭受战乱破坏的江东圩田得到迅速修复。高宗即位不久，下令修筑圩田，"绍兴元年（1131 年），诏宣州、太平州守臣修圩"。"丁丑，遣户部郎官钟世明修筑宣州、太平州圩田"。江南地区由是新筑圩田多处，其中宁国府、太平州圩岸，内宁国府惠民、化城旧圩四十余里，新筑九里余；太平州黄池镇福定圩周四十余里，庭福等五十四圩周一百五十余里，包围诸圩在内，芜湖县圩周二百九十余里，通当涂圩共四百八十余里。当时如宣州的化城、惠民两圩相连，堤长八十里；太平州芜湖县万春、陶新、政和三官圩，堤长一百四十五里，还有永兴、保成等六圩；当涂县广济圩堤长九十三里，其余还有繁昌等县圩田，都由当地路州负责官吏主持修复。其中政和圩屡有废田为湖的说法，但始终未实行，当时用工数百万修圩。

此数十年江东圩田又有增修，并调整一些不合理、堵塞水道的圩堤，宋孝宗乾道六年（1170 年）洪遵知太平州，发民丁筑圩 455 所，太平州各圩始设圩长。此后两年，户部遣派官吏，核实这一带圩田。宁国府惠民、化成旧圩周四十余里；太平州福定圩周四十余里，庭福等五十四圩合为一大圩周一百五十余里；芜湖县圩周围总约二百九十余里，连当涂圩共四百八十余里，都高大宽广坚实，临水面种榆柳，维修得很好。但患水道益狭窄，亟须整修，开决隘塞。次年遭受大水，维修费仅太平州一州就用米21700余石、钱23500余贯。淳熙十四年（1187年）又改圩堤的木质斗门、涵洞为砖石结构。当时皖南沿江千里圩圩相连，圩内沟渠相通，圩外水道有灌、排、行船之利。

南宋长江北岸庐江、无为、合肥县已发展了圩田，如庐江县杨柳圩周五十里；合肥有三十六圩等，另外和州亦有圩田。

此外，浙东湖田仍在发展，浙西围田亦然，太湖浚塘开浦工程仍不在少数。宋高宗绍兴二年（1132年）李光即奏请废田为湖，如绍兴鉴湖、鄞县广德湖、萧山湘湖等，并请普查湖田（浙东）、圩田（江东）、围田（浙西）的利弊，以决定其兴废，但却不了了之，这是由于这些田多属于将帅、权贵。绍兴二十三年（1153年），朝廷曾一度禁止围湖造田，却无任何效果。至孝宗时由于塘浦淤塞及围内阻水，遂浚港决围，这也是南宋一代治理太湖的两大项工程，开浚港渎和整理围田。

宋孝宗乾道元年（1165年），平江府（苏州）开决围田十三处，共围田9632亩，每围自十余亩至二千亩不等。次年下诏禁浙西再修筑围田，并决开新围。实际上将帅权要等仍大规模围垦，如大将张子盖就有跨两县的新旧围田九千余亩。同时整修旧围，加强堤岸。由于禁者自禁，围者自围，淳熙三年（1176年）又下诏禁浙西再围新田。但效果总是不大，最后不得不承认既成事实。淳熙十年（1183年）统计围田共1489所，立石界标志，并限制再扩大。

宋光宗绍熙元年（1190年）以后，由于围田太多，陂塘楼渎悉为田畴，有水则无地可潴，有旱则无水可庤。宋宁宗嘉泰元年（1201年）曾大规模整理，对浙西围田中凡淳熙十一年立石以后的新围都开决，并再禁新围。王公、贵戚抗命不从，地方官不敢执行，同时朝廷只计租赋增多，官吏因以贪污，这些禁令都成空文。这种情况一直到元初，大量围占而且蔓延到江淮之间。开禧二年（1206年）还曾一度鼓励复围及扩大范围，结果围田增长过快，四年后又下令禁止。南宋后期，宋理宗淳祐元年（1241年）又有一次审查浙西围田，以决定存毁。

浙东湖田的兴废情况也类似，绍兴鉴湖全部成田。南宋沿江滨湖尚有类似围田的沙田、芦场。沙田系江涨淤沙的结果，当时亦看作利源，屡次查核增租。宋高宗绍兴二十八年（1158年）查得二百五十三万七千亩，宋孝宗乾道六年（1170年）又统计沙田、芦场为八百二十余万亩。

与整理围田配合的维修工程是疏浚港浦。南宋次数也不少，绍兴十五年（1145年）秀州通判曹泳重开顾汇浦，自华亭县北门，至青龙浦凡六十里，南接漕渠，而下属于松江。后九年（1154年），大理丞周环开常熟福山港、白茆塘。再后五年（1159年），监察御史任古，开浚平江水道，从常熟东栅，自雉浦入丁泾，开福山塘自丁泾口至高墅桥，北注大江。宋孝宗隆兴二年（1164年）知平江沈度开常熟。昆山许浦、杨林浦、掘浦等几十浦。后十年（1174年），从浙西提举言，命秀州发卒浚治华亭乡鱼祈塘，使接松江太湖之水，遇旱即开西闸堰，放水入泖湖。宋理宗宝祐四年（1256年）设立魏江、江湾、福山水军三部共三四千人，为专修治江湖河塘的专业队伍。

4. 南宋石塘海堤建设

南宋在海塘的建设方面，也取得许多成就。宋宁宗嘉定十五年（1222年），浙西提举刘垕在当地创立土备塘和备塘河。它是在石塘内侧不远，再挖一条河道，叫备塘河；将挖出的土，在河的内侧又筑一条土塘叫土备塘。备塘河和土备塘的作用，平时可使农田与咸潮隔开，防止土地盐碱化；一旦外面的石塘被潮冲坏，备塘河可以消纳潮水，并使之排回海中，而土备塘便成为防潮的第二道防线，可以拦截剩余的海潮。

另外，大规模修建海堤，始于宋高宗绍兴年间（1131—1162年），经界司胡簿拨银在海康、遂溪沿海一带修筑捍海堤，史称胡簿堤。宋孝宗乾道五年（1169年），戴之邵在胡堤的基础之上加以增筑，包滨海斥卤之地，垦田数百余顷。遂溪县最早的大型围垦工程是东洋堤，建于乾道六年（1170年），历史上属海康、遂溪两县共建共管。其中遂溪管辖的堤段从甲字号起到癸字号止，共15字号，每号452丈，共长4520丈，涵闸8宗，起接海康轸字，止于大德村。后提刑张琮、通判赵希吕、知军事薛直夫、孟安仁，元宣慰使张温相继修筑，在海康、遂溪两县沿海一带一共筑成两道全长 21320 余丈的大堤。

三、元代河渠治理

元代是我国历史上第一个少数民族入主中原的历史时期。就水利发展而言，其间虽有阻碍，但统治者却并未停止。首先设置建立都水监、河渠司等水利机构总领水利兴建、改造维持等事务。其次编纂了《河防通议》总结历代治水经验和规章、管理制度，并结合当今治河实践探讨其利弊。这时期河渠治理最有成效但也最有争议的要数贾鲁治河。尽管他以当时最高的效率完成了一般人难以完成的任务，维护了沿河人民的生命财产安全，但时人往往与之后蔓延中原地区、淮河流域的元末农民起义联系在一起，治河征调民夫曾一度被判定是元朝的暴政。另外，元朝统治者为方便南粮北运而作出了开凿京杭大运河的伟大历史创举，结合海上运输保障北方地区为防范灾害的粮食供应。从宋朝延续下来的南方围湖造田造成的河道淤积、排蓄不畅的问题在元朝愈演愈烈，为此统治者、地方官员不遗余力地疏浚堵塞的河道。

（一）元朝水利管理机构和规章制度

1.管理机构

元初建立都水监、河渠司等水利机构，中统初设有都水监的下属提举河渠。元世祖至元二年（1265 年）、三年（1266 年）、五年（1268 年）、八年（1271 年）有都水少监、都水监等职，十三年（1276 年）都水监并入工部。二十八年（1291 年）十二月，同意垂相完泽之请复都水监，二十九年（1292 年）正月，命太史院郭守敬兼领都水监事，仍置都水监、少监、垂、经历、知事凡八员。元仁宗皇庆元年（1312 年）四月，以都水监隶大司农寺。延祐七年（1320 年）二月复以都水监隶中书，三月复都水监秩。都水监的派出机构有两类，一类是分都水监（简称分监），一类是行都水监（简称行监）。分监有山东分监和河南分监，行监有江南行监和河南行监。

河渠司是都水监下属机构，大致各路都有河渠提举司，如大都路河道提举司、东平路河道提举司、宁夏河渠提举司、怀孟路河渠提举司、兴元路河渠提举司等，但后来除保留少数如大都路河渠提举司外，其他都被废。元世祖中统二年（1261年）、三年、四年有提举诸路河渠使、副河渠使的官员，至元二十九年（1292年）五月罢东平路河道提举司，事入都水监，（都水监）领河道提举司。元成宗大德（1297—1307年）年间，尚野为怀孟路河渠副使，会遣使问民疾苦，野建言："'水利有成法，宜隶有司，不宜复置河渠官。'事闻于朝，河渠官遂罢。"元武宗至大元年（1308年）八月，宁夏立河渠提举司，秩五品，官二员，参以二僧为之。

2. 规章制度

《河防通议》分上、下两卷，由"汴本"和"监本"删节汇编而成，但下卷则实出自沙克什之手。《钦定四库全书总目》卷六十九云："河防通议二卷，元沙克什撰。沙克什，色目人，官至秘书少监，事迹具元史本传。是书具论治河之法，以宋沈立汴本及金都水监本汇合成编，本传所称重订河防通议是也。"《重订河防通议》分为上、下两卷，共六门。上卷三门，分别为"河议""制度"及"料例"。"河议"概略地介绍了古今治河的起源、堤埽的优缺点、水文特征的有关概念以及各种河防令。"制度"主要记载开河、闭河、定平、修砌石岸、卷埽、筑城、物料等相关制度。"料例"介绍了修筑堤岸、安置闸坝、卷埽及造船的用料定额。下卷三门，分别为"功程""输运"及"算法"。"功程"叙述了工役时段及埽兵的假日规定，之后列出了各类土石方工程和相关的施工定额计算方法和原则。"输运"记载了施工运输中的各种输运定额、脚钱的计算方法和原则。"算法"部分以举例的方式说明计算土方和用料数量等，都有实际例题、答案和计算方法。可以看到，其主要内容就是河道形势、河防水汛、泥沙土脉、河工结构、材料和计算方法以及施工、管理等方面的规章制度。有关河防管理体制和制度的叙述中，沙克什指出了河防管理中存在的、宋金时代遗留下的弊端。其一："监埽使臣与都水监修护官及本州知通兼管辖，凡有缮治，必候协谋，方听令于省，转取朝旨而后行，其有可行之事，为一人所阻，则遂为之罢，有不可兴之功，为一人所主则或为之行，上下相制，因循败事。"其二："遂埽所积薪刍之备，其退无涯，不可按验，由是缘而侵盗，鲜能禁止，退背（背水）之地，任其朽败。至于向著（面水）之处，居常阙乏，危急之际，无所救护，坐待溃决。"其三："每埽所屯清军，多是差拨上纲，及诸处占役，有河上工料却自京东西、淮南发卒为之。各离本管，贫弊困苦，逃亡大半，两失制置。"沙克什在这里指出了治河中官吏指挥不力，物资管理不善，河工调配不当等严重弊端。

（二）元朝河渠治理

元代国祚时短，河患对国家的影响不亚于历史上任何一时期。这一时期，黄河治理最为有名的就是"贾鲁治河"，采用疏、浚、塞并举的办法治理黄河，取得了较大的成果。由于元朝建都于大都，为了解决南粮北运问题，元廷最初发展海运事业，后逐渐连通内河航运，全线贯通京杭大运河。此外，南宋时期已较为严重的围湖现象，在元代进一步发展，朝廷不得不下力气疏浚河道。

1. 黄河治理

元代黄河水患之频繁，决溢年份、地点之多，使得河患比之前代有过之而无不及。另外，更因决口大、决口宽和泛滥时间长，导致灾情十分惨重。所以，治河也是元朝政府一件重要的事情。但是元朝治河往往是被迫应付的，始终没有根治河患。从灭金而掌握黄河到元顺帝至正十一年（1351年）的八九十年中，治河始终成效不大。

元世祖至元二十三年（1286年）黄河决口后，冬十月，调南京民夫二十万四千三百二十三人，分筑堤防；元成宗大德元年（1297年）五月，发民夫三万人堵塞汴梁决口；大德十年（1306年）正月，发河南民夫十万筑堤防；泰定帝泰定二年（1325年）三月，役民夫一万八千五百人修曹州济阴县河堤；泰定三年（1326年）十月，又役丁夫六万四千人修汴梁乐利堤；元惠宗（顺帝）至正四年（1344年）正月，役民夫一万八千五百人修筑曹州河堤。较大的修河固堤活动，当是元武宗至大二年（1309年）时，河决归德、封丘后，任仁发主持的工役。任仁发缚蘧蒢凤扫滨河口，筑堤五百余里，以御横流，河防始固。

元代黄河治理较为有效的要数"贾鲁治河"。元惠宗（顺帝）至正四年（1344 年），黄河在山东白茅堤的决口特别严重，水灾遍及豫东、鲁西南、冀南等地，不仅危及人民生命财产，而且冲毁了会通河，切断了南粮北运的运河通道，元政府遂下令治河。在如何治河的问题上，贾鲁采用了疏、浚、塞并举的方法来治理黄河（疏为分流，浚是浚淤，塞则拦堵）。具体而言，就是先治理白茅堤决口以下的黄河旧道，再堵塞白茅堤决口，挽河南流，回到泗水、淮水旧道，东入黄海。而在堵塞白茅堤决口时，贾鲁面对决口宽 400 步、中流深三丈余的困难局面，采用了一系列创造性措施。第一步是在决口上方穿一直河，以代替原来比较弯曲、其主流直冲决口的一段河道。第二步是在决口上方的直河上，修建了刺水堤和石船斜堤，尽量将河水导向对面。最后，顺利完成堵口，实现挽河南流的任务。贾鲁治河工程相当浩大。共动用军民人夫 20 万，从四月二十二日开始，到十一月十一日合龙后又进行修堤、筑场等各项收尾工作，共计 190 日，用工 3800 万，疏浚河道 280 多里，堵塞治理大小决口 107 处，总长共三里多，修筑堤防上自曹县下至徐州共 770 里。治理后的河道，大致说，经今封丘、曹县、商丘、砀山等县市境内，徐州以下，循泗水、淮水河道，注入黄海。工程耗费总计中统钞 184.5 万多锭，所用大木桩 2.7 万根，藁秸蒲苇杂草 733 万多束，榆柳杂梢 66.6 万根，碎石 2000 船，另铁缆、铁锚、铁砧等物甚多。工程浩大的程度在中国古代治河史上是罕见的。在治河的过程中，贾鲁所面临的风险和来自反对派的阻力都很大，在当时社会动荡不稳的情况下，聚集 20 万之众进行艰苦的劳役，是十分危险的事情。再加上决河势大，若不即行堵决，"恐水尽涌入决河，因淤故河，前功遂隳"。因而不容水退后再行堵口，更不能拖到第二年再去堵口。基于这些情况，贾鲁冒了极大风险在汛期施工，并且一举成功。明代水利学家潘季驯评论："鲁之治河，亦是修复故道，黄河自此不复北徙，盖天假此人，为我国家开创运道，完固凤泗二陵风气，岂偶然哉。"

2. 水运渠道建设

宋金时期黄河流域战祸连年，加以黄河灾害日益严重，农业生产遭到很大破坏。元代百司庶府之繁，卫士编民之众，无不仰给于江南。元代将金之中都改为大都，并于原城东北重新营建都城，规模宏大，政治中心置于北方。全国统一后，南方财富的北运，特别是关系到元廷的生命线、人民生活和备荒救灾等重大问题的粮食运输，成为元政府的首要任务。为了解决南粮北运事宜，元政府投入了很大力量。

元朝仿效宋朝的制度在中央专门设置了专门管理水务漕运的都水监，其官属设都水监2人，少监1人，监丞2人，经历、知事各1人，下设令史、蒙古必阇赤、回回令史、通事、知印、奏差、壕寨、典吏等属官，地方上各处设河渠司，以专管河渠、堤防、水利、桥梁、堰闸诸事。在运河各段设立分都水监，江淮都漕运使司负责对该地域内运河的浚治和日常维护，主管粮食等漕运。

（1）河海水陆运输

元朝建都于大都后，为了解决南粮北运问题，元廷曾多方设法沟通南北内河运输线，但漕运始终不能畅通，后又发展海运事业。

元初，山东运河尚未开通，运河运输的走向是从杭州到镇江，过长江再北上至淮水，往西至黄河，再取陆路往淇门，然后水路达通州，路线繁杂、水陆并有，很不方便。元世祖至元二十年（1283年）以后，开始实行河海联运。至元十九年（1282年），伯颜丞相曾建议实行海运，并命罗壁、朱清、张瑄等人组织试验，造平底船六十艘，历时数月运四万六千石粮食到直沽。当时众议纷纭，未被重视。朝廷命人到处勘测，先后开凿了胶莱运河和济州河。前者取胶州至莱州的一段直线海运至胶州，经胶莱运河从海仓口出海，再海运至直沽；后者则由淮河入新开的济州河，转大清河从利津入海。由于通航条件不佳，劳费甚大，实行几年后便放弃了。

至元二十三年（1286年），正当胶莱新河运输遇到很大困难的时候，朱清、张瑄等人，经过多次实践，再度从海上运载了一大批粮食入京，运输量很大，深为朝廷重视，形成大规模的海运局面，成为以后元代50余年中解决南粮北运的重要路线。

至元二十六年到三十年（1289—1293年），相继打通了会通河与通惠河，使京杭大运河全线通航，一部分漕粮可由江南直接运抵大都。自此，元代的南北运输除以海运为主外，大运河也占有重要地位。元惠宗（顺帝）至正七年（1347年），方国珍切断海运之后，大运河则更为重要。

（2）开凿胶莱运河、坝河，打通京杭大运河

元朝建都燕（今属北京），粟米百物多仰仗南方。元朝初年山东运河未开，漕运或由滩淮溯黄河，经陆运入卫河北上，或经海运由江浙至津沽，转白河至通州。为此，先后开胶、莱河以便海运，开济州河以通泗水运道，转大清河出海，最后开会通河及大都和通州间的通惠河。自此，京杭大运河遂全线通航。

元世祖至元十七年（1280年）七月，元政府采纳了莱州人姚演的建议，着手开凿一条沟通莱州湾与胶州湾的运道。这条运道自胶县陈村河口起，北入胶河，由海仓口出海，航程300余里，它穿过胶东半岛，大大缩短了海运路程，并可免绕山东半岛的海上风险。至元十八年（1281年），元廷发兵万人，并征调益都、淄莱、宁海等地大批民工服役，年底完工建成。胶莱运河凿成之后，立即试航。然它的运输量不大，航行中有一系列的困难，尤其是胶州湾入口处要穿过风急浪险、礁石遍布而易于毁船的马家濠孔道，很不安全，且胶莱河水不很充足，大部分时间需依赖海潮涌入等原因，元世祖从而决定废弃不用，至元二十六年（1289年）被完全废止。

元初，江南粮赋要靠水陆联运进入京师，从御河运至通州后，还须陆运或牵挽至于大都，非常烦劳。为使漕粮能够水运直接入仓，元廷于元世祖至元十六年（1279年）开浚兴建了坝河，以从通州径至大都。顾名思义，所谓坝河乃是以坝蓄水来保证足够的行船水深的措施。开凿通惠河之前，通州至大都一段还须陆运和（坝河）挽舟相结合才能把漕粮运至京城。元代坝河是在金代已有的基础上扩建改造而成的。中统三年（1262年），忽必烈同意郭守敬请开五泉水以通漕运的要求，当时就是利用坝河而为的。至元十六年（1279年）以后，坝河大规模漕运，至元三十年（1293年）由大都至通州的通惠河通航以后，虽有免除陆运挽输之劳的作用，但其运载能力还是不能满足从通州到大都每年运输100多万石粮食的要求，以致坝河的水陆转运越来越忙。直到元末，坝河才告废止。

元世祖至元十三年（1276年），丞相伯颜攻下南宋首都临安（今属

杭州）后，对江南水路四通八达的状况深有感触。他回大都后向忽必烈建议："今南北混一，宜穿凿河渠，令四海之水相通，远方朝贡京师者由此致达，诚国家永久之利。"这一建议很受忽必烈重视。当时自大都直通杭州的运路，只有大都到通州和山东卫河以南到汶、泗河的两段没有水道。其余各段，白河、卫河为天然水道，泗水已经过整修，淮扬运河及江南运河是古运河，都能较顺利地通航。两段未通的水道尤以山东段最为重要。至元十九年（1282年）遂即开凿了济州河。济州河起自济州（今属济宁市），止于安山。经过至元十八年（1281年）十二月的实地踏勘和设计，至元十九年十二月正式兴工"浚济川（州）河"，第二年（1283年）八月完工，额定运粮30万石。济州河本是作为海运与内河联运使用的。由于大清河到利津入海这一段水路的水源不足，更由于利津海口的泥沙壅塞，"又从东阿旱站运至临清入御河"，比原来御河转运的中滦旱站至淇门陆运180里还长，到至元二十四年（1287年）"遂罢东平河运粮"。然而济州河后来成为京杭大运河中的一段，在以后的数百年中却发挥了比初建时大得多的作用。

元世祖至元二十六年（1289年）元廷下令开凿会通河，"起东昌路须城安山之西南，由寿张西北至东昌，又西北至临清，以逾于御河"，计征集"丁夫三万"，"出楮币一百五十万缗，米四万石，盐五万斤"。从"正月己亥起"，至"六月辛亥成"，历时四个多月，"役工二百五十一万七百四十有八"。七月，主持开河工程的礼部尚书张孔孙、兵部郎中李处巽和马之贞等正式申奏凿成安山渠（即会通河），称"开魏博之渠，通江淮之运，在所未有"，元世祖亲自命名为"会通河"。

至元二十八年（1291年），郭守敬上奏了开凿通州至大都运河的意见，"于旧闸河撒迹导清水，上自昌平县白浮村引神山泉，西折南转，过双塔、榆河、一亩、玉泉诸水，至西门入都城，南汇为积水潭，东南出文明门，东至通州高丽庄入白河，总长一百六十里一百四步。塞清水口一十二处、共三百一十步，坝闸一十处，共二十座。节水以通漕运，诚为便益。从之"。至元二十九年（1292年）按照这一计划动工，到至元三十年（1293年）秋竣工，计用"二百八十五万工，用楮币百五十二万锭，粮三万八千七百石"，"兴役之日，命丞相以下皆亲操畚锸为之倡。"

完工后，忽必烈"赐名曰通惠河"。

元初为打通南北内河的运粮线路，进行了不懈的努力。元世祖至元二十六年（1289年）和至元三十年（1293年）相继凿成会通河和通惠河，沟通了海河、黄河、淮河、长江和钱塘江等五大水系的水上交通。从此，中国的内河船只从南向北可自杭州直达北京，无论是调剂运粮、济困救灾，还是其他运输补给，都很便当，非常有利于社会稳定和发展。

（3）太湖治理

南宋灭亡之后，元朝的将帅、王公、僧侣争相抢占太湖流域及江淮之间的肥沃土地，继续无计划地围湖造田，水系混乱情况更甚。太湖水利最突出的是由于排蓄水系的不合理带来的旱涝问题，而水灾更是主要的。所以元以后治太湖都着重在疏港浚浦，有人统计明代疏治工程至少有一千余次，清代至少有两千余次，而元代大者数十次，实亦不下百余次。疏浚中涉及的工程亦有堰闸、海塘及堤岸的修筑等。

元朝90多年中，疏浚太湖下游的河道不下百次，平均一年一次。在古代，吴淞江是太湖流域排洪的最重要孔道，因此，元朝疏浚的主要对象便是这条水道。而元初太湖主要排水道吴淞江已日渐淤塞，当时水利名家任仁发著《水利集》论淤塞的原因，除不合理的围湖造田外，又"将太湖东岸出水去处或钉木桩为栅；或壅草土为堰；或筑狭河身为桥，置为驿路。及有泖湖港浦，又虑私盐船往来，多行塞断。所以水脉不通，清水日弱，浑潮日盛，泥沙日积而吴淞江日就淤塞"。说的是人们在太湖岸边或在河道修筑各种工程，使得河道淤塞，清水日浊。

元世祖至元二十八年至三十一年（1291—1294年）朝廷下大力气疏浚浙西河道，将河水导入大海。元成宗大德年间亦连年疏浚，大德元年（1297年），由江浙行省平章彻里主持。从事这一工程的有数万军工，他们清除了沉积在吴淞江口的大量由潮汐搬来的泥沙，从而恢复了吴淞江的排洪作用。这期间，最大的一次是大德八年（1304年）十一月，由当时著名的水利行家、都水监丞任仁发主持，治水规模也相当大，用工165万余，疏浚了吴淞江中堵塞比较严重的38里江道。大德十年（1306年）正月又浚吴淞江等处漕河，由淀山湖入吴淞江的水道，总长37里许，用工245万余。

此后又连遭大水，动辄淹地数万顷。至泰定帝泰定元年（1324 年）朝廷又开始有多次修浚工程。元末之际，起义军领袖张士诚据苏州，发兵民一二十万浚白茆塘等百里。

元代围田数较南宋增多，据元仁宗延祐四年（1317 年）统计平江（苏州）路所属二县（吴县、长洲），四州（常熟、吴江、昆山、嘉定）共有九千九百二十九个围。元代对于围田的管理也有改进。

还有海塘及堤岸的修筑。在杭州湾两岸，元朝都进行了规模较大的石塘修建。在北岸，修一条长达 150 里的石塘，南起海盐，北到松江。在南岸的余姚、上虞一带，地方官叶恒、王永等人，也修建了 4000 多丈的石塘。他们在修建这些石塘时，在技术上还有所突破。一是对塘基做了处理，用直径一尺，长八尺的木桩打入土中，使塘基更为坚固，不易被潮汐淘空。二是在用条石砌筑塘身时，采用纵横交错的方法，层层垒砌，使石塘的整体结构更好。三是在石塘的背海面，附筑碎石和泥土各一层，加强了石塘的抗潮性能。这种石塘结构已经比较完备，成为后来明清石塘的前身。

第三章　提高防灾减灾能力的技术改进

粮食作为人民生活必需品，保障粮食供应在维护社会安定方面具有重要作用。除在灾害发生时需要赈灾救荒外，农业的发展为救荒和备荒提供了必要的粮食保障，成为防灾的最基本的内容。中国的精耕细作农业技术的发展在宋元时期达到了一个新的高峰，更在农业防灾、保障生产方面积累了更多的经验。这些技术的发展与变化让灾害周边地区的人们有了更高的接济灾害地区或者接纳灾民的能力。技术的变革体现在农业生产工具的改良、土地利用效率的提升、灌溉排水技术的发展以及精耕细作技术推广诸方面。

一、农业生产工具的改良

（一）耕作工具

宋元时期对汉唐的犁进行了改良。针对汉代耦耕法的直辕犁两长轭直接驾在牛肩，犁与长轭相连，回转起来十分不方便的缺陷，唐代的曲辕犁已经做了改良。在犁辕的前端安装一个可以转动的犁盘，犁盘两端用绳索套在牛肩上，另一端直接与犁辕相连，部分解决了犁地时转身的弊端，但在犁地时仍然不够灵活。宋元时期在犁盘与犁辕之间加上一副钩环，使耕作时旋摆犁首，犁首与轭相为本末，而不直接与犁为一体，增加了灵活性，是我国传统耕地方式"牛犁相连"、不间断耕作的新形制。这种钩环发明于宋金时期，在元代得到普遍应用。犁辕与犁盘使用挂钩，进一步完善了唐代出现的曲辕犁。

当发生旱涝灾害时，耕畜往往遭受损失以至影响生产，必须借助人力进行农业耕作，如何节省人力就成为农业工具改良的重要课题。宋代在耕牛缺乏的地区推广"踏犁"。踏犁其实是耒耜演化为犁的一种过渡形式，而耒耜变形而来的"锋""镵"两种农具其实是踏犁的雏形。"锋也古农器，于今用不同，初缘耒耜制，遂助犁锄功"。而镵，则"踏田器也"。而它的结构和用法，则"拐横柄屈蹐微伸，替脚犁耕垄上春，足一踏耒同耜举，手双按处与锹均"。这种镵也可称为踏犁。

图 5-1　踏犁（右图为山东枣庄渴口出土的宋代踏犁）

宋太宗淳化五年（994 年）三月，"以宋、亳、陈、颍州民无牛畜者自挽犁而耕……又命直史馆陈尧叟先赍踏犁数千具往宋州，委本处铸造以赐人户。先是，太子中允武允成尝进踏犁。至是，令搜访之，其制独存，因命铸造赐马。尧叟还奏，踏犁之用，可代牛耕之功半，比镵耕之功则倍"。宋真宗景德二年（1005 年）正月，"内出踏犁式付河北转运，令询于民间，如可用，则官造给之。时以河朔戎寇之后，耕具颇阙，牛多疫死。淮楚间民踏犁，凡四五人力可比牛一具，故有是命"，"其耕也，先施人工踏犁，没、乃以牛平之"；"踏犁形如匙，长六尺许，末施横木一尺余，此两手所捉处"；"踏犁五日，可当牛犁一日，又不若牛之深于土"。虽然四五个人的劳动生产率只可达到牛耕的一半，但在畜力不足的地区为解决耕田翻土的困难不失为一种良好的方法，也是一种较好的人力翻土工具。

宋孝宗乾道五年（1169 年），南宋官田开荒，三头牛带动一副开荒銎刀，銎刀即犁刀，是宋代耕作农具的一项发明，宋元或称之为劐刀，形似短镰，前端锋利，用钢锻造而成，背部宽厚固定在犁上，专门用来开垦草根盘结而普通耕犁难以运作的荒地，较之普通耕犁省力过半。

宋元时期还出现了日常田间劳作时所使用的农具。北宋时期在荆湖北路出现的秧马，系稻田劳作时所使用的农具。秧马的形状"以榆枣为腹，欲其滑，以楸梧为背，欲其轻，股如小舟，昂其首尾，背如覆瓦，以便两髀跃于泥中"，是用来"系束稿其首以缚秧"的拔秧工具。秧马既可以解决农夫在拔秧时弯腰屈背的劳累，其又设有两小颊子，可以打

图 5-2　秧马

洗秧苗，可以预防在足胫上打洗秧根造成疮痍，减少农民劳作时可能得的疾病，达到保护农人身体的目的。这种农具经苏轼的介绍，推广到广东的惠州、循州和江浙的吴中地区。元代出现的耘爪也是日常劳作时的农具，由竹管或铁管制成，长一寸左右，一边削尖，形似爪甲，套于指头上，可以代替指甲。使用这种工具，在耘田时，既能保护手指，又能提高耘田的质量。

保障农业实现顺利增产离不开除草松土农具。金元时期，北方出现了松土除草的工具耧锄。耧锄的形状像耧，但无耧斗，用于旱地劳作，是"用耰锄铁柄，中穿耧之横桄，下仰锄刃，形如杏叶。撮苗后，用一驴带笼嘴挽之"的一种农具。往来于耕地中松土除草，较之当时使用的鐹子，耧锄松土不成沟，避免二次劳作。劳动生产率大大提高，使用耧锄松土，可直接入土二三寸，其深度超过普通锄的三倍，每日所耕之田，不会少于二十亩。同时，耧锄经过组装还可以增加功能，将一个厚三寸，宽三寸，中间有长一寸宽半寸的空的擗土木雁翅穿在耧锄的铁柄上，还能分土壅根。

元代为了提高劳动效率，江浙地区创造出既胜耙锄、又代手足、所耘田数日复兼倍的耘盪，即稻。耘盪是水田松土除草的农具，主要作用是替代手脚来除草和松土，减轻稻田松土除草的劳动强度，把农民从弯腰屈背的劳动条件下解放出来，提高效率。这种耘盪"形如木履，而实长尺余，阔约三寸，底列短钉二十余枚，箕其上，以贯竹柄，柄长五尺余"。

（二）排灌农具

汉唐时期出现的翻车和筒车在宋元时期已经被广泛使用，在动力、功能等方面作出较大的改进。

1.翻车。翻车即水车，也叫龙骨车，东汉灵帝时毕岚创制，三国时，马钧加以改进，是最早的机械车水工具，利用木槽、刮板、轮轴来刮水上岸。翻车最早依靠人力运转，宋代范成大《田园杂诗》："下旧房水出江流，高垄翻江送上沟，地势不齐人力尽，丁男常在踏车头。"诗文生动描绘了用人力踏动翻车灌田的情景。宋元时期，水力、畜力和风力被使用到翻车的运转上来，除人力外，出现了水转翻车、牛转翻车和风车。

水转翻车。其制与人踏翻车相同，但于流水岸边，掘一狭堑，置车于内；车之踏轴外端，作一竖轮；竖轮之旁，架木立轴，置二卧轮；其上轮适与车头竖轮辐支相间。乃擗水旁激，下轮既转，则上轮随拨车头竖轮，而翻车随转，倒水上岸。此是卧轮之制。若作立轮，当别置水激立轮。其轮辐之末，复作小轮，辐头稍阔，以拨车头竖轮。此立轮之法也。然亦当视其水势，随宜用之。其日夜不止，绝胜踏车。

牛转翻车。牛转翻车在如无流水处用之。其车比水转翻车卧轮之制，但去下轮，置于车旁岸上，用牛曳转轮轴，则翻车随转，比人踏，功将倍之。与前水转翻车，皆出新制，欲远近效之，俱省功力。

图 5-3　水转翻车

图 5-4　牛转翻车

2. 筒车。筒车出现在唐代，将一大立轮设在水边，水流轮转，轮周水筒不断戽水，顺木槽灌到田间。宋元时期，在运用水力、风力和畜力的同时，筒车功能得到强化，出现从低处向高处运水的高转筒车。

高转筒车，其高以十丈为准。上下架木，各竖一轮，下轮半在水内，各轮径可四尺。轮之一周，两旁高起，其中若槽，以受筒索。其索用竹，均排三股，通穿为一；随车长短，如环无端。索上相离五寸，俱置竹筒。筒长一尺。筒索之底，托以木牌，长亦如之，通用铁线缚定；随索列次，络于上下二轮。复于二轮筒索之间，架刳木平底行槽一连，上与二轮相平，以承筒索之重。或人踏，或牛曳转上轮，则筒索自上，兜水循槽至上轮；轮首覆水，空筒复下。如此循环不已，日所得水，不减平地车戽。若积为池沼，再起一车，计及二百余尺。如田高岸深，或田在山上，皆可及之。该筒车高达330厘米，能将水提到更高更远的农田里，日夜不息，胜于人力。得到极大的推广，出现了"两岸多为激水轮，创由人力用如神。山田枯旱湖田涝，惟此丰凶岁岁均"的景象。

图 5-5　高转筒车

此外，金元时期在黄淮平原推广井灌，金代曾下令，"比年邳、沂近河，布种豆麦，无水则凿井灌之"。元代对井灌进行立法，《农桑之制》

第十四条规定，"回无水者凿井"。

宋元时期是中国传统精耕细作农业发展的高峰，这一时期的农具在使用钢质材料的基础上，注重高效，尤其是在翻车筒车中出现的齿轮传动装置，大大提高了农业生产的效率。同时，人们根据不同地形和自然条件对汉唐时期发明的灌溉工具进行改造，使之更适于不同地区的使用，是我国传统灌溉工具定型的主要时期，用于排灌的翻车、筒车、戽斗等成为配套的系列农具。

（三）提高生产效率的配套机械农具

宋元时期，在农具方面重视配套来提高功效。水轮三事和水击面罗是元代创造的利用机械装置的两种加工工具。水轮三事以水为动力，配以机械传动装置，集磨、砻、碾三种功能于一身，因而得名。这种农具的使用方法，王祯《农书》记载："初则置立水磨，变麦作面，一如常法。复于磨之外周造碾圆槽。如欲毇米，惟就水轮轴首，易磨置砻，既得粝米，则去砻置碾，碢辊循槽碾之，乃成熟米。"它和下粪耧种一样，都反映了宋元时代农具一器多用的特点。

水击面罗，是利用水力筛面的工具。其传动的结构和装置与水排相同，区别只在于做工上，前者用于筛面，后者用于鼓风冶铁而已。这种加工工具，功效甚高，"罗因水力，互击桩柱，筛面甚速，倍于人力"。

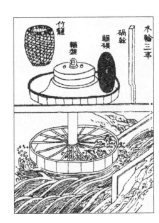

图 5-6　水轮三事

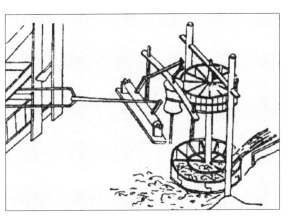

图 5-7　水击面罗

另外，麦笼、麦钐和麦绰是元代出现的北方的一种配套收获农具。麦笼是一种竹编的盛麦器，下装四轮，可以推动，麦钐是割麦刀，安于麦绰上用于收割，麦绰是竹篾编的收麦器，上安钐，下装耙，收麦时，推而前进，麦入绰中，装满时，即覆于麦笼。用这种工具获麦，就像有若干把镰刀在同时作业，速度要快许多倍。

二、土地利用效率的提升

（一）农田改良技术

1. 宋元时期农业技术在施肥和耕作技术上均有较大进步。肥料种类大为增加，兼具有机肥和无机肥两大种。肥料制作方法上也趋于多样化，通过利用微生物发酵造肥、将糠秕落叶熏土造肥、挖掘河泥处理造肥等方式开辟增加肥源，同时在肥料的具体保存方法上也有相关记载，也积累了不同土壤、不同作物施用不同肥料的经验。农业肥料的改进为农业产量的提高提供了重要的帮助，这也使得农民有更高的产量，以此保证日常生活的用度，也使面临灾害时可以通过肥料的帮助来从一定程度上抵御灾害。

宋元时的肥料分为四大类：苗粪、草粪、火粪、泥粪。苗粪，指的是栽培绿肥，如绿豆、小豆、胡麻等；草粪指的是野生绿肥，如青草、树叶揪条等；火粪指的是熏土泥，泥粪指的是河泥。除此之外，还有人畜粪便、饼肥和一切杂肥等。据记载宋元时期所使用的无机肥主要有：石灰，陈旉《农书》载："将欲播种，撒石灰渥漉泥中，以去虫蟆之害"，王祯《农书》"下田水冷，亦有用石灰为粪"。除此之外《物类相感志·花竹》亦载："插凤仙花，用石灰汤养"；硫黄，《种艺必用》云："（茄子）根处劈开，掐硫黄一匕大，以泥培之，结子大如盏，味甘而益人。"又说："治园可令土极细，以硫黄调水泼之，撒芥子于其上，经宿已生一两小叶矣"；钟乳粉，《种艺必用》曰："凿果树，纳少钟乳粉，则子多且美。"

发酵造肥是利用微生物在厌氧条件下分解有机物使之成为肥料的一种方法。造法大致如此："有苗圃的家庭，在自家的厨栈的下面开凿一大池，并使之不渗漏，每次把舂米的谷壳聚集起来，还有腐草败叶，皆沤渍其中，倒入肥水，相互渗漉泔淀，沤的时间长了自然腐烂，做成发酵肥。"这种方法，当时称之为"聚糠稿法"。沤制成的肥料，称之为糠粪。这是中国利用沤制技术造肥的开端。发酵的原料除砻簸谷壳及腐草败叶外，宋元之际也开始利用含有大量氮素的油饼进行发酵。宋代的《物类相感志》说："麻饼水浇石榴，花多。"陈旉《农书》说，秧田施肥"用麻枯尤善"。元代的《农桑辑要》："壅田，或河泥、或麻豆饼，或灰粪，各随其地土所宜。"

熏土造肥，陈旉《农书》提到其具体操作："凡扫除之土，烧燃之灰，簸扬之糠秕，断槁落叶，积而焚之。"又说桑地"以肥窖烧过土粪以粪之，则虽久雨，亦疏爽不作泥淤沮洳，久干亦不致坚硬碨塸也"。这里所提到的土粪，就是一种熏土肥。其性质，有如今日的焦泥灰。王祯《农书》也提到熏土制法："积土同草木堆叠烧之，土热冷定，用碌碡碾细用之。江南水多地冷，故用火粪，种麦种蔬尤佳。"这种熏土，当时称为火粪，其法已与今日的熏土制作方法基本相同。

河泥造肥，宋代毛翊《吴门田家十咏》诗中有述："竹罾两两夹河泥，近郭沟渠此最肥。采得满船归插种，胜于贾贩岭南归。"到元代，已积累了河泥造肥的经验。王祯《农书》："于沟港内乘船，以竹夹取青泥，枚泼岸上，凝定，裁成块子，担去同大粪和用，比常粪得力甚多。"将河泥经过风化处理后，有利于排除其有害物质和释放养分，同时也便于运送。另河泥的肥效比较长，和速效的人粪混用，则能取得很好的施肥效果。

宋元时期中国传统农业通过各种方法扩大肥源、提高肥效，但同时也重视肥效的保存。一般农居之家的厕旁都建有肥屋，并有低低屋盖，这样可以避免风雨飘侵，粪屋之中，凿有深池，且有砖甓，以防渗漏。王祯《农书》也有说南方的治田之家，常于田头置砖槛，待窖肥发酵之后而用之，这样田里的庄稼就会长得很美。除置粪屋，开粪窖保持粪效外，宋元时期人们也意识到了施肥时对待不同的土壤应"因地制宜"。陈旉《农书》说对待不同的土性要用不同的肥料，这样才合理，用粪就像用药，要对症下药。继后，王祯《农书》又进一步提出施肥要适度，不能过多也不能过少，也不能用生肥，否则过多施肥或施用生肥很容易就会烧伤作物；对待不同作物应"因材施教"，当时认为种麦、种蔬，使用火粪最好，秧田施用麻枯最好和火粪与燖猪毛及窖烂粗谷壳最佳，花木施肥，鸡粪适宜于茉莉和百合，燖猪汤宜于茉莉素馨花及瑞香，猪粪宜用于木犀，米泔水及黑豆皮宜用于葡萄等。

2.盐碱地改造

改造盐碱地可以扩大生产面积，这不仅仅可以提高农民日常的农产量，以及在丰年的时候增加农民的收成，以备灾害的来临。而盐碱地在当时的改造多是通过下述三种方式进行改造。第一，淤灌压盐。在用淤灌方法改良盐碱土外，还大幅度地提高了产量。第二，围海造田。最初在唐代时是修堤挡潮，宋代范仲淹继续采取这一方法。元代除此以外，对堤内的土地又采取了修筑沟洫条田的改良措施来加速脱盐。第三，引水种稻洗盐。元代在宁河地区屯垦种稻，而此年为"大稔"。

（1）关中地区

在关中地区，对盐碱地的改造一般采取引水浇灌的办法。宋代引泾水浇灌仍然持续。宋太宗淳化二年（991年）修石䃩扩大灌溉。至道初年（995年），泾渠经过疏浚之后，可灌田三千八百五十余顷。宋真宗景德三年（1006年），凿白渠洪口，"水利饶足"。宋仁宗康定二年（1041年），雷简夫修治三白渠。庆历时，叶清臣疏浚三白渠灌溉农田超过六千顷。宋神宗熙宁五年（1072年），修三限口以上，新渠能引水灌田以种植粳稻。熙宁七年（1074年）至宋徽宗大观四年（1110年）修建丰利渠，灌泾阳、礼泉、高陵、栎阳、云阳、三原、富平等七县二万五千零九十二顷田。一般来说郑白渠（唐名）和丰利渠灌溉淤田的面积都能达到三千顷以上。

金宣宗兴定五年（1221年），陕西三白渠置堰官，京兆尹傅慎微修"三白、龙首等渠以溉田"，募民屯种。元伐金后，战争导致渠堰毁坏，土地荒芜。元太宗十二年（1240年），又置三白渠使，用俘获之民耕种。后修王御史、修引水洪堰，修洪口以下渠堤，使泾渠灌溉不致间断。元惠宗（顺帝）至正四年（1344年），淤灌面积达五千余顷。淤灌同时，泾阳的屯田、栎阳的屯田都用泾水、石川水浇灌。其中所种粮食有大麦、小麦、粟、白米、糜子、粳米、糯米等。元末至正初，泾水下游所植粮食品种已多旱作植物。长期的淤浇灌溉改良了泾阳、高陵、云阳南、三原南、栎阳一部分地的土壤，使泾水以东的盐碱地减少。

除引泾灌溉、改良盐碱地一直进行，引冶峪、清峪、浊峪及石川河等北山诸水淤灌也一直未有间断。自古以来，青、冶、浊峪、石川、金定、薄台等水俱系灌溉田禾。宋时，三原县清峪、浊峪口皆有大堰灌民田，云阳县冶峪口也有灌溉之利。这些河能带来大量的腐殖质和有机质，在出山口的洪积扇上淤积肥沃的土层。其东的富平县引漆沮河（今石川河）修偃武等九渠，灌溉沿河两岸一百一十三里。元时，云阳县引冶峪水建七渠，三原县引浊水筑六渠，栎阳县引石川河灌县东北境，富平县引石川、金定（今赵氏河）、薄台川（今温泉河）等灌田，引石川河筑十四条河渠。这些河渠使石川河及冶、清、浊等水的泽卤盐碱之地大为减少。对于洛水以东盐碱地，宋神宗熙宁（1068—1077 年）时，黄河龙门至潼关段的两岸，河中府和同州曾用黄河水淤灌农田，改造沿河盐碱地，取得一定的成绩。

（2）黄淮海平原

宋元时期，黄淮海平原得到进一步的开发，而该平原的盐碱地自古以来就成为制约地区农业生产的重要自然地理因素。对盐碱土的治理，是以内陆盐碱地为主的，治理的区域主要是漳河、卫河及黄河两岸。

宋代开始对卫河和汴河流域的盐碱土进行改良。北宋时期，黄河决口、改道等变迁频繁，从宋太祖建隆元年（960 年）至宋徽宗宣和三年（1121 年），黄河决、溢、徙的次数多达 98 次，平均 1.6 年一次。黄河下游地区遭灾严重，加剧这一地区的土壤盐渍化，"大名、澶渊、安阳、临洺、汲郡之地，颇杂斥卤"，反映的就是这个情况。北宋都城开封正处于这个地区，北宋统治者因此极其重视对该地的盐碱治理。宋神宗熙宁年间（1068—1077 年），王安石主持成立"提举沿汴淤田""都大提举淤田司"等机构，推广淤灌方法，对盐碱地进行大规模改良，主要针对开封沿汴河一带、豫北、冀南、冀中、晋西南和陕东等处。淤灌面积达 645 万亩，且淤灌治碱效果明显。

对于滨海地区，主要治理区域是苏北的通州、盐城一带。北宋范仲淹在唐代李承修建捍海塘以治理滨海盐土的基础上，继续筑堤挡潮。至宋仁宗天圣元年（1023年），范仲淹为泰州西溪盐官时，风潮泛滥，淹没田产，毁坏亭灶，有请于朝，调四万余夫修建，三月毕工，遂使海濒沮洳泻卤之地化为良田，民得奠居，至今赖之"。四年（1026年），……通、泰、海州皆滨海，旧日潮水皆至城下，田土斥卤不可稼穑，文正公监西溪盐仓，建白于朝，请筑捍海堤于三州之境，长数百里以卫民田，……既成，民享其利。

元代注重对京津地区的滨海盐土进行治理，并主要集中在农业技术上。元泰定帝泰定（1324—1328年）时，虞集已提出用种稻洗盐的办法，利用、改良天津地区的盐碱土，"京东数千里，北极辽海，南滨青齐，萑苇之场也，海潮日至，淤为沃壤，用浙人之法筑堤捍水为田，以纾民力"。当时未被采纳。直到元惠宗（顺帝）至正（1341—1368年）时，脱脱于江南招募能种水田及修筑围堰之人各一千人为农师，在宁河地区屯垦种稻。

宋元时期在黄淮海平原进行的盐碱地治理也为治理盐碱技术的积累、创新和发展提供了良好的平台。包含三种技术。第一，淤灌压盐。用淤灌方法改良盐碱土外，大幅提高了产量。经宋神宗熙宁八年（1075年）淤灌后，（开封）府界淤田，岁须增出数百万石，民食有限，物价须岁加贱，俵粜转之河北。绛州正平县的南董村，田亩旧直三两千，所收谷五七斗，自灌淤后，其直三倍，所收至三两石。第二，围海造田。最初在唐代时是修堤挡潮，宋代范仲淹继续采取这一方法。元代除此以外，对堤内的土地又采取了修筑沟洫条田的改良措施来加速脱盐。沿边海岸筑壁，或竖立桩檠，以抵潮泛，田边开沟，以注雨潦，旱则灌溉，谓之甜水沟，其稼收比常田，利可十倍。第三，引水种稻洗盐。元代在宁河地区屯垦种稻，取得了丰收。

（二）新开农田与土地利用技术

宋元时期，随着南方人口的不断增加，耕地不足的矛盾日益严重，出现了"田尽而地，地尽而山，山乡细民，必求垦佃、犹胜不稼"的情况。东南地区出现大规模的与水争地、围湖造田的高潮，并且为了进一步高效利用土地，除平原之外，山地、河滩、水面、海涂等都先后被利用起来，还出现了圩田、梯田、架田、涂田等土地利用方式。宋元时代的土地利用，是中国土地利用技术上的一次大发展。整体农耕面积的增加，间接降低了覆盖范围较小的灾害的负面影响。

1. 两宋东南围湖

宋代以来，江南人口增多，耕地日感不足。王室、官僚、地主为了掠夺土地，将手伸向湖泊，从而在东南地区形成了一次大规模的与水争地、围湖造田的高潮。当时的围湖，始于宋真宗咸平（998—1003 年）时期，但规模较小，到仁宗时逐渐发展。余姚当县有陂湖三十一所……间有被形势豪强人户请射做田，纳租课，后来遂废水利去处。鉴湖其为越人之利甚大，近岁为贪黩之辈以权势干请，假托姓名占射殆遍。宋代私垦山地和湖泊是不合法的，所以围湖举动被称为"盗湖为田"。

宋徽宗时，政府为了开辟财源，鼓励田垦，以出租湖泊来增加收入，围湖由非法变成了合法，大量的湖泊因此被废。例如宋徽宗政和时（1111—1118 年），楼异在明州围垦广德湖，经理湖田八百顷，募民租佃，每年收入米近二万石。宋徽宗宣和时（1119—1125 年），王仲嶷在会稽围垦鉴湖，围湖造田二千二百六十七顷二十五亩，献于官府。广德湖和鉴湖因此被废。这样盗湖为田便发展到了废湖为田。政和废湖为田，主要是在江东和浙东，到南宋初年，又进而发展到浙西，宋孝宗淳熙十年（1183 年），浙西豪宗，每遇旱岁，占湖为田，其围裹的处所，达 1489 处之多，围湖为田席卷了整个东南地区。

孝宗时，为了解决围湖垦田造成的严重水旱灾害，曾下诏废田还湖，并取得了一定成效，但由于这时淮河流域人口大量流入江南，需要土地耕作，官豪之家又巧取豪夺，已被开掘的湖田，至光宗、宁宗时期又被围裹起来，废田又变成废湖，而且到了不可收拾的地步。宋光宗绍熙四年（1193 年），当涂、芜湖、繁昌三县的湖泊低浅去处，都被围筑成田，圩田十居八九，宋宁宗庆元二年（1196 年），浙西的陂塘、溇渎悉变为田畴，以前蓄水之地，百不一存。宋孝宗隆兴（1163—1164 年）、乾道（1165—1173 年）之后，豪宗大姓，相继迭出，广包强占无岁无之，陂湖之利日朘月削，已亡几何？而所在围田则遍满矣，以臣耳目所接，三十年间，昔之曰江，曰湖，曰草荡者，今皆田也。据不完全统计，两宋因围湖而被废弃的湖泊有鄞县的广德湖，上虞的西撰湖和夏盖湖，诸暨的七十二湖，会稽的鉴湖，宜城的童家湖，当涂的路西湖，建康的永丰圩，无锡的芙蓉湖，莆田的五塘等。受到严重围裹的有鄞县的东钱湖，象山的白马湖，定海的凤浦湖和沈窖湖，临安的西湖，萧山的湘湖，江浙之间的太湖，华亭的淀山湖，润州的练湖，建康的后湖，莆田的木兰陂等，实际上远不止此数。大量的湖泊都被围裹。

2.梯田与其他土地利用方式

（1）梯田

梯田这一名称最早见于南宋范成大的《骖鸾录》，其中有"岭阪上皆禾田，层层而上至顶，名梯田"之句，楼钥《攻媿集》中也有"百级山田带雨耕，驱牛扶耒半空行"的描述。梯田是在山区丘陵区坡地上，筑坝平土，修成许多高低不等，形状不规则的半月形田块，上下相接，像阶梯一样，有防止水土流失的功效。与一般的山地丘陵地开垦有极大的不同，在农业技术上有重大发展。

山地丘陵地开垦种植的历史很早，但是由于种植、管理粗放，春天刨窝撒籽，秋季再去收获，产量高低，全凭天时。这样，一块地种三两年，就只好抛荒，另行开辟。这种原始的垦山种植活动，使天然植被遭到严重的破坏，并导致水土流失。宋代魏岘在《四明它山水利备览》淘沙条中曾描述过这种情况："四明水陆之胜，万山深秀，昔时巨木高森，沿溪平地，竹木蔚然茂密，虽遇暴水湍激，沙土为木根盘固，流下不多，所淤亦少，……近年以来，木值价穹，斧斤相寻，靡山不童，而平地竹木，亦为之一空，大水之时，既无林木少抑奔湍之势，又无包缆以固沙土之留，致使浮沙随流而下，淤塞溪流。至高四五丈，绵亘二三里，两岸积沙，侵占溪港，皆成陆地，……由是舟楫不通，田畴失溉。"虽然讲的是任意砍伐山区林木造成的后果，但垦山种植的后果也是一样的，甚至更为严重。梯田是针对既要垦山，又要防止水土流失这种生产上的需要而创造出来的。

宋代南方梯田的迅速发展，与江淮以北战事连绵，中原土地荒芜，人口大量南迁有很密切的关系。南宋杨万里有这样一首诗："翠带千镮束翠峦，青梯万级搭青天，长淮见说田生棘，此地都将岭作田。"宝庆《四明志》中《奉化志》风俗一节里说当地右山左海，土狭人稠，凡山巅水湄，有可耕的地方，皆累石堑土，即使地高数丈而延袤数百尺，不以为辛劳，都说明了这个问题。南方雨水、泉源都比较充沛，筑成梯田，又可截流灌溉、生产亦有保证。泉流接续，自上而下，耕垦灌溉，虽不得雨，岁亦倍收。

梯田的修筑技术在王祯《农书》有较详细的记载，其要点是：（1）在山多地少的地方，把土山"裁作重蹬"修成阶梯状的田块，即可种植；（2）如果有土、有石，则要垒石包土成田；（3）上有水源，可自流灌溉，种植水稻，如无水源，只好种粟、麦，但这种田收成无保证。时至元代，我国修建梯田的技术亦已经积累相当丰富的经验了。

（2）架田

架田是一种与水争地的方法，但它与水争地，与圩田有所不同。圩田是利用滨河滩地，做堤围水而成，架田则是在水面，架设木筏铺泥而成，因此它完全是一种人造的水面耕地。

人造的架田，是由天然的葑田发展而来的。天然的葑田是因泥沙淤积葑草根部，日久浮泛水面而成的一种自然土地。

架田发展起来，大致在宋元时代。这时，江南人口空前增加，耕地日益显得不足，人们在葑田的启发下，便创造了架田。王祯《农书》描写当时的情况："只知地尽更无禾，不料葑田还可架……悠悠生业天地中，一片灵槎偶相假，古今谁识有活田，浮种浮耘种此稼，但使游民聊驻脚。"陆游的《入蜀记》中记有"筏上的土作蔬圃，或作酒肆"的大架田，范成大的诗中也有"小舟撑取葑田归"之句。陈旉《农书》中详细地记载了架田的建造方法："若深水薮泽，则有葑田，以木缚为田丘浮系水面，以葑泥附木架上而种艺之。其木架田垅，随水高下浮泛，自不潦溺。"架田在南宋时已经存在。当时在江浙、淮东、两广一带都有使用，其分布的范围亦相当广。由于架田是从葑田发展而来，而所铺的泥，一般都是茭根盘错的葑泥，所以架田又称作葑田。

（3）涂田

唐宋时代对于海涂的利用，一般都采用筑堤的办法，外以挡潮，内以捍稼。宋代范仲淹于通、泰、海地区筑海堤，也是遵循这一办法。宋仁宗天圣元年（1023 年），范仲淹为泰州西溪盐官，他上奏朝廷请求调拨四万民夫修筑堤堰，后三个月完工，遂使濒海泻卤之地，化为良田，百姓得以居住和耕种，至元朝仍发挥着巨大作用。

元代创造一种直接利用海涂耕作的办法，这就是涂田。王祯《农书》记载这种方法："沿边海岸筑壁，或树立椿橛，以抵潮泛，田边开沟，以注雨潦，旱则灌溉，谓之甜水沟。"它包括筑堤挡潮、开沟排盐、蓄淡灌溉等三种措施，其中田边开沟，则是中国滨海盐地，使用沟洫条田耕作法的开端。使用这种方法利用海涂，其稼收比常田利可十倍。但是，海涂一般含盐分很高，所以一开始还不能种庄稼，必须先种上水稗，待斥卤既尽以经过一个脱盐的过程，方可成为农田。这也是我国生物治理盐碱的开始。涂田的出现，表明中国在利用海涂的技术上，又有了新的发展。

宋元时期对土地利用的方法，还有柜田、围田、沙田等，其技术措施和圩田、涂田差不多。

（三）耕作栽培技术

宋元时期，随着传统农业生产工具的改进和随之带来农业生产集约化程度提高，耕作栽培技术在全国范围内进一步趋向精细化。不论是南方的精耕细作技术的成型，还是北方旱地耕作技术的发展，这些技术都使得当时的农民有了更强大的生产力，生产力的提高增加了农民面对自然灾害的应对能力。南方"整地"的发展使得农民可以避开山地上的低温气候；培育秧苗时对当年气候的把握使得农民尽可能地避免霜灾对于秧苗的影响；"烤田"帮助农民更大程度上利用自然的降水。尽管气候等影响在当时看来非常难以捉摸，视之为"天意"，但是农民可以通过技术的发展而尽"人事"，从而尽可能地降低灾害的影响。

1. 南方精耕细作技术体系的形成

宋元时期，南方农业技术发展较大，体现在整地、培育秧苗和田土管理（耘、荡及烤田）三个方面。

（1）整地

秧田整地。当时的农夫种谷，必先修治秧田，在秋冬的时候一定会多次好好地深耕，深冬之际若霜雪冻沍、土壤苏碎，则会铺上腐槁败叶进行烧治，到了春天就会再三耕耙，并且倒上粪，等到田精熟了，乃下粮粪、踏入泥中，荡平田面，就开始播撒谷种了。元代《农桑辑要》提出春季耕耙施肥，平整田面播种后，要"平后必晒干"。南方是水育秧，不晒干而直接播种，由于土壤酥软、泥水混浊，播下去的种子易入土深浅不一，影响出苗的整齐，同时秧根容易下扎，影响今后的拔秧。

冬作田整治。冬作田的整治，等到收割完毕，即进行耕緵，加肥养地，而后才种上豆、麦、蔬、菜。此外冬作田一般都是开沟做垄，所以冬作田的整治，都采用"平沟畎，蓄水深耕"的办法。山川高寒的土地，经冬天深耕，放水干涸后，又雪霜冻沍，土壤酥碎。当始春，田里又遍布朽薶腐草败叶，此时用火烧这些腐草败叶，则土暖而苗易发芽，虽泉水寒冽，也不能对田苗造成伤害。这种耕晒垡法主要用于土性阴冷的地区或山区。平陂易野的土地，平耕而深浸，就会减少田里的杂草，增加土地的肥力。这种干耕冻垡法主要用于平川地区。元代对冬闲田的耕作有所改进。下等田地熟得比较晚，十月收割完毕后，趁着天晴田里无水而耕作，放水的深浅以土块半出水面为宜，经过一段时间日爆雪冻之后，土质变酥，待仲春之时土膏脉起，再行耕治。这是一种介乎冻垡和晒垡之间的办法。

（2）培育秧苗

其一是浸种催芽。其与北魏《齐民要术》上所记之法大体相同，不同之处在于技术细节上要比北魏时细致得多。元代鲁明善《农桑衣食撮要》云："早稻清明前浸，晚稻谷雨后浸。"籼粳稻一要"浸三四日"，而"糯稻出芽迟，可浸八九日"；浸种的方法亦有所不同，浸种也开始从屋外转入屋内，除"投于池塘水内浸"外，还使用"或于缸瓮内用水浸数日"的办法；开始出现晾种练芽："浸三四日，微见白芽如针尖大，然后取出，担归家，于阴处阴干。"

其二是播种期的掌握。关于播种的气候条件，宋代陈旉《农书》里已提到，要"先看其年气候早晚、寒睡之宜乃下种"，这样可万无一失。如果气候还寒，则应"从容熟治苗田，以待其暖"，不但"力役宽裕，无窘迫灭裂之患"，而且"得其时宜，即一月可胜两月，长茂而无疏失"。若不待其暖，"才暖便下种，不测其节候尚寒，忽为暴寒所折，芽蘗冻烂瓮臭"，这样遭受寒潮，造成烂秧，原有的秧田就会无法再播种。

其三是秧田水层管理。陈旉《农书》提到："大抵秧田爱往来活水，怕冷浆死水，青苔薄附，即不长茂。""若晴，即浅水，从其晒暖也。然浅不可太浅，太浅即泥皮子坚；深不可太深，太深即浸没沁心而萎黄矣。唯浅深得宜为善。"同时，作田间的界路贵阔。遇到非常天气时，"若才撒种子，忽暴风，却忽放干水，免风浪淘荡，聚却谷也，忽大雨，必稍增水，为暴雨漂飐，浮起谷根也"。

其四是秧龄掌握和移栽。宋元时期秧龄的掌握是根据其生长的长度。王祯《农书》介绍，在北方，是"既生七八寸，拔而栽之"，在南方，则是"候苗生五六寸，拔而秧之"。秧苗移栽的时间大致是在农历四月小满、芒种之时。宋代陆游《代乡邻作插秧歌》："浸种二月初，插秧四月中，小舟载秧把，往来疾如鸿。"元代刘洗《秧老歌》："三月四月江南村，村村插秧无朝昏，红妆少妇荷饭出，白头老人驱犊奔。"

其五是移栽技术。南宋杨万里诗云："水满平田无处无，一张雪纸眼中铺，新秧乱插成井字，却遭山农不解书。"《农桑衣食撮要》还具体地记载了这一时期的插秧技术："芒种前后插之，拔秧时轻手拔出，就水洗根去泥，约八九十根作一小束，却予犁熟水田内插栽，每四五根为一丛，约离五六寸插一丛，脚不宜频挪，舒手只插六丛，却挪一遍；搞六丛，离挪一遍；逐旋插去，务要窠行整直。"

（3）耘、荡及烤田

耘田。耘田一定要首先审视地形，先于最上处蓄水，勿使水走失，然后自下放水，待水干后再进行耕耘，这样自下及上的旋耘可避免尚未耘过的田块水干田硬，影响耘功。至元代改进了宋代匍匐田间，改用双手耘田的方法，创制了耘爪，套在手指上以避免直接同泥土接触减少损伤，同时也提高了耘田质量。开始采用足耘。足耘，为木杖如拐子，两手倚以用力，以趾塌拨泥上草葳，壅之苗根之下，则泥沃而苗兴。这种方法与历史上所说的耘籽相同。《农桑衣食撮要》中讲到的耘稻，也是这种方法。书中云："六月耘稻，稻苗旺时放去水，干，将乱草用脚踏入泥中，则四畔洁净。"

荡田。荡田是元代才出现的一种稻田中耕除草方法，见于王祯《农书》，当时称为"耘荡"。其具体操作是使用一种下钉有铁钉，上安有竹柄的木板工具，在田间推荡。使用这种工具，耘田之际，农人执之，推荡禾垄间草泥，使之溷溺，则田可精熟，既胜耙锄，又代手足。所耘田数日复兼倍。其效率高，又可代替手耘足籽，现在已发展成一种专门的工序，并名之为耥。

烤田。最早见于南宋高斯得《耻堂存稿·宁国府劝农文》，其称之为"靠（烤）田"，元代王祯《农书》将其称为燥稻。宋代提倡重烤，为了保证田土烤得透，在措施上采用开沟烤田方法，耘田后，"随于中间及四傍为深大之沟，俾水竭涸，泥坼裂而极干。"经过这样烤田以后，就能收到"干燥之泥，骤得雨而苏碎，不三五日间，稻苗蔚然，殊胜于用粪"的效果。在稻苗长得旺的时候，把水放干，将乱草用脚踏入泥中，这样田畔看起来就会比较洁净，再将灰粪与麻糁相和，撒入田内，晒上四五日，土干而裂的时候，放水浅浸稻秧，这就是焊田，六月一次，七月一次。将耘田、施肥和烤田结合起来，形成了一套肥水管理系统。

2.北方旱地耕作技术的继续发展

北方旱作，自北魏《齐民要术》做了全面总结以后，至宋元时期又有所发展。

（1）总结分缴内外套翻耕法

北方旱田面积一般较大，若在耕地的方法上使用不当，就会将田面弄得高低不平。分缴内外套翻耕法很好解决了这个问题，王祯《农书》详细叙述了做法："所耕地内，先并耕两犁，坡皆内向，合为一垄，谓之浮疄，自浮疄为始，向外缴耕，终此一段，谓之一缴。一缴之外，又间作一缴，耕毕，于三缴之间，歇下一缴，却自外缴耘至中心，割作一墒，盖三缴中成一墒也。其余欲耕平原，率皆仿此。"

（2）多耙、细耙提到了重要的地位

宋元时期人们已认识到精细耙地在北方农业生产中的作用。《种莳直说》就提出："古农法，犁一摆六，今人只知犁深为功，不知摆细为全功，摆功不到，土粗不实，下种后，虽见苗，立根在粗土，根土不相著，不耐旱，有悬死、虫咬、干死诸等病，摆功到，土细又实，立根在细实土中，又碾过，根土相著，自耐旱，不生诸病。"《韩氏直说》载："凡地除种麦外，并宜秋耕，先以铁齿耙纵横耙之，然后插犁细耕，随耕随捞，至地大白背时，更摆两遍，至来春地气透时，待日高，复摆四五遍，其地爽润，上有油土四指许，春虽无雨，时至，便可下种。"

（3）中耕技术精细化

《种莳直说》云"耘苗之法，其法有四：第一次曰撮苗，第二次曰布，第三次曰拥，第四次曰复（俗曰添功），一功不至，则稂莠之害，秕糠之杂入之矣。"《韩氏直说》曰："如耧锄过，苗间有小豁自不到处，用锄理拨一遍。"这均反映了北方旱地中耕之细、对中耕的质量要求之高。另从宋元时期使用的农具上，亦可以看出当时中耕技术的发展程度。王祯《农书》说："其所用之器，自撮苗后，可用以代耰锄者，名曰耧锄，其功过锄功数倍，所办之田，日不啻二十亩，或用劐子，其制颇同。如耧锄过，苗间有小豁跟不到处，及垄间草葳未除者，亦须用锄理拨一遍为佳。别有一器曰铲，营州以东用之，又异于此。"

（四）发展救荒作物

1. 推广占城稻以抗旱

培育早熟品种是接荒的重要办法。占城稻产自占城，即古占城国（今越南中南部），距离中国福州不远，福建和占城自古以来商贸往来密切，占城稻引入福建就是和闽商往返占城、安南有关。另外，福建因其自然条件对优良品种或耐旱品种需求量极大：福建沿海一带土地属沙质土，不利于储藏水分，一遇旱灾，常常导致农作物歉收。所以占城稻最先于福建进入我国。

北宋时期，我国的气候经历着由温暖期到寒冷期的转变，湿润地区逐渐变得干旱。旱灾对于农业生产的威胁性很大。在宋真宗大中祥符年间，旱情频发。特别是大中祥符四年（1011年）江、淮、两浙三路地区大旱，水稻减产。宋真宗闻占城稻耐旱，西天绿豆，籽大而粒多，各遣使以珍货求其种。占城得种二十石，至今在处播之。为了对付旱灾，宋真宗遣使到福建，取占城稻种三万斛，下令给占城稻种，教民种植。占城稻耐旱、籽多、粒大，适合在旱地播种，比中国水稻穗长而无芒，粒差小，不择地而生。官方首先颁行了占城稻的种植方法，次年先在宫廷内试种，获得成功。大中祥符五年（1012 年）五月，"令择民田之高仰者，分给种之。其法曰：南方地暖，二月中下旬至三月上旬，用好竹笼周以稻秆，置此稻于中，外及五斗以上，又以稻秆覆之，入池浸三日，出置宇下，伺其微热，如甲坼状，则布于净地，俟其萌于谷等，即用宽竹器贮之，于耕了平细田，停水深二寸许，布之。经三日，决其水，至五日，视苗长二寸许，即复引水浸之一日，乃可种莳。如淮南地稍寒，则酌其节候下种，至八月熟，是稻即早稻也"。首先将种子从水中捞起置于隐蔽处直至发芽。其次把稻种撒播在水深约 2 至 3 寸的秧田里，田中的水在三日内将干枯。五天之后，当幼苗长至 2 至 3 寸时，秧田还需要放水浸润一天。最后，幼苗准备拿去插秧。这种方法从 11 世纪初就被长江下游地区的农民广泛采用了。

占城稻的优良特性使它的推广极为迅速且推广区域广泛，宋代的东南诸路出现了种植占城稻的情况，这些区域包括两浙路、江南东路、江南西路、淮南东路、淮南西路等长江中下游地区。往后以至于黄河下游汴京地区，都有农民种植占城稻。到南宋时，长江流域的会稽、新安、四明、玉峰、吴兴等地的地方志都有关于种植占城稻的记载。江南西路安抚制置使李纲说："本司管下乡民所种稻田，十分内七分并是占米。"知荆门军陆九渊说："江东西田分早晚，早田者种占早米，晚田种晚大禾。若在江东十八九为早田矣。"与此同时，占城稻在长江流域的传播过程中，又选育出许多适合当地特点的新品种：如早占城（一名六十日）、红占城（中熟品种）、寒占城（晚熟种）、八十占、百日占、百二十占等。有的品种产量甚至高出粳稻，为当地粮食增产、品种布局的合理化及南宋时期长江流域的稻麦两熟农作制的发展创造了条件。另外，占城稻原来的成熟期为 100 天，经过中国农民几个世纪的改良品种，使得成熟期为 60 天的稻种产生了，有助于扩大稻作区，并推动了双季稻作区的成功。

2.改造作物或种植方式抗旱

元朝的农书中，记述很多防治旱灾的技术。《农桑辑要》认为对种子作一些处理，可以有防旱灾的作用。其法有用马骨头煮水，再用煮出来的水泡中药附子，然后除去附子，用这种水拌蚕便和羊便，使其如例粥状，在下种前二十日以此水拌种，干后再拌，数次之后，藏好不要让其潮湿，在种之前再用此水拌湿；还认为用雪水拌种也可以防旱、防虫，而且有利于丰收。其中，用药物拌种可以防虫和用雪水导致丰收等方法，已经得到了现代的科学试验证实。《农桑辑要》里还有利用酢浆拌麦种以提高小麦抗干旱能力的方法。其法："当种麦，若天旱无雨泽，则薄渍麦种以酢浆并蚕矢。夜半渍，向晨速投之，令与白露俱下。酢浆令麦耐旱，蚕矢令麦忍寒。"

此外，还有利用施肥来预防旱灾的。《农桑辑要》记载：为了预防春旱，在深秋的时候，在桑树下堆放粪肥，这样在冬天可以保持水分。到春天将粪肥拨开呈盆状，天下雨则可以聚水，天旱则可以浇水其中，既耐寒又防虫。

而且，对作物种植方式有打破常规的创新。《宋会要辑稿》记载，为了防止水旱灾害，宋太宗要求江南、两浙、荆湖、岭南和福建诸州的长史，在辖区内广种黍麦粟豆等北方作物，可从淮北州郡调拨。江北诸州，也令在有水之处广种粳稻，既可以提高粮食产量又可以防灾抗灾。同样，在宋太宗淳化四年（993年）二月，下诏命令岭南诸县，让百姓种四种豆类和黍、粟、大麦、荞麦等北方作物，来抗击水旱灾害。由官府发给种子粮，并且规定免除税收。其中缺乏种植条件的，由官仓直接把新储备的粟、麦、黍、豆等贷放给他们。宋孝宗淳熙二年（1175年）"衡州旱，州守令劝谕邑民种麦度荒，以时播种，免征增种之数赋税。"淳熙六年（1179年）常宁大旱，冬季推广麦。大小麦及其他冬种作物成熟早于水稻，可以在单季水稻青黄不接时解决缺粮饥荒问题。

（五）防治虫害技术

蝗灾一般伴随着旱灾的发生而发生，主要啃噬农作物的叶茎和果实，当大批量的蝗虫过境时，在很短的时间里，就会造成几乎所有农作物的死亡，进而导致歉收和农产品匮乏，引发饥馑的大面积流行。北宋平均每3.2年就会发生一次蝗灾，南宋与元有过之而无不及，受灾次数频繁，人民逐渐也总结出一些有效的预防蝗灾的方法。

1. 挖掘蝗卵

遇到蝗灾时，捕蝗救灾是最直接的一种方法，防治蝗灾要从防治虫卵抓起。宋仁宗景祐元年（1034年）六月，开封府下属淄州遭受蝗灾，附近的各路招募民众挖掘出蝗种万余石。粗略估算万余石卵约近百万粒，这是非常大的数目。蝗虫的流动性大，适应性强，繁殖速度快，一旦起飞，则会到各地为害。此次灭蝗相当于灭掉难以计数的蝗虫。

发掘蝗卵的地方一般是在上年蝗群降落过的地方。至于具体如何挖蝗卵，史书没有明确记载，但我们可以从宋元时期人们所使用的农具上作出一些合理的推测，宋元时期人们整地用的农具主要有耒耜、锸、犁、铧、镢等农具，掘卵过程用人力或牲力操作，把土地翻开，将暗藏于土壤中的蝗卵捉出。

为鼓励民众掘卵，政府往往采取捕蝗卵换粮食的做法，一方面可以借此赈济百姓，另一方面也是减灾防灾的重要措施。宋神宗熙宁八年（1075年），政府招募百姓挖掘蝗虫："蝗种一升，给粗色谷二升。"以卵易粮若换粮太少，民众挖蝗卵的积极性就会受到影响；换粮太多，政府的财政又会承受不了，所以保持一个适当的比例也十分重要。灭蝗是直接对老百姓有利的，蝗患不仅会给政府的财政带来巨大的负担，更会直接影响到普通百姓的基本生计问题。官府号召挖蝗卵，一般都是"诸路募民"，从而获得"掘蝗种万余石"，充分调动老百姓的积极性，调动大量的群众参与到灭蝗行动中，从人数上讲这种声势规模不亚于兴修水利工程。

2. 律令捕蝗

宋代官僚机构较为冗杂，中央对地方的控制能力比较强。皇帝发布的诏书对地方具有绝对的影响。宋代每逢改元，必定修律，律令的具体和细致超越历代。从宋神宗熙宁八年（1075年）八月颁发的《熙宁诏》，宋孝宗时期的《淳熙敕》中都可以看出，朝廷对捕蝗灭灾的重视已入小甚微。《淳熙敕》中的除蝗条令项如下：

"（1）诸虫蝗初生若飞落。地主邻人隐蔽不言，耆保不及时申举扑除者，各杖一百。许人告报。当职官承报不受理，及受理而不亲临扑除，或扑除未尽而妄申尽净者，各加二等。

（2）诸官私荒田（原注：牧地同）经飞蝗住落处。令佐应差募人取掘虫子，而取不尽，因致次年生发者，杖一百。

（3）诸虫蝗生发飞落及遗子，而扑掘不尽，致再生发者，地主耆保各杖一百。

（4）诸给散捕取虫蝗谷而减尅者，论如吏人乡书手揽纳税受乞财物法。

（5）诸系公人因扑掘虫蝗，乞取人户财物者，论如重禄公人因职受乞法。

（6）诸令佐遇有虫蝗生发，虽已差出而不离本界者，若豢虫蝗论罪，并依在任法。"

对于有蝗虫飞落的地方，一律责成当地及时扑灭，以杜绝各地之间的相互推诿。除蝗不力，或因蝗贪污或敲诈老百姓，都将受到惩罚，依靠细致而又严苛的律令捕蝗是宋代应对蝗灾的一个重要手段。

金仿宋制，金太宗之后开始制定敕条，金章宗泰和八年（1208年）诏书规定哪里出现蝗虫，哪里的地方官将犯"坐罪法"，比淳熙敕书更为严苛。

元代史料很少有关于捕蝗令的记载，与宋、金不同的是元代蝗灾几乎达到无年不有，元朝政府所采取的措施最多只有"发米""免其田租"等。只是在元世祖至元七年（1270年）设立司农司后，颁农桑之制才有相关规定，每年十月，令州县正官一员巡视境内有虫蝗遗子之地，多方设法除之。元仁宗皇庆二年（1313年）复中秋耕之令。唯大都等五路许耕其半，盖秋耕之利，掩阳气于地中，蝗蟎遗种，皆为日所曝死，次年所种必甚于常禾也。元世祖中统年间（1260—1264年）到元惠宗（顺帝）至正二年（1342年），元政府也多次派遣官员到各地组织人力督办捕蝗。王磐于中统三年、四年（1262年、1263年）之间，作为真定、顺德等路宣慰使。任内真定发生蝗灾，朝廷派使者督捕，民夫多达四万人。胡祗遹在至元元年（1264年）、至元六年（1269年）蝗灾在济南爆发时奉命捕蝗，直到百日之后才尽绝。至元二年（1265年），陈佑改任南京路治中，正当发生蝗灾，徐、邳两地最为严重。陈佑带领民夫数万人马上对已熟庄稼进行收割然后再进行捕蝗。元世祖到元成宗大德年间虽发生几次大的蝗灾，但国家处理有效有度。至正十八年（1358年）、十九年（1359年）发生破坏性极大的蝗灾，从晋冀鲁豫交界的广大地区蔓延至淮安，加速了元朝的灭亡。

3. 火攻灭卵

元代鲁明善《农桑衣食撮要》记载用火攻法对付树木虫害，其"正月"篇写道正月初一五更的时候，拿火把照烤桑枣果木等树就会减少病虫危害。《齐民要术》卷四也有类似记录："凡五果（栗、桃、杏、李、枣）及桑，正月一日鸡鸣时，把火遍照其下，则无虫矣。"俞宗本的《种树书》也有："元日天未明，将火把于园中百树上，从头用火燎过，可免百虫食叶之患。"以上三种记载所提到的方法一样，只是表述方式不一样。《齐民要术》成书于北魏末年，其时间最早，可能后两种记载皆来自《齐民要术》。这种防虫办法用现代的理论解释，首先火能将虫卵烧死。其次时间选择元月，当时桑、枣等树还未发芽或长出叶来，故火烤时较易操作，上下燎过时，又不会燎及树皮，不会对树木造成伤害。再者选择五更之时，这时天气湿度较大，对树用火燎也比较保险。用火燎过后，藏在树皮间的各种虫子包括蝗虫就难以存活了，从而达到防治蝗灾的目的。

（六）水土保持

1. 保护森林

（1）设置机构管理山林

宋代设置有专门的机构管理山林，"二部虞部郎中员外郎"掌管山泽苑围场之事。设置"将作监"以掌材木之事，并在诸州设"农司"巡察民务农事。宋太宗太平兴国年间（976—984年），两京路允许民间根据自己的土地情况，选择精于相应种树技艺的人，县衙候补其为农司官，并且蠲免他的劳役。

元代设"大司农"掌管桑农、水利，设置"司竹监"掌管竹园。据史料记载，元代以异族入主中国，目睹南宋乱离之后，对于生产建设极为重视，特设大司农以主持之。元世祖至元七年（1270年）始立司农司，专掌农桑水利，颁布农桑之制。

（2）严禁采伐

宋代统治者一方面鼓励督促百姓植树，另一方面又颁布许多法律，对林木进行保护，严禁私自砍伐林木。宋太祖建隆三年（962年）九月，"禁民伐桑枣为薪。又诏：黄、汴河两岸，每岁委所在长吏，课民多栽榆柳，以防河决。"对于砍伐桑枣为薪者要处以刑罚，最重者处以死刑，最轻的也要"徒三年"。宋真宗时多次下禁樵的诏书，以保护名胜古迹之林。大中祥符元年（1008年）冬十月癸丑泰山七里内禁樵采，三年（1010年）十二月辛酉谒玉清昭应官；己巳禁扈从人爇道草木。五年（1012年）八月丁酉禁周太祖葬冠剑地樵采。六年（1013年）秋八月丙寅禁大清宫五里内樵采。宋代的相关规定对毁伐树木者有明确而严厉的处罚。宋徽宗政和时（1111—1118年）规定："诸系官山林辄采伐者，杖八十。"宋宁宗庆元年间（1195—1200年）仍规定：采伐"官山林"者，"杖八十，许人告"，给告者"钱三十贯"。"诸因仇嫌毁伐人桑柘者，杖一百，积满五尺，徒一年，一功徒一年半（于木身去地一尺，围量积满四十二尺为一功）。每功加一等，流罪配邻州。虽毁伐而不至枯死者，减三等"。即使是自家栽种的桑柘等，"非灾伤及枯朽而辄毁伐者，杖六十。"元朝也用法律惩治乱砍滥伐者，"诸于迥野盗伐人材木者，免刺，计赃科断"。

宋元时期各有保护和鼓励植树的相关法令，对保护森林也起到了一定作用，但未能阻止对森林的破坏。宋、元时期经常大兴土木、大肆砍伐林木，元朝兴建大都（今属北京），更加剧了森林的破坏，曾有"西山兀，大都出"的描述。再加上战火兵燹，特别是元代从成宗到英宗28年间，因天下饥荒，各地屡罢山泽之禁，听民樵采、猎捕，也使森林遭受了大规模破坏。

（3）防治虫害

两宋时期人们注意到虫害对林木资源的破坏，探索以生物防治办法来保护林木资源。当时曾使用"买蚁除蛀养柑"的方法。当时，"广南可耕之地少，民多种柑橘以图利。常患小虫损食其实，惟树多蚁，则虫不能生，故园户之家，买蚁于人。遂有收蚁而贩者，用猪羊脬盛脂其中，张口置蚁穴旁。俟蚁入中，则持之而去，谓之'养柑蚁'"。这就是利用生物界的生物链来防治虫害、保护林木资源。

元朝重视对桑树虫灾的预防即减灾，其中官私农书发挥了重要作用。《农桑辑要》提出两种防治桑树虫灾的方法。一是除虫法："当生发时，必须于桑根周围封土作堆，或用苏子油于桑根周围涂扫，振打既下，令不得复上，即蹉镆之，或下承布幅，下承以筛之"，这是扑打法；"上用大棒振落，下用布幅承聚，于上风烧之。"这样，"桑间虫闻其气，即自去。"这是火烧法。二是精耕细作，经常锄治："桑隔内修莳宜净……万一有步屈等虫，又易捕打"；"锄治桑隔，自然耐旱，又辟虫伤"，"凡诸害桑虫蠹，皆因桑隔荒芜而生，以致累及熟桑，使尽修桑下为熟地，必无此害桑鸿蠹也"。

（4）防火护林

宋朝严惩不慎或故意引火焚烧山林的行为。宋初规定："延烧林木者，流二千里。"如果是在外失火而延烧到林木时，减一等论罪。对于为了保持土地肥力而在每年冬季的烧田活动，规定只能在十月三十日以后到第二年二月一日之前，而法律禁止非时烧田。宋真宗大中祥符四年（1011年），真宗下诏说："火田之禁，著在《礼经》，山林之间，合顺时令。其或昆虫未蛰，草木犹著，辄纵燎原，则伤生类。诸州县人畲田，并如乡土旧例，自余焚烧野草，须十月后方得纵火。其行路野宿人，所在检察，毋使延燔。"宋宁宗庆元年间（1195—1200年）规定："诸因烧田野致延烧系官山林者，杖一百，许人告。其州县官司及地分公人失觉察，杖六十。"而对"告获故烧官山林者：不满一亩，钱八贯；一亩，钱一十贯，每亩加二贯（五十贯止）"。

辽代对于失火行为也有严刑峻令。辽道宗清宁二年（1056年）四月，朝廷下令禁止在郊外放火，咸雍元年（1065年）八月，又下诏令各地方严火禁，并对保护陵园林木定有刑律。"若于陵地域内失火延烧林木者，杖一百，流二千里"。

元代的《大元通制》载有"诸纵火围猎、延烧民房舍钱谷者，断罪勒偿"等有关对纵火焚烧森林的制裁措施。

2. 植树造林

宋人对树木能保持水土、防止洪涝的作用已有很深刻的认识。宋代自开国君主起，都重视植树造林，已成为朝廷上下的指导思想。宋初，面对战后百业凋零的衰败景象，宋太祖于建隆元年（960年）即位伊始就下诏令广为植树，并规定了植树的品种、数量以及考核的方式。诏令称，要求民众植树并分民籍为五等：第一等户必须种杂树100棵，桑枣树50棵，共计150棵，以下递减。至第五等户，也须植杂树20棵，桑枣树10棵，共计30棵，既有食用代粮的经济价值也有减灾防灾的意义。而且县令佐要进行考核，能做到该种树的地方都种上树的，将给予奖赏。建隆二年（961年）春天，重申北周世宗显德三年（956年）的命令，督促人民植树，规定每县分民籍为五等：第一等种植杂树百棵，之后每等以20棵的等差数递减，桑、枣树则为各等杂树数目的一半。开宝五年（972年）正月，宋太祖下诏："自今治黄、汴、清、御等河州县，除准旧制植桑枣外，委长吏课民别种榆柳及土地所宜之木。仍按户籍上下定为五等：第一等，岁种五十本；第二等以下递减十本。民欲广种植者，听逾本数，有孤寡茕独者免之。"宋太宗至道元年（995年）也下诏："各路州府根据本县所辖的户口，分成几等，根据原定的桑枣株数，依时栽种。想要扩大栽种面积的，加以鼓励。那些无田土和孤老残疾或者无男丁的家庭可不依据原限定。并且如果将来增添桑地，按原税赋纳税。由此可见，宋太宗也十分重视植树造林，曾连续两年下诏督促植树，并给予增添桑土者不增税的优惠。宋神宗时期，朝廷对于植树更强调的是成活率。并以差减户租作为奖励，熙宁二年（1069年）规定：对于百姓植桑行为不能增加税赋，可以鼓励人民因地制宜种植桑榆，官员计算成活棵数，圆满完成任务者减免田租，对未按规定完成成活数指标的加以惩罚并责令补种。到了南宋，朝廷仍采取鼓励植树的规定，并提高官吏和百姓的植树棵数。宋孝宗乾道元年（1165年）都省言，两淮百姓在战争后重复就业，应该劝课农桑。县令、县丞保证植桑株三万至六万株，州府保证植桑二十万以上，且论赏有差。

金代政府已意识到各个经济部门要均衡发展，农牧不可偏废，因此曾明文规定，百姓必须在其田地中留十分之三的土地种树，多植不限，对栽种不足十分之三者，要处罚。栽种桑树、果树，一是可以采桑养蚕织布，二是可以食用果实，三是可以防风、防止水土流失，可谓一举多得，朝廷对损坏桑果树的行为则严加惩治。金世宗大定十九年（1179年）二月，"上如春水，见民桑多为牧畜啮毁，诏亲王公主及势要家，牧畜有犯民桑者，许所属县官立加惩断"。

元人爱护森林的传统源远流长，一般与减灾救灾有关。在草原上，干旱、暴风雪时有发生，牲畜因缺乏饲料而大批死亡，而林木的枝叶却可以作为牲畜的饲料。以林木为食的传统习惯一直延续至今。元代从法规和土地制度上对保护林木、植树造林都做了严格规定。元世祖中统元年（1260年）首先制定颁布"既有裨益、又重观瞻"的植树法规，规定"每丁岁种桑枣二十株，土性不宜者听种榆树等，其数亦如之；种杂果者，每丁十株，皆以生成为数。愿多种者听"。元代按照劳动力人口规定了每年种树的数额，对于植树成活率也有了要求，其成效是显著的。据元世祖至元二十三年（1286年）统计，一年栽活23094672株树，至元二十八年（1291年），则种各种树木22527700株。

三、灌溉排水技术的发展

（一）两宋农田水利

1. 河北海河流域的淀泊工程

北宋时，从白沟上游的拒马河，向东至今雄县、霸县信安镇一线，是宋辽的分界线，北宋政府为了防御辽国骑兵的南下，决定利用分界线以南的凹陷洼地（即今白洋淀，文安洼凹陷地）蓄水种稻，以达到"实边廪"和"限戎马"的目的。这种军事上的需要，促进了河北海河流域淀泊的开发。

宋太宗端拱元年（988年），雄州地方官何承矩上书建议："于顺安砦西开易河蒲口，导水东注于海，……资其陂泽，筑堤贮水为屯田"，以阻止敌人的骑兵。之后，沧州临津令黄懋也认为屯田种稻，其利甚大，因此也上书说："今河北州军多陂塘，引水溉田，省功易就，三五年间，公私必大获其利。"宋太宗采纳了这一建议，"既而河朔连年大水，及承矩知雄州，又言因积潦畜为陂塘，大作稻田以足食……诏承矩为制置河北沿边屯田使，发诸州镇兵一万八千人给其役。兴堰六百里，置斗门，引淀水沟溉，民赖其利"。即以何承矩为制置河北沿边屯田使，调拨各州镇兵 18000 人在雄州（今属河北雄县）、莫州（今属河北任丘）、霸州（今属河北霸县）、平戎军（今属河北文安县西北新镇）、顺安军（今属河北高阳县东旧城）等地兴修堤堰 600 里，设里水门进行调节，便形成一条东西长三百余里，南北宽五七十里的防御工事，阻挡辽国骑兵南下。同时引水种稻，以获其利，头年种稻，因遭早霜而没有种植，第二年改种江东早稻，获得成功。促进了河北淀泊的进一步开发，如滹沱、胡卢、永济等河水，皆被引入淀泊，借以种稻。到熙宁年间（1068—1077 年），界河南岸洼地接纳的河水有滹沱、漳、淇、易白（沟）和黄河等，形成由 30 处大小淀泊组成的淀泊带，西起保州（今属保定市）西北沈苑泊，东至沧州泥沽海口，约八百余里。

北宋后期，由于政府对淀泊不再治理，其地日渐淤塞干涸，地方官又着眼于种稻获利，常常毁坏堤防，决去积水，致使海河流域的淀泊工程日趋湮废。

2. 关中农田水利的恢复与发展

关中地区汉唐以来兴建的渠道不少，但至宋代，多数已经废弛毁坏。泾阳县的三白渠（其前身为唐代的郑白渠、汉代的郑国渠）原灌泾阳、栎阳、高陵、云阳、三原、富平六县田三千八百五十余顷，到宋代，已是"溉田不足，民颇艰食"了。为了利用泾水灌溉，宋代对三白渠进行了多次的修筑，宋太祖乾德年间（963—968 年）以竹木等为堰壅水，溉泾阳等县，宋真宗景德三年（1006 年）自介公庙回白渠洪口，直东南合旧渠，宋仁宗天圣六年（1028 年）王沿做石堰；宋神宗熙宁五年（1072 年）侯可凿小郑渠；宋徽宗大观二年（1108 年）开石渠，更名丰利渠，溉泾阳等七县田 35093 顷。

由于泾水不断刷深河床和泥沙不断淤高渠底，原来三白渠的渠口已经引不上水了，于是在原渠口的上方，开了一段新渠，接下方旧渠。这段新渠的工程比较完善，为了防冲，采用石材构筑；为了减少泥沙进入下游，设置了澄池；为了防止洪水冲入灌区，修建了泄水闸。宋朝将太白渠改造成最重要的渠道，太白渠位于中白渠之北，地势稍高，控制面积较大，可以灌溉更多的农田。北宋末年，可灌溉农田 35000 多顷。为了防沙防洪，在修筑三白渠时，宋代在水工技术上又做了很多创新：一是在各沟入集之前，凿地陷木为柱，密布如槛，贯大木于其上，横当沟之冲，暑雨暴出，则水注而下，大石尽格，既可以通过水流，增加水量，又可防止沙石；二是利用暗棚来过法水流。暗棚是石埋在地中，中空如棚状，平时水可以经棚中流到渠里，暴雨时则水从棚上过，滚到泾河，当时叫作暗桥。

为了利用原有的渠系进行灌溉，宋元时期对关中渠系的护养及用水都相当重视，并逐步形成了制度。

在渠系护养方面，规定每年都要清理河渠里的泥沙，并设有专人负责，"旧例水军三十人看堰，今议得令各县差富实人夫二名，五县计一十名看堰，若有微损，即时补修"。渠岸的修筑，规定渠岸两边，各空地一丈四尺，春首则植榆柳以坚堤岸，以防堤岸坍塌，兴工的日期规定自八月兴工、九月工毕，以免影响麦田冬灌。

在渠系的用水方面，用水的准则是"凡水广尺深尺为一徼，以百二十徼为准，守者以度量水，日具尺寸申报所司，凭以布水各有等差"。供水的具体办法《长安图志》亦有记载：（1）凡用水先令斗吏入状，官给申帖，方许开斗；（2）每夫一名溉夏秋田二顷六十亩，仍验其工给水；（3）行水之序须自下而上，昼夜相继，不以公田越次，霖潦辍功；（4）自十月一日放水，至六月过涨水歇渠，七月住罢。

3. 南方农田水利工程

宋代开始，我国的经济重心逐步明显由北方转向江南。因此，南方的农田水利建设开始有了空前的发展。宋代全国兴建的水利工程共有1046项，其中江苏、浙江、福建三省占853项，约占总数的82%。

南宋时，南方的农田水利建设，主要集中在淮郡诸水浙江，临安西湖，盐官海水，鄞县水、润州水、浙西运河、越州水、常州水、昇州水、秀州水、苏州水、黄岩县水，荆、襄诸水，广西水，也就是主要都集中在江浙一带。由于南宋以临安为行在，江浙地区是南宋政府财赋的主要来源，因此，水利建设以江浙为重点的特点，在这个时期就更加明显。农田水利建设一般都是修堰、浚河筑堤、建闸等中小型的工程。《宋会要辑稿》载宋孝宗淳熙七年（1180年），台州黄岩县"开浚八乡官河九十余里，置斗门堰闸五所，灌溉田亩"。宋度宗时《咸淳临安志》载杭州自泥黄大堰至张堰，"凡作小堰八所，分为八捺，注水入田，皆承天目山大源之水，上流下接"。

除政府兴办水利外，农民也有自行兴办的，但规模一般都很小。陈旉《农书》在《地势之宜篇》中曾介绍过这种农民自办的小型水利设施：对待地势高的田地，根据其地势选择一众水汇聚之地，量其所用而凿一陂塘，一般约十亩田即损二三亩以储蓄水，若春夏之交，雨水时至，则须加高其堤，深阔其中，要留足够的空间来蓄水。旱时则决堤放水以灌溉，潦时则不致水漫而害稼。这种小型陂塘水利设施，对于南方水稻生产的发展，起了重要的作用。

宋代的农田水利建设，虽然一般都是中小型的，对于有条件的地区，也有大型的农田水利工程建设。福建莆田县木兰陂就是北宋期间修建的一座引、蓄、灌、排综合利用的大型农田水利工程，也是目前我国保存最完整的古代水利工程之一。在破堰修建之前，"莆田壶公洋三面濒海，潮汐往来，潟卤弥天，虽有埔六所，潴积浅涸，不足以备旱暵，岁歉无以输官，民则转徙流移。"建陂之前，兴化湾海潮溯溪而上，直涌至距今陂址上游三公里的樟林村。当时，溪海咸淡不分，木兰溪南岸大片围垦的农田，仅靠六个水塘储水灌溉，易涝易旱，灾害频繁。木兰陂的建成，从根本上解决了问题。早在唐时，观察使裴次元主持堤海为田，当时置六个塘，溉田千余顷。宋英宗治平元年（1064 年），该陂首先由长乐钱女发起修筑，经过两次失败，历二十年才建成受益。第一次在将军岩前据溪筑坝，开渠从鼓角山向西南行，将引水灌溉南洋平原，但因地高水急，水势右缓左急，加上坝基地质不一，陂成后，溪洪基涨，将陂冲垮。第二次坝址虽下移，但仍是两边河岸突起，河面狭窄，又是急湾所在，流回水急，陂将成，被怒涛冲毁。第三次是宋神宗熙宁八年（1075 年）侯官县李宏应诏来莆，他得到具有水利工程技术知识的僧人冯智日的协助，吸取前两次筑陂失败的教训，找到合宜坝址，筑陂得到成功。《莆田木兰水利志》记载："于是陂立水中，矫若龙翔，屹若山崎，下御海潮，上截永春、德化、仙游三县流水，灌田万余顷。"《李长者传》也说，陂成后，"后人堥海而耕，皆仰余波，计其所溉，殆及万顷，变渴卤为上腴，更旱暵为膏泽，……自是南洋之田，天不能旱，水不能涝。"元仁宗延祐二年（1315年），曾在陂左建万金桥（即万金斗门）单孔，高一丈二尺，阔一丈四尺，引水通往北洋与延寿溪衔接，扩大灌溉面积约六万亩。经过九百多年的长期严峻考验，这一伟大农田水利工程至今仍在发挥巨大的灌溉效益。

4. 北方地区的引浊放淤

在河南、河北、山西、陕西一带，宋代曾广泛利用黄河、汴河、漳河、洛河、胡卢河、滹沱河、汾河等河水进行放淤灌溉。宋神宗熙宁二年（1069年）还专门建立了淤田司管理这个工作。

最初，宋神宗任程昉主持引浊淤灌，至熙宁五年（1072年）程昉引漳河、洛河淤地，面积达二千四百余顷。继后，他又提出引黄河、滹沱河水进行淤田。

在引浊放淤问题上，宰相王安石的大力提倡和态度坚决，对淤灌的发展起了重要作用。一次，程昉因水利工程上有某些失误，受到了神宗的罪责。王安石为他申辩说："程昉开闭四河，除漳河、黄河外，尚有溉淤及退出田四万余顷。自秦以来，水利之功，未有及此。"一次，枢密院抓住淤灌中有的地方淤泥不厚大做文章，说"淤田无益"，"其薄如饼"王安石又随即顶了回去，说："就令薄，固可再淤，厚而后止。"由于王安石有这种坚决的态度，并力排各方责难，致使引浊放淤能在各地大规模地开展起来，出现了人人争言水利的局面。

此后，水利大兴，各地纷纷上书建议兴办水利，引浊淤田。管辖京东淤田的李宽请求暂罢漕运，打开四斗门，引矾山水涨后的浊水。深州静安县令任迪请求待来年刈麦完毕，全放滹沱、胡卢两河水，又引永静军双陵口河水，淤溉河南北岸田二万七千余顷。程师孟在山西为官时，也力主引浊放淤。他主张由于晋地多土山，地又多连接川谷，在春夏大雨的时候，水浊如黄河，百姓称之为天河，这样的水十分适合灌溉，并开渠筑堰，淤良田18000顷。

宋代熙宁期间淤灌改土的地区共有34处，包括开封汴河一带、豫北、冀南、冀中、晋西南及陕东等地，其中有淤灌面积记载的共9处，淤灌面积达645万亩。淤灌也收到了良好的效果，一是改良了大片盐碱土,《梦溪笔谈》说:"深、冀、沧、瀛间,惟大河、滹沱河、漳水所淤,方为美田。淤淀不至处,悉是斥卤,不可种艺。"二是提高了产量,绛州正平县的"南董村,田亩旧值三两千,所收谷五七斗,自灌淤后,其值三倍,所收至三两石"。宋代淤灌确实取得了很大成绩。

宋代淤灌,还留下了不少技术经验。

(1)要掌握好淤灌的季节。宋代已认识到不同的季节,水流含淤的成分和浓度有所不同,不是任何时候淤灌都能收到改土的效果。《宋史·河渠志》说:"夏则胶土,肥腴。初秋则黄灰土,颇为疏壤;深秋则白灰土,霜降后皆沙也。"因此,宋代放淤一般都抓住水流中含淤最丰富的季节进行,深州静安县在二麦收割完毕后才放滹沱、胡卢两河水淤溉。绛州正定县掌握在春夏之时,天降大雨,众水合流,水浊如黄河时,才放淤灌田。

(2)要处理好淤灌同航运的矛盾,不然就容易发生上游放淤,下游阻运的事故。宋神宗熙宁六年(1073年)放淤,汴河水突然降落,中河绝流,其最低出处深度才一二尺余,下游的公私重船,最初不知道放水淤田的时间,以致来不及准备,许多都搁浅损坏,"致留许久,人情不安"。

(3)要处理好淤灌同防洪的矛盾。淤灌一般都在汛期或涨水时期,这时流量大,水势猛,如不注意,就会造成决口,泛滥成灾,危及生命财产的安全。这在宋代的淤灌中,有过深刻的教训。沈括《梦溪笔谈》记载,北宋神宗熙宁年间,睢阳界拔汴堤淤田,但水势突然凶猛,河水将堤防几将毁陷,人力已无法控制,都水监侯叔献这时发现决口之地其上数十里有一古城,他急忙下令拨开另一处汴堤,将水注入古城中,下流遂干涸,又急令人重修冲开的河堤,第二天,古城中水满了,汴河的水又恢复故道,此时陷毁的堤坝已经修复完了。这是一次惊心动魄的抢险斗争,要不是侯叔献当机立断,处理及时,就会酿成一场大祸。放淤是一点儿也麻痹、疏忽不得的。

(二)西夏河套、河西走廊地区的农田水利

河套地区在宋代是党项羌、汉、藏、回纥等多民族杂居的地区,11世纪初,党项羌贵族在这里建立了大夏政权。1002年,李继迁占领灵州后，下令修筑黄河堤坝，提高水位，引水注入前朝开凿的渠道，灌溉农田，对发展水利已经重视。

这里古渠很多。据记载，"其古渠五：一秦家渠、一汉伯渠、一艾山渠、一七级渠、一特进渠。与夏州汉源、唐梁（徕）两渠毗接，余支渠数十，相与蓄泄河水"。这些古渠主要分布在河套和宁夏平原地区的兴州和灵州，其中最有名的古渠是兴州的汉源渠和唐徕渠。古汉源渠长320里，古唐徕渠长250里，有几十条支渠与之相连，"皆支引黄河"，"支渠大小共六十八，计田九万余顷"。

西夏政权重视这些水利设施，曾动员百姓大加修治。大夏国曾在西夏平原上修建许多灌溉工程，其中以李王渠的工程最为有名。李王渠又名昊王渠，相传在今宁夏青铜峡至平罗一带，是西夏开国之君李元昊在位时亲自主持修建的，渠长300多里。实际上是将长期失修而淤塞了的艾山－汉延渠重新穿凿出来，所以也称它为汉延渠。西夏新修的唐徕渠，渠长约为400里。西夏的唐徕渠，是汉唐以来光禄渠的发展。光禄渠在唐朝曾经过两次重建，一次由郭子仪主持，一次由李听主持，比较完整地保持到西夏，所以当时人称它为唐徕渠。在灵州则是秦家、汉伯、艾山、七级、特进等古渠，与兴州的汉源、唐徕相连，也有支渠数十，构成了兴、灵二州的水利灌溉网。

在河西走廊地区，甘州、凉州一带，则利用祁连山雪水，疏浚河渠，引水灌田，"甘、凉之间，则以诸河为溉"，所谓诸河指的是居延、鲜卑、沙河及黑水，等等。而在这些河流之中，又以甘州境内的黑水最为著名。西夏仁宗仁孝曾于此河之上建桥，并立有黑水河桥敕碑。该河灌溉着甘州一带的良田，使其旱涝保收。

此外，在西夏所辖的横山境内，山岳绵亘，河流错综，其著名的河流有无定河、大理河、吐延水、白马川等，灌溉着沿河一些州县的农田，"绥银以大理、无定河为灌溉"。

随着水利事业的发展，西夏还曾出现过专门修渠筑堤的技术熟练的"水工"。如元顺帝至正年间，欧阳玄作《至正河防记》云："两岸（东西）埽（有岸、水、龙尾、栏头、马头等埽）堤（有刺水、截河、护岸、缕水、石船等堤）并行。作西埽者夏人水工，征自灵武；作东埽者汉人水工，征自京畿。"这条材料虽然距离西夏修渠灌溉的时间较长，但它间接地反映了早在西夏统治期间，灵武一带确实存在着修筑渠堤的具有专门技术的"水工"。

（三）辽朝农田水利概况

辽宋对峙时期，宋朝沿着拒马河一线兴修农田水利，利用水网灌溉渠道，限制辽骑南下，沿边河渠涨水漫溢，被视为"水长城"，对此契丹人十分畏惧，这也在一定程度上影响辽国兴修水利的积极性。虽然辽国辖区内的蓟门等幽燕之地原本作为有"红稻青粳"等的农业区，水利建设在之前有相当成就，但当辽以幽州为南京时，为了便于骑兵活动以及契丹人对水有种莫名的畏惧，就出现了禁民引水种稻之举。

辽景宗保宁八年（976年），南京留守高勋以"南京郊内多隙地，请疏畎种稻"。皇帝准备采纳他的建议，但遭到契丹贵族耶律昆的反对。耶律昆奏称："高勋此奏，必有异志。果令种稻，引水为畔，设以京叛，官军何由而入？"景宗遂罢高勋之议，仍禁南京种稻。但后来由于种植水稻可以获得高产，以致人多趋之。辽道宗清宁十年（1064年）复重申："禁南京军民决水种粳稻。"后由于辽南京军食困乏，这种情况下才禁令稍弛，辽道宗咸雍四年（1068年）才诏令南京（大致相当今北京市和唐山地区）除军行地，其余地方都可以种植水稻。

（四）金朝农田水利概况

金朝从熙宗时，农田水利事业开始恢复，之后有了很大发展。为提高对兴修水利的重视，并奖励开渠、开水田。金海陵王正隆二年（1157年）诏河南"仍令各修水田，通渠灌溉"。金世宗大定六年（1166年）"护作太宁官，引官左流泉溉田，岁获稻万斛"。大定二十八年（1188年），卢庸为定平县令，"庸治旧堰，引泾水溉田，民赖其利"。金章宗明昌六年（1195年）十月朝廷定制："县官任内有能兴水利田及百顷以上者，升本等首注除。谋克所管屯田，能创增三十顷以上，赏银绢二十两匹，其租税止从陆田。"卫绍王大安二年（1210年）二月，"诏河东、河北沿边募饥民，修水利，令所在官司任责"。金宣宗兴定五年（1221

年）五月，南阳令李国瑞创开水田 400 余顷，朝廷因此而将其升职两等，并将其事迹遍谕诸道，十一月，"议兴水田"，并在河南、陕西等地着手施行。金宣宗元光元年（1222 年）正月，将当时南京路分为京东、京西、京南三路，派遣户部郎中杨大有等到三路开水田。有的官吏还自行组织农民开渠灌田。如天眷年间，"陕右大饥，流亡四集，（庞）迪开渠灌田，流民利其食，居民藉其力，各得其所，郡人立碑纪其政绩"。熙宗时，傅慎微任同知京兆尹，权陕西诸路转运使，"复修三白、龙首等渠以溉田，募民屯种，贷牛及种子以济之，民赖其利"。在中央和地方官吏的推动下，农民也自发组织起来，开渠灌田，用自己的力量兴修水利，滹水渠的建成就是一例。滹水源出于雁门东山三泉，过繁峙，遂为大川，放而出忻口，并北山东去。以前，尔朱氏、乔公、齐公羡等三人欲开渠兴建，但都未成。有以盗水致讼者，有以避罪而就死者。后来，"仆不自度量，赖县豪杰，乡父兄子弟饮助之，历二年之久，起汤头岭西之白村山下，逾六十里经建安口，乃合流，明年三月合乡人予议泊执役者，置酒张乐而落之。西南邓之属邑多水田，业户余三万家，长沟大堰率因故迹而增筑之"。

金朝兴修水利，主要是修渠、掘井，其着眼点首先是解决缺水少水地方的民用水。金朝潞州（今山西长治）涉县过去是缺水地方，居民用水都要到离城 15 里之外的地方汲涧泉水食用。水在涉县的民众看来，是异常珍贵的，虽洗濯之余也不敢遗弃。因此，人们多得病。李平任涉县令时，为解决缺水问题，巡视西山，发现美泉，于是测量地势，"籍丁为渠，民乐于赴，功不两旬而成，近郭数千家坐获膏润之利"。金章宗承安元年（1196 年）郿坞县（今属陕西眉县东北渭水北岸）大旱，人烟凋敝，村落丘墟。新任孔姓知县上任后，了解到县中过去有水通流，自皇统年间源流湮塞已 60 年。孔杨洞清道士偕至谷口，剜苔剔藓，披寻故道，计度资力，"开渠通流，水顺流而下通衢广陌，汲引灌溉，涂塈洗濯无复曩时之难。仅有数千园田，畦计不营几万……水利兴，官民两利。"为解决民众食用水的矛盾，金朝一些有识之士曾上诉有司，求助法律解决争水之事。《金文最》卷八二《宁曲社重修食水碑》载："郿之东南有村曰宁曲……清渭经其北，太白当其南。水之所行及所流之多寡，二者有常，无相争夺，使上下居民均得食用，不假于远负而深汲。……及后世，古道浸遥，淳风殄灭，众暴寡，强凌弱，濒于上流者盗决其水，专于己而遗于众，使夫居末流者当暑曾不得涓滴以相需，构怨连祸，讼于有司者积年不绝。儒生刘文秀……目击其事，慨然有澄清兼善之志，遂衷众具牒诣有司以请曰：夫民之用水固有定制，自下而上强不得凌弱，富不得兼贫，遵其次序周而复始，重其罚以防于奸邪，明其禁以示于弗渝，然后水之利可均，民之讼可息……时治郡者皆贤，深然其辞，判而授之。"解决了多年为争水而起的矛盾。

（五）元朝农田水利概况

蒙古灭夏、金之后，固有的游牧习气轻视农业，不懂水利的重要性。元世祖忽必烈即位后，开始重视水利事业，在全国推行劝农政策，先后在不少地方恢复和兴建了水利工程。

蒙古军攻占汉水上游及成都平原后，破坏很大，元统一全国后，都江堰开始逐渐恢复灌溉效益。由于历代都沿袭着都江堰的岁修制度，使这座著名的古堰保持长盛不衰。元代地方官员和受益农户仍然坚持这一制度。《元史·河渠志》载："有司以故事，岁治堤防凡一百三十有三所，役兵民多者万余人，少者千人，其下尤数百人，役凡七十日，不及七十日，虽事治，不得休息。不役者日出三缗为庸钱。由是官者屈于赀，贫者屈于力，上下交病。会其费岁不下七万缗，大抵出于民者九，藏于吏而利之所及不足以偿其费矣。"元惠宗（顺帝）元统二年（1334 年），经四川肃政廉访司事吉当普巡行周视，得要害之处三十有二，余悉罢之。"召灌州判官张弘计曰：'若甃之以石，则岁役可罢，民力可苏矣。'弘曰：'公虑及此，生民之福，国家之幸，万世之利也。'弘遂出私钱试为小堰，堰成，水暴涨而堰不动，乃具文书会行省及蒙古军七翼之长，郡县守宰，下及乡里之老，各陈利害，咸以为便"。吉当普主持的维修工程，以都江堰主体为主，次及内江、外江堤堰、侍郎堰、杨柳堰以及一些灌溉渠道及被毁诸堰，还凿了若干新渠，兴建了一些石闸，改善了灌渠的排灌条件。

忽必烈在统一全国之前，为了解决军屯用粮问题，对边远地区的农田水利有所开拓。全国统一以后，一些地方官员重视农田水利，因而边远地区的农田水利事业亦有一些发展。元世祖至元元年（1264年），派遣擅长水利的中书左丞张文谦主持西北工作，以郭守敬任西夏河渠提举，经过他的实地考察与设计，对淤积的渠系加以疏浚，建闸筑堰，改善设备，修复了在中兴府路（治所在今银川市）境内的唐徕、汉延等渠，分别为400里和250里；而在西北其他各地的还有10条长度都在200里的正渠和68条大小支渠。这些大小渠道可灌溉农田十余万顷。《元史·董文用传》也说："至元改元，召为西夏、中兴等路行省郎中，……始开唐徕、汉延、秦家等渠，垦中兴、西凉、甘、肃、瓜（州治安西）、沙（州治敦煌）等州之土，为水田若干，于是民之归者户四五万。"至元十六年（1279年），王通在瓜沙一带领军屯田，促进了这一带开发农田水利，至元十八年（1281年），又征发肃州军民凿渠溉田。至元二十三年（1286年），在甘州以北一千五百里的赤集乃路"以新军二百人凿合即渠"，"屯田九千余顷"。至元二十七年（1290年），于甘州"黑山满峪泉水渠、鸭子翅等处"开辟农田水利"屯田一千一百六十余顷"。元军征服云南后，至元十年（1273年），张立道为劝农使。至元十一年（1274年），色目人赛典赤·赡思丁出任云南行省平章政事，他讲求农田水利，命张立道主持增修了一些农田水利工程，改善和扩展了滇池灌区的水利条件，疏浚了长期失修的滇池唯一出水口之处，以排滇池涨溢，"得壤地万余顷，皆为良田"。并且增筑了松花坝、南坝闸等，有利于农田灌溉。至元二十九年（1292年），海北海南道肃政廉访使乌古孙泽在雷州地区开辟了一个灌田万顷的大灌渠。《元史·乌古孙泽传》载："雷州地近海，潮汐啮其东南，陂塘碱，农病焉。而西北广衍平麦，宜为陂塘。泽行视城阴曰：'三溪徒走海而不以灌溉，此史起所以薄西门豹也。'乃教民浚故胡，筑大堤，竭三溪潴之，为斗门七，提揭六，以制其赢耗醨，为渠二十有四，以达其注，输渠皆支别为牏，设守视者。时其启闭，计得良田数千顷，濒海广泻，竝为膏土。民歌之曰：'泻卤为田兮，孙父之教，渠之泱泱兮，长我秔稻，自今有生兮，无旱无涝。'"元成宗元贞二年（1296年），乌古孙泽任广西两江道元帅府签事时，在邕州开创屯田，"起雷白等十寨破堰八处，开水田五百十二顷"，岁收五万余石"公私便之"。蒙古故都和林在元朝定都大都后，为岭北行省的首府。大德十一年（1307年），中书右丞相哈剌哈孙行省和林后，大开水利屯田。《元史·哈剌哈孙传》说："诏曰和林为北边重镇，今诸部降者又百余万，非重臣不足以镇。"哈剌哈孙到任后，"浚古渠，溉田数千顷，治称海屯田，教部落杂耕，其间岁得米二十余万，北边大治"。

四、精耕细作技术的推广

中国历史上早期的精耕农业区位于黄河中下游地区，并且基本都位于平原地带或山前冲积扇上，如关中平原、汾涑河谷平原、豫中平原、太行山东麓地带；粗耕农业地区主要分布在丘陵山区，如黄土丘陵山区是最典型的粗耕农业区，范围从陕西北部经山西一直延伸到河南西部。介于以上两类地区之间的，在农业生产技术上属于半精耕半粗放区域。

唐宋之际中国古代经济重心南移，精耕农业区也逐渐延伸至长江流域，但这时长江流域的精耕农业区仅限于长江三角洲地区、太湖平原、成都平原以及宁绍平原。寸土必争是精耕农业区土地利用的重要特点，荆州与江东、西处于长江中下游地区，宋代陆九渊对比两地土地利用状况指出：江东西不仅无旷土，而且田分早、晚，"早田者种早禾，晚田种晚大禾"。并且江东、西两路，重在江东。除陆九渊外，同处宋代的吴泳也记载有同样的现象，他说："吴中之地肥沃，稻一年两熟，蚕一年八育，吴中之民开荒垦洼，种粳稻，又种菜、麦、麻、豆，耕无废圩，刈无遗垅。"吴泳所说的吴中指宋代江南东路的主要辖境，即长江下游南岸地带。

除寸土必争外，长江流域当时也已广泛种植麦类，现存宋代江浙两省的地方志：嘉泰《吴兴志》、嘉泰《会稽志》、乾道《临安志》、宝祐《琴川志》、淳祐《玉峰志》、绍定《吴郡志》上都有麦类的记载。麦类中不仅有小麦和大麦，而且还有不同的品种记载。此外，据戴复古《刈麦行》："我闻淮南麦最多"句，还有《宋史·食货志》载："湖南一路，惟衡、永等数郡宜麦。"均说明淮南、湖南等麦类种植较多。

北宋时，稻麦两熟制在长江流域已经出现。朱文长在《吴郡图经续记》中记有苏州地区"刈麦种禾（稻），一岁再熟"的情况。到南宋更有相当诗句反映稻麦两熟已相当普遍，杨万里《江山道中麦熟》："却破麦田秧晚稻，未教水牯卧斜晖。"范成大《刈麦行》："腰镰刈熟趁晴归，明早雨来麦沾泥，犁田待雨插晚稻，朝出移秧夜食妙。"方岳《农谣》："含风宿麦青相接，刺水柔秧绿未齐。"陆游《初夏》："稻未分秧麦已秋，豚蹄不用祝殴窭。"到元代，这种稻麦两熟已形成了定型的耕作制，王祯《农书》说："高田早熟，八月燥耕而熯之，以种二麦，……，二麦既熟，然后平沟畎，蓄水深耕，俗谓之再熟田也。"

半精耕半粗放农业区较为典型的是荆湖两路以及江南西路。荆湖南北两路地界相邻，精耕农业均不发达，但南北之间却仍有差异，南路袁州（今江西宜春）、吉州（今江西吉安）相接的地方，农民往往迁徙自占，深耕概种，北路农民人稍惰，土地多空旷，耕种散漫。两者比较，宋代荆湖北路较南路更为粗放，故宋人称"湖北地广人稀，耕种灭裂，种而不莳，俗名漫撒。纵使收成，亦甚微薄"。宋朝南迁后，荆湖北路处于宋金边境，战火频繁，农业生产，屡遭破坏；江西农业生产也不平衡，即使山区差异同样明显，"岭阪上皆禾田，层层而上至顶，名梯田"。此时梯田的出现不能不说是山区农业的一项创新性举措，放弃了原有顺坡耕种，大大减少了水土流失，令山区开发进入一个阶段。江西农业生产技术的不平衡，不仅表现在山区，平原亦是如此，鄱阳湖平原的农业生产方式虽不能完全算作精耕农业，但也可归为半精耕半粗放之中，但南康军却"耕种耘耨，卤莽灭裂"，卤莽灭裂主要指田间管理缺失，是古人对粗放农业的评判标准之一。

福建也以山区为主，素有"八山一水一分田"之称，是山区农业经营最费力的地方。人们垦山陇为田，层起如阶梯，然而每次从远处引溪谷水来灌溉，能到田里的也就剩涓滴之水了。宋代福建山区也出现梯田，而与多数仰天吃饭的山区不同的是人们在兴修梯田时，注重引水溉田。真德秀等在福建为官时，提倡"高田种早，低田种晚，燥处宜麦，湿处宜禾，田硬宜豆，山畲宜粟，随地所宜，无不栽种"的土地利用方式。

半精耕半粗放农业区中除上述几个区域外，介于黄河、长江两大流域之间的淮河流域也是一处值得注意的地方。当黄河中下游地区率先发展为精耕农业区时，这里处于落后状态；长江下游进入精耕农业区后，这里仍然表现出落后特征。两宋之际战火纷争，南北交战布阵于此，人们至此全无长久之心，农业生产更是表现出明显的倒退："种之卤莽，收亦卤莽，大率淮田百亩，所收不如江浙十亩。"

宋元时期粗放农业在南方亦有相当范围的分布，主要分布在丘陵山区以及云贵高原。东南丘陵、闽浙丘陵农业开发时间早于南方其他山区，人口密度也高于其他山区，但也存有粗耕农业区，如浙东嵊县"山多水浅""力耕火种"，新安郡地处万山之间，地形险陋而贫瘠，民之田层累而上，连算数十级不能为一二亩，快牛刭耜不得旋其间，耕作方式仍为刀耕而火种。刀耕火种也被称为畬田，其为粗放农业的基本方法。刀耕火种之地一般不再施肥，种子直接种在灰中，全部农业生产过程只有播种、收获两个环节。宋元时期在各地山区这种粗放的耕种的方法较为普遍，曾敏行为江西人，在《独行杂志》中记载他曾见"乡民有烧畬于山岗"。另三峡峡区也是刀耕火种之地，"畬田峡中，刀耕火种之地也，春初斫山，众木尽蹶，至当种时伺有雨候则前一夕火之，藉其灰以粪，明日雨作，乘热土下种，即苗盛倍收。无雨反是。山多碛确，地力薄，则一再斫烧始可艺"。"夔人耕山灰作土，散火满山龟卜雨"。三峡以西，亦多属于粗耕农业区。长江以南富顺监"土瘠事刀耕"、涪州"其俗刀耕火种"、施州"地杂夷落，伐木烧畬""黔地多崇山峻岭……其民火种刀耕"。"益、利两道二十余州，水芸火耨"，属于益州、利州两道的二十余州多位于长江以北，这些州均有刀耕火种为主的记载。商州与益州、利州相邻，位于秦岭之中，同样属于刀耕火种之地，宋人王禹偁的《畬田词》记有其地刀耕火种的过程："上雒郡南六百里属邑有丰阳、上津，皆深山穷谷，不通辙迹，其民刀耕火种，大抵先斫山田，虽悬崖绝岭，树木尽仆。俟其干且燥，乃行火焉，火尚炽即以种播之，然后酿黍、稷，烹鸡豚。"在这之前人们会约定某家某日有事于畬田，人们虽数居百里之远也会如期而至，并锄斧随焉。到了以后人们就行酒烤肉，鼓噪而作。另外《畬田词》描述商州的畬田"北山种了种南山，相助刀耕岂有偏"。云贵高原宋代西南夷居住的贵阳以西及昆明以东一代有双熟稻的记载："西南诸夷，汉群舸郡地……西距昆明九百里，无城郭，散居村落，土热多霖雨，稻粟皆再熟。"

岭南在宋元时期分布黎、僚等民族，环境闭塞，生产方式较为落后。其多数地方人口稀少，农业开发尚处于起步阶段。宋人记载："山乡穷田亡不知春，卤莽之种那复耘"，"石耕畲种尽天年"。但此时岭南地区仍有不少双季稻的记载，《太平寰宇记》载："稻得再熟，蚕亦五收。"南宋周去非在《岭外代答》中讲到广西钦州也种双季稻："二月种者曰早禾，至四，五月收，三四月种者曰晚早禾，至六月，七月收；五月，六月种者曰晚禾，至八月，九月收。而钦阳七峒中，七八月始种早禾，九月、十月始种晚禾，十一月，十二月又种，名曰月禾。"这是因为"地气既暖，天时亦为之大变"的缘故。

第四章　其他灾害的预防

除发展仓储、改良农业技术来增加粮食储备以备救荒、治理江河湖以预防水灾外，其他灾害预防主要介绍疫病的预防措施和地震的预防措施。这两种特殊灾害预防，反映宋元时期灾害防治手段和技术的进步，了解当时农业经济文明高度发达影响下科学技术的勃发甚至社会文化的繁荣。疫病的主要预防措施包括编辑印行医书、设立病坊给散医药、募人埋尸和卫生预防。地震的主要预防措施包括发展粮食仓储、应用防震建筑技术和材料以及减免赋役。

一、疫病预防措施

宋代医学也有较大的发展，防疫工作也作为政府的一项重要的工作确定下来。同时在前代的基础上也加入了新的内容。宋元时期的高度中央集权政治体制，也使得防疫工作十分高效。

（一）编辑印行医书

书籍是文化传播的载体，医学的传播书籍也起着重要的作用，唐朝后期雕版印刷的发明，为宋代医书的大量普及创造了良好的条件。宋朝政府通过这一科学技术发明，大量印行医书，向各府州推广，向老百姓传播预防、医治疫病的知识。

宋初，朝廷曾下令采访"医术优长者"，并规定凡献书二百卷以上者均给奖励。宋太祖开宝八年（975 年），令马志、刘翰等重新修订《唐本草》，增药 155 种，名《开宝本草》。宋太宗淳化三年（992 年），又校订出版了以前许多医学典籍。又令陈昭遇、王怀隐等编纂了集药方之大成的《太平圣惠方》。宋仁宗嘉祐二年（1057 年），朝廷设立了"校正医书局"，集中了一批医学名家，对历代重要的医学典籍进行了系统的收集、整理、考证、校勘，并于神宗熙宁年间陆续刊行于世，推动了医学知识的普及。

北宋末年，宋徽宗赵佶又令医官根据《太平圣惠方》编辑《圣济总录》，载方二万多。宋徽宗还令陈师文、裴宗元等于大观年间（1107—1110 年）编纂成《和剂局方》五卷，作为当时设立的官药局的配方规则。该书以后不断得到修订、增补，宋高宗绍兴二十年（1150 年）该书改名为《太平惠民和剂局方》，颁行全国各地。

由政府出面编辑医书，校刊前代医籍，这在宋朝以前尚属首次，在当时的世界上也是创举。大量医书编成后颁行至全国各府州，自此全国医生看病就有书可以参照，全国的医疗水平也就此得到提升。如宋仁宗时，"哀病者乏方药，为颁《庆历善救方》"。皇祐三年（1051 年）五月，仁宗又颁《简要济众方》，命州县长吏按方剂以救民疾。对照医书来救疫配药，各种旧的药方、新的医术在全国范围内就迅速传播开来，治病防疫水平也就更高了。

（二）设立病坊、给散医药

宋朝在继承前代的基础上积极地推行设立病坊。宋真宗咸平元年（998 年），于诸路置病囚院，专门收治疫病病人。宋神宗熙宁八年

（1075年）吴地大旱，饥疫并作，染病百姓不计其数，苏轼在杭州建立了很多病坊，以济疾病之人，并招募诚实的僧人到各坊去进行管理，按时为病人送去药物和食物。

宋徽宗崇宁（1102—1106年）初年，京师疫情不断，政府设立了专门收养病人的安济坊。并规定坊中的医生若三年之内能医愈一千人以上的，"赐紫衣、祠部牒各一道"。政府为这些医生建立了个人的技术档案，把每个医生的医术的长短处都记录下来，作为年终考评的主要依据。各地方府州也效仿京师设立了许多安济坊。宋室南渡后，临安府人口迅速增加，疫病也迅速增加，宋高宗时又恢复了安济坊。病坊的设立，救治了许多人的性命，同时也防止了疫病的扩大再传染。

除设立病坊之外，每当疫病流行时，政府设立一些医疗机构也常主动向疫区百姓施散医药。宋代设有较完备的医疗体系，翰林院医官院，其职掌主要是"供奉医药及承诏视疗众疾之事"。归属于太常寺的太医局，掌管医学教育。另有和剂局，掌管修合药材，惠民局管出卖药品。从太医局到惠民局、方剂局、药局，主管的是政府的医学教育机构和药材经营，发生疫病时，这些机构就会派人积极地投入治疗疫病之中。据史书记载，宋真宗大中祥符二年（1009年）四月，河北疫病流行时，"诏医官院处方并赐药河北避疫边民"。每当汴京发生疫病，"太医局熟药所即其家诊视，给散汤药"，"和剂局取拨合用汤药，……医人巡门伙俵散"。西南地区有疟疾发生，这些医疗机构就为之合制瘴药。南宋时期，更明确药局的作用，认为"给散夏药"，预防疟疾，是药局应尽的职责。

宋朝地方州县设有医学校，也承担着救治疫病的任务。京府及上中州职医助教各一名，京府节镇十人，余三十七人，万户县三人，每万户增一人，至五人止，余县二人。各府州医学生必须保管好政府颁发到地方的医书，若有人想借去传抄，医学生还要协助他人抄写。除政府出钱拿药、派遣国家医疗机构人员控制疫情外，若遇大的疫情时，政府还会招雇社会上懂医术的人员参加救治疫病，宋高宗绍兴元年（1131年）前后，浙西地区连年大疫，政府人员有限难以控制疫情，政府就招募社会人员，凡能治活一百人的就赐予度牒，以其作为奖励。

金朝医疗制度与宋朝基本相同，医疗机构大多是为官府服务的，因而在防疫中所起作用不大，仅仿照宋朝设置的惠民司专门对外出售药物。惠民司，初名惠民局，属尚书省礼部管辖，始设于海陵王时。海陵王贞元二年（1154 年）十一月"初置惠民局"。惠民司的主要职责是向百姓提供廉价的医药。设令一员，从六品；直长，正八品；都监，正九品等。金世宗大定三年（1163 年），曾有人提出惠民司一年的收入尚不足官员的俸禄。对此，世宗认为惠民司本来就是福利救济机构，设置它并非为了牟利，而是为了济民。因此，不应斤斤计较支出多少。章宗、宣宗、哀宗时都有惠民司的设置，如余里痕都在章宗时任惠民司都监，张毅"贞祐二年，改惠民司令"，金哀宗天兴二年（1233 年）八月"辛丑，设四隅和杂官及惠民司，以太医数人更直，病人官给以药，仍择年老进士二人为医药官"。

（三）募人埋尸

疫病发生之后最重要的是控制疫情，减少人员的伤亡。对于暴露尸体要及时进行掩埋，否则日久后尸体就会腐烂，细菌就会从尸体上不断地散发出来，这将会使疫情更加严重。甚至一些小的灾荒，也会因尸体得不到及时处理而变成一场大的疫灾，正所谓大灾之后有大疫，所以对尸体的及时处理除体现对死者的尊重外，也是疫病预防与控制的重要环节之一。

宋代对于出现因饥疫而死的情况，政府要"赐其家钱粟"。宋宁宗庆元元年（1195 年）临安府出现了一次大的疫病，宁宗下令拿出内库钱送给因疫而死的人作为棺殓费。临安府在庆元五年（1199 年）再次大疫，官府又"振恤之"，其措施仍是颁散钱粟以赈。

若一些人全家都因疫而亡，即使政府送给棺殓费，也会没有亲人掩埋，尸体就会一天天地放在床上，或露尸街头，狼拖狗咬，惨不忍睹。时间久了的话，就会促使疫病传播，带来更严重的后果。对于这种情况，宋政府会有各种措施来应对。宋真宗天禧年间（1017—1021 年），政府曾于开封近郊的一个佛寺附近买了一块地，专门埋葬无主尸体。并由政府雇人来埋尸，每埋一具尸体，还必须配上棺材，政府给大人六百钱、小孩三百钱。宋仁宗至和元年（1054 年），开封府疫死、冻死了一批人，无人认尸，仁宗下诏"有司其瘗埋之"。宋宁宗嘉定元年（1208 年），淮河流域发生了大的水灾，水灾过后，尸体遍野，政府招募人掩埋尸体，凡能埋二百人者，政府赐予度牒。嘉定二年（1209 年）三月，宁宗从内库中拿出钱十万缗赐临安贫民作为棺椁费；四月，又赐临安诸军疫死者棺材钱。嘉定三年（1210 年）四月，宁宗又出内库钱二十三万缗赐给临安军民，不久又下诏令临安府赐给贫民死者棺材。嘉定四年（1211 年）三月，临安府再次赈济得病百姓，"死者赐棺钱"。

（四）卫生预防

宋代的医学较为发达，也积累起了丰富的疫疾预防知识。庄绰《鸡肋篇》劝说人们在行旅途中，饮用"煎水"，也就是采用煮沸消毒，说明民间已建立了"百沸无毒"的概念，对传染病的预防起到了积极作用。

保持饮水清洁对于疾病的预防有积极的作用，沈括在《忘怀录》中谈到寺庙道观在凿井时要注意选择好的山地，挖井时要挖得深而狭小，井口不要太大，尽量减少生物或物品的坠入。井上也要有护栏，井口不用时要锁住，平时注意不要让虫鼠掉到井内，或被小孩小便到里面。井水消毒也是保持饮水清洁的一个重要环节，例如浙东山涧小溪旁多紫白石英，山洞中多钟乳、孔公孽、殷孽，可采掇各一二块石头，捣碎如豆粒般大小，投放到井中，可以起到消毒作用。开凿深井有利于药效的长期保持。宋仁宗时兵书《武经总要》也谈到"死水不流"及对于"夏潦涨沾，自溪塘而出，其色黑，及滞沫如沸，或赤而味咸，或浊而味涩"的水，军队是绝对不能喝的。另一本兵书《虎钤经》也说："顿军之地，水流而清澈者，食之上也；水流而黄朱有沙者，食之次也；流之黑者，食之下也。"对于长期不流动的死水，"勿食，食者病"；水面上漂浮着动物尸体的水也不能饮用。

除注意饮水外，宋朝人也十分注意个人卫生和环境卫生。《童蒙须知》中讲："凡如厕，必去上衣，下必浣水。"上厕所要脱去上衣，便后要洗手。宋朝皇家贵族已有不随地吐痰的习惯，皇帝出巡，也专门设有执金花唾壶的侍从跟随。对于人口集中区，据《梦粱录》记载，南宋临安府已有专门管理粪便的行业。街巷普通百姓的家里大都没有坑厕，只用马桶。每天都有专门出粪人将粪便收去。另外，杭州城内还有专门处理人们剩饭剩菜的人，他们把这些东西集中在一个固定的地方，每天有专人前来收取作为喂养家畜的饲料。这种办法可以防止食物腐臭散发气味，吸引苍蝇，传播病菌，十分有利于保持城市卫生、预防疾病。另外宋朝政府对当时的监狱卫生也十分注意。宋太祖开宝二年（969 年），暑夏将至，太祖下诏令狱吏每五日检查牢房一次，并要洒扫荡洗，以保持牢房清洁。

宋人还注重对传染媒介蚊虫的驱灭。北宋刘延世《孙公谈圃》中说到泰州西溪一带蚊虫特别多，"使者行按左右，以艾熏之"。宋代的驱蚊药方，一般有浮萍、樟脑、鳖甲、雄黄、楝树花叶及麻叶等。有驱蚊诗云："木鳖芳香分两停，雄黄少许也须称，每到黄昏烧一炷，安床高枕到天明。"这种以雄黄为主要原料的蚊香，至今人们仍在使用。

二、地质灾害预防措施

古代无法精确预测地震发生规律的情况下，往往采取一系列预防地质灾害发生的措施。

为保证灾后有充足的粮食供应，无论发生水旱灾害、虫灾、霜灾还是地震灾害等，人们都需要囤积粮草、设仓积谷。两宋时期自然灾害频发，朝廷一直都非常重视粮食的仓储。灾害发生后，负责赈济的官员都会"发廪振民"。窦卞在深州任知州时，"水及郡城，地大震。流民自恩、冀来。踵相接，卞发常平粟食之。"而神宗时，任知瀛州的李肃之，遇"大雨地震，官舍民庐推陷。肃之出入泥潦中，结草囷以储庾粟之暴露者，为芨舍以居民，启廪振给，严儆盗窃，一以军法从事"。既要保护仓储粮食，又要搭建简易房屋安顿百姓，还要开仓赈粮，防范盗贼。开仓济民多为地方性政策，政府在灾荒比较严重时，也会采取这种无偿赈济的方式。宋太祖建隆三年（962 年）三月，"诏赐沂州饥民种食"；宋太宗淳化五年（994年）七月，河南府无偿赈济洛阳等八县饥民，人五斗。赈济的原则是从上而下，"若米谷有限，则先从下户给，有余则并及上户"。除此之外，政府对于受灾死者有时还会一次性发放一定数量的钱财以殓葬死者。宋英宗治平四年（1067年）九月壬寅，潮州发生大地震，以致军兵僧道死伤严重。皇帝下诏按级别给钱，死而无主的由官府加以殡殓。宋神宗熙宁元年（1068年）七月辛卯，"以河朔地大震，命沿边安抚使及雄州刺史候辽人动息以闻，赐压死者缗钱。"元代广置粮仓，大都路粮仓分布最多，共有仓房一千二百九十五间，可储粮三百二十八万二千五百石。元朝由于地域辽阔且水运发达，因而在灾区粮食供应不足的情况下，可以请求调运外省粮食来赈济灾区，也就是所谓的移粟就民措施。如元世祖至元二十七年（1290年）九月的武平地震，政府经海运米万石以赈之。

防震建筑技术和材料的应用。由于地震对建筑物影响颇大，宋代以来，房屋建筑延续了传统建筑风格对木质结构的应用，因而在地震震级较小的情况下，造成的房屋破坏是较轻的。宋代的房屋建筑沿用了隋唐已趋成熟的斗拱形制，这种结构在地震作用下，斗拱结构的抗震机制类似于一个隔震减震器，并且在地震过程中能耗散掉大量地震能量进而发挥出良好的隔震、减震作用。

辽代值得一提的是山西朔州应县木塔的减震和构造设计。应县木塔建于辽道宗清宁二年（1056年），木塔内部在构造上，没有使用钉子进行接合，采用的是构件相互榫卯咬合，区别于其他佛塔的地方是在暗层中间，增加了许多弦向和经向斜撑，这样在结构上就更具硬度，使得木塔在面对大的地震和伤害的时候，能更有力地减少损害。区别于普通佛塔的内外相套的八角形，各种梁、枋构成的双层套筒式结构，都增强了抗震性。另外就是木塔内多达54种的各式各样的斗拱，由于斗拱本身的结构是柔性设计，遇到大地震时，塔身可以自动减缓外界冲击力，保护塔的完整。

元代的建筑结构与样式深受宋朝影响。元灭宋，许多能工巧匠幸免一死，保存了中原建筑技术的原有力量。尤其是对公元12世纪初编写的《营造法式》的继承。忽必烈灭宋后统一全国，建立了元朝，融合了来自各地方的民族，随着民族交流日渐紧密，其建筑技术也得到进一步的交流。原来蒙古族民众由于大部分居住在大漠，所以大多是毡房，元后期受汉族的影响，也开始了建屋设檐的定居生活。但大多数蒙古民众靠游牧生活，因此"蒙古包"仍是他们居住的主要形式。而在中原原汉族聚居区，大多采用木结构，这种木结构对于防火极为不便，但由于木材具有柔韧的特性，且构造的节点所用斗拱和榫卯都具有伸缩余地，因而在一定限度内可以减少由地震对其造成的灾害。但由于其不科学地采取了减柱法，即取消内檐斗拱，使柱与梁直接连接，或取消襻间斗拱，斗拱结构作用减退，用料减少，不用棱柱、月梁，而用直柱、直梁，虽节省了木材但不很稳定。在抗震观念上体现出"以柔克刚，摩擦耗能，滑移隔震"的抗震原则，这与现代结构大多采用"加强结构，硬抗地震"的抗震原则有很大的不同。要了解元代整体建筑结构形式，由于资料有限，有一定的困难，寺庙学堂的建筑大多采取木质结构，且装修考究，结构也较稳定，与前代相比还是有一定进步性的。

灾后减免赋役。宋朝为鼓励流民返乡种田，对返籍流民可减免租赋。淳化四年（993年）三月，宋太宗在《招诱流民复业给复诏》中就规定，流民"回归五年始令输租调如平民"，淮南、两浙等地，流民在五年之外"只令输十分之七"，"诸州逃民，限半年悉令复业，特与给复一年。"宋仁宗天圣年间（1023—1032年），也规定"民被灾而流者，又优其蠲复，缓其期招之"。流民若能复旧业，租赋减"旧额之半"，"既而又与流民限，百日复业，蠲赋役，五年减旧赋十之八"。明道元年（1032年）十一月，诏灾伤之地，"特展半年，许流人归业，免两料差徭赋税"。皇祐元年（1049年）六月，仁宗又令"蠲河北复业民租赋二年"。南宋高宗时更规定"两淮之民未复业者，复其租十年"。元世祖至元二十七年（1290年）九月武平地震，盗贼猖獗，百姓惶恐，平章政事铁木儿便蠲租税，罢商税。元武宗至大元年（1308年）二月，陕西行省上书中书省，由于开成路地震，虽减免二年赋税可百姓依然贫困潦倒，请求继续减免，并获得批准。元政府对于灾害严重的地区不仅免除当年的租税，还常常免掉下一年的租税，以给受灾区更多的时间恢复生产。另外，减免受灾区赋税，也可以诱使流民复业，恢复生产，安定社会，一举两得。至元二十七年（1290 年）九月，武平地震时，因该地驻有重兵，元世祖免去了籍贯为武平的侍卫兵当年的徭役，是为了体恤侍卫兵，以稳定军心。元成宗大德九年（1305 年）大同路地震，"坏官民庐舍五千余间，压死二千余人。怀仁县地裂二所，涌水尽黑……是年租赋税课徭役一切除免"。

附　录

附录一　人物

一、北宋、辽、西夏

（一）范仲淹

范仲淹（989—1052年），字希文，北宋苏州吴县（今属江苏省）人，官至参知政事（相当于副宰相），谥文正，世称范文正公，北宋中期著名政治家、思想家和文学家。他一生践行着"先天下之忧而忧，后天下之乐而乐"的崇高理想。

范仲淹作为一名政治家，他一直主张施政必须顺乎民心。每到一地就"宽赋敛，减徭役，存恤孤贫，振举滞淹""有疾苦必为之去，有灾害必为之防"，奖劝农桑，兴修水利，赈穷救灾。

范仲淹的荒政思想主张灾前采取预防措施，灾后及时赈济，尤其非常重视水利建设。范仲淹采取的救荒措施主要表现为：

1. 防灾措施：即兴修水利和设仓积谷。范仲淹认为"厚农桑"的基本政策是农田水利建设。宋代水旱灾害很严重，一个重要原因是由于水利失修所致，水利同时又是农业的命脉，北方农田赖以灌溉，南方赖以储泄。基于这些原因，范仲淹比较重视农田水利基本建设。设仓积谷是防灾备荒的积极措施，宋代的仓储之制甚为完备，除官仓以外，还有常平仓、义仓和社仓等，在宋代荒政中居于中坚地位。

2. 灾荒发生时的救荒措施：他提出以工代赈。"荒歉之岁，日以五升，召民为役，因而赈济"，既解决灾民的吃饭问题，又兴修水利，为以后的防灾奠定基础。

3. 灾后赈济：备荒救灾首先要保证各地常平仓存有充足储备粮。当时各地常平仓钱本大都被州府挪用，而不能及时购粮谷，以致灾荒时不能发挥赈济作用。范仲淹建议朝廷重视常平仓事务，任命官员监管，奖优罚劣，从而把救灾粮的储备工作落到实处。

4. 宗族赈济：范氏义庄创建于宋仁宗皇祐二年（1050 年），范仲淹用他多年所积蓄的俸禄，在苏州近郊买了千亩良田，取名"义田"，建立义庄。以"义田"的收入救济族中穷人，使他们"日有食，岁有衣，嫁娶凶葬皆有赡"。义庄作为宗族性质的赈恤组织，其设立就是为了赈济和安抚贫穷不能自给的族人，适当供给他们一些日常生活及婚丧喜庆所需之物，它在一定程度、一定范围发挥了慈善救济的社会功能。范仲淹创办义庄，无论是从其主观动机还是客观效果而言，其历史进步性和积极意义是不言而喻、不容否认的。由于范氏义庄在南宋后成为全国的榜样，各地大族纷纷购置田地仿效，义庄延绵不绝，影响力之广泛与深远难以估量。

范仲淹兴修水利、以工代赈、创办义庄等不仅解决了人民的生活困难、恢复发展农业生产，而且对于稳定社会秩序起了很大作用，尤其是以工代赈和创办义庄更是救荒史上的创举。

范仲淹的荒政对人民大有益处，对于恢复和发展生产，保证社会环境的安定起到了积极作用。

（二）包拯

包拯（999—1062 年），字希仁，北宋合肥人。历任监察御史、龙图阁直学士，开封府尹，官至枢密副使。以刚正清廉、执法严明著称，是古代历史上著名清官之一。作为一名出色的政治家，对救荒救灾、百姓疾苦等问题有深刻了解，在上皇帝的奏疏中提出了自己的建议和思想，并在地方进行了救灾实践，效果显著。

在自己救灾赈济的奏疏中，他指出："拯救灾民，抚恤病伤，这是国家的一项经常性工作。如果轻视和疏忽，就有可能给国家带来巨大祸害。"他在掌握全国财政的三司使任上，相继上了《请差灾伤路分安抚》《再请差京东安抚》《请救济江淮饥民》《请支义仓米赈给百姓》《请出内库钱帛往逐路籴粮草》等奏疏。在包拯的推动下，朝廷多次减免各地灾区的赋税和劳役，还免除了陕西造船用的十万木材和几十万河桩竹索。

在朝廷放赈救济灾民的活动中，包拯曾亲自主持过河南、河北和淮南、淮北等地区的放赈事宜。包拯在知庐州时，"岁饥，亦不限米价，而商贾载至者遂多，不日米贱"。在庐州遭遇歉收之年，粮价持续攀升，包拯采取出榜招商的积极政策介入市场，在给予商人一定利润的同时提高粮食的市场供给，最终应用经济经验抑制了粮价上涨。

　　包拯的救灾实践中最值得称道的是在陈州（今属河南淮阳县）的粜米活动。宋庆历三年（1043 年）冬，陈州发生雪灾，冻折桑枣，春蚕遭害，二麦不熟，饿殍遍野，次年春蚕茧只收入三五成。包拯向宋仁宗上奏《请免陈州添折见钱疏》，提出："臣访闻知陈州任师中昨奏，为本州管下五县，自去冬遇大雨雪，冻折桑枣等，并今年春蚕只及三五分，二麦不熟，全有损失去处。除擘画不放省税外，只乞与免支移折变。已奉圣旨，今京西转运司相度闻奏。窃知本路转运司牒陈州，今将今年夏税大小麦与免支移，只今就本州送纳见钱；却今将大小麦每斗折见钱一百文，脚钱二十文，诸般头子仓耗又纳二十文，是每斗麦纳钱一百四十文。况见今市上小麦每斗实价五十文，乃是于灾伤年分二倍诛剥贫民也，则民闲钱货从何出办？兼将客户等蚕盐一斤，一例折作见钱一百文；又将此一百文纽做小麦二斗五升，每斗亦令纳见钱一百四十文，计每斤土盐却纳三百五十文。况一郡五县数十万口，非常暴敛，小民重困，体实非便。欲乞特降指挥，令本州疾速依见今在市二麦实价，估定钱数，令民取便送纳见钱，或纳本色，庶使京辅近地不济人户，稍获苏息。兼虑本路应希灾伤州军，或有似此重行折变之处，亦乞特行勘会，速赐指挥，若少稽延，恐无所及。"包公往陈州查勘粜粮一事，最早记载于元杂剧《包待制陈州粜米》。户部尚书范仲淹奉皇帝命令与众大臣共议派人去陈州放赈救灾，刘衙内推荐儿子刘得中和女婿杨金吾前往。二人到达陈州，擅自提高粮价，大秤进银，小斗出米，克扣百姓。张撇古和他们争论，被刘得中用紫金锤击毙。撇古的儿子张仁到京向开封府的包拯告状，朝议即派包拯往陈州查勘。陈州官妓王粉莲受命往接官亭，中途被驴摔下，遇到微服出访的包拯代为笼驴，得悉刘、杨二人的恶行。包拯径至陈州府衙，拘刘、杨二人，处以死罪，等到刘衙内求得朝廷敕书赶来陈州，已经来不及了。包拯一并问罪于刘衙内，下之狱，上报朝廷。

（三）富弼

富弼（1004—1083年），字彦国，河南洛阳人，出身官宦之家，历仕宋仁宗、宋英宗和宋神宗三朝，北宋著名的政治家、外交家和军事家。在北宋救荒实践中占有重要地位。

宋仁宗庆历八年（1048年），富弼知青州时，河决商胡，致使河北遭遇水灾，大批失业流民越过黄河，聚散在京东青、淄、潍、登、莱五州丰熟处的城郭乡村，情形十分严重。富弼采取多种措施，动员各种力量对流民进行救济安置。

第一，措置房屋，安置流民。当时流民到达青州等地时，已是深秋时节，天气寒冷。为使流民不致受冻，富弼想尽一切办法，发动群众，广泛措置房屋，分给流民居住。为此，富弼发布了《擘画屋舍安泊流民事指挥》，规定城乡居民筹措房屋数量：州县坊郭人户，第一等五间，第二等三间，第三等两间，第四、第五等一间。乡村人户，第一等七间，第二等五间，第三等三间，第四、第五等两间，并对筹措房屋采取了严格和灵活的办法：要求"县镇乡村，即指挥县司晓示人户，依前项房屋间数，各令那趱，立定日限，须管数足数。内城郭，勒厢界管当；其乡村，即指挥逐地分耆壮抄点逐姓名、趱那到房屋间数申官"。至于下等人户，"委的贫虚，别无房屋那应，不得一例施行"。如果这样安排，流民还是无法全部安置，"即指挥逐处僧尼等寺、道士女冠宫观、门楼、廊庑，及更别趱那新居房屋，安泊河北逐熟老小。如有指挥不及事件，亦请当职官员相度利害，一面指挥施行，务要流民安置，不致暴露失所"。

第二，筹措粮食，救济流民。流民安置下来后，首先要解决的问题就是吃粮问题。当时流散到青州的河北流民已是"道路填塞，风霜日甚，衣食不充，已逼饥寒，将弃沟壑"。而当时实际情况是："仓廪所收，簿书有数，流民不绝，济善难周。欲尽救灾，必须众力，庶几冻馁稍可安存。"为确保救灾有粮，富弼一是实行粮食限价政策，严禁私自提高粮价；二是实行劝分政策，鼓励民间献粮。要求"当司指挥诸州县城郭乡村百姓，不得私下擅添物价，所贵饥民易得粮食"。同时还实行劝分政策，要求青、淄、潍、登、莱五州乡村人户分等第并令量出口食，以济急难。"施斗石之微，在我则无所损；聚万千之数，于彼则甚有功。……令其逐家均定所出斛米数目如后：第一等二石、第二等一石五斗，第三等一石，第四等七斗，第五等四斗，客户三斗。以上并米豆中半送纳"。为使粮食能及时收缴上来，还制定了严格的约束制度："逐州据封去告谕米数，酌量县分大小擘与逐县；仍令逐县，亦相度耆分大小，散与替司，令遍告示乡村等第人户，一依告谕上逐等量斛石斗，出办救济流民。附近州城镇县耆分内第一、第二等人户，即于逐州县送纳，其第三、第四、第五等并客户，及不近州县镇城远处第一等以下应系合纳斛斗人户，并只于本香送纳。仰县司据逐香人户合纳都数，均分与当替内第一等人户，令圆那房室盛贮。如耆长系第一等，即亦令均分收附，仍仰替长同共专切。提举管干在耆都数，不至散失及别致疏虞。"这次劝分得粟十五万斛。

第三，搞好流民的遣返安排。至五月麦熟，流民愿意归乡者，富弼也给予很好的安排。首先愿意返乡的流民，负责官员进行统计，其次发给一定的粮食，即"勘会二麦将熟，诸处流民尽欲归乡，寻指挥逐州并监散官员，将见今籍定流民，据每人合请米豆数目，自五月初一日筹至五月终，一并支与流民充路粮，令各任便归乡"。此外为保证返乡流民路途顺利，还规定免去他们沿途的过河税和住宿费，即"指挥出榜青、淄等州河口晓示，与免流民税渡钱，仍不得邀难住滞"，"指挥青、淄等州晓示道店，不得要流民房宿钱事"，确保流民顺利返回故乡。

富弼在青州的救济取得了巨大成功，共筹得粟米十五万斛，房屋十余万间，安置流民四五十万人，广招兵徒一万人，是北宋最成功、对后世影响最大的一次流民救济。

（四）王安石

王安石（1021—1086年），字介甫，晚号半山，谥号"文"，世称王文公，自号临川先生，晚年封荆国公，世称临川先生，又称王荆公。江西临川（今江西抚州市临川区）盐阜岭人，北宋时期杰出政治家、文学家、思想家、改革家。

北宋中期，内忧外患的局面越发严重，内部土地兼并严重，财政

"三冗"问题严重，财政危机难以缓解，国家日渐贫困。外部辽和西夏的建立威胁着国家安全，只能通过"岁币"以求苟安。1067 年宋神宗继位后为了改变积贫积弱的现状，任用王安石为参知政事实行变法，史称"王安石变法"。

王安石认为"北宋国家贫困的症结不在于开支过多，而在于生产过少，生产少则民不富，民不富则国不强"，因而王安石提出"因天下之利以生天下之财的主张"，即动员全部生产力发展生产。为了使农民有从事生产的条件，又必须"摧制兼并"，减免徭役，耕敛时节加以补助，并"为之修其水土之利"。王安石和吕惠卿、曾布、章惇等人从熙宁二年（1069 年）开始，先后制定和推行了包括均输法、农田水利法、青苗法、募役法、方田均税法、市易法、将兵法、保甲法、保马法、军器监等在内的一些"新法"。青苗法规定由政府在新陈不接之际贷青苗钱给农民，以对付高利贷者对农民的盘剥。农田水利法规定各地湖港、河汊、沟洫、堤防之类，凡与当地农业利害相关，需要兴修或疏浚的，均按照工料费用的大小，由当地住户依户等高下出资兴修。私家财力不足的，可向州县政府贷款。凡可从共同利用的水渠而被豪强兼并之家垄断了的，须重新"疏通均济"。募役法废除了此前依照户等轮充州县政府职役的办法，改为由州县政府出钱人应役，使农业生产能得到较多的劳动人手，也解决了一部分失业人民的职业。市易法、均输法是调节物价，防止富有者囤积居奇扰乱市场。方田均税法即丈量土地，整顿税赋，防止隐瞒地产，主要是针对大地主漏税的。其他保甲法、保马法、将兵法、军器监等新的军事制度，为的是富国强兵。在以王安石为首的变法派所制定、推行的一系列新法当中，其中心环节是要通过发展农业生产以达到富国的目的。

王安石变法的基本主张是理财，使"民不加赋而国用足"，"理财以农事为先"，而发展农业，重要出路在于水利。因为搞好农田水利事业既能灌溉田土，又能防御和抵抗水旱等自然灾害，从而促进农业生产。在王安石执政和颁行农田水利法的推动下，北宋辖域很快形成农田水利建设的高潮。百姓为了农业丰产丰收，从而改善、提高自己的生活水平，积极、热情支持王安石大搞农田水利建设。

（五）苏轼

苏轼（1037—1101 年），字子瞻，又字和仲，号"东坡居士"。眉州（今属四川眉山）人。唐宋八大家之一，有宋代第一大才子之美誉。诗词歌赋，无所不精，琴棋书画，无所不晓，可谓世所罕见的全才。苏轼既具有文人的豪爽个性，又具有政治家的治世才能。在荒政思想领域，亦开辟一番天地。

苏轼的荒政思想是建立在他本人长期对救荒实践的亲力亲为，和对于其他救荒事件的思索与探讨的基础之上，有一个形成的过程。在多年的外任生涯中，苏轼通过救荒实践积累了丰富的经验与教训，并创造性地提出了一些救荒办法。

苏轼特别强调救荒应当及早行动。主要是指灾害爆发前，做好灾害的检测和预报，以及在灾害易发生区域建设抗灾设施，并且在基础建设中充分考虑灾害可能带来的损失等问题。对灾荒进行监测和预报的依据主要来自地方官员的上报和对历年粮价的分析。地方官员上报灾情的状况，其程序包括报荒和检覆。苏轼的灾前管理主要建立在地方报荒和检覆的基础上，因为报荒和检覆是政府进行灾害赈救的最基本依据。苏轼还多次派遣官员下地方体察灾情，多方打听，了解灾区的真实现状，判断被灾的程度。对历年粮价的变化进行解读，可以相对准确地监测和预报灾荒的发生。粮价的波动遵循价值规律，反映供求关系的变化。可以说是饥荒的晴雨表，饥荒来临，粮食匮乏，价格腾踊。因此，对比历年粮食价格的波动情况，可以对饥荒的爆发与否与饥荒程度作出合理判断。苏轼正是通过对历年粮价的统计和对比之后，作出灾荒预测并及时上报，争取在饥馑发生前做好准备。

苏轼还注意到，地方财政措施不当，即便是救灾行为，也会导致饥荒发生。苏轼还意识到灾害预防和抗御管理的重要性。他注意疫病防控，派出官吏和医生分片治病，设立养病坊收纳病患。倡导社会救济，建立专门机构，收养弃儿。他还重视种植树木保持水土和防灾设施的修造。

苏轼的灾前管理思想，是我国古代众多荒政思想中具有前瞻性和科学意义的。灾前管理思想是苏轼救荒思想中的精髓，与现代灾害管理理论相比，苏轼的灾前管理思想无疑处于萌芽阶段，但他针对当时灾害爆发的特点提出了"救之于未饥"的观点，并就此阐述了监测预报、建设抗灾设施等有关灾前管理的一些方法，在当时的历史条件下无疑是先进的，具有前瞻性的。

（六）王觌

王觌（1037—1103年），字明叟，泰州如皋（今属江苏泰州）人。宋仁宗嘉祐四年（1059年）进士。历任润州推官、司农寺主簿、颍昌府签书判官、太仆丞、右正言、侍御史、右谏议大夫、工部侍郎、御史中丞等职。王觌在地方任职期间，心系百姓，视民如伤，兴利除弊，为百姓所称道。史载"民歌咏其政，有'吏行水上，人在镜心'之语"。王觌为官清正，淡泊名利，一身正气，是文人士大夫中的楷模。著作有《谏疏》《奏议》《杂文》《内制》共一百多卷。他的荒政思想也颇有特色。

王觌一反通常大家所认为的常平仓贱粜对百姓有利的看法，而是用更开阔的思维看到了问题的另一面。他认为，粮价过高固然损害百姓的利益，但常平仓的贱价售粮政策，虽然可以使百姓一时得利，但从长远来看，它同样也损害了百姓的利益。因为它客观上形成了与商贾争利的局面，损害了商贾的利益。商人无利可图，便不再贩粮至京师，这样一来，京师的粮食供应便断绝了来源。粮食市场的运行不畅，极易造成粮食匮乏甚至出现粮荒。本来常平仓贱价售粮是为了解救百姓倒悬之危，孰曾料到它所造成的严重后果。由此可知，从长远来看，常平仓贱粜政策终归对百姓不利。

王觌的这一主张是可行的。提高常平售粮之价，使其价格随时波动，没有定值，以此示信于商贾，商贾便会蜂拥进入京师，不仅能够充实京师粮米，不致有坐困之忧，而且自由的定价机制可以加剧商人之间的竞争，可使粮价保持在一个较低的水平线上，各个阶层皆可以从中得利。单纯依靠常平仓贱价粜粮带给百姓暂时之利益，孰若依靠商人活动盘活整个市场，带给百姓长远之利益。王觌反对常平仓贱价粜粮，目的是为了把商人吸引过来，借助于商人的活动，促使整个市场良性运转起来。商人救荒的兴起，是时代发展的必然。

王觌的反贱粜思想产生，是由于社会生产力的发展。在宋代，社会更加开放、商品流通更加迅速，各地区之间的相互联系更加紧密，最根本原因正是由生产力的进步所带来的。单纯依赖有限的税粮供给京师，具有很大的局限性，如果通过商人的周转，建立起成熟的粮食市场，那么京师可以获得长久的利益。王觌认为过去那种贱粜救荒的方式已经不适应时代的发展，他批评仅仅依靠常平仓贱粜救荒是一种救荒乏术的表现。

王觌的反贱粜思想在荒政思想的发展史上虽然不占有重要的地位，但是他突破传统，寻求救荒新思路的探索精神是值得肯定的。他的荒政思想站在救荒的角度，从另一侧面反映了宋代商人活动和商品经济的繁荣。

二、南宋、金

（一）吕祖谦

吕祖谦（1137—1181年），字伯恭，世称"东莱先生"，原籍寿州（今属安徽凤台），南宋著名理学家。在其书《历代制度详说》卷八单独列出《荒政》这一条款，发表了自己对荒政的见解，还有散见于其文集的荒政观点，如吕祖谦认为荒政有十二，一曰散利，二曰薄征，三曰缓刑，依次为弛力，舍禁，去几，省礼，杀哀，蓄乐，多昏，索鬼神，除盗贼。荒政十二条为荒灾的具体措施，其荒政思想主要有以下两个方面。

第一，平籴仓储思想。吕祖谦认为荒政最重要的是政府应该提前做好准备，"国用则有九年之蓄，遇岁有不登，当时天下各有廪藏，所遇凶荒则贩发济民而已。"吕祖谦认为李悝之"平籴法"是一项比较好的政策，"丰年收之甚践，凶年出之贩济，此又思其次之良规"。宋代常平仓具有调剂市场价格和救助灾民两个重要作用，无灾时正常价格收购，遇到灾荒时减价卖出，不至于灾荒年百姓流散。但是由于常平仓低价售粮，如遇到荒年官府补充粮食，就会使商人无利可图，这就会影响粮食供给，那么就会导致粮价大涨。另外吕祖谦还对古代的移民移粟和设糜粥进行了分析，吕祖谦认为那些只不过是"苟且之政"。

第二，劝分思想。即灾荒发生时，鼓励富民无偿或者减价拿出粮食赈灾，朝廷会给出一些奖励，比如官职、免除赋役等。南宋财政拮据，商品经济得到发展，商人在灾荒救济中起到了一定的作用，甚至超过政府。吕祖谦认为富人参与救灾是可行的，并且主张对商人实行免税政策，降低流通成本，有益于抑制物价。当时南宋商人阶层已经有了相当的力量，使其获利的同时，再进行劝分。还有一些地主阶级在安置流民中起了很重要的作用，他们将灾民吸纳为佃客，或者以极低的利息贷给灾民种子和农具，这对恢复生产和稳定社会秩序都是相当重要的。这说明当时政府的力量在救灾中在减小，富人阶层在壮大，商品经济的发展促使城市精英和一些商人在阶级力量中角色的变化。可谓古代荒政中的一个亮点，也是南宋救灾的一个明显不同之处。

（二）朱熹

朱熹（1130—1200年），字元晦，又字仲晦，号晦庵，晚称晦翁，谥文，世称朱文公。祖籍徽州府婺源县（今属江西省婺源县），出生于南剑州尤溪（今属福建省尤溪县）。宋朝著名理学家、思想家、哲学家、教育家、诗人，闽学派的代表人物，两宋儒学的集大成者。他继承了传统儒家心系民众的思想，对于遭受灾害的百姓极为关切，多次施行荒政赈救灾民。在宋代的灾荒救助实践中，朱熹主要做了以下工作。

第一，立社仓，纾民困。为了救助乡村贫困群众，宋孝宗乾道四年（1168年），朱熹在其家乡建宁府崇安县五夫里和地方官绅一起创办社仓。朱熹把社仓创办于民间，主要是针对先前的常平仓和义仓所存在的两大缺点而进行的：一是常平仓和义仓粮食储存于州县，无法惠及边远地区。二是法令太细密，官吏眼看饥民饿死而不肯发放粮食，存粮往往一关几十年，等到非打开来不可时，已不可食用。社仓可以避免这两个缺点，他认为建立社仓是救荒和防乱的有效措施，遂奏请推广，之后社仓的建立对救荒起了积极作用。

朱熹首创五夫里社仓，以互助互济，调剂余缺，使一乡四五十里之间，虽遇凶年，人不缺食。社仓储藏乡民所献与政府所给之粟，遇凶年小饥只收半息，大饥则全数免除，有乡民四名管理。此与常平仓大大不同。常平仓置于城市，由政府主办，遇饥荒不及救济乡民；而社仓则置于乡间，乡民自治，就地赈济。所以，朱熹创办的五夫里社仓，为我国民办救济事业的里程碑，起到了改善百姓生活和稳定社会的目的。

第二，开场济粜。朱熹在任知南康军期间，其所辖地区发生旱灾。朱熹在及时向朝廷报告灾情，并多方筹集救灾资金的情况下，在南康军"开场济粜"。在全境设粜场35处，规定饥民大人可购米一斗五升，小孩七升五合，五日一次，由县令分场巡察有无减扣之弊。为了做好赈济，朱熹要求朝廷规定，凡未受旱州县不得遏粜。同时，朱熹还鼓励相互通商，一改原先外来米船贩米须经牙人之手招致盘剥的旧例，允许直接卖米给居民，或由官家收购，鼓励告发邀阻船只、欺行霸市的米牙。此外，朱熹还动用库钱和救济钱购米以赈济。

朱熹在积极救灾的同时，还奏劾救灾不力及不法官员。朱熹对不法官员的奏劾，保证了宋朝政府荒政在浙东地区的顺利推行。

另外，灾情发生后，朱熹认为赈灾不能依靠简单的临时救济，临时救济不仅不能根本解决灾民的困难，还容易造成灾民的依赖心理。朱熹认为赈灾的最好办法是以工代赈。淳熙七年（1180年），朱熹在南康军时便采取了以工代赈的办法招募饥民修捍江大堤，不仅安定了饥民，还解除了水灾的隐患。之后，朱熹又在台州拨款黄岩、定海诸县，修建水利设施多处，使该地水旱之灾、饥馑之苦得以缓减。朱熹这种通过发挥人的自主作用，将救荒与发展生产相结合，增强人自身的生存能力来预防灾祸的办法，是一种积极的救助政策，充分体现了在灾荒救助方面，朱熹标本兼治的思想作风，有其积极意义和重要的历史价值。

（三）黄干

黄干（1152—1221年），字直卿，号勉斋，南宋中后期著名的思想家和教育家，"建阳七贤"之一。黄干是朱熹学说的正宗传人，与李播一起并称"黄、李"，《宋史·道学传》也将其列为"朱氏门人"第一人。

黄干在知临川县时，此地正遭遇旱蝗之灾，"细民仰天号泣，无所赴诉"，这使得他忧心忡忡。为救民于水火，黄干不仅带领官吏、百姓打虫灭蝗，而且"躬行阡陌，虽盛暑有所不惮"，才使灾情稍有缓解。第二年，因旱灾导致粮食减产，米价大涨。黄干随即命仓司开仓赈粜，救济灾民。为平抑本地米价，他严禁商人将米麦运出境外，对违法运米的奸商严惩不贷。其"令行禁止，民乐为用"，最终"一邑安然，略无乏食之忧气"。

黄干在知汉阳军时，同样面临旱蝗之灾。以往百姓无粮疗饥之日，可以采鱼虾、藤根为食。但此次之旱甚于往年，河流干涸，此物尽竭，黄干目睹此状情不自禁地为之忧心。他尽其所能"择其尤甚者逐旋收养，给以钱米。自去冬至今，所收养共二千七百余人"。对乞丐、孤幼及鳏寡残疾之人，黄干也无一例外地每日为之发放粮食，加以赈恤。为了筹集更多的粮食，黄干一面上书朝廷请求发米赈灾，一面以官银购买富家之米，以常价给予贫民。另外，他召集各地粮商，热情款待，希望他们尽力运米以救汉阳百姓。在黄干的努力下"蕃商辐辏、官库充积"。

从这场赈灾中可以看出：黄干在为官中不仅善于谋划和经营，而且处理事情井井有条。更重要的是他能视民如殇，时刻以百姓生计为念，既能知晓百姓利病，关心百姓疾苦，又能做到不辞劳苦，身体力行。使百姓即使面临灾荒亦"悠然不知旱荒之苦"。对官府而言，仓司虽然暂有亏缺，但"向后丰熟日补足，不得妄有移用，以为永久之利"。真正做到了公私俱兴，官民两利。

通过抗旱救灾，黄干也对救灾中的问题进行了反省和思考。他认为，百姓之所以频遭旱蝗之灾，饱受流离饿死之患，既有天灾的因素，也是官吏的不作为所致。他说："国家频年以来常苦旱，是虽天时之适然，而亦人事不修之过也。人事既尽，则虽天灾流行亦有不得而胜者。"黄干所言"人事不修"，主要是指地方官对水利设施的忽视，在黄干看来，地方官与百姓最为贴近，对其疾苦利病也最为了解。要使百姓得到实惠，既要解决其现实问题，还要心存远见，做到有备无患。因此，他建议在农闲时，官吏要充分调动百姓的积极性，大力修治"陂塘"，使百姓不再受此旱蝗之苦。唯有如此，才可保民永久之利。

为保障百姓能安定生活，黄干殚精竭虑、深谋远虑。在抗旱中救济灾民或旱后修筑陂塘，都体现他保民爱民之情。

三、元

（一）郭守敬

郭守敬（1231—1316 年），字若思，顺德邢台（今属河北邢台）人，元代著名天文学家和水利专家，也是 13 世纪世界杰出的科学家之一。郭守敬幼承祖父郭荣家学，其一生主要是从事科学研究工作，在天文、历法、水利和数学等方面都取得了卓越的成就。

元世祖中统元年（1260 年），郭守敬跟着张文谦到各处勘测地形，筹划水利方案，并帮助做些实际工作。几年之间，郭守敬的科学知识和技术经验更丰富了。张文谦看到郭守敬已经渐趋成熟，就在中统三年（1262 年），把他推荐给元世祖忽必烈，元世祖就在当时新建的京城上都（今属内蒙古多伦附近）召见了郭守敬。郭守敬初见元世祖，就提出了六条水利建议，都是经过仔细查勘后提出来的切实可行的计划，对于经由路线、受益面积等项都说得清清楚楚。元世祖认为郭守敬的建议很有道理，当下就任命他为提举诸路河渠，掌管各地河渠的整修和管理等工作，一年之后又提升他为副河渠使。元世祖至元元年（1264 年），郭守敬随张文谦去往西夏（今属甘肃、宁夏及内蒙古西部一带）整顿水利，疏通旧渠，开辟新渠，又重新修建起许多水闸、水坝。在当地人民的支持下，几个月内工程完工。

元世祖至元二年（1265 年），郭守敬被任命为都水少监，协助都水监掌管河渠、堤防、桥梁、闸坝等的修治工程。元世祖至元八年（1271 年）升任都水监。元世祖至元十三年（1276 年）都水监并入工部，他被任为工部郎中。

元朝时，大运河是南北交通的重要水路。但大运河只通到通州，从通州到北京，全靠陆路运输，统治者一直力图开凿一条从通州直达京城的运河，以解决运粮问题。历史重任落到了郭守敬身上。

郭守敬的开河事业也不是一帆风顺的，而是经过了多次的失败，最后才找到了正确的解决办法。至元二十八年（1291 年）春，郭守敬任都水监，他建议从北京至通州开挖一条新运河和大运河相连，以解决从南方至北京的水路运粮问题。郭守敬这一建议很快被元世祖采纳，并下令马上动工，宰相以下的文武百官都参加了开工典礼，郭守敬担任了总工程负责人。郭守敬根据北京附近地势西北高的特点，把昌平北白浮村神仙泉的水导入昆明湖，再引进城里的什刹海，然后流入运河，在这段运河中设置一些堤坝和可以升降的闸门来调节水量，使大船通行，这是郭守敬在水利工程上的创造性的设计，全部工程一年完成，定名通惠河，郭守敬兼提调通惠河漕运事。通惠河通行后，从南方运粮可直达北京，对发展南北交通和漕运事业起了很大作用。

至元三十一年（1294年），郭守敬拜文馆大学士兼知太史院事。大德二年（1298年），元成宗在上都会见郭守敬议论开挖铁幡竿渠的事情，郭守敬说暴雨连年，渠要开得大一些，宽度在五十到七十步才可以。其他执政人员认为郭守敬的话说过了头，把宽度缩减了三分之一。第二年大雨，山洪暴发，渠道容纳不下，雨水溢决而下，泛滥成灾。元成宗后悔地对宰臣们说："郭太史神人也，惜其言不用耳。"郭守敬在水利工程上注意调查研究，精确设计，预见性很强。

（二）贾鲁

贾鲁（1297—1353年），字友恆，河东高平（今属山西晋城市）人。1343年诏修辽、金、宋三史，贾鲁被召为宋史局官。历任东平路儒学教授、户部主事、中书省检校官、行都水监，后被任命为工部尚书、总治河防使。为官清廉，为政勤恳，才华出众，是我国历史上一位卓有成效的水利专家。

元朝末年朝政腐败，官场倾轧，社会弊端百出，再加上天灾频仍，水患频频发生，百姓生活艰难。元朝廷虽也采取过一些治水患措施，但大都是被迫应付，始终未能根治河患。元至正四年（1344年），历史上著名的黄河白茅决口发生。连降大雨洪水泛滥，黄河暴涨，决堤成灾，河南、山东等地百姓农田房屋被淹，庄稼无收，居无定所，处境凄惨。贾鲁被选出任行都水监，负责筹备治河事宜。

贾鲁深入考察灾区后提出两个治河方案："其一，议修筑北堤，以制横溃，则用工省；其二，议疏塞并举，挽河东行，使复故道，其功数倍。"这两个方案第一种为应急措施，第二种则为长久性，效益更大，但这两个方案都未被朝廷采纳。直至元至正十一年（1351 年）元廷在丞相脱脱的主持下采纳贾鲁治河的建议，任命贾鲁为工部尚书负责治河事宜，当年十一月堵口成功，顺利完工。

贾鲁经过周密部署后把治河工程分为三个阶段：第一阶段突击施工疏浚故河道；第二阶段为堵塞黄河故道下游上段各缺口和豁口；第三阶段集中全力堵塞主决口——白茅决口（今属河南兰考县东北）。治河过程中贾鲁一直亲临现场进行指挥，及时解决施工过程中的问题，采取疏、浚、塞三种方法，把开辟新河和浚故道结合起来。疏为分流，浚是浚淤，塞则拦堵。疏有四类：生地，开新道取直；故道，使高低均匀；河身，使河道宽窄合理；减水河，使分流有河道。筑堤有创新、培修和补缺。堤有五类：刺水堤，即挑水坝；截水堤，即拦河坝；护岸堤，即护岸工；缕水堤，即束水缕堤；石船堤，用装石沉船之法筑成的挑水坝。埽有：岸埽、水埽、龙尾埽、拦头埽和马头埽等。所堵之口有：缺口，即行水的口；豁口，水小时干涸，水大时通流的口；龙口，即决出新道的口。

由于当时政局动荡不稳，无法拖到第二年堵口，在汛期巨大风险和反对派的阻挠之下，贾鲁治河一举成功。治河工程相当浩大，共动用军民人夫二十万，用时一百九十日，耗用巨大人力物力财力，是我国古代治河历史上罕见的浩大工程。

贾鲁主张勤政富民，认为只有解决人民生存的经济问题社会才能安定，因而他认为治理河患迫在眉睫，冒着农民起义反元的风险大兴修河治害。这时河南、河北农民正酝酿起义反元，此后，河南、安徽战乱使元王朝最终灭亡，治河工程也被认为是元政权倾覆的导火线。但贾鲁治河的功绩不可磨灭，必须给予客观公正的看待，元朝灭亡是由于朝政腐败、纲纪废弛、社会动乱，是长久累积的结果，贾鲁兴修水利，发展经济，其安国利民的功绩值得肯定。

附录二　书目

一、荒政专著

（一）《救荒活民书》

《救荒活民书》，南宋治荒名吏董煟著，我国历史上第一本专门针对救荒的著作。其历史价值历来为学者所推崇。

董煟（？—1217年），字季兴，号南隐。德兴（今属江西省德兴市）海口镇海口村人。宋光宗绍熙四年（1193年）进士。历知应城、瑞安、辰溪县。《救荒活民书》是他总结前人救荒经验之作，共三卷。上卷主要选取历代荒政事例，保留了很多珍贵史料，记载了自三代以来到南宋之间的诸多荒政实践。重要的如宋代有关治蝗的法规、熙宁诏书、《淳熙式》等。同时提出自己的见解和主张；中卷是总结了大量的救荒举措，"救荒之法不一，而大致有五：常平以赈粜；义仓以赈济；不足，则劝分于有力之家；又遏粜有禁；抑价有禁。能行五者，则亦庶乎可矣。至于检旱也、减租也、贷种也、遣使也、弛禁也、鬻爵也、度僧也、优农也、治盗也、捕蝗也、和粜也、存恤流民、劝种二麦、通融有无、借贷内库之类，又在随宜而施行焉"。另外还有一系列具体的救灾措施以及针对灾荒等级的不同，提出的不同救灾方案。在提出了整套救荒思想的同时，董煟还对一些细节提出了自己的建议。下卷则记载本朝名臣贤士的灾荒议论，有较高的针对性和实用价值。

本书中卷为荒政举措和荒政思想。由于常平仓和义仓是最常用的两项基本措施，而饥荒受灾百姓主要集中在乡村地区，他认为应该将粮食储存在乡村地区，不应挪作他用。董煟认为义仓、常平仓本来就是作为赈灾之用，应该在遇到灾荒年份立即放出来赈济救灾，不能吝啬不发。董煟还提出灾害发生时要充分发动富商进行捐赠救灾，通过一些激励手段，劝诱富商或者村落十几家联合出钱，来实现劝分。董煟提出禁遏粜和不抑价思想，反对粮食的固定区域化，认为天下一家，各地应该相互支持，由市场自发调节市场价格，官府的干涉会扰乱市场的正常运行。在救灾细节上面，他主要提出：第一，不等上报先行赈救。董煟建议皇帝不要等到上报灾伤再蠲免租税，减少救灾环节，提高救灾效率。同时董煟对于地方官不上报就先行赈救的行为大加赞扬。第二，赈救应及村落。董煟认为"赈济当及乡村，常于义仓论之详矣"，如果不能赈济乡村，则可能使乡民被迫为盗。

董煟还提出了从皇帝到县令一层层严格分工的救荒思想。董煟认为从皇帝以下各级统治者应当各司其职，"监司守令所当行，人主宰执之所不必行；人主宰执之所行，又非监司太守县令之所宜行"。在董煟的思想中，人主宰执这一阶层救荒中主要是提供大方面的规划，太守县令这一层则是具体的施救措施，而监司主要起到了承上启下的纽带作用。董煟的分工思想可以说极为先进。

《救荒活民书》是中国历史上第一部专门研究荒政的著作，对后世影响深远。提出的救荒措施、阐述的救荒思想以及对当时荒政弊端的尖锐批评等，为后世荒政的发展提供了理论与实践上的重要借鉴，也有重要的史料价值。《救荒活民书》也有缺点，但总体来说在我国荒政史上有重要地位，是研究中国古代荒政的经典之作。

（二）《救荒活民类要》

《救荒活民类要》，是张光大（作者生卒生平不详）于元明宗至顺元年（1330 年）写成的一部荒政文献。借鉴南宋董煟编著的《救荒活民书》，结合元朝当时的实际灾荒情况而成。书分为三卷。

第一卷"经史良法"，主要是介绍前人救灾方法和案例，撰写顺序依照董煟的条例：《尚书》《毛诗》《周礼》《春秋》《论语》《孟子》《国语》《史记》《汉书》《魏书》《晋书》《梁书》《隋书》《唐书》《五代史》《宋史》来编写，将元制另立一条以示尊重。在介绍前人经验的基础上提出了自己的见解和意见。之后他还根据董煟《救荒活民书》中的人主、宰执、监司、太守、县令等条目系统地阐述了救荒发生时各级官吏应当履行的职责。

第二卷为"救荒纲目"，由"救荒一纲"和"救荒二十目"组成。"救荒一纲"以积蓄为主，共十二项，详细地分析了元代常平、元朝救荒的弊端并提出解决方案。"救荒二十目"主要列明了灾荒发生时一些具体的救灾措施，主要是：发廪（赈济、赈贷、赈粜）、劝分、遣使、弛禁、禁遏籴、不抑价、通邻郡、借官本、鬻爵、度僧、兴工、祷祈、恤流离、治盗贼、检旱、减租、贷种、捕蝗、灾恤水灾、掩遗骸。

第三卷为救荒报应和救荒仙方，多为直接引用董煟的书。

《救荒活民类要》总结了前朝荒政和元朝救荒的方方面面，为后世提供了宝贵的经验和教训，对于后世了解元朝荒政提供了丰富的史料。

（三）《拯荒事略》

《拯荒事略》，元代欧阳玄（1273—1357年）所著，成书年份不详，全书千余字，是一部荒政专著。欧阳玄字原功，号圭斋，又号平心老人，先世江西庐陵（今属江西吉安市）人。欧阳玄在史学方面成就突出，负责编撰多部史学著作，其中有《经世大典》和宋、辽、金三史等。该书为他在太平路芜湖县尹任上所著，由于水患灾害频繁编写以求指导实践。

《拯荒事略》主要记载各种救荒措施包括国家的救荒制度以及民间救荒方法，其中的条目主要有"薄征""平籴""矫诏发粟""贻书贷粮""木实为酪""竹实春米""请租赈饥""分俸赡贫""兴役惠贫""作糜食饿""劝令发粟""劝民出粟""请免上供""出俸钱得谷""以家资质廪""令增米价""特宽盐禁""严出榜文""不俟奏请""民不知荒""民得济急""截留纲运"等。有的一些条目叙述非常简单，只用一句话来描述，无法准确表达其中含义。比如"木实为酪"中只有"王莽时洛阳米石价两千，莽分遣大夫、谒者，教民煮木实为酪"，并未说明是煮何种木实为酪，并未说明做法如何。

《拯荒事略》是作者亲身参加救荒活动所做的总结，内容简略，是元代仅有的两部流传下来的荒政文献之一，也反映出元代政府对于荒政的重视和研究。

（四）《三事忠告》

《三事忠告》，元代张养浩（1270—1329年）所著。张养浩，字希孟，号云庄，山东济南人，著名政治家、文学家。《三事忠告》主要是对从政的地方官员、监察官员、中央官员的真诚劝告，包括《牧民忠告》《风宪忠告》《庙堂忠告》，共计30节，每一节中又有若干条。其中的《牧民忠告》第七篇讲的就是《救荒》，其中包括捕蝗、多方救赈、预备、均赋、祈祷、不可奴妾流民、救焚、尚德和上灾异。在该篇中，张养浩的民生思想体现得非常突出。他说，若民遇灾难，就要详视轻重，想方设法，多方救赈。或者均分私人的财物，或者发放公家的库存，或者凭借山林湖泊，或者废除债务、免除征购粮，或者下令医疗民众的疾病，"几可拯其生者，靡微不至"，并说"盖古人视民如子，天下未有子在难，而父母坐视不救之理也"。从《救荒》篇包含的内容来看，有对具体灾害的陈述，如捕蝗、救焚，也有一般的救荒、防灾、灾后恢复情况的叙述，如预备、均赋，还有对灾害的祈禳措施，如祈祷、尚德、上灾异，但由于注重于提高救灾官员的救灾责任意识，所以往往是道德、思想方面的规劝，甚少具体救灾经验和措施的总结。

二、相关专著

（一）《海潮论》

《海潮论》，完成于宋真宗乾兴元年（1022年），由北宋著名科学家燕肃在东南等地任职期间，经过多年实地考察总结而成。燕肃（991—1040年），字穆之，青州（今属山东益都）人。官至龙图阁直学士，人称"燕龙图"。燕肃学识渊博，精通天文地理，发明了指南车、记里鼓、莲花漏等仪器，著有《海潮论》并绘制《海潮图》说明潮汐原理。

燕肃多年任职于沿海地区，潮汐涨落对于海边居民的生产生活具有重要意义，燕肃为了探寻海潮规律更好地指导沿海百姓，对各地海潮进行了长期的观察、试验和研究比较。《海潮论》主要有以下成就。

第一，燕肃提出了海潮的成因是日月的作用。关于潮汐的原因唐代卢肇提出潮汐是由太阳落入大海而成，这种说法虽然完全错误，但却是第一次提出了海潮与日月相关。沈括批判了这种说法，但是并未达到燕肃接近真理的高度。燕肃提出"日者众阳之母，阴生于阳，故潮附之于日也。月者太阴之精，秘阴类，衣之于月也，是故随日而应月，依阴而附阳，胎于朔望，消于魄，虚于上下弦，息于辉朒，故潮有大小焉。"由于时代的局限性，燕肃未能提出"引力"二字，但燕肃的发现比西方早了好几个世纪。

第二，第一次具体地提出了潮汐的时差数值。燕肃写道："今起夜朔夜半子时，潮平于地之子位四刻一时六分半，月离于日在地之辰次，日移三刻七十三分半，对月到之位，以日临之次，潮必应之。至后朔子时四刻一十六分半，日月潮水俱附于子位，是知潮常附日而右旋。以月临子午，潮必平矣；月在卯酉，汐必尽矣。或迟速消息之小异，而进退盈，终不失期也。"文中燕肃首先提出了大尽"三刻七十二分"和小尽"三刻七十三分"的潮汐时差，另外细致地描绘出了潮汐的涨落规律。他非常具体地指出了潮汐的规律是一个月里有两次大潮（盈于朔望：夏历的初一和十五）；有两个小潮（虚于上下弦；夏历的初八、九和二十二、二十三）；落潮开始于初三和十八；再次涨潮于月底或初一。

燕肃的《海潮论》和《海潮图》是当时海潮研究的一大突破，更重要的是指导了当时的海运业和渔业的发展，促进经济发展和社会进步。

（二）《陈旉农书》

《陈旉农书》，南宋陈旉著。陈旉（1076—1156年），自号西山隐居全真子，又号如是庵全真子，他生于南宋偏安时期，在真州西山隐居务农，终生致力农桑，总结农业生产经验。

《陈旉农书》是陈旉在亲自参加生产实践的基础上所做的经验总结，成书于宋高宗绍兴十九年（1149年），是我国现存最早的专门论述南方地区农事的地区性农书，为农史学家所称道。全书共三卷，篇幅不大，共计一万两千九百一十字，上卷讲种田，中卷讲牛蓄和牛医，下卷讲蚕桑。在卷上属于总论性质，其篇章是按照专题来划分的，称为"十二宜"，这"十二宜"大体可以分为三类：第一类主要讲天时及其利用，第二类主要讲土地的利用以及耕作肥料，第三类是土地的经营和管理。这三种类别体现了陈旉讲究天、地、人相结合的农业管理思想。

陈旉系统地总结了南方的农事经验：一是因地制宜，合理布置工程设施。《农书·地势之宜篇》说："若高田，视其地势，高所会归之处，量其所用而凿为陂塘。"意思是要勘察好地势，在高处有自来水汇集的地段，凿为陂塘。一则可以潴留较多的径流，二则可以扩大自流灌溉的面积。二是量其所用，合理安排陂塘水面。陈旉说："约十亩田即损二三亩以潴蓄水。"其意为境内要有足够的深阔，大小依据灌溉所需要的水量，大约十亩田划出二三亩来凿塘蓄水。"高田早稻，自种至收，不过五六月，其间旱不过灌溉四五次"，可以充分发挥陂塘的蓄水防旱功效。三是安排好农事，合理用水。高地易患旱灾，历来有"滴水贵如油"的说法。《农书·薅耘之宜篇》总结了山区稻田自下而上薅耘放水，控制水源流失的经验。其法是先在最高处蓄水，然后在最低一级的田丘放水耘薅，自下及上，逐级放水、耘田、烤田、灌田。就这样，次第灌溉，"浸灌有渐，即水不走失"。如果不按照这种方法去做，若上下各级农田同时一起放水，则水很快就流失了，万一遇上久晴无雨的天气，"欲水灌溉，已不可得，遂致旱涸焦枯，无所措手。如是，失者十之八九"。所以，陈旉反复说明山区稻田农事活动要充分注意节约水源，力求不让水白白流失。

陈旉在总结我国南方种植经验的基础上提出了新的建设和管理经验，突出的有陡坡堰坝的工程建设和管理。《陈旉农书》在一定意义上是江南农业生产和农业技术经验的结晶，在很大程度上反映了江南农业的特点。在很长时期内，江南农法是南方农法的先进典型和代表。南方农法更强调土地的利用率，陈旉尤其重视肥料的利用，对地力递减理论提出了批判。在此之前我国古代的农学著作主要强调耕作的措施，对于肥料研究较少，陈旉在农书中用较大的篇幅来强调肥料的重要性，对于肥料的重视才能"地力常新壮"。

《陈旉农书》作为我国古代第一部专门研究南方农业生产经营的著作，对于之后南方的农业生产发挥了巨大的指导性作用，是我国古代农业研究中的一部经典之作。

（三）《农桑辑要》

《农桑辑要》，元朝专门负责农桑水利的部门司农司主持编写，成书于元世祖至元十年（1273 年）。是我国现存最早的官修农书，早于它的唐《兆人本业》和宋《真宗授时要录》早已失传。参与编撰和修订的人员主要为孟祺、畅师文、苗好谦等。

全书约计六万字，分为七卷，主要论述了各种动植物的养殖和栽培，其中尤其重视蚕桑，栽桑和养蚕各占一卷。卷一《点训》主要讲述农桑的起源以及经史著作中关于农业地位的记载，相当于全文的绪论部分。卷二《耕垦、播种》包括整地、选种以及大田作物栽培的相关方法。卷三《栽桑》和卷四《养蚕》用大量篇幅讲述了种桑养蚕的方法，其篇幅占到全书的三分之一，内容精细，是前人著作所不能及，充分显示了农桑并重的特点。卷五《瓜菜、果实》讲的是园艺作物的种植培育，不包括观赏性作物。卷六《竹木、药草》记载了多种林木和药用植物。卷七《孳畜、禽鱼、蜜蜂》主要论述动物的饲养，但不涉及牛、马等。

书中一部分是引征前人农业专著中的精华部分，包括《齐民要术》《氾胜之书》《四民时令》《四时纂要》等农书，还有一些如今已失传的农学著作，通过对《农桑辑要》的考察可以了解到其他时代农业技术发展水平。另外加入了对当时的新经验做的总结，注明了"新添"字样。该书摒弃了一切迷信和荒诞无稽的说法，记载了各家名著之精华，是一本实用价值和史料价值极高的农学读本。

《农桑辑要》作为中国古代第一部官修农书，反映出封建统治者对农业生产的重视，并被奉为后世的典范，客观上推动了中国农业科学技术的进步。农业是中国古代的命脉，历朝历代统治者都重视农业生产，通过"亲耕"发布诏令等方式以资鼓励，《农桑辑要》出现之后后世纷纷效仿，成为后世撰写农书的楷模，为我国古代留下了弥足珍贵的科技史料。

（四）《王祯农书》

《王祯农书》，是王祯于元仁宗皇庆二年（1313 年）完成的一本兼论南北农业技术的农书。王祯（1271—1368 年），字伯善，元代东平

（今属山东东平）人。中国古代农学、农业机械学家。著有《王祯农书》。全书由《农桑通诀》《百谷谱》和《农器图谱》三部分组成，约十三万字。

第一部分共有六卷，十九篇，主要为农业总论，论述了农业、牛耕和桑业的起源以及农业与天时、地利、人力三者之间的关系。之后按照农业生产春夏秋冬的季节性顺序来记载大田作物的生产的具体过程。最后《种植》《畜养》和《蚕缫》三篇论述了林木种植和家畜饲养以及蚕桑生产等方面的技术。

第二部分共有四卷，十一篇，主要为各种农作物的具体培育方法，共有八十多种谷物、果蔬的栽培、保护、收获、储藏以及加工利用等方面的技术和方法。

第三部分共有十三卷，占据全书的五分之四，是全书的重点部分，是主要讲述各种农业器具的图例、构造和说明，共收集了三百零六幅图。这在农学史上是史无前例的，是现存最早的专门论述农业器具的著作，成为后世农书的借鉴。但其对于农业器具的标准不太严格，把一部分不是农具的器械强加于农具中，归类有不当之处。此外《农书》中对于水利建设和救荒也进行了相关论述。

《王祯农书》在总结前人经验的基础上，对于南北生产实践提出了很多见解，第一次对所谓的广义农业生产知识做了较全面的论述，提出了中国农学的传统体系，对于农业生产具有很大的参考价值。

（五）《农桑衣食撮要》

《农桑衣食撮要》，又称《农桑撮要》，成书于元仁宗皇庆三年（1314年），元维吾尔族人鲁明善撰，是一本以农民为主要使用对象的农业小百科全书。鲁明善（1271—1368年），名铁柱，字明善，元代著名农学家。其父迦鲁纳答思是元代著名学者和外交家，官至大司徒，从小随其父生活在汉族居住地区，深受汉族文化影响，在各地任职中，主要抓农业生产，每到一处"讲学劝农"或"修农书，亲劝耕稼"。

全书近一万一千字，记载农事两百零八条，叙述体裁为"月令"，即根据全年十二个月，分别列举每个月应该做的农事，主要内容包括气象、物候、农田、水利、作物栽培（如谷物、块根作物、油料作物、纤维作物、绿肥作物、药材、染料作物、香料作物、饮料作物等）、蔬菜栽培、瓜类栽培、果树栽培、竹木栽培、栽桑养蚕、畜禽饲养、养蜂采蜜、储藏加工等。与《农桑辑要》相似，书中"农"和"桑"并列体现了对蚕桑的重视，对于蚕桑的论述也占到全书的五分之一，这也是元代农书的特点之一。

全书文字通俗易懂，简明扼要，有重要的实用价值。维吾尔族农学家不仅总结了汉族农业经营思想，而且融入了西北少数民族的生产经验，对元代的生产恢复起了重要作用。

（六）《治河图略》

《治河图略》是成书于元惠宗（顺帝）至正四年（1344年），由元代王喜编撰的一本治河专著，全书约八千多字。这本书主要是通过考证古今河流变迁的缘故，来寻求正确的治河方案。由卷首的六幅图及其说明和两篇专论《治河方略》《历代决河总论》组成，《治河方略》中阐释治河的基本方案是浚旧河、导新河，基本方法是委派专人，优待劳役。《历代决河总论》中主要是论述了前人治河观点，其中包括汉代的贾让和李寻的治河理念，王喜对于二人策略均加以分析。

《治河图略》为元代和后世治河提供了参考和借鉴，书中尚有不完善之处，但为后世了解元代黄河治理提供了珍贵的史料。

参考文献

经部类

[1]《周礼》，李学勤主编（十三经注疏本），北京：北京大学出版社，1999。

[2]《春秋注疏》，十三经注疏本，北京：北京大学出版社，1999。

[3]《尔雅》，四部精要影印，（清）阮元：《十三经注疏本》，上海：上海古籍出版社，1994。

[4]（清）苏舆：《春秋繁露义证》，北京：中华书局，1992。

[5]《国语》，上海：上海古籍出版社，1988。

[6]（晋）韩康伯注，（唐）孔颖达疏《周易注疏》，北京：中华书局影印古逸丛书本，1995。

[7]（宋）胡瑗：《洪范口义》，文渊阁四库全书本，中国台北：商务印书馆影印本，1986。

史部类

[1]（汉）班固：《汉书》，北京：中华书局，1985。

[2]（后晋）刘昫：《旧唐书》，北京：中华书局，1985。

[3]（宋）欧阳修：《新唐书》，北京：中华书局，1975。

[4]（元）脱脱等：《宋史》，北京：中华书局，1977。

[5]（元）脱脱等：《辽史》，北京：中华书局，1985。

[6]（元）脱脱等：《金史》，北京：中华书局，1975。

[7]（明）宋濂：《元史》，北京：中华书局，1976。

[8]（宋）司马光：《资治通鉴》，北京：中华书局，1995。

[9]（宋）李焘：《续资治通鉴长编》，北京：中华书局，1995。

[10]（宋）王禹偁：《东都事略》，文渊阁四库全书本，中国台北：台湾商务印书馆，1986。

[11]（宋）王溥：《唐会要》，上海：上海古籍出版社，1991。

［12］（清）徐松辑:《宋会要辑稿》,北京:中华书局,1957。

［13］（元）马端临:《文献通考》,北京:中华书局,1986。

［14］（唐）杜佑:《通典》,北京:中华书局,1996。

［15］《宋大诏令集》,北京:中华书局,1962。

［16］（宋）赵汝愚:《宋朝诸臣奏议》,上海:上海古籍出版社,1999。

［17］（宋）吕中:《宋大事记讲义》,文渊阁四库全书本,中国台北:台湾商务印书馆,1986。

［18］（宋）不著撰人:《州县提纲》,文渊阁四库全书本,中国台北:台湾商务印书馆,1986。

［19］（宋）许月卿:《百官箴》,文渊阁四库全书本,中国台北:台湾商务印书馆,1986。

［20］（元）张养浩:《三事忠告》,文渊阁四库全书本,中国台北:台湾商务印书馆,1986。

［21］（宋）李心传:《旧闻正误》,北京:中华书局,1993。

［22］（宋）李心传:《建炎以来朝野杂记》,北京:中华书局,2000。

［23］（宋）董煟:《救荒活民书》,丛书集成初编本,北京:中华书局,1985。

［24］（明）林希元:《荒政丛言》,李文海主编《中国荒政全书》第一辑,北京:北京古籍出版社,2003。

［25］（明）屠隆:《荒政考》,李文海主编《中国荒政全书》第一辑,北京:北京古籍出版社,2003,

［26］（明）周孔教:《荒政议》,李文海主编《中国荒政全书》第一辑,北京:北京古籍出版社,2003。

［27］（明）钟化民:《赈豫纪略》,李文海主编《中国荒政全书》第一辑,北京:北京古籍出版社,2003,

［28］（明）刘世教:《荒著略》,李文海主编《中国荒政全书》第一辑,北京:北京古籍出版社,2003。

［29］（明）张陛:《救荒事宜》,李文海主编《中国荒政全书》第一辑,北京:北京古籍出版社,2003。

［30］（明）何淳之:《荒政汇编》,李文海主编《中国荒政全书》第一辑,北京:北京古籍出版社,2003。

［31］（清）俞森:《常平仓考》,丛书集成初编本,上海:商务印书馆,1937。

［32］（清）俞森:《义仓考》,丛书集成初编本,北京:中华书局,1985。

［33］（清）俞森：《社仓考》，丛书集成初编本，北京：中华书局，1985。

［34］（清）陆苗禹等：《钦定康济录》，范宝俊等主编《灾害管理文库》第二卷，中国自然灾害史与救灾史影印本，北京：当代中国出版社，1998。

［35］（清）汪志伊：《荒政辑要》，范宝俊等主编《灾害管理文库》第二卷，中国自然灾害史与救灾史影印本，北京：当代中国出版社，1998。

［36］《荒政急议》，范宝俊等主编《灾害管理文库》第二卷，中国自然灾害史与救灾史影印本，北京：当代中国出版社，1998。

［37］（宋）周淙：《乾道临安志》，丛书集成初编本，上海：商务印书馆，1937。

［38］（宋）孟元老：《东京梦华录》，上海：古典文学出版社，1956。

［39］（清）黄廷桂等纂修：《四川通志》，文渊阁四库全书本，中国台北：台湾商务印书馆，1986。

子部类

［1］（宋）龚明之：《中吴纪闻》，笔记小说大观丛刊上海进步书局印本，扬州：江苏古籍刻印社，1983。

［2］（清）沈名荪、朱昆田：《北史识小录》，文渊阁四库全书本，中国台北：台湾商务印书馆，1986。

［3］（宋）司马光：《涑水纪闻》，北京：中华书局，1993。

［4］（宋）苏辙：《龙川别志》，北京：中华书局，1993。

［5］（宋）赵升：《朝野类要》，笔记小说大观丛刊上海进步书局印本，扬州：江苏广陵古籍刻印社，1983。

［6］（宋）蔡绦：《铁围山丛谈》，北京：中华书局，1993。

［7］（宋）方勺：《泊宅编》，北京：中华书局，1983。

［8］（宋）周去非：《岭外代答》，丛书集成初编本，北京：中华书局，1985。

［9］（宋）姚宽：《西溪丛语》，北京：中华书局，1993。

［10］（宋）庄绰：《鸡肋编》，北京：中华书局，1983。

［11］（宋）陆游：《家事旧闻》，北京：中华书局，1993。

［12］（宋）江少虞：《宋朝事实类苑》，上海：上海古籍出版社，1981。

［13］（宋）陈元靓：《岁时广记》，文渊阁四库全书本，中国台北：台湾商务印书馆，1986。

［14］（宋）陈骙：《南宋馆阁录》，北京：中华书局，1998。

［15］（宋）王栐：《燕翼诒谋录》，北京：中华书局，1997。

［16］（宋）陆游：《老学庵笔记》，北京：中华书局，1997。

［17］（宋）李元纲：《厚德录》，笔记小说大观丛刊上海进步书局印本，扬州：江苏广陵古籍刻印社，1983。

［18］（宋）朱翌：《猗觉寮杂记》，笔记小说大观丛刊上海进步书局印本，江苏：江苏古籍刻印社，1983。

［19］（宋）宋敏求：《春明退朝录》，北京：中华书局，1997。

［20］（宋）彭乘：《墨客挥犀》，北京：中华书局，2002。

［21］（宋）王明清：《挥麈录》，四部丛刊续编本，北京：商务印书馆，1932。

［22］（宋）洪迈：《容斋随笔》，上海：上海古籍出版社，1996。

［23］（宋）王巩：《甲申杂记》，笔记小说大观丛刊上海进步书局印本，扬州：江苏广陵古籍刻印社，1983。

［24］（宋）王巩：《闻见近录》，笔记小说大观丛刊上海进步书局印本，扬州：江苏广陵古籍刻印社，1983。

［25］（宋）王巩：《随手杂录》，笔记小说大观丛刊上海进步书局印本，扬州：江苏广陵古籍刻印社，1983。

［26］（宋）范镇：《东斋记事》，北京：中华书局，1997。

［27］（宋）周密：《齐东野语》，北京：中华书局，1993。

［28］（宋）魏泰：《东轩笔录》，北京：中华书局，1993。

［29］（宋）王辟之：《渑水燕谈录》，北京：中华书局，1993。

［30］（宋）赵令畤：《侯鲭录》，北京：中华书局，2002。

［31］（宋）释文莹：《湘山野录》，北京：中华书局，1993。

［32］（宋）释文莹：《玉壶清话》，北京：中华书局，1993。

［33］（宋）吴处厚：《青箱杂记》，北京：中华书局，1993。

［34］（宋）吴曾：《能改斋漫录》，上海：上海古籍出版社，1960。

［35］（宋）苏轼：《东坡志林》，北京：中华书局，1993。

［36］（宋）赵彦卫：《云麓漫钞》，北京：中华书局，1993。

［37］（宋）叶梦得：《石林燕语》，北京：中华书局，1993。

［38］（宋）欧阳修：《归田录》，北京：中华书局，1993。

［39］（宋）俞文豹：《吹剑录外集》，北京：笔记小说大观丛刊上海进步书局印本，扬州：江苏广陵古籍刻印社，1983。

［40］（宋）黄震：《黄氏日钞》，文渊阁四库全书本，中国台北：台湾商务印书馆，1986。

［41］（宋）刘斧：《青琐高议》，上海：上海古籍出版社，1983。

[42]（宋）窦仪等:《宋刑统》,北京:中华书局,1984。

[43] 中国社会科学院历史研究所宋辽金元史研究室点校:《明公书判清明集》,北京:中华书局,1987。

[44]（宋）高承:《事物纪原》,文渊阁四库全书本,中国台北:台湾商务印书馆,1986。

[45]（宋）陈旉:《农书》,北京:中华书局,1985。

[46]（宋）孙逢吉:《职官分纪》,文渊阁四库全书本,中国台北:台湾商务印书馆,1986。

[47]（宋）江休复:《江邻几杂志》,笔记小说大观丛刊上海进步书局印本,扬州:江苏古籍刻印社,1983。

[48]（宋）谢维新:《古今合璧事类备要》,文渊阁四库全书本,中国台北:台湾商务印书馆影印本,1986。

[49]（宋）章如愚:《群书考索》,文渊阁四库全书本,中国台北:台湾商务印书馆,1986。

[50]（宋）王应麟:《玉海》,中国台北:大化书局合璧本,1978。

[51]（元）富大用:《古今事文类聚·外集》,文渊阁四库全书本,中国台北:台湾商务印书馆,1986。

[52]（宋）曾慥:《类说》,文渊阁四库全书本,中国台北:台湾商务印书馆,1986。

[53]（宋）宋徽宗敕编:《圣济总录纂要》,文渊阁四库全书本,中国台北:台湾商务印书馆,1986。

[54]（宋）唐慎微:《重修政和证类本草》,文渊阁四库全书本,中国台北:台湾商务印书馆,1986。

[55]（北魏）贾思勰:《齐民要术》,四部丛刊初编本,上海:上海商务印书馆,1936。

[56]（元）司农司:《农桑辑要》,北京:蓝天出版社,1999.05。

[57]（元）大司农司:《农桑辑要译注》,上海:上海古籍出版社,2008.12。

[58]（元）王祯:《农书》,北京:中华书局,1956.10。

[59]（明）徐光启:《农政全书》,文渊阁四库全书本,中国台北:台湾商务印书馆影印本,1986。

[60]《金刚般若经依天亲菩萨论赞略释秦本义记》,《大正新修大藏经》,日本东京:大藏出版株式会社出版。

［61］《大乘起信论广释》，《大正新修大燕经》，日本东京：大藏出版株式会社出版。

［62］（宋）张君房：《云芨七签》，《正统道藏》本，北京：文物出版社，上海：上海书店，天津：天津古籍出版社，1988。

［63］（清）孙诒让：《墨子》，北京：中华书局，2002。

［64］《庐山太平兴国宫采访真君事实》，《正统道藏》本，北京：文物出版社，上海：上海书店，天津：天津古籍出版社，1988。

［65］（清）王昶：《金石萃编》，北京：中国书店，1985。

［66］（清）胡聘之：《山右石刻丛编》，太原：山西人民出版社，1986。

集部类

［1］（宋）范祖禹：《范太史集》，文渊阁四库全书本，中国台北：台湾商务印书馆，1986。

［2］（宋）刘敞：《公是集》，文渊阁四库全书本，中国台北：台湾商务印书馆，1986。

［3］（宋）范仲淹：《范文正公集》，四部丛刊初编本，上海：商务印书馆，1922。

［4］（唐）刘禹锡：《刘梦得文集》，四部丛刊初编本，上海：商务印书馆，1922。

［5］（宋）苏轼：《苏轼文集》，北京：中华书局，1986。

［6］（宋）文彦博：《潞公文集》，文渊阁四库全书本，中国台北：台湾商务印书馆，1986。

［7］（宋）包拯：《包孝肃奏议集》，文渊阁四库全书本，中国台北：台湾商务印书馆，1986。

［8］（宋）包拯著，张田辑：《包拯集》，北京：中华书局，1963。

［9］（宋）陈襄：《古灵集》，文渊阁四库全书本，中国台北：台湾商务印书馆，1986。

［10］（宋）韩维：《南阳集》，文渊阁四库全书本，中国台北：台湾商务印书馆，1986。

［11］（宋）杨亿：《武夷新集》，文渊阁四库全书本，中国台北：台湾商务印书馆，1986。

［12］（宋）李之仪：《姑溪居士后集》，文渊阁四库全书本，中国台北：台湾商务印书馆，1986。

［13］（宋）王安石:《王文公文集》,上海:上海人民出版社,1974。

［14］（宋）郑侠:《西塘先生集》,文渊阁四库全书本,中国台北:台湾商务印书馆,1986。

［15］（宋）刘挚:《忠肃集》,文渊阁四库全书本,中国台北:台湾商务印书馆,1986。

［16］（宋）司马光:《司马光文集》,文渊阁四库全书本,中国台北:台湾商务印书馆,1986。

［17］（宋）苏辙:《栾城集》,上海:上海古籍出版社,1995。

［18］（宋）苏颂:《苏魏公文集》,文渊阁四库全书本,中国台北:台湾商务印书馆,1986。

［19］（宋）欧阳修:《欧阳文忠公文集》,四部丛刊初编本,上海:商务印书馆,1922。

［20］（宋）毕仲游:《西台集》,丛书集成初编本,北京:中华书局,1985。

［21］（宋）司马光:《温公传家集》,文渊阁四库全书本,中国台北:台湾商务印书馆,1986。

［22］（宋）黄榦:《勉斋集》,文渊阁四库全书本,中国台北:台湾商务印书馆,1986。

［23］（宋）沈括:《梦溪笔谈》,上海:上海古籍出版社,1987。

［24］（宋）蔡襄:《端明集》,文渊阁四库全书本,中国台北:台湾商务印书馆,1986。

［25］（宋）张方平:《乐全集》,文渊阁四库全书本,中国台北:台湾商务印书馆,1986。

［26］（宋）林表民:《赤城集》,文渊阁四库全书本,中国台北:台湾商务印书馆,1986。

［27］（宋）真德秀:《西山文集》,文渊阁四库全书本,中国台北:台湾商务印书馆,1986。

［28］（宋）吕陶:《净德集》,文渊阁四库全书本,中国台北:台湾商务印书馆,1986。

［29］（宋）胡锜:《耕禄稿》,笔记小说大观丛刊上海进步书局印本,扬州:江苏广陵古籍刻印社,1983。

［30］（宋）范仲淹:《范文正公别集》,四部丛刊初编本,上海:商务印书馆,1922。

［31］曾枣庄、刘琳主编:《全宋文》,成都:巴蜀书社,1990。

［32］（宋）杨亿:《杨文公谈苑》,李裕民辑佚,上海:上海古籍出版社,1993。

［33］（宋）费衮:《梁谿漫志》,太原:山西人民出版社,1986。

［34］（宋）曾巩:《元丰类稿》,四部丛刊初编,上海:商务印书馆影印本,1922。

［35］（清）康有为:《康南海官制议》,广智书局,光绪三十二年刊本。

今人专著类

［1］邓云特:《中国救荒史》,中国台北:台湾商务印书馆,1987年6月第4版。

［2］李文海,夏明方:《中国荒政全书》,北京:北京古籍出版社,2002.12。

［3］李文海,夏明方,朱浒:《中国荒政书集成》,天津:天津古籍出版社,2010.03。

［4］李修生:《全元文》,南京:江苏古籍出版社,2001年12月。

［5］梁家勉:《中国农业科学技术史稿》,北京:农业出版社,1989。

［6］孟昭华:《中国灾荒史记》,北京:中国社会出版社,1999年1月第1版。

［7］王培华:《元代北方灾荒与救济》,北京:北京师范大学出版社,2010年5月第1版。

［8］李昌宪:《宋代安抚使考》,济南:齐鲁书社,1997。

［9］郭爱妹,张戌凡:《多学科视野下的农村社会保障研究》,广州:中山大学出版社,2011.05。

［10］顾浩:《中国治水史鉴》,北京:中国水利水电出版社,1997。

［11］曾雄生:《中国农学史修订本》,福州:福建人民出版社,2012。

［12］汪家伦、张芳:《中国农田水利史》,北京:农业出版社,1990年。

［13］高建国:《中国减灾史话》,郑州:大象出版社,1999。

［14］郭文佳:《宋代社会保障研究》,北京:新华出版社,2005年12月第1版。

［15］李华瑞:《宋代救荒史稿》,天津:古籍出版社,2014年4月。

［16］袁祖亮,和付强著:《中国灾害通史·元代卷》,郑州:郑州大学出版社,2009年。

［17］石涛:《北宋时期自然灾害与政府管理体系研究》,北京:社会科学文献出版社,2010年。

［18］张媛:《河南地方史》,郑州:中州古籍出版社,1995年。

［19］王子平:《灾害社会学》,长沙:湖南人民出版社,1998。

［20］刘波、姚清林等:《灾害管理学》,长沙:湖南人民出版社,1998。

［21］许飞琼:《灾害统计学》,长沙:湖南人民出版社,1998。

［22］杜一主编:《灾害与灾害经济》,北京:中国城市经济社会出版社,1988。

［23］孙绍骋:《中国救灾制度研究》,上海:商务印书馆,2004。

［24］宋正海等:《中国古代自然灾异群发期》,合肥:安徽教育出版社,2002。

［25］梁鸿光编:《减灾必读》,北京:地震出版社,1990。

［26］吴庆洲:《中国古代城市防洪研究》,北京:中国建筑工业出版社,1995。

［27］姚汉源:《中国水利史纲要》,北京:水利水电出版社,1987。

［28］高文学主编:《中国自然灾害史》,北京:地震出版社,1997。

［29］宁可主编:《中国经济发展史》,北京:中国经济出版社,2001。

［30］吕思勉:《吕著中国通史》,上海:华东师范大学出版社,1992。

［31］梁方仲:《中国历代户口、田地、田赋统计》,上海:上海人民出版社,1980。

［32］王颖楼:《隋唐官制》,成都:四川大学出版社,1995。

［33］张国刚:《唐代官制》,天津:天津古籍出版社,2000。

［34］李治安主编:《唐宋元明清中央与地方关系研究》,天津:南开大学出版社,1996。

［35］郭文韬:《中国传统农业思想研究》,北京:中国农业科技出版社,2001。

［36］张剑光:《三千年疫情》,南昌:江西高校出版社,1998。

［37］谭其骧:《中国历史地图集》第6册,北京:中国地图出版社,1982。

［38］谭其骧主编:《中国历史大辞典·历史地理卷》,上海:上海辞书出版社,1997。

［39］邓广铭等主编《中国历史大辞典·宋史》,上海:上海辞书出版社,1984。

［40］北京师范大学主编:《中国自然灾害地图集》,北京:科学出版社,1989。

［41］陈高傭:《中国历代天灾人祸表》,上海:上海书店,1986。

［42］中国社会科学院历史研究所资料编纂组编:《中国历代自然灾害及历代盛世农业政策资料》,北京:中国农业出版社,1988。

［43］卜风贤:《周秦汉晋时期农业灾害和农业减灾方略研究》,北京:中国社会科学出版社,2006。

［44］李向军:《中国救灾史》,广州:广东人民出版社,1996。

［45］夏明方:《民国时期自然灾害与乡村社会》,北京:中华书局,2000。

［46］邓广铭、漆侠:《两宋政治经济问题》,上海:知识出版社,1988。

[47] 傅筑夫:《中国封建社会经济史》第五卷,北京:人民出版社,1989。

[48] 漆侠:《宋代经济史》,上海:上海人民出版社,1988。

[49] 张波、冯风等编:《中国农业自然灾害史料集》,西安:陕西科学技术出版社,1994 年。

[50] 汪圣铎:《两宋财政史》,北京:中华书局,1995。

[51] 汪圣铎:《两宋货币史》,北京:社会科学文献出版社,2003。

[52] 龚延明:《宋代官制辞典》,北京:中华书局,1997。

[53] 程民生:《宋代地域经济》,开封:河南大学出版社,1992。

[54] 张邦炜:《宋代政治文化史论》,北京:人民出版社,2005。

[55] 沈松勤:《北宋文人与党争》,北京:人民出版社,1998。

[56] 王云海:《宋代司法制度》,开封:河南大学出版社,1992。

[57] 虞云国:《宋代台谏研究》,上海:上海科学院出版社,2001。

[58] 方宝璋:《宋代财经监督研究》,北京:中国审计出版社,2001。

[59] 程龙:《北宋西北战区掖食补给地理》,北京:社会科学文献出版社,2006。

[60] 苗书梅:《宋代官员选任和管理制度》,开封:河南大学出版社,1996。

[61] 贾玉英:《宋代监察制度》,开封:河南大学出版社,1996。

[62] 邓广铭:《北宋政治改革家王安石》,北京:人民出版社,1997。

[63] 漆侠:《王安石变法》,石家庄:河北人民出版社,2001。

[64] 李华瑞:《王安石变法研究史》,北京:人民出版社,2004。

[65] 王曾瑜:《宋朝兵制初探》,北京:中华书局,1983。

[66] 李之亮:《宋代郡守通考》,全十册,成都:巴蜀书社,2001。

[67] 朱瑞熙、张邦炜、刘复生、蔡崇榜、王曾瑜:《辽宋西夏金社会生活史》,北京:中国社会科学出版社,1998。

[68] 包伟民:《宋代地方财政史研究),上海:上海古籍出版社,2001。

[69] 张文:《宋朝社会救济研究》,重庆:西南师范大学出版社,2001。

今人论文类

[1] 黎沛虹:《北宋时期的汴河建设》,《史学月刊》1982 年第 1 期。

[2] 张希清:《王安石的赈济思想与（上龚舍人书）的真伪》,《中国史研究》1982 年第 3 期。

[3] 终裕哲:《苏东坡与凤翔东湖——中国古代城市环境学史一例》,《城乡建设》1982 年第 8 期。

[4] 石清秀:《北宋时期的灾患及防治措施》,《中州学刊》1989 年第 5 期。

[5] 陈德洋:《辽朝社会保障措施述论》,《阴山学刊》,2011 年 10 月,第 24 卷,第 5 期。

[6] 石涛:《北宋政府减灾管理投入分析》,《中国经济史研究》2008 年第 1 期。

[7] 方世勇:《从水灾防治看辽代的赈恤机制》,重庆科技学院学报(社会科学版)2010 年第 15 期。

[8](日)崛诚二:《宋代常平仓研究》,《史学杂志》1956 年第 10 期。

[9] 刁忠民:《关于北宋前期谏官制度的几个问题》,《中国史研究》2000 年第 4 期。

[10] 苗书梅:《宋代知州及其职能》,《史学月刊》,1998 年第 6 期。

[11] 王宝娟:《宋代的天文机构》,《中国天文学史文集》,中华书局,1995。

[12] 冯锦荣:《宋代皇家天文学与民间天文学》,《法国汉学》,第六辑"科技史专号",中华书局,2002。

[13] 聂崇岐:《中国历代官制简述》,《光明日报》,"史学双周刊"1962 年第 4 期。

[14] 朱瑞熙:《官僚政治制度的产物——复杂多变的宋朝官制》,《文史知识》,1986 年,第 1—4、7—8 期。

[15] 宁志新:《唐朝使职若干问题研究》,《历史研究》,1999 年第 2 期。

[16] 刘军英:《救灾与发展》,《河南财政税务高等专科学校学报》1992 年第 2 期。

[17] 胡道静:《沈括的科学成就的历史环境及其政治倾向》,《理论研究》1999 年第 2 期。

[18] 杨晓红:《宋代的灾异与祥瑞初探》,《西南民族学院学报(哲学社会科学版)》2002 年第 6 期。

[19] 马玉臣:《论王安石的救灾思想》,《抚州师专学报》1999 年第 12 期。

[20] 周振鹤:《中央地方关系史的一个侧面(上)——两千年地方政府层级变迁的分析》,1995 年 3 月。

[21] 贾玉英:《宋代提举常平司侧度初探》,《中国史研究》1997 年第 3 期。

[22] 刘笃才:《论北宋的冗官问题》,《学习与思考》1983 年第 5 期。

[23] 刘立夫:《论宋代冗官之成因》,《华中理工大学学报·社会科学版》1997 年第 3 期。

[24] 蔡亲榜:《宋代医疗浅说》,《四川大学学报·哲学社会科学版》1998 年第 4 期。

[25] 武玉环:《金代的防灾救灾措施述论》,《吉林大学社会科学学报》2010 年 7 月,第 50 卷,第 4 期。

［26］武玉环：《金代自然灾害的时空分布特征与基本规律》，《史学月刊》，2010年第8期。

［27］陈德洋：《辽朝社会保障措施述论》，《阴山学刊》，2011年10月。

［28］武玉环：《辽代救灾与抗灾措施研究》，《东北史地》，2006年第3期。

［29］蒋金玲：《辽代自然灾害的时空分布特征与基本规律》，《东北师大学报（哲学社会科学版）》，2012年第3期。

［30］李华瑞：《论宋代的自然灾害与荒政》，《首都师范大学学报（社会科学版）》，2013年第2期。

［31］石涛，李婉婷：《试论北宋中央政府的减灾管理机构（社会科学版）》，2008年第4期。

［32］杜建录：《西夏农田水利的开发与管理》，《中国经济史研究》，1996年第4期。

［33］景永时：《西夏农田水利开发与管理制度考论》，《宁夏社会科学》，2005年第6期。

［34］聂鸿音：《西夏水利制度》，《民族研究》，1998年第6期。

［35］杨蕤：《西夏灾荒史略论》，《宁夏社会科学》，2000年第4期。

［36］陈高华：《元朝赈恤制度研究》，《中国史研究》，2009年第4期。

［37］黄鸿山：《元代常平义仓研究》，《苏州大学学报（哲学社会科学版）》，2005年第4期。

［38］杨旺生，龚光明：《元代蝗灾防治措施及成效论析》，《古今农业》，2007年第3期。

［39］申友良，肖月娥：《元代申检体覆制度与减灾救灾》，《湛江师范学院学报》，2012年第5期。

［40］郭军：《元代灾荒中的流民刍议》，《内蒙古农业大学学报（社会科学版）》，2011年第1期。

编后记

我们今天所探讨的灾害，尤其是自然灾害，仅是针对人类社会而言。地震、洪水、雨涝原本是寻常不过的自然现象，它们早在人类社会出现之前就已存在于地球上了，并不会以人的意志为转移。之所以被称为"灾害"是因为这些自然活动在短期内对人类社会的生产生活造成了不良的影响。直到今天，我们都在为阻止灾害的发生、减少灾害损失而努力，而从历史上看，任何人为的活动都会得到自然给予的反馈。尽管社会是由一个个鲜活的个体构成的，但历史大势并不会以个体人的悲欢离合而发生偏移。古代社会经济增长极限与人口扩张的矛盾总需要一个解决的办法，在经济增长无法突破的前提下，通过灾害发生减少需求便成为当时社会发展的自然选择。从这个意义上讲，任何狭隘看待灾害的观点都是有失偏颇的。

我自 2000 年师从首都师范大学阎守诚先生，开始从事宋代灾害史研究迄今已有十八载。博士期间初涉灾害的练习使得我对于灾害的研究小有所获，一直以来都有将灾害研究延伸扩展到其他朝代的想法，但苦于知识水平和个人精力的局限，当时的灾害研究仅限于宋代。工作之后诸事烦身，研究方向也从灾害向商业史、农业史偏移，从史学研究向经济学研究转变。2007 年开始翻译美国索斯摩学院李明珠教授的《华北的饥荒——国家、市场、环境的退化》一书，以聊以慰藉长期以来我对灾害史研究的一个情结。时隔七年，承蒙山西大学历史文化学院院长郝平教授推荐，中国人民大学清史所夏明方教授认可，参与民政部组织的《中国灾害志》编纂工作，将宋元卷的编写交到了我的手中。历时三载辛勤地写作，终于结稿。

编写灾害志，既是一项系统工程，又是一项创新工程，具有重要的现实意义和深远的历史意义。编撰的过程，实际上是一次史料分类整合的过程，也是一次重新认识古代灾害的过程。在编写过程中，我深感灾害志对于现代经济社会决策的重要性。灾害史的研究由来已久，民国时期邓云特先生便有《中国灾荒史》一书问世，后来的学者对不同时期不同灾害种类等都做过细致和精深的研究，取得了较为丰硕的成果。然而，学术研究与志书的编订有着本质的区别，学术讲求观点鲜明，个人和时代色彩浓厚；志书则更重事实，以时间为经，以类别为纬，陈列史料，不加评述。因此，灾害志的编写一定程度上能够弥补客观陈述的缺失。正是由于志书的这一特点，因此更能为各级领导制定经济社会发展决策提供信息和依据，为各级党政领导机关在拟订防灾减灾规划、制定救灾政策、灾害应急预案以及研究和处理问题时，提供历史的参考与借鉴。

我对于《中国灾害志·断代卷·宋元卷》编写的总体思路和指导思想是：坚持学术性、现实性、可读性三者的统一，力求做到客观、系统、全面。在编撰中始终秉承我国修史编志、存史资鉴的优良传统，以志书的形式记述灾害的发生、发展。编撰前期，尽可能多地挖掘、收集散见于古今众多丛书中的灾害记录及救助资料。编撰中期，厘清史料，整理思绪后，定下框架。编撰后期，填充内容，多次斟酌语句并校对修改。

宋元时期自然灾害的发生频率较大，一年数灾或一种灾害重复发生的现象增多。灾种覆盖层面变广，水、旱、虫、饥逐渐成为四大主灾。频繁的自然灾害给社会经济造成了巨大破坏，统治者为维护国家稳定，保证社会再生产的正常运行，实行了一系列积极的减灾政策、救荒制度和防灾措施。对这一时期灾害规律及相关救灾防灾措施进行总结和记录，可以使我们更加重视灾害并认识到灾害管理措施给整个社会发展带来的影响，趋利避害，为提高全社会的灾害认识水平以及现代灾害研究和管理工作，提供多方面、多层次、有益的历史学借鉴。为此，我们编纂了《中国灾害志·断代卷·宋元卷》，以期为读者和研究者提供一个认识和借鉴途径。

《中国灾害志·断代卷·宋元卷》的编撰工作，得到了民政部和中国社会出版社的重视和大力支持，课题组负责书稿审读的各位先生给予了多方面的帮助指导，对我们的书稿提出修改意见，对《中国灾害志·断代卷·宋元卷》的编撰工作起到了重要的指导作用，在此表示衷心的感谢。此外，山西财经大学晋商研究院的梁娜老师、山西大学经济与管理学院博士生董晓汾，硕士研究生李翰伟、郜明钰、韩笑，中国农业大学经济管理学院的博士生马烈为书稿的编纂、整理和校对提供了无私的帮助，在此深表谢意。

由于本人水平有限，书中难免有疏漏之处，敬请各位专家、读者指正，对此我愿意诚恳接受批评。

石涛于山西太原

2018 年 11 月

图书在版编目（CIP）数据

中国灾害志·断代卷·宋元卷 / 高建国，夏明方主编；

石涛本卷主编 . –– 北京：中国社会出版社，2018.12

　　ISBN 978-7-5087-6094-0

　　I.①中… 　II.①高… ②夏… ③石… 　III.①自然灾害—

历史—中国—宋元时期 　IV.① X432–09

　　中国版本图书馆 CIP 数据核字（2019）第 001748 号

书　　　名：中国灾害志·断代卷·宋元卷
编　　　者：《中国灾害志》编纂委员会
断代卷主编：高建国　　夏明方
本卷主编：石　涛

出 版 人：浦善新
终 审 人：李　浩
责任编辑：杨春岩　　王秀梅

出版发行：中国社会出版社　　　邮政编码：100032
通联方式：北京市西城区二龙路甲 33 号
电　　话：编辑部：（010）58124829
　　　　　邮购部：（010）58124829
　　　　　销售部：（010）58124845
　　　　　传　真：（010）58124829
网　　址：www.shcbs.com.cn
　　　　　shcbs.mca.gov.cn
经　　销：各地新华书店

中国社会出版社天猫旗舰店

印刷装订：河北鸿祥信彩印刷有限公司
开　　本：170mm × 240mm　　1/16
印　　张：26.25
字　　数：369 千字
版　　次：2019 年 4 月第 1 版
印　　次：2019 年 4 月第 1 次印刷
定　　价：198.00 元

中国社会出版社微信公众号